# 中国白酒勾兑宝典

Chinese Liquor Blending Technology

贾智勇 主编

化学工业出版社
·北京·

本书以白酒风味化学原理、白酒胶体模型稳定原理和白酒水解模型控制原理三大理论为核心，介绍了勾兑的定义、目的、意义，勾兑的原理，勾兑应遵循的原则，勾兑中应当使用的方法，以及如何掌握要领，进行勾兑配方设计与计算等内容。

本书适合白酒从业者参考使用，也适合相关专业大中专院校学生使用，还可作为白酒品评爱好者参考借鉴。

**图书在版编目（CIP）数据**

中国白酒勾兑宝典/贾智勇主编. —北京：化学工业出版社，2017.9(2023.4 重印)
ISBN 978-7-122-30222-9

Ⅰ.①中… Ⅱ.①贾… Ⅲ.①白酒勾兑 Ⅳ.①TS262.3

中国版本图书馆CIP数据核字（2017）第165622号

责任编辑：张 彦　　装帧设计：王晓宇
责任校对：边 涛

出版发行：化学工业出版社（北京市东城区青年湖南街13号 邮政编码100011）
印 装：涿州市般润文化传播有限公司
710mm×1000mm 1/16 印张$21\frac{1}{2}$ 字数405千字 2023年4月北京第1版第7次印刷

购书咨询：010-64518888　　售后服务：010-64518899
网 址：http://www.cip.com.cn
凡购买本书，如有缺损质量问题，本社销售中心负责调换。

定 价：85.00元

# 《中国白酒勾兑宝典》编写委员


| | | |
|---|---|---|
| 第一章 | 品悟勾兑 | 贾智勇 |
| 第二章 | 勾兑原理 | 金成勇、杜杰、屈勤兵、任金玫 |
| 第三章 | 配方设计 | 高洁、任金玫、房海珍 |
| 第四章 | 勾兑选样与基酒组合 | 任金玫、高洁 |
| 第五章 | 调香调味 | 刘丽丽、黄婷 |
| 第六章 | 白酒风格与馥郁度 | 房海珍、刘丽丽 |
| 第七章 | 品评 | 苟静瑜、杜杰 |
| 第八章 | 勾兑十法 | 高洁、苟静瑜 |
| 第九章 | 重要呈香呈味物质 | 苟静瑜 |
| 第十章 | 勾兑计算 | 刘丽丽 |
| 第十一章 | 大样勾兑 | 段科林、王元、邢钢、金成勇 |
| 第十二章 | 贮存及酒库管理 | 张永利、屈勤兵 |

# 序

“传承”一词很是生动，有言传身教、继承发扬之意。中国古老产业不知凡几，如制茶、酿酒、烧瓷等工艺，保留至今皆缘于世代相传。若没有传统文化的熏陶，没有对工匠精神的敬畏，没有技艺的世代延续，这些产业或许会有所缺失，而我们的生活则会少几分雅趣。传承不等于盲目守旧，仅靠“传”是远远不够的，技艺在“口传心授”中，会缺乏文字的记载而失掉部分精髓，要将其精准科学地传承发展，还需要辅以笔墨。因此，相关专业书籍的编写出版，是传承发展的又一进步，书籍承载着匠师的坚守，凝聚着撰者的智慧，有理有据，有章可循，于细微之处见真章。

酿酒技艺传承至今已有千年之久，在不断探索中求创新。古法烧制的酒度较低，短期存放后便直接饮用，未经调整，因此酒质参差不齐。其后一些技艺精良的酿酒师们发现，把不同的酒掺和一下，味道更好，于是将新烧的酒或存放或与老酒并坛使用，形成所谓的佳酿，这便是勾兑的雏形。随着现代白酒分析检测技术的日新月异，勾兑技术也日趋成熟，转向数字化甚至智能化，白酒批次间的质量得以稳定，可以说勾兑对于白酒是功不可没的。我身处白酒行业多年，对白酒勾调也是略有了解，但各企业勾调技术各有所长，难分伯仲，总的原则却都是一致的：“因酒制宜，彰其所长”。存放的每一坛白酒，都在静静等待自己的伯乐，在恰当的时间便脱颖而出，或为主角，或为配角，最终都是为了凸显酒的馥郁香醇。

基于对勾兑的以上几点认识，应本书作者之意品读本书之后，对白酒勾兑不禁多了几分兴致。书的构思很是新颖，一改常规编写中并列的笔法，改为抛、引、归、论。章节设置中以抛出问题为先，引发读者的思考；再加以引申，将原有的概念拓展深化；然后归纳提炼，把勾兑的精髓加以凝练；最后以试验论证，确定方法的可行性。这一结构设计用于本书有曲径通幽之妙，环环相扣，读起来更引人入胜。书不仅构思巧妙，内容也是可圈可点。作者站在行业健康发展的高度对白酒勾兑客观评判，肯定了勾兑在白酒中不可或缺的作用，也指出了勾兑被加以滥用的行业乱象，这一点正是作者本人出于对白酒行业的强烈归属感，从内心深处发出的真实声音，展现了对工匠精神的捍卫与坚守。古人云“致知在格物者，言欲尽吾之知，在即物而穷其理也”，研究事物应先从原理开始，本书也正是如此。作者将酒体的稳定性与变化规律以模型理论予以阐述，其中的白酒风味轮、白酒胶体模型稳定原理、白酒水解模型控制原理，在其他的勾兑类书籍中鲜有提及，模型理论将白酒内在与外在描述得详尽透彻，读后令人茅塞顿开。书中的“勾兑十法”更是精妙，“释、敛、衬、掩、抗、加、乘、修、融、正”十字言简意赅，诠释了勾兑要诀所在：“探因寻法，对症下药”。十字法则用字考究颇具哲学智慧，深知灼见尽显思辨之特，学识广博令人心生敬佩。文中的勾兑原则也是别具匠心，天然禀赋原则、流派分类原则、特征强化原则、略施粉黛原则、画龙点睛原则等，白酒勾兑的关键要点被予以高度概括，专业之余妙趣横生。

“文章合为时而著”，书是一个人思想的载体，也是一个时代发展的见证，在白酒发展的重要时期为勾兑追本溯源是非常必要的。好的书籍是人书合一的，正如本书一样，畅读之后可领略到作者卓有建树、睿智博通，这与我所认识的作者颇为相似，因此读罢更有一种故人相识的感受。“读书之法，在循序而渐进，熟读而精思”，读者要真领悟白酒勾兑的要领，除了细读本书外，还要善于总结思考，将书中所学、所知、所感在操作中加以运用，在反复的实践中，真正参透勾兑的本质，掌握勾兑之要领。

**马 勇**

中国食品工业协会白酒专业委员会
常务副会长兼秘书长

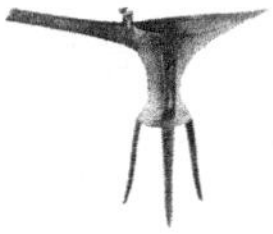

# 前言

读书以明智，让人明理悟利，塑造智慧的人格。饮酒以释然，令人畅快洒脱，激发超然的兴致。因此，读书与饮酒历来为文人雅士所推崇。闲暇时，执书一册，温酒一壶，窗外寒风瑟瑟，松柏凛凛，室内炉火灼灼，酒香悠悠，合上手中之书，浅酌一杯，细细琢磨其中之蕴意，发现饮酒竟是如此微妙。古人讲“道”为事物之源，万物皆有道可循。白酒之道究竟从何？脑海中随之浮现出“中庸”二字。儒家思想的中庸之道，强调为人做事既不能“张扬”，也不可“羞涩”，主张内中外和。饮酒也如此，过之为狂，欠之为怯。喝到妙处，尽显内中外合、超凡脱俗之意境。

饮酒如此，酿酒亦然。勾兑工艺为酿酒中的点睛之笔，抑、扬、顿、挫蕴含其中。“喜怒哀乐之未发谓之中，发而皆中节谓和”。正所谓喜怒哀乐，人生百态；酸甜苦辣，酒中百味。人生的要义旨在领略世间百态后悟出从容豁达的处世智慧；而白酒勾兑也正是在百种滋味中寻求最终的内中外和：酸甜苦咸鲜五味俱全却均不露头，最终是让酒体在舒适幽雅中释放出浑然一体的美妙和灵动，其中之道不言而喻。

勾兑于白酒如雕琢于璞玉，玉不精雕细琢难成大器，酒不精心勾调难成佳酿。因此，勾兑不仅是技术，更是艺术，将万千滋味集于一身却恰到好处，令人无尽回味。

真正的勾调技术发展至今，已久远矣，但此项技艺的形成绝非偶然，为白酒工艺发展趋向所致。在倡导饮食科学、健康、安全的时代，传统的白酒产业不断探索前行，勾兑、品评、检测技术结伴而生。酒中的健康成分被不断发现，特征香气物质逐渐被确定，产品批次间一致性得以提升，勾兑技术在白酒酿造中的作用日渐突出，甚至发挥出了四两拨千斤的效果。然物极必反，正是白酒勾兑快速有效的优势，易被一些人予以滥用，利用

"勾兑"以次充好，以假乱真，使"勾兑"一词蒙羞，被外界所曲解。故此书的编写，也有意于为勾兑追本溯源，为读者还原真实的勾兑技艺。

艺术源于生活，理论源自实践。如同《中国白酒品评宝典》一般，本书在编写之初，对勾兑过程进行了细致的解剖，并进行了大量试验，通过对关键工序控制点的研判、评估、论证，以实验数据作支撑，反复验证其科学性、实用性、可操作性，提炼出了经典结论。

在研究喝酒上头易醉等问题时，对酸酯比、高级醇量比等进行试验分析，以饮后舒适度作为判定标准，反复进行上百次的人体试验，年轻的大学生们作为试验的骨干力量，全力以赴，以身试酒，其中的艰辛滋味可想而知。他们的勇气和精神可嘉，令我看到了中国白酒的未来，感动之余甚是欣慰。

在对骨架酒和丰润酒的选用上，采用正交试验法，对骨架酒酒龄、量比，丰润酒类别、比例等进行多因素多水平正交试验分析，通过品评、分析，为优化产品提供了数据支撑，也为本书的实例操作提供了应用素材。

因此，本书编写中既有本人对勾兑的一隅之见，也有大量资料对原有理论的扩充，还有勾兑工作中多年的经验积累，更有参编的年轻人对勾兑试验的分析论证。将这些内容糅合穿插于本书的十二章中，相互渗透，前后印证。书中前十章为小勾部分，对勾兑原理作以新的阐述，将勾兑方法、勾兑原则高度概括，以勾兑十法诠释勾兑要诀，并附有大量操作实例供读者参照。后面两章为大样勾兑和酒的储存管理。十二章结构清晰、内容翔实，便于读者阅读、参考、体会。

"欲致鱼者先通水，欲致鸟者先树木"。勾兑离不开品评，品评贯穿于勾兑的始终，几乎每个勾兑环节都要品评判定，因此，优秀的白酒勾调师首先应是一名出色的品酒师。《中国白酒品评宝典》的出版，应该是本书的前序。在品评中思考勾兑之法则，在勾兑中体会品评之要诀，两本书相得益彰，相互补充，读者在阅读本书时对品评若有所不解，亦可参考品评书籍，带着问题去阅读、带着思考去体会，相信会颇有收获。

本书在编写过程中，得到了中国酒业协会、中国食品工业协会各位领导的关心和支持；多位白酒专家为本书提出了指导意见，为编撰成书创造了良好的条件。

本书编写过程中，高洁、苟静瑜、金成勇、王元、任金玫、房海珍、刘丽丽、邢钢、张永利、屈勤兵、杜杰、段科林、黄婷同志均做了大量的工作，将自己在白酒行业中多年的工作经验和专业知识转化成了文字，在此，谨向他们致以诚挚的谢意。另外王科岐、闫宗科、翟锁奎、冯雅芳、付万绪、王印、李锁潮、张永平、刘刚治、韩超、侯宏武、李洁同志也为本书投入了大量精力和时间，同样向他们致以诚挚的谢意。

由于时间紧促，限于笔者学识和水平，书中不当之处恐亦难免，望广大专家和读者指正。

贾智勇

2017年6月

# 目录

# 第一章

# 品悟勾兑

# 1.1 勾兑溯源

## 1.1.1 神秘的“勾兑”

“勾兑”一词，源于贵州的民间俗语，“勾”，是联络、协调、沟通、讨价还价的意思；“兑”，是掺和的意思，多用于贬义，一般是指按非正常渠道、私下里用非正常手段磋商、交易或其他利益交换，而使某些不可能变为可能的意思。

“勾兑”一词的出现，反映了我国封建社会的一种市侩文化，是黑暗的、低级的、猥亵的、拿不上台面的，本质反映的是弱肉强食的畸形社会形态。故此，老百姓提起“勾兑”，就认为是超越法律的、非法的、猥亵的行为。

有人说，“勾兑”一词用于白酒，是封建传统思维在酿酒行业的一种体现，曾几何时，白酒科学被看作是非常神秘的，在白酒酿造过程中常常有开产祭祀活动、开窖祭祀活动、封藏祭祀活动。一些古老的酿酒人把不了解的知识，寄托于上苍和酒神，这些祭祀活动的开展更加增强了酿酒活动的神秘感，这种神秘感一直延续至今。即使到当代，由于神秘感的存在，许多白酒企业把评酒委员看得非常高大、神秘，这就更增加了勾兑工作的神秘性。

## 1.1.2 白酒勾兑技术的发展

可以说自从有了酿酒就有了勾兑技术，只不过早期的勾兑是一种无意识的行为，酿酒的先祖们，对自己酿出的白酒经品尝觉得每次酿出的白酒的味道是不完全相同的，不同季节酿出的白酒味道也是不同的，他们就不自觉地将各种口味不同的白酒掺兑在一起，再经品尝觉得白酒的味道得到了很大的改善。这就是最早的勾兑。没有理论也没有固定的方法和程序，只是简单地将几种酒掺兑在一起。

随着酿酒人在长期的酿酒过程中经验和智慧的不断积累，逐步摸索出各种酒的掺兑量和掺兑种类，已经可以大致保证每次掺兑成型的白酒基本具有相同的口感。就这样经过漫长的生产阶段后，白酒的勾兑变成了一种自觉的有意识的行为。

随着时代的进步和白酒生产规模化的发展，酿酒人在不断总结经验的基础上，不断地完善勾兑技艺，而且各有各的独家秘籍。随着计量和分析检测技术的飞速发展，勾兑工作更是如虎添翼，已经从当初的人工勾兑发展到计算机勾兑，使勾兑工作实现了数字化、精细化。近年来白酒的勾兑有以酒勾酒的固态法白酒勾兑，有固液法白酒勾兑，还有液态法新工艺白酒勾兑等多种形式。可以说白酒的勾兑方法方式百花齐放。

尽管白酒的勾兑技术在不断进步，但另一方面，白酒品评、勾兑方面书籍的奇缺，直接影响了白酒勾兑理论体系的建立、推广和普及，行业中出现的极少数品评勾兑方面的书籍，系统化的品评资料不容易找到。品评研究的滞后，阻碍了勾兑知识的普及和传播，制约了勾兑技术的发展速度。

### 1.1.3 粗制滥造的“勾兑”

勾兑的初衷是为了改善和提高酒质，增加产品质量的一致性和稳定性，但各种勾兑方法的滥用其实也是对消费者的不负责任。白酒勾兑在大多数的消费者心目中，依然是神秘的，一般人难以企及。近年来，随着《食品安全法》的强力推进，国家对白酒企业的监管越来越严格，不少掺杂使假、粗制滥造的小企业、黑作坊被曝光，这些企业依靠酒精、香料、水、甜蜜素、糖精钠等，制作低劣白酒，欺骗消费者，图谋获取暴利。官方媒体中央电视台就曾以“不明不白的白酒”为题，报道了某些小作坊粗制滥造的情况，这些举措，一方面有力地打击了制假造假，肃清了市场环境，另一方面，也使许多消费者对白酒产生误解，大家一提勾兑，就将其等同于“三精一水”，“勾兑”这个专业术语被妖魔化、低俗化了，“勾兑”真的不明不白了。

勾兑一词，在一些消费者心目中成为了粗制滥造的代名词，尽管行业中许多组织对勾兑一词有过多次诠释，由于个别组织诚信度不高，使得勾兑一词被越抹越黑，所以说，勾兑知识的普及是白酒行业的当务之急，只有把勾兑说清楚了，消费者才会明白其真实含义。

## 1.2 行业的发展与勾兑

为了进一步规范酿酒行业中的不正当现象，国家先后从多方面对白酒行业发展作出了规范，如标准的出台、标识的规范、原酒国家标准的推出、品牌管理、市场行为的规范；检测项目的增加，如年份酒的识别、原酒的识别等。这些措施从一定程度上规范了酿酒行业的行为，加大了粗制滥造、掺杂使假、以次充好、欺诳市场的法律风险，使粗制滥造等行为得到了遏制。还原白酒真实，彰显差异化魅力，才是王者之道和制胜的法宝，这已成为行业的共识。

围绕行业中的焦点问题，一些研究单位、大专院校等开展了卓有成效的工作，特别是中国酒业协会，统筹行业资源，进行了与白酒酿造、品评、勾兑有关的多项科研活动，其中江南大学、中国食品发酵研究院、天津科技大学、中国农业大学等单位在这些方面的研究成绩卓著。

### 1.2.1 中国白酒169计划

2007年，中国酒业协会提出对白酒有关基础问题进行研究，总共确定了六大课题，有九家企业参加，一个协会、六个课题、九家企业，故称169计划。169计划开展起来以后，茅台、五粮液等企业先后加入了该计划的项目研究。2007～2012年，六大课题先后依托江南大学、中国食品发酵研究院、中国科学院成都微生物研究所等单位，取得了显著成果。

研究项目一：中国白酒健康成分研究。在健康成分方面，重点研究了烯萜类、吡嗪类化合物对人体健康的辅助作用，在酱香型白酒中定性了55种烯萜类化合物，在清香型白酒中定性了41种烯萜类化合物，在浓香型白酒中定性了30种烯萜类化合物，在药香型白酒中定性了52种烯萜类化合物，并开发了烯萜类化合物定性检测方法，在研究中，总共定性与定量了26种吡嗪类化合物，确定了四甲基吡嗪是白酒中的健康因子。

研究项目二：中国白酒特征香味物质研究。应用GC-O技术对主要代表香型的香味物质成分进行了深入研究，确认了清香型、浓香型、酱香型、凤香型、兼香型、老白干香型、药香型白酒中重要特征物质成分，厘定了这些香型的主要骨架成分，为进一步研究香气贡献打下了基础，也为白酒勾兑找准了方向。

特别是研究项目五，中国白酒呈香呈味物质研究取得了重大进展，首次建立了我国白酒风味物质嗅觉阈值测定的方法体系，完成了中国白酒中79种风味物质嗅觉阈值的测定，通过调动各企业全国评酒委员对嗅觉阈值和香气描述进行了研究和总结，形成了首套国家评酒委员训练使用的《中国白酒国家评委品评训练风味物质标准样》，这些成果的取得，使得白酒勾兑研究得以深入进行，也为白酒勾兑技术的提高奠定了基础。

### 1.2.2 中国白酒3C计划

白酒塑化剂事件曝光以后，白酒行业对生产、宣传中存在的问题进行了反思，提出了中国白酒3C计划，“3C”是指品质诚实、产业诚信、服务诚心，字母C代表三个“诚”字的拼音首字母。2012～2016年，中国白酒3C计划迅速开展，有38家白酒企业加入其中，项目取得了一系列重大成果。如“粮食中农药残留迁移与降解规律研究”“白酒中小分子营养成分研究”“年份酒检测技术”“传统白酒创新研究”“白酒中EC控制技术研究”等，特别是“EC研究和创新工艺研究”为白酒勾兑生产管理和白酒中关键呈香呈味物质控制找到了方向，减轻了白酒勾兑的复杂性问题。

这些成果的应用，首先使企业明了了本香型产品的关键呈香呈味物质的范围、作用及这些重要香味物质的香气贡献，以便于在勾兑中对关键香味物质成分进行控制，使白酒勾兑工作有了明确的方向。简言之，控制好OAV值大的香味物质成分的量比关系就可以牵住该香型白酒勾兑的牛鼻子。

健康因子的研究，促使企业尽可能地控制好生产，以便使新产酒中的健康因子充分显现，为喝白酒促健康找到了支点；79种呈香物质嗅觉阈值的确定，使各企业白酒品评勾兑有了标准的术语描述，有利于员工更快地掌握白酒勾兑的技巧，也有利于企业评酒队伍品评活动的标准化。

可以这样说，勾兑以前，先了解本香型产品主要香味物质成分的骨架和需要控制的关键香味物质成分的明细及其贡献，通过对库存原酒的普查，掌握库存原酒的基本情况，从而很快找到努力方向。

### 1.2.3 用同位素技术研究中国白酒年份酒问题和非发酵物质添加问题

中国食品发酵研究院钟其顶博士带领的研发团队，利用同位素技术对中国白酒年份酒和外源性物质添加进行的研究项目，在国际上处于领先地位。2015年12月23日，中国食品发酵研究院与陕西西凤酒股份有限公司、济南趵突泉酿酒有限公司合作开展的《基于UPLC-TOFMS和代谢组学的年份白酒的识别技术》研究项目，通过了中国轻工业联合会的科技成果鉴定。项目建立了年份白酒中特征性组分测定的超高效液相色谱飞行时间质谱联用技术（UPLC-TOFMS），对检测方法进行了系统优化，可在短时间内得到年份白酒的粒子碎片（m/z）。收集了各地不同香型的年份基酒，采用代谢组学的统计模型对不同香型的年份基酒进行数据分析，从10万多个离子碎片中筛查出基酒中与年份密切相关的9个粒子碎片——年份酒Marker，首次实现了以特征化合物碎片物质进行构建年份白酒基酒的鉴定模型。钟博士还对中国白酒添加外源性物质进行了深入研究，对外源性物质添加的检测比较准确，有望建立白酒勾兑中添加外源性物质的检测方法，给一些在勾兑上粗制滥造的白酒企业敲响了警钟，促进了中国白酒真实化进程。

勾兑工作是神秘的，不从事此项工作的人更是雾里看花。本书的目的就是揭开“勾兑”的层层面纱，由浅入深，对“勾兑”进行剖析，使大家真正明白勾兑，懂得勾兑，让酿酒人真正懂得勾兑原理和科学理论依据，提高勾兑水平，实现品质诚实，培养产业诚信，同时也为“勾兑”证言，让消费者理解勾兑，接受勾兑，提高消费者对白酒的信任度和对产品的忠诚度。

不论你是一位酿酒人还是一位白酒的消费者，唯愿手执此书，开卷有益。

# 第二章

# 勾兑原理

## 2.1 勾兑的基本概念

### 2.1.1 勾兑

#### 2.1.1.1 勾兑的定义

勾兑，就是为了使样品酒达到成品酒标准而进行的配方设计、组合、调味、品评、混合搅拌、吸附、沉淀、（冷冻）过滤等一系列工作过程。

原酒、原浆酒：刚蒸馏出来的新酒称作原酒。原酒中未添加任何其他物质也称原浆酒。一种原浆酒加入同一类别的相同原浆酒也称作原浆酒。如果原酒中加入了水或是加入了非同一类型酒的原浆酒，就不能称作原浆酒，这一过程可称为勾兑。勾兑的一个重要目标就是要控制酒样中的不利因子，或去除、或降低、或抑制、或掩盖、或释放。

酒样：酒样就是用来进行勾兑的样品酒。样品酒是从酒库中取来的单样酒。

基酒：用于勾兑的酒样很多，有时未必全部是原酒，所以将用来勾兑的所有单样酒统称为基酒。基酒中，各种单样酒千差万别，勾兑的目的之一就是控制不利因子的表现。

小样：是指为了形成、选择配方而勾兑的少量样品，主要用于通过品评确定配方，小样的量一般不低于2L；当勾兑或品评团队人数较少时，可酌情减少。小样是大样的模板。

大样：大样是对小样的放大，是指按照配方放大生产后所勾兑的酒。大样勾兑是配方的展开过程，完成勾兑但尚未出库灌装的酒都称作大样。

#### 2.1.1.2 为什么要进行勾兑

白酒是一种酒精饮料，属于食品的范畴，食品存在着色、香、味的问题，白酒也不例外。我们一般将白酒的这些食品特性描述为色、香、味、格，其中格就是风格的意思。勾兑是白酒色、香、味、格的加工过程，是白酒生产不可或缺的工艺，如果没有勾兑，批次间的质量差就会很大，无法满足消费者的基本需求。

白酒企业为了对产品进行分类，采用量质摘酒的办法摘取新酒，故新产酒的度数是有不同要求的，如酱香型白酒、老白干香型白酒一般要求入库原酒酒度不低于57度，浓香型白酒入库酒度不得低于60度，凤香型白酒、清香型白酒入库酒度不得低于65度，豉香型白酒入库酒度不得低于30.5度。工艺规定的原酒酒度和企业市售产品的酒度差距较大，所以需要勾兑。

另外，原酒酿造生产过程都要经历不同的工艺阶段，如凤香型白酒生产要经过立窖、破窖、顶窖、圆窖、插窖、挑窖六个阶段，不同阶段的酒质不同；茅台酒2

次投粮，8次发酵，7次取酒，虽然每次发酵周期基本一致，都为30 ~ 35天，但每次蒸馏所得的酒，其质量是不同的；浓香型白酒中，按多粮浓香工艺和单粮浓香工艺所生产的酒是不同的；白酒生产中不同季节所产的酒是不同的；同一季节，不同窖池所产的酒也是不同的。

正是由于以上原因，白酒必须进行勾兑，才能保证不同批次的白酒有相同、稳定的感官质量。

2.1.1.3　白酒勾兑的目的

（1）调整酒度　库存原酒酒度一般都比较高，而绝大多数出厂产品酒度比较低，所以在组合基础酒时，必须要将酒度降至（或升至）规定酒度，降度的基本办法是添加软化水或低度酒。20世纪90年代以前，反渗透技术尚不够普及，许多白酒企业没有白酒勾兑水处理设备，基本上以添加自来水或井水为主，由于各地的水质不同，硬度较大的水加入白酒中极易引起白酒货架期沉淀，白酒沉淀问题是那个时期白酒行业的热点技术问题。

按照中国白酒的传统，将蒸馏前后在酒醅上所加的水称作“量”，将沸腾的水称作“开量”，将加水过程称为加量或施量。而在勾兑中，将用来降度或混合的水称为“浆”，加水就称作“加浆”。

（2）匀质化　勾兑的核心目的就是为了匀质化，包括组合、调味、冷冻、沉淀、过滤等一系列工作，匀质化就是为了使每一批次产品质量都保持高度相似性，使产品质量持续稳定，避免出现忽高忽低的情况，从而保持产品品质和风格的标准统一。

匀质化的过程，一是按照风味化学理论对白酒的物理化学特性进行调整的过程，二是按照胶体模型稳定理论对白酒胶体特性进行造就的过程，三是按照酯水解理论对白酒物理化学特性进行控制的过程。

（3）提高质量　勾兑过程是对基酒进行再加工的过程，通过组合、调味，使各种不同的基酒相互取长补短，发挥优势。通过勾兑，一些所谓的“次酒”可能变成好酒，通过丰润酒对酒的充实，调味酒对酒的修饰，使目标样品达到风格典型、特点突出、芳香怡人、口味怡畅等显著特点，最大限度地满足消费者对产品的需求。因此勾兑是白酒生产企业动力的源泉、生命的保障。

有人说，勾兑是白酒的再生过程，库存的原酒多种多样，千差万别，通过勾兑可以使白酒焕发新的生机，彰显美妙绝伦的产品优势，使产品质量得到很大的提高。

（4）彰显产品个性　市场上的产品琳琅满目，要想使自己的产品出众，就必须实现差异化、个性化。受市场欢迎的产品多是那些有特色、品质超群的产品，所以，每个企业都在追逐差异化和独特性。虽然，各自的生产工艺特质决定了基酒特质，但是，外在修饰必不可少，这就是勾兑的微妙之处。一个好的勾兑师，可以很好地拿捏产品个性，从而保持品质竞争优势。

很多酒企都明白勾兑至关重要，一些小酒厂，为了谋取市场空间，舍得花大价钱请大企业或名酒厂的勾兑师担任此项工作，如果拿捏得好，产品会一时在市场上有良好表现，只可惜小企业由于资金、场地、设施、库存等原因影响，无法长久维持原酒资源优势，会缩短产品的寿命。有的企业，本身自有产品具有天然的差异化优势，但由于某种原因，会走上自我否定的道路，或“把宝压在勾兑上”，或外购大量“原酒”，由勾兑师进行“勾兑”。这样一来，既省去了研发、工艺控制管理的麻烦，也省去了流动资金的需要，走一条拼凑、嫁接、模仿的自我否定之路，终将企业带入困境，加速衰败。所以说，虽然勾兑具有彰显产品个性的作用，但是，不依靠自身生产的原酒同样是不行的。

具有独特风格的自产原酒是勾兑的基础和根本，勾兑师必须熟悉本企业原酒的生产工艺、风格特点、质量特性，才能在勾兑中取长补短，发挥自身产品的差异化优势。没有原酒生产，就无法保证产品的差异化特性，从而失去产品个性，使其走向同质化，被市场大潮所淹没。

（5）维持白酒胶体稳定性　要使白酒的品质独具特色，口感、香气浑然一体，物理化学特性稳定，就必须使白酒处于稳定的胶体状态。而要维持白酒胶体模型的稳定，需要做大量的工作，从配方设计初期就应当纳入考虑，如酒度、固态酒的用量、种类、特性、白酒除浊过滤方法等。白酒本身就是一种胶体溶液，具有胶体溶液的一般特性，勾兑的目的之一就是要使白酒具有稳定的胶体特性。白酒的胶体特性不是指白酒的“黏稠度”，与是否挂杯关系不大，与白酒的总酯含量无关，与醇、醛、酸、酯及酒精、水之间的比例关系有关，绝不可为维持白酒胶体稳定性而加入任何添加剂。

（6）控制不利因子　数目众多的原酒，其个性各不相同，而出厂产品必须有一个统一的个性，这就需要对原酒中的不利因子进行控制，将产品对消费者造成的负面作用降到最低，如易醉、上头、暴辣、干喉等，使消费者对本企业产品产生信任感和好口碑。刚刚蒸馏出来的原酒是不适宜饮用的，因为其中含有很多对健康不利的刺激性物质，喝后易醉、易上头，所以，新酒是不适宜销售的。原则上，所有刚蒸馏出来的新酒都要进行贮存；通过贮存，白酒发生了挥发、缔合、缩合、水解、氧化等物理化学变化，使得一些不健康的成分减少，待酒体相对稳定后，才可用于勾兑生产。

### 2.1.2　勾兑工艺

#### 2.1.2.1　工艺流程

白酒勾兑必须从品评开始，建立库存基酒的信息库，明了每个贮存容器中白酒的属性，如类别、酒度、品质、特征、数量、由来等，在此基础上，构造基酒组合方案，估算存量和二次勾兑的数量，保障基酒能够源源不断地满足配方需要。白酒勾兑工艺流程如图2-1所示。

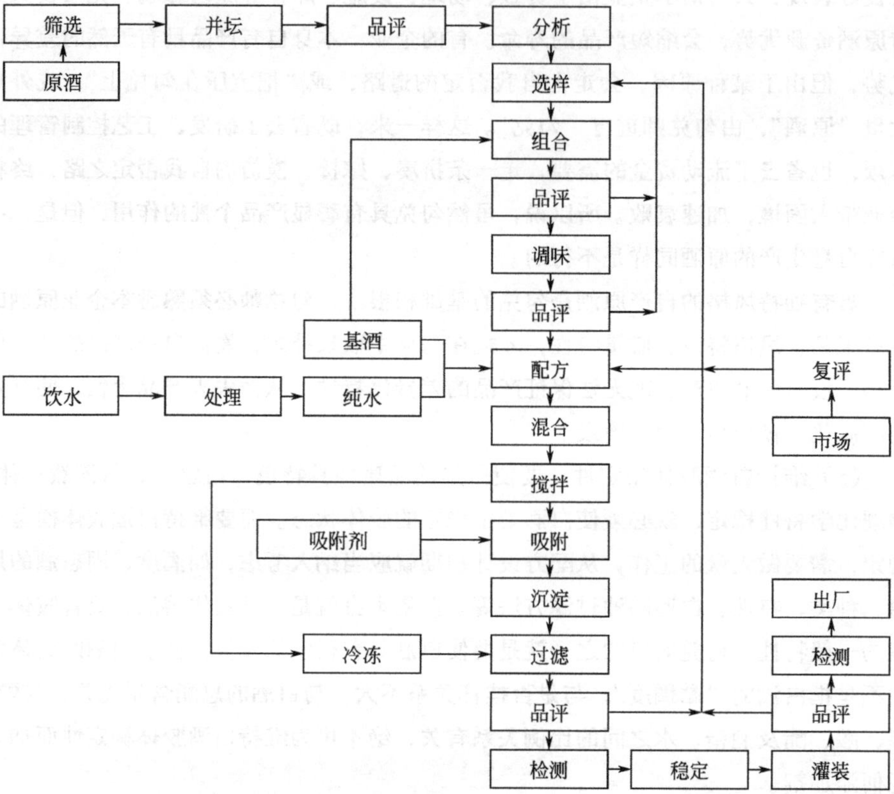


**图2-1　白酒勾兑工艺流程**

一般来说，白酒勾兑可分为两部分工作。

第一部分就是小样勾兑，或者称作配方制作，包含酒库管理、并坛、酒库普查、品评、配方设计、取样、组合、调味、分析检测等，一般在实验室或勾兑室就可完成。小样勾兑是一个充满挑战色彩的创新性工作，需要不断地学习和创新。很多企业将小样勾兑视作是自己的秘密武器，不对外开放，勾兑人才的待遇相对比较高。国内对小样勾兑的研究，多停留在风味化学方面，对其他相关方面研究较少；所开展的勾兑品评培训班，多注重品评的培训，对具体的勾兑方法涉及甚少，很多知识尚处于摸索阶段，在目前白酒勾兑教材或书籍中，所描述的内容也多为第一部分，很不完善。

小样是勾兑员按照预先设计出的一组配方勾兑出的样品。小样勾兑是对这组配方进行反复品评、筛选、调整的过程。小样品评是指公司评酒委员会对酒体设计中心小样勾兑班组选出的一组小样进行品评的过程。通过品评、筛选、调整，确定出一个配方，作为小样勾兑配方。

小样勾兑配方确定后，需要放大勾兑以验证小样配方的准确性和再现性，原则上是按照确定好的小样勾兑配方扩大勾兑，此项工作仍然在酒体设计中心进行。通过扩大勾兑还要验证配方的可操作性、理化指标的相符性、感官指标的再现性，经过公司评酒委员会确认，扩大勾兑样品感官特性若能与小样相一致，理化指标若能符合设计要求或产品标准就可被认定为大样勾兑配方。

在白酒勾兑过程中，常常需要并坛，并坛的主要目的只有一个，就是为了使组合单元变大，减少组合样本数，以便于组织配方。并坛实际上就是正式勾兑前的“预勾兑”。并坛后，组合相对简单一些。并坛主要有分类合并、按质合并、酒龄合并、搭配合并等。

分类合并就是按照相同工艺特点进行的合并；按质合并就是在分类合并基础上按照品质特点进行合并；酒龄合并就是在分类合并的基础上按照贮存年限进行合并；搭配合并就是将一些质量一般或没有显著特点的酒与优质酒进行搭配合并。

在白酒勾兑过程中，无论是组合基础酒，还是调味，都需要品评。品评一直都贯穿于勾兑过程的始终，离开了品评，就谈不上勾兑。

白酒勾兑的第二部分工作是大样勾兑。大样勾兑包括混合配料、搅拌、吸附、沉淀、过滤、品评等工艺过程。混合配料包括配料的顺序、时间、温度等；搅拌包括搅拌方式的选择、搅拌器的选择、搅拌时间的确定等；吸附包括吸附剂的类型、吸附剂添加量的多少、吸附时间的确定及影响吸附的因素等；沉淀包括容器的选择、沉淀方式和沉淀时间的确定及影响因素等；过滤包括过滤方式的选择、过滤设备的选择、过滤速率的控制等。大样勾兑前，酒体设计中心必须给出各项勾兑参数作为大样勾兑操作指令，大样勾兑生产部门必须严格执行，建立作业记录，落实到位。

在白酒勾兑方面，不仅要注重小样勾兑，更要夯实生产工艺基础，搞好大样勾兑，用先进的手段保障配方的展开和配方意志的实现。如果在勾兑生产上工艺措施无法落实或难以保障，再好的勾兑配方都是空中楼阁，无法落地。

白酒勾兑工作的独特性对白酒勾兑师提出了更高的要求，作为一名合格的勾兑人员，必须掌握大量的知识，懂得白酒品评，熟悉生产工艺，明了化工原理、物理化学、分析化学、无机化学、有机化学、微生物学、生物化学、机械原理等一系列知识，只有这样才能设计配方、厘定配方、展开配方、落实配方主旨。从白酒行业的发展趋势来看，很多大企业选拔勾兑人员时，除了必须要有灵敏的嗅觉和味觉、丰富的工作经验之外，对学历也有严格的要求，第一学历必须达到本科以上方可从事此项工作。

2.1.2.2　勾兑原则

白酒勾兑有其自身的规律，作为勾兑人员，必须敬畏规律，严格操作，确保勾兑工作的质量。在白酒勾兑过程中，必须把握以下原则。

（1）天然有效原则　白酒是用淀粉质原料生产出来的，十二大香型白酒生产工艺各不相同，因此造就了不同的香型风格，而在特定香型白酒的生产发酵周期内，微生物发挥了决定性作用，配料、糖化发酵剂的使用、发酵容器的不同、蒸馏工艺的差异、生产方法的独特性等，都对白酒风味产生了重大影响，白酒中的香味物质是由这些工艺条件决定的，每种白酒一经生产出来，都会具有独特的物理化学性质，按照风味化学原理对白酒进行的勾兑，必须按照天然有效的原则进行。

所谓天然有效是指特定香型白酒中骨架成分都是自然生成的香味物质成分，勾兑所要做的工作主要是调整其量比关系，使之符合同一标准。天然有效就是要求：以酒勾酒；崇尚自然；敬畏规律。

以酒勾酒，保证纯粮酿造的真实感，避免外来添加，可以很好地保证产品的“工艺感”、差异化，用天然的差异性满足消费者需要。

崇尚自然，就是要尽可能在勾兑工艺中使用天然的物质、物理的方法来进行加工，如吸附剂的选择、冷凝过滤技术的使用、老陈技术的应用，尽可能不用化学方法，防止外来污染。

敬畏规律，就是要敬畏自然安排，不要过分追求统一化。法国干邑地区葡萄酒的酿造很大程度上受制于相应年份葡萄的产量及品质，而不是追求高、大、上。对酒品的过度勾兑只是人类的初级需求，在物质相对丰富的当代，敬天爱人、追求自然一定会成为一种时尚和高级需求。

（2）香味协调原则　按照风味化学理论，食品无非色、香、味、型而已。白酒生产中，对色的研究尚处于基本阶段，绝大多数白酒追求的是无色透明，白酒勾兑主要关注的还是香和味的问题。现在，许多企业追逐的是白酒中特定香味物质量的问题，对白酒中某些香味物质成分量的过度关注，导致产品同质化现象非常严重，洋河绵柔浓香型产品的推出就是摒弃了对量的过度关注，满足了消费者需求。目前，行业中对于白酒国家标准问题的关注度越来越高，原来的标准条款已经不能满足发展的需要，所以，行业领袖企业纷纷呼吁将标准中的某些要求宽泛化、简单化，这就反映出一种趋势，未来白酒的勾兑方向，或将是以追求香与味的协调为主，在白酒勾兑中，在以酒勾酒的前提下，重点把控主要香味物质成分之间的量比关系，而不要过分去追求某些成分的量。

（3）自成风格原则“白酒是生产出来的，而不是勾兑出来的”，白酒的风格是由工艺决定的。提升白酒品质的关键在于生产管理，而不在于勾兑，只可惜很多企业都不明白，总试图找一名“勾兑神手”，让自己的产品在市场上有优异表现。实际上，只要企业的自然环境、生产工艺、设施确定了，其白酒的风格就自然形成了，天然的个性是大自然最好的赏赐，何必耿耿于怀呢？

白酒勾兑，必须发挥自己的天然优势和独特风格，只有这样，才能使产品立于不败之地。

（4）健康安全原则　食品安全是目前人们普遍关注的热点话题，其关系着每个人的身体健康和生命安全。白酒勾兑一定要朝着健康安全的方向发展，不宜用外来添加剂，特别是各种香精、香料等非发酵的外来物质。用香精、香料勾兑的白酒必须在食品标签上注明。在勾兑工艺上，要杜绝二次污染，如塑化剂的迁移、氨基甲酸乙酯的控制等，保障产品中的健康成分都是天然发酵产生而非添加的。

近年来，茅台酒提出了茅台健康说，最主要的发现就是茅台酒中含有四甲基吡嗪。据研究，四甲基吡嗪具有保肝护肝的作用，由此引发行业健康革命，很多白酒企业开始重视白酒健康成分的研究，加快了健康因子引导产业发展的步伐。

（5）粉黛略施原则　不管怎么说，白酒作为一种食品，在勾兑时还是要进行调味的，有的白酒企业以次充好，在白酒勾兑中经常使用一些五花八门的调味液，这是不科学的，如有的勾兑师通过用白酒浸泡臭窖泥来制作“窖香调味液”，值得商榷。浓香型白酒的窖泥味，是工艺控制不严格的表现，并不是品质独特的标志，不可滥用。在白酒勾兑中，调味酒都必须是自家白酒生产过程中独特工艺的产品，如酒头、酒尾、双轮底调味酒、长酵调味酒、破窖调味酒、插窖调味酒等。

使用自产自控的调味酒既可以保障食品安全，又能有效地调整白酒的风味。调味酒使用时，并不是越多越好，酒的风味也不是“越香越好”，好的基础酒，经过评酒师略施粉黛，就可以达到“回眸一笑百媚生，六宫粉黛无颜色”的效果。

（6）原酒真实原则　白酒勾兑建立在原酒品质差异的基础上，可是，近年来，随着新工艺白酒的提出，一些企业为了“降成本”，大量使用南方某些省份生产的低价所谓“原酒”用于勾兑生产，而产品标识却是纯粮固态，这实际上就是欺骗消费者。所以说，勾兑工作必须把持一个重要原则，就是原酒真实。只有原酒真实，才能凸显勾兑师的水平；只有原酒真实，才能保证产品在消费期间持续稳定。很多大师级的勾兑专家都坚持无原酒生产能力不勾、无品质安全保障设施不勾、无白酒生产许可证不勾的“三不勾”原则，这既保证了产品的品质，又彰显了他们的人格。

### 2.1.3　调配的提出

近年来，关于勾兑的负面新闻不断充斥着媒体资源，在许多消费者心目中，勾兑就是掺假的代名词，关于勾兑的正面宣传少之又少，行业中的大家，更多的是回避勾兑这个术语，唯恐惹来祸端。一些大企业，也不愿意在这上面费更多口舌，担心给企业惹来负面消息。一个白酒行业的核心词汇，就这样被“抹杀”了。

由于消费者对“勾兑”一词有诸多的误解，用另一个词来代替勾兑是完全可以的，这个词就是调配。调配是一个比较中性、理智的词汇，是酒与酒的相互配合。调配就是依据对库存原酒进行品评、分析、分级的结果，选定原酒组合配方，通过组合、调味、吸附、沉淀、冷冻、过滤等过程，使原酒达到成品酒标准的过程。简言之，调配就是勾兑。

## 2.2 勾兑的基本要素

要完成勾兑生产，必须具备下列条件：勾兑人员、勾兑设备、勾兑工具、勾兑场地、品评队伍、勾兑用水等。

### 2.2.1 勾兑人员

（1）学历要求　一名合格的勾兑员必须具备一定的学历。学历代表着一个人最基本的学习能力和知识素养，是具备特殊技能的必要条件，是接受系统训练的前提。学历还能反映出一个人思维上的方向性、认知能力和评价能力。

（2）专业要求　勾兑人员要熟知勾兑专业的基本知识，如有机化学、分析化学、生物化学、物理化学、化工原理等。专业代表着研究的方向，闻道有先后，术业有专攻，专业各异，擅长不同。勾兑是一个专业性很强的职业，不仅要了解水、酒精，各种风味物质的化学特性、物理特性和呈香呈味特性，还要能分析诸如气质联用、气相色谱、液相色谱、原子吸收等的检验报告，从中发现勾兑中存在的问题，更要了解白酒的很多相关知识诸如香型和工艺等。

（3）能力要求　勾兑员必须要具备一定的品评能力、认知能力和创新能力。作为一名合格的勾兑员，要具有准确鉴别十二大香型白酒风格的能力，及较强的品评能力，能够判断出什么是好酒、什么是差酒，要能熟练掌握酒度换算和其他基本的勾兑计算。在白酒的勾兑过程中会遇到一些实际待解决的问题，譬如酒样添加的顺序、酒样确定的方法、酒样的混合，大小样质量如何确定、勾兑罐的合理使用及调配等，这些都需要勾兑人员自己去琢磨体会。随着社会的不断进步，工艺的不断创新，消费者口味的不断变化，决定了创新的重要性。一味的按照老配方，循规蹈矩搞勾兑，肯定勾不出好酒。所以白酒勾兑人员还要具备一定的创新能力。

（4）素质要求　勾兑员需要有良好的心理素质。白酒勾兑是一个非常繁复的过程，有时好几个月都勾兑不出一款好酒，有时勾出了一款自己非常喜欢的酒样，但是经过联评被否定；有时勾兑出来一款酒大家认为品质不错，也能消化库存，但出厂后销售效果不理想。在白酒的勾兑过程中总会出现各种各样的问题，勾兑人员需要具备强大的心理素质，不气馁，虚心接受大家的意见，找出问题的根源，反复进行调配，直至达到大家的一致认可。

（5）作风要求　严谨细心的工作作风是搞好勾兑工作的必要条件，如果在工作中粗枝大叶、马马虎虎是搞不好勾兑的。勾兑人员应有持续学习的精神及对新知识、新技术的渴求，还必须热爱勾兑工作，要有强烈的求知欲望，不断提高自己的作风、修养和工作能力，踏踏实实、认认真真地做好每一项工作。

（6）职业操守要求　勾兑人员必须要有一定的职业道德，不泄露、不传播对产品形象不好的负面消息，提高正能量。每个企业都有自己的独门秘籍，作为勾兑人员不能将这些独门秘籍生搬硬套，更不能相互诋毁，要恪守企业机密，提高对企业的忠诚度，由此延伸自己的职业生涯。

### 2.2.2　勾兑设备

（1）勾兑罐　正规的白酒生产厂家必须使用不锈钢勾兑罐，尽量避免“小锅炒菜”，以保持产品质量的稳定。近年来，国内一线白酒企业都配备了大型勾兑罐，勾兑罐越大，批次间质量差越小。勾兑罐必须要配套相应的搅拌、吸附处理设施，只有这样才能保证成品酒的匀质化。

（2）计量、输送设备　随着计算机勾兑的普及和应用，对计量、输送设备提出了新的要求，精准计量是最主要的问题之一，应使用高精度的白酒流量计量设备。在白酒输送设备方面，要考虑库区管网布局、自动化控制、管道驳接、人体工学、静电消控、防雷避雷、输送能力等问题，要科学计算、合理布局，充分考虑相关设备的配套性。目前，在白酒行业中，酒库输送设备的管网化、机械化、自动化，已成为一种趋势。随着国家食品安全法的实施，生产环节的密闭性、循环性、连续性越来越受到重视，要尽量避免开放作业和人为因素造成的食品安全风险。

计量、输送设备主要包含泵、管道和流量计等。泵是输送设备的源泉，泵的选择非常重要，行业中多使用离心泵作为酒库的主要输送设备。在较长路径管网的输送中，要充分考虑管网的分类、标识、冲洗、清空等问题。目前，行业中出现了许多清空设备，如气爆泵等。对泵的选择，要考虑压力、扬程、路径阻力等因素，必须科学计算，准确把握。流量计是用来测量管路中流体体积的仪表，是勾兑过程中必不可少的计量设备，流量计的测量性能直接影响勾兑产品的质量，市场上的流量计种类很多，质量差别极大，在白酒勾兑生产中可以使用的流量计有涡轮流量计、电磁流量计和质量流量计等。具体选用时需要考虑以下指标：与流量计配套的管道直径、输送泵的压力，酒体的温度、精度、瞬时流量、最大流量等，一般情况下管道的直径为40 ～ 50mm，精度为±（0.1% ～ 1%），瞬时流量为4 ～ 40$m^3/s$。

（3）冷冻设备　冷冻过滤是白酒过滤的发展趋势，原理是通过降低温度使得因溶解度降低而析出的沉淀物迅速得以去除，保持了原酒的自然生态属性。

（4）过滤设备　目前在白酒行业中，使用较广的过滤设备有硅藻土过滤机、盘式滤片过滤机、烛式过滤机、超滤机、板框过滤机等。硅藻土过滤机虽然有一定的吸附过滤功能，但也存在着外源性风险，有一定的安全隐患；盘式滤片多为硅藻土、活性炭、氧化铝、二氧化硅等物质制成的片状物，存在过滤效率低的问题；烛式过滤机是从国外引进的过滤设备，其过滤柱具有一定的孔径形状，过滤效率相对较高，但国产过滤柱的质量有待提高。

（5）水处理设备　勾兑用水非常重要，目前，行业中普遍采用反渗透技术处理自来水，以得到晶莹透明、无杂质、无毒害的纯净水，纯净水的应用可减少成品酒的货架期沉淀，保障成品酒质量。而用离子交换树脂处理的水往往会带入氯化钠、盐酸等化学物质，会改变白酒的胶体稳定性，给产品质量带来隐患。原则上，不得使用未经处理的地下水来进行勾兑。

（6）吸附剂　很多白酒企业都采用活性炭作为白酒吸附剂，而活性炭的来源较广，原则上应当选用天然材料制作的活性炭。活性炭作为吸附剂的优点是吸附效率高、操作简单、容易掌握，缺点是容易产生过度吸附，改变白酒的胶体特性，使白酒产生新的不稳定，同时，活性炭的使用也会增加白酒的外源性风险。一些大企业正在探索采用活性炭柱进行吸附过滤的方法，并取得了一定的经验，值得行业借鉴。

### 2.2.3　勾兑工具

（1）白酒勾兑中的品评工具　在我国，评酒杯已制定了国家标准，一般使用“郁金香杯”，如图2-2所示。评酒杯容量为80～100mL，评酒时倒入30～40mL，即到腹部最大面积处。这种杯的优点是腹大，酒液在杯中有最大的蒸发面积，口小能使蒸发的气味分子比较集中，有利于嗅觉。杯中留有较大的空间而口小，也便于评酒时转动观察，不易倾出。条件不具备的时候也可以用100mL的小烧杯应急。

图2-2　品酒杯

（2）小样勾兑工具　小样勾兑酒样用量小，勾兑工具小、量程小。

① 样品瓶（图2-3）。这种样品瓶有不同的规格，是用来盛装勾兑出来的小样的，螺口带盖的设计可以防止白酒的挥发，瓶上的刻度可以清晰地看到白酒的体积。也有使用磨口三角瓶作为样品瓶。

② 移液枪（图2-4）。移液枪有多种规格，精确度高，移液量少，方便微量添加。

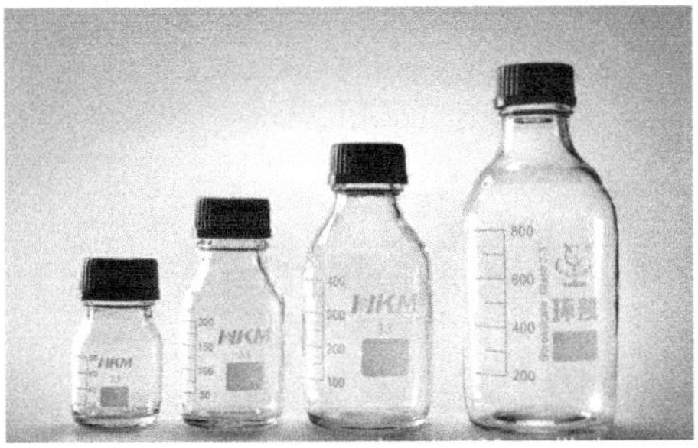


图2-3　样品瓶

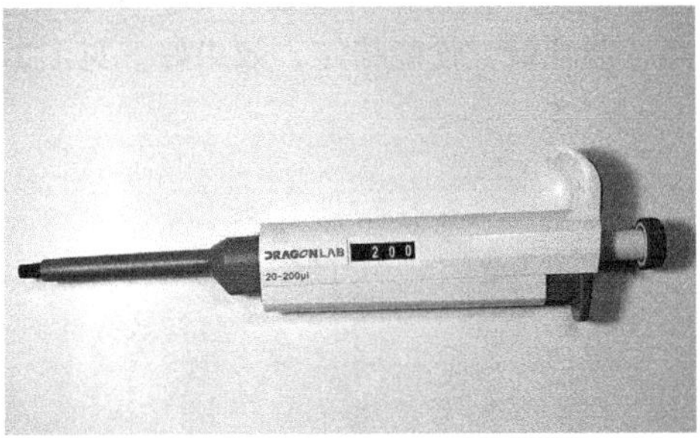


图2-4　移液枪

③ 量筒（图2-5）。量筒是使用较多的酒样转移工具，用来常规量取酒样。

④ 微量进样器（图2-6）。微量进样器的移液量较移液枪更少，精度较移液枪更高，一般用来添加特别微量的调味酒，精度可达十万级单位甚至更少。

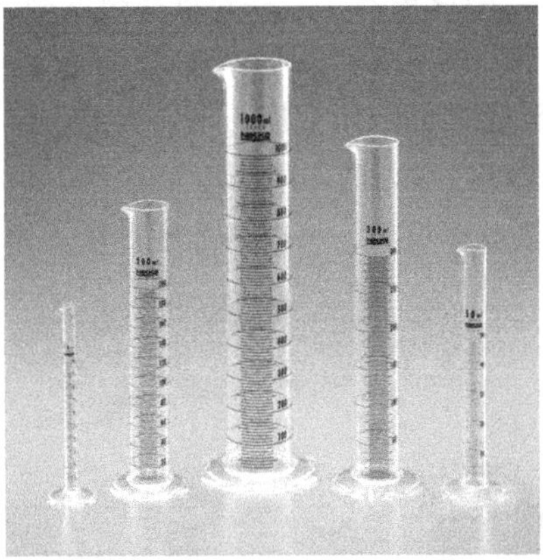

图2-5　量筒

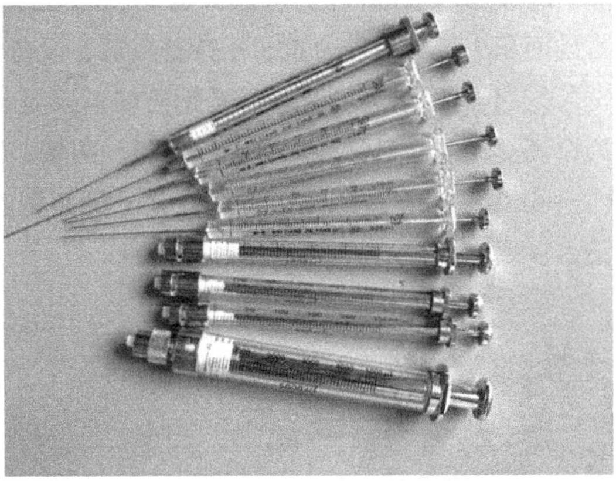

图2-6　微量进样器

（3）大样勾兑设备　大样勾兑时，要使用大的勾兑容器，对这些设备和容器也应该有一定要求。

① 贮酒罐。不锈钢罐密封性好（图2-7），密封式设计彻底杜绝了空气飘尘中有害物质，确保酒质不受外界污染和滋生蚊虫；并利用四季温度交替的自然条件使原酒中各种微量物质相继挥发，加快自然老熟过程，得到口感醇香柔和的酒液。

② 白酒专用食品级输送软管。管道用坚固弹性的不锈钢钢丝包覆管壁，耐压力大，耐腐蚀性能好，管质轻、柔软、弹性好，耐腐蚀、耐水解、无毒无味、弯曲半径小、耐负压能力好，在极低的温度下亦能保持良好的柔性，有超高的强度及超

长的使用寿命，一般采用304#食品级不锈钢材料。

③ 冷冻过滤机。该设备直接将常温（25 ~ 23℃）的酒液通过两级交换器制冷到–15 ~ –5℃，通过不同物质冰点不同的原理将白酒中的杂质析出，该设备效率高，能耗低，性能稳定，效果好。见图2-8。

图2-7　贮酒罐

图2-8　冷冻过滤机

④ 硅藻土过滤机。该设备也是白酒过滤除浊的设备之一，具有过滤精度高、占地面积小、使用寿命长、运行费用低、设备价格低等优势。见图2-9。

⑤ 不锈钢防爆酒泵。不锈钢防爆酒泵是各酒罐之间液体交换的动力来源，作为白酒交换的介质必须用食品级材料，防爆，防渗漏。如图2-10所示。

⑥ 电磁流量计。电磁流量计是一种新型流量监测仪表，可以精准地计量。如图2-11所示。

图2-9　硅藻土过滤机

图2-10　不锈钢防爆酒泵机

图2-11　电磁流量计机



### 2.2.4　勾兑场地

小样勾兑一般在酒体设计中心进行，酒体设计中心必须具备样品室、品评室、勾兑工作室和分析检测室等。

（1）样品室　样品室是用来保留前期勾兑样品及复评样品的地方，样品室管理要规范，标注要明确，应该具备一定的通风条件，有条件的单位应该配备电冰箱等冷藏设备。

（2）品评室　品评室是判定勾兑样品质量的地方，应当与勾兑工作室保持一定距离，要具备一定的通风条件，尽可能安静无噪声、无干扰，以便于提高品评的准确性。品评室应该具备水龙头、漱口杯、痰盂、餐巾纸等，品评室的光线不应当过亮或过暗，一般情况下，要采用暖光，墙壁、窗帘颜色应当清淡，防止对比强烈，以保证评酒员情绪的稳定。评酒台（桌）上的照明度均匀一致，用照度计测量时，应有500lx（勒克斯）的照度。评酒时要保证单人单桌，不得相互对视，不得交头接耳，不得相互传递信息，确保品评的准确性。

（3）勾兑工作室　勾兑工作室是进行勾兑操作的地方，应当保证单人单桌，样品标识明确，器物定置摆放，移液管、样品瓶、量筒、进样器应当保持干净，并具有一定的消毒设备。勾兑工作室应保持通风，但不应与品评室直接相连，要管理好勾兑试验记录，记录要尽可能详尽，以便总结经验，完善勾兑工作。

勾兑室要适当宽敞，不可过于狭小，但也不宜过大。勾兑室的墙壁、天花板宜选择防火防湿的材料，应涂以单一的颜色，色调中等，避免新涂有味的壁饰，既有适当的亮度又无强烈的反射（反射率以40% ~ 50%为宜），地板应光滑、清洁、耐水。

勾兑室的光线应充足而柔和，不宜让阳光直接射入室内，可安设窗帘以调节阳光。光源不应太高，灯的高度最好与勾兑员坐下或站立时的视线平行，应有灯罩使光线不直射评酒员的眼部。

勾兑室内应保持空气清新，不允许有任何异味、香气及烟气等。为了使空气流通，可安装换气设备，但在评酒时，室内应为无风状态。

勾兑室的温度和湿度应保持稳定和均匀。如果有条件，温度应控制在15 ~ 20℃，相对湿度应控制在50% ~ 60%。不适宜的温度与湿度易使人感到身体和精神不舒适，并对味觉有明显影响。

勾兑室应选择在环境安静的地方，或有隔音装置，噪声应限制在40dB（分贝）以下。因为噪声除妨碍听觉外，对味觉也有影响，还使人注意力分散，工作能力下降，易于疲劳。

（4）分析检测室　分析检测室原则上应当具备相关分析设备，以便于勾兑人员随时判定勾兑结果。分析室应当采光充足，温度、湿度恒定，减少震动，保持安静。

样品室、勾兑室、品评室、分析检测室都应当具有一定的消防设备。

### 2.2.5 品评队伍

评酒队伍是白酒勾兑的保障，一般情况下，每一个企业都应该设立白酒品评队伍，品评队伍应当由企业的技术权威领衔，专业人士参加，国家评酒委员、省级评酒委员应当是品评队伍的主要成员。对评酒队伍应当进行定期的培训，每年至少培训2次，要求评酒员既要熟知本企业产品的风格特点，还要全面掌握十二大香型的风格要领，更要熟知和了解本地区消费者的消费需求，做到了然于心、举一反三。

### 2.2.6 勾兑用水

（1）勾兑用水的要求　勾兑用水又称为加浆降度用水，水是酒中的主要成分，水质的好坏直接影响到酒的质量，没有符合要求的勾兑用水，是难以生产出质量优良的白酒的，对低度白酒来说尤为重要。故历代酿酒业对水的质量是十分重视的，有“水为酒之血”“水是酒的灵魂”“好酒必有佳泉”等说法。

勾兑用水属于酿造用水的一种，未经处理的勾兑用水应符合GB 5749—2006《生活饮用水卫生标准》之规定，而勾兑用水必须经过软化处理，要求无色透明，嗅感及味感良好，清爽可口，不得含有重金属和钙、镁金属离子。

（2）勾兑用水的处理方法　勾兑用水的处理方法不尽相同，形式也多种多样，首先要考虑水源水质情况（最好符合饮用水卫生标准），其次要考虑经济合理性等因素。常用的有以下三类方法。

① 离子交换树脂。原理是采用离子交换树脂与水中的阴、阳离子进行交换反应，再用酸、碱液冲洗等再生法将离子交换树脂上的钙、镁等离子除去后，离子交换树脂可继续使用。阳离子交换树脂分为强酸型和弱酸型两类；阴离子交换树脂分为强碱型、弱碱型及中碱型等种类。若只需除去水中钙、镁等离子时，可选用弱酸型阳离子交换树脂；若还需除去水中的氢氰酸、硫化氢、硅酸、次氯酸等，则可选用弱酸型阳离子交换树脂与强碱型阴离子交换树脂联用，或强酸型阳离子交换树脂与弱碱型阴离子交换树脂联用。

离子交换树脂的缺点是易受污染，会造成官能基的饱和及其他污染，导致去离子效率的降低，从而影响水质，因此，有些白酒企业已经淘汰这种水处理方法。易受污染原因主要有下述几个方面。

有机物引起的污染。有机物主要是天然水中的腐殖酸、高分子化合物及多元有机羧酸等，另外，离子交换树脂本身也是有机物质，使用中会因为氧化分解、机械性破裂、担体流出而造成有机物质的溶出，这些物质在水中往往带有负电，成为阴离子交换树脂污染的主要物质。

胶体物质引起的污染。水中胶体颗粒常带负离子，使阴离子树脂受到污染。胶体物质中以胶体硅对树脂的危害最大，它吸附并聚合在树脂的表面上阻止交换。

高价金属离子引起的污染。原水中的高价金属离子，如$Al^{3+}$、$Fe^{3+}$等扩散进入阳离子交换树脂的内部，由于这些高价金属离子的交换势能高，与树脂中的固定离子$SO_3^-$牢固结合形成$Al(SO_3)_3$、$Fe(SO_3)_3$等，从而使这些固定离子失去作用，丧失了离子交换能力。

再生剂不纯引起的污染。再生剂往往混有很多杂质，如$Fe^{3+}$、NaCl、$Na_2CO_3$等，对阴离子交换树脂的影响最为严重。

微生物污染。有些微生物由于菌体表面带着负电，会被阳离子交换树脂所吸附，树脂表面因而成为微生物的繁殖场地，微生物所产生的代谢产物也会成为有机物质的污染来源，造成水质污染。

② 凝集法。凝集法是指向水中加入具有凝集能力的凝集剂（如硫酸铝、硫酸亚铁等），会使微小颗粒凝集，这属于胶体化学反应：一是凝集剂本身发生水解反应形成胶体和凝集；二是水中杂质以中和、吸附及过滤等作用参与上述反应，共同形成大颗粒而得以沉淀，使水中的胶质及细微物质被吸着成凝集体。该法一般与吸附过滤器联用，缺点是处理后水的涩味较重且不利于水的软化处理。

③ 反渗透。反渗透技术原理是在压力（高于渗透压）的作用下，通过半透膜，将水分子和其他物质分离的一种技术。由于反渗透膜的膜孔径非常小（一般为0.5 ~ 10nm），因此能够有效地去除水中的溶解盐类、胶体、微生物、有机物等（去除率高达97% ~ 98%）。

反渗透技术是目前最高效、最节能有效的膜分离技术，相较于离子交换树脂、电渗析等其他技术，其优点主要如下：室温条件下进行，处理方法为无相变的物理方法；仅依靠压力作为推动力，能耗最低；不使用大量的化学药剂，无废酸、废碱的排出，不产生环境污染；系统简单，操作方便，去除率高，产水量大，所得纯水质量稳定；设备占地面积小，需要空间少，运行维护和维修成本低；可连续生产，无需再生等过程。此外，吸附过滤、超滤、纳滤等方法也被应用于白酒行业的水处理过程，具体要根据水处理的实际需求来选择最合适的方法。

## 2.3 风味化学原理

### 2.3.1 白酒风味化学原理概述

风味，是指人以口腔为主要感受器官对食品产生的综合感觉（嗅觉、味觉、视觉、触觉）。

白酒中风味物质具有如下特点。

① 种类繁多，但含量甚微。

② 大多数是非营养物质。

③ 风味物质的味感性能与分子结构有特异性关系。

④ 很多风味物质为热不稳定物质。

夏伦贝格尔是食品风味物质研究的先导者，从嗅觉和味觉开始，围绕香气的研究，有三大理论支撑。一是立体化学理论，核心观点是呈香气的化合物立体分子的大小、形状、电荷有差异，嗅觉的空间位置有差异；二是膜刺激理论，气味分子被吸附在受体柱状神经薄膜的酯质膜界面上，刺激黏膜产生感应；三是振动理论，白酒中呈香呈味物质的气味特性与气味分子的振动特性有关。

评价食品的风味，一般从两个方面进行。一是围绕食品总体风味的感官评价，如对十二大香型白酒的经典感官评价，关于这些内容，读者可参考《中国白酒品评宝典》一书，在此不再赘述。二是对食品中的特征化学成分的感官评价，这必须建立在对特征风味物质研究的基础之上。中国白酒169计划的开展基本揭示了各香型白酒的香味物质成分的种类和量比关系。由于香味物质成分“含量甚微”，能够定量的物质相对较少，中国酒业协会会同江南大学对白酒中存在的重要香味物质成分进行了阈值测定和感官描述，极大地方便了白酒勾兑研究工作。在风味物质研究中，常用的分析设备有气相色谱仪、气质联用仪、高效液相色谱仪等。

### 2.3.2 白酒的基本味觉

按照风味化学理论，食品的基本味觉是由风味物质产生的，风味物质一般分为呈香物质和呈味物质，还有呈香呈味物质。白酒的基本味觉有酸、甜、苦、咸四种，此外还有辣、涩感。

（1）白酒中的酸味物质　白酒的酸味是由于$H^+$刺激舌黏膜产生的感觉，$H^+$是定味剂，$A^-$是助味剂。酸味物质的阴离子对酸味强度有影响，增加疏水性基团有利于提高酸味。

（2）白酒中的甜味物质　按照夏伦贝格尔的AH/B理论，甜感是由共价结合的氢键键合质子和位置距离质子约3A的电负性轨道产生结合后的感觉。

① 化合物中有相邻的电负性原子是产生甜味的必须条件。

② 其中一个原子还必须具有氢键键合的质子。

③ 氧氮氯原子在甜味分子中可以起到这个作用，羟基氧原子可以在分子中作为AH或B。

甜味物质分子的亲脂部分通常称为γ(—$CH_2$—，—$CH_3$，—$C_6H_5$)，可被味觉感受器类似的亲脂部分所吸引，其立体结构的全部活性单位（AH，B，γ）都适合与感受器分子上的三角形结构所结合，γ位置是强甜味物质的一个非常重要的特征，但是对糖的甜味作用是有限的。夏伦贝格尔的这一理论并不能解释为什么L-缬氨酸是甜味的，D-缬氨酸是苦的。

影响白酒甜度的因素主要有以下几点。

① 结构影响。如聚合度越大甜度越低，异构体的结构、环结构、糖苷键等也会降低白酒糖度。

② 温度。温度升高甜度降低。

③ 呈甜物质之间的增甜效应。

④ 其他呈味物质的影响。

（3）白酒中的苦味物质　食品中的苦味多来自于生物碱，啤酒花中的葎草酮或蛇麻酮的衍生物具有苦味；柑橘中的柚皮苷、橙皮苷具有苦味；白酒中的氨基酸和多肽类化合物多呈苦味。

（4）白酒中的咸味物质　阳离子多产生咸味，阴离子多抑制咸味。

（5）白酒中的辣味物质　白酒的辣味刺激的部位在舌根部的表皮，产生一种灼痛的感觉，也可以视作触觉。辣味物质的结构中有起定味作用的亲水基团和起助味作用的疏水基团。辣味物质产生的辣感分为热辣感和辛辣感，热辣感在口腔中产生灼烧的感觉，常温下挥发性不大，高温下刺激咽喉黏膜；辛辣感是冲鼻的刺激性辣味，对味觉和嗅觉器官有双重刺激作用，常温下具有挥发性。

（6）白酒中的涩味物质　涩味物质通常是由于单宁或多酚与唾液中的蛋白质缔合而产生沉淀或聚合物而引起的味感。难溶的蛋白质和唾液中的蛋白质与黏多糖结合也能产生涩味，白酒中涩味物质多是多酚类化合物。白酒发酵的后熟阶段对风味影响较大；美拉德反应产生褐变色素的同时，也可以产生一些风味物质，影响品质。

对白酒中酸甜苦咸诸味物质的研究大大促进了白酒勾兑工作，如用增酸来突出甜感，通过控制白酒后发酵来减少或控制涩味物质的产生，还常常通过改变一些呈味物质在酒中溶解量或浓度来有效控制这些呈味物质对品质的负面影响。

按照食品风味化学的要求，白酒除了颜色以外，其香气和味觉都是可控的，目前勾兑的大部分工作是调整白酒的香和味。围绕白酒勾兑方面的专业知识，多是按照食品风味化学架构来描述的，本书也不例外。按照呈香呈味物质的风味化学特性，遵循白酒勾兑规律，通过组合、调味、品评，判定酒的质量，这一体系目前尚不能完全改变。如酯含量高时或酸酯比例不协调时，加入液态法白酒或食用酒精，降低其浓度可以改善酒质。勾兑的很多工作都是围绕香和味的表现性来展开的，一种香气的存在可以烘托或衬托另外一种香气的存在，也可以抑制或消除另外一种香气的表现。按照风味化学原理，瞄准香味之间的相消作用、相乘作用、相加作用、相减作用、掩蔽作用、拮抗作用等，巧妙掌握可以使白酒呈现出良好的风味。从另一方面来说，依靠品评判定白酒质量，其本质就是风味化学理论在白酒中的体现，品评判定的是色、香、味、格，这四个方面都不能超越食品风味化学的基本原理，白酒馥郁度的研究和发展也是基于这种理论体系。

### 2.3.3 白酒中呈香物质的特点

① 分子量相对较小，易挥发。

② 嗅感敏锐，很容易被捕捉到。

③ 嗅感易疲劳。

④ 受环境因素影响大。

### 2.3.4 白酒中呈味物质的特点

① 基本的味觉只有酸甜苦咸，但日本等亚洲国家常将味觉分为酸甜苦咸鲜，一些欧盟国家也将味觉分为酸甜苦咸及金属味，我们习惯将白酒的味觉描述为酸甜苦咸鲜。

② 呈味物质多为不挥发物质。

③ 呈味物质一般能溶于水。

④ 呈味物质的阈值比呈香物质高得多。

### 2.3.5 影响味觉感受的因素

（1）温度对味觉的影响　在10 ～ 40℃时比较敏感，所以一些老年人在喝酒时有温酒的习惯，是因为白酒经过适当加热，低沸点的物质很快挥发，增加了对味觉的影响；同时由于温度的升高，增加了酒精的挥发，使白酒的刺激性大大减小，喝起来相对绵柔。

（2）溶解度对味觉的影响　在白酒中易溶解的物质呈味快，味感消失得也快；较难溶解的物质呈味慢，味觉持续时间长。

（3）各种味觉之间存在相互作用　如相乘作用、相消作用、掩蔽作用。

相乘作用是指两种呈味物质之间，一种物质影响另一种物质的空间结构或基团特性，从而使这种物质的味觉感受成倍增长。相消作用是指一种呈味物质可以破坏另一种呈味物质的基团特性或空间结构，从而抵消另一种呈味物质的呈味效果。掩蔽作用是指一种呈味物质的存在，可以掩蔽另一种呈味物质的呈味效果。这一现象常被用作白酒调味，特别是掩盖、降低缺陷因子方面。

### 2.3.6 白酒的色泽

白酒一般是无色透明的液体，一些老陈酒和酱香型白酒会出现淡黄色，俗称

"陈酒色"，陈酒色是天然形成的。有学者研究表明，酱香型白酒的黄色是由三大基本工艺造成的：高温大曲、高温堆积、高温馏酒。正是由于酱香型白酒生产工艺的特殊性，才使得酱香型白酒含有天然的联酮类化合物。联酮类化合物都不同程度的带有黄色，主要来源于酿造和存贮环节。理论上，酱香酒贮存时间越长，酒色也就越黄，但联酮类化合物含量不能作为判断酒质好坏的依据。

为了使产品颜色发黄，有的企业采取用原酒浸泡曲块的方法，经过浸泡，酒色呈棕褐色，少量加入酒中会使酒体变黄。酒体变黄的方法很多，最直接的就是添加色素了，这是极不科学和极不负责任的做法。

## 2.4 风味轮

### 2.4.1 风味描述

（1）白酒感官评价技术的现状　近年来，随着传统饮料酒制造技术的不断进步，产品品质得到大幅提升，然而，基于食品风味化学的白酒感官评价技术仍然是白酒质量判定的基本方法。如何将感官评价与风味物质结合起来运用，提升白酒勾兑的质量，改进白酒风味，提高产品质量，值得深入探究。多种现代分析方法在白酒分析检测中的应用（动态顶空，HS-SPME，GC-MS，GC-O），使定性和定量到的微量物质已经达1000种以上，风味化学研究的进步从一定程度上带动了白酒感官科学的发展。如何准确评价各种白酒的风味特征，将专家意见与消费者主张很好地结合，是白酒感官评价的热点问题。基于传统评价方法的缺陷，需要从评价方式上革新白酒评价体系，建立白酒客观准确的评价方法。要有完善的参考评价标准作为依据，用社会和大众所普遍接受的术语和认知来描述白酒，才能使白酒品评走下神坛、走向科学。风味轮技术就是一个科学实用的方法。

（2）风味轮的提出　白酒是我国独创的一种产品，对酒类风味描述方法的研究，国外进行得比较早，常用风味轮技术描述葡萄酒的风味。国外感官评价技术的应用起始于20世纪40年代，迄今为止已经建立了完善的理论体系和应用方法，各大食品公司都设有庞大的感官品评部门，一些专家也建立了专业品评公司为行业服务。在国内白酒风味评价技术研究方面，已经逐步建立了近20个食品感官分析标准和方法，如差别型分析、描述型分析和偏好性分析等。描述型分析是获得食品感官感受信息的一种方法，如对白酒类型的感官评价术语等。特征术语描述和强度尺度评价是感官描述分析的评价手段，特别是在发酵酒类（葡萄酒、啤酒、威士忌、白兰地等）感官描述分析中应用较广。"风味轮"作为一套风味描述的评价标准，是酒类定量描述走向标准化、国际化的一个重要标志。

## 2.4.2 风味轮的定义

风味轮是指将风味描述术语按照不同类型归类整理成圆盘形状，而产品感官特性以车轮的形式表现出来的一张风味感官表。它一般分为2～3层结构，内圈为宏观分类的风味描述词（如果香、木香等），比较概括；外圈为具体的描述词（如苹果香、桃木香等），清楚地表明了特定的风味注释。可以说，风味轮是一套完整描述风味物质感官风格的体系。风味轮的设计者认为风味变化是轮回变化的，与食品的风味物质含量关系及结构变化有很大相关性，故风味表现和风味物质贡献就被做成轮状。

品酒时，从“风味轮”中选择合适词汇描述酒样中的丰富风味感受（粮香等），并评价相应的感受强度，形成网状剖面图。利用其定性、定量的风味信息，产生客观的描述报告，从中既可以看到其特征风味，又可以发现其风味缺陷，借此在样品间相互比较，选出较优产品。

国外对风味轮的研究比较早，已对各种酒基本建立了一套应用广泛且有实际效用的风味轮，如葡萄酒风味轮、啤酒风味轮、威士忌风味轮、白兰地风味轮、清酒风味轮等。

## 2.4.3 葡萄酒风味轮

葡萄酒风味轮将酒香分为以下类别（图2-12）。

（1）水果香

① 柑橘：包括葡萄柚香和柠檬香。

② 小浆果：包括黑莓、覆盆子、草莓和黑醋栗。

③ 水果（树）：包括樱桃香、杏子香、桃子香和苹果香。

④ 水果（热带水果）：包括菠萝香、甜瓜香和香蕉香。

⑤ 水果（干果）：包括草莓酱、葡萄干、梅子干、无花果。

⑥ 其他的水果：包括人造水果、邻氨基苯甲酸甲酯。

（2）草药香或草本香

① 新鲜的：包括刚割过的青草、灯笼青椒、桉树叶和薄荷。

② 罐装的或煮过的：包括青豆、芦笋、青橄榄、黑橄榄和朝鲜蓟。

③ 干的：包括甘草、茶和烟草。

（3）坚果香　包括胡桃、榛子和杏仁。

（4）焦糖香　包括蜂蜜、奶油糖果、黄油或双乙酰、大豆酱油、巧克力和蜜糖。

（5）木香

① 燃烧的：包括烟熏、烘烤和咖啡。

② 酚类的：包括药、酚臭和咸肉。

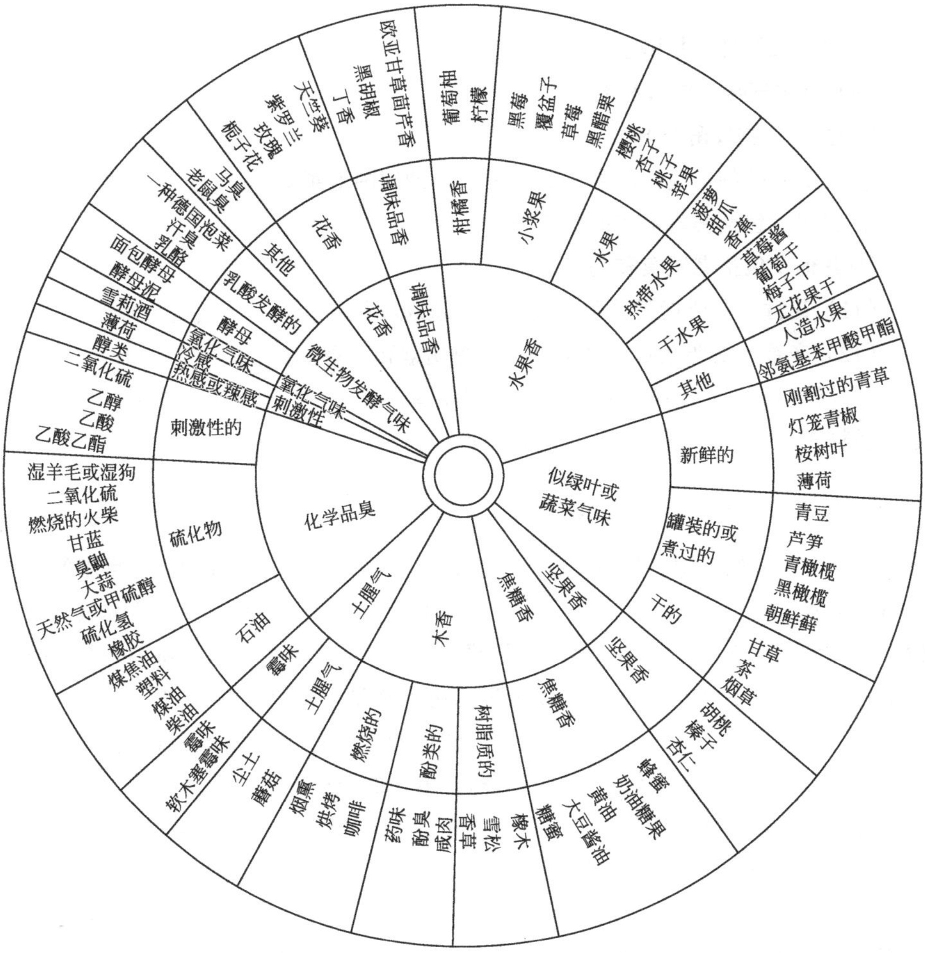


**图2-12　葡萄酒风味轮**

③ 树脂的：包括橡木、雪松和香草。

（6）土腥

① 霉味：包括霉味和软木塞霉味。

② 土腥：包括蘑菇和尘土。

（7）化学品臭

① 刺激性的：包括二氧化硫、乙醇、乙酸和乙酸乙酯。

② 硫化物：包括湿羊毛或湿狗、二氧化硫、燃烧的火柴、甘蓝、臭鼬、大蒜、天然气或甲硫醇、硫化氢和橡胶。

③ 石油：包括柴油、煤油、塑料和煤焦油。

（8）刺激性

① 冷感：指薄荷凉爽感。

② 热感或辣感：指醇。

（9）氧化气味　指雪利酒。

（10）微生物发酵气味

① 乳酸发酵的：包括酸乳酪、汗臭、一种德国泡菜。

② 酵母：包括酵母泥和面包酵母。

③ 其他：包括老鼠臭和马臭。

（11）花香　主要指天竺葵、紫罗兰、玫瑰和栀子花。

（12）辛香　主要指欧亚甘草回芹、黑胡椒和丁香。

国外葡萄酒风味轮的建立，对引导葡萄酒感官描述发挥了重大作用，有利于促进呈香物质与生产工艺关联性，从而促使产品质量的提高。

### 2.4.4　构建白酒风味轮的意义

（1）方便人们认识、学习　在风味感官科学研究中，描述性分析是常用的一种感官评价方法，有助于捕获较为全面、丰富的感官信息，对感官科学研究具有重要价值。特征术语描述和强度尺度评价是感官描述分析的评价手段，特别是在酒类感官描述的分析研究中，风味轮可以将酒的感官特征形象地呈现出来，方便人们认识、学习、研究和应用。它作为一种国际认可的经典的分类系统，可以提供一套有效的描述语体系，是白酒定量描述型分析标准化的重要标志。

（2）勾兑成果感官评价的需要　白酒是我国历史悠久的传统蒸馏酒，它是世界六大蒸馏酒之一。由于采用不同的原料及生产工艺，构成了白酒丰富多彩的风味特色，形成了以浓香、酱香、清香、凤香四种香型为主的十二大香型白酒，满足了人们不同口味需求。目前已经在白酒中分析检测出1000多种以上的微量成分，如醇类、酸类、酯类、醛类等。目前白酒众多的风味成分形成与丰富感官感受之间的机理仍未研究透彻。利用感官品评方法对白酒产品观察、分析、描述、分级等，仍是保持白酒质量稳定和开发风格多样产品的重要手段。

现有的白酒品评语，模式比较固定，语言比较模糊，专业强度高，很多感受难以定量描述，感受的强度也是如此。计分标准法品评判定白酒质量是基于品酒师对酒的认可性感受，是一种个人偏好性的打分而非描述型评价，这也不利于白酒的勾兑品评，有经验的勾兑师只能自己感受，很多体会无法用言语表述出来供大家分享，这也是产生白酒勾兑神秘感的一个因素。

如何准确评价各类白酒的风味感官特征，为普通大众、国际社会所理解认可，是白酒感官品评领域亟待解决的关键问题。在肯定传统白酒评价方法的基础上，我们应当认识到现有的白酒品评方面存在一定的缺陷，由此引入新的白酒品评理念，建立白酒客观定量的评价方法是非常必要的。

## 2.4.5 白酒风味轮的提出与初步建立

尽管目前国内对白酒风味成分的研究已经比较成熟，但是对酒类风味轮的研究较少，基本还没有建立风味轮等描述性术语体系。为了推动品评和白酒风味科学发展，白酒行业急需建立一套白酒系统科学的“风味轮”体系。

中国食品发酵工业研究院在对国外风味轮研究的基础上结合我国白酒风味特点，首次提出了第一个白酒“风味轮”描述术语表。定性定量地对所评酒样形成了感官风味剖面，传达出形象具体的白酒感官信息，破除了传统的固定香型对白酒品评的禁锢，对于我国白酒的发展具有重大的意义。

### 2.4.5.1 白酒风味轮

中国食品发酵研究院建立的白酒风味轮如图2-13所示，白酒风味轮的特征术语有以下内容。

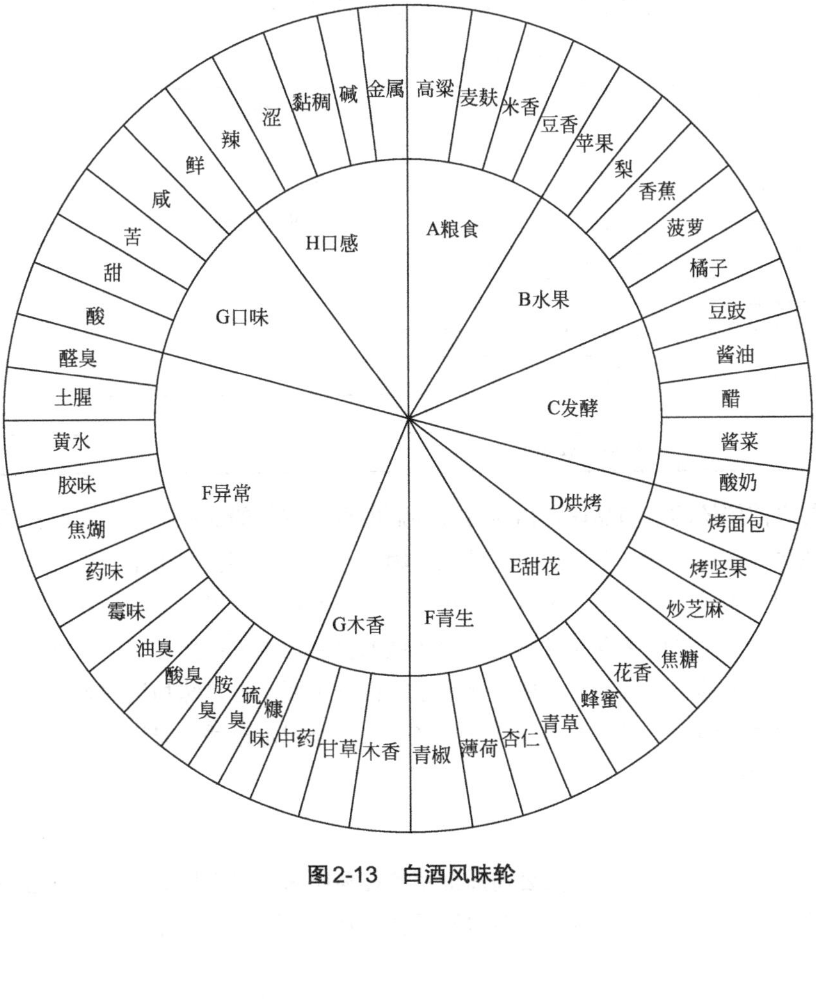


**图2-13 白酒风味轮**

（1）粮食　高粱、麦麸、米香、豆香。

（2）水果　苹果、梨、香蕉、菠萝、橘子。

（3）发酵　豆豉、酱油、醋、酱菜、酸奶。

（4）烘烤　烤面包、烤坚果、炒芝麻。

（5）甜花　焦糖、花香、蜂蜜。

（6）青生　青草、杏仁、薄荷、青椒。

（7）草木　木香、甘草、中药。

（8）异常　糠味、硫臭、胺臭、酸臭、油臭、霉味、药味、焦煳、胶味、黄水、土腥、醛臭。

（9）口味　酸、甜、苦、咸、鲜。

（10）口感　辣、涩、黏稠、碱、金属。

在初步建立白酒风味轮的同时，还选取了九种不同的酒样，并按照白酒风味轮对所取的九种白酒香气进行了具体的描述，描述情况如表2-1所示。

**表2-1　白酒香气的具体描述**

| 白酒 | 香气具体描述 |
|---|---|
| 泸州老窖 | 窖陈，老陈，糟香的综合香气 |
| 五粮液 | 突出了陈味，曲香和粮香，略带馊香的综合香气 |
| 剑南春 | 木香陈，大麦曲香和碳花香，略带窖陈和粮香的综合香气 |
| 全兴大曲 | 醇陈和略带窖陈的综合香气 |
| 沱牌曲酒 | 醇陈加曲香，粮香并略带窖香的综合香气 |
| 茅台 | 酱香、果香、焦香复合香气 |
| 汾酒 | 清香略带麸皮香气 |
| 凤香 | 醇香、水果香和酒海香气 |
| 芝麻香 | 略带芝麻香气 |

与之前传统的白酒品评术语对这几种酒的香气进行的品评描述相比，白酒风味轮描述更为客观确切，但差距仍然较大。因此，在白酒感官分析中，如果能建立全面系统的白酒风味轮，进一步规范传统的评价习惯用语，对白酒的品评和勾兑具有很大的实际意义。中国食品发酵研究院所做的白酒风味轮虽然有了一个雏形，但对白酒的描述远远不够精准，主要问题是未将白酒主要呈香呈味物质的香气特征全面厘定，故失之偏颇，尚不能指导白酒生产，特别是对水果香、坚果香、蜜香等描述欠缺，无法精准描述白酒风味。

#### 2.4.5.2　浓香型白酒风味轮

江苏今世缘酒业股份有限公司周维军等在参照国外酒类风味轮建立方法的基础上，构建浓香型白酒风味轮（图2-14），使白酒风味轮有了一些进步。

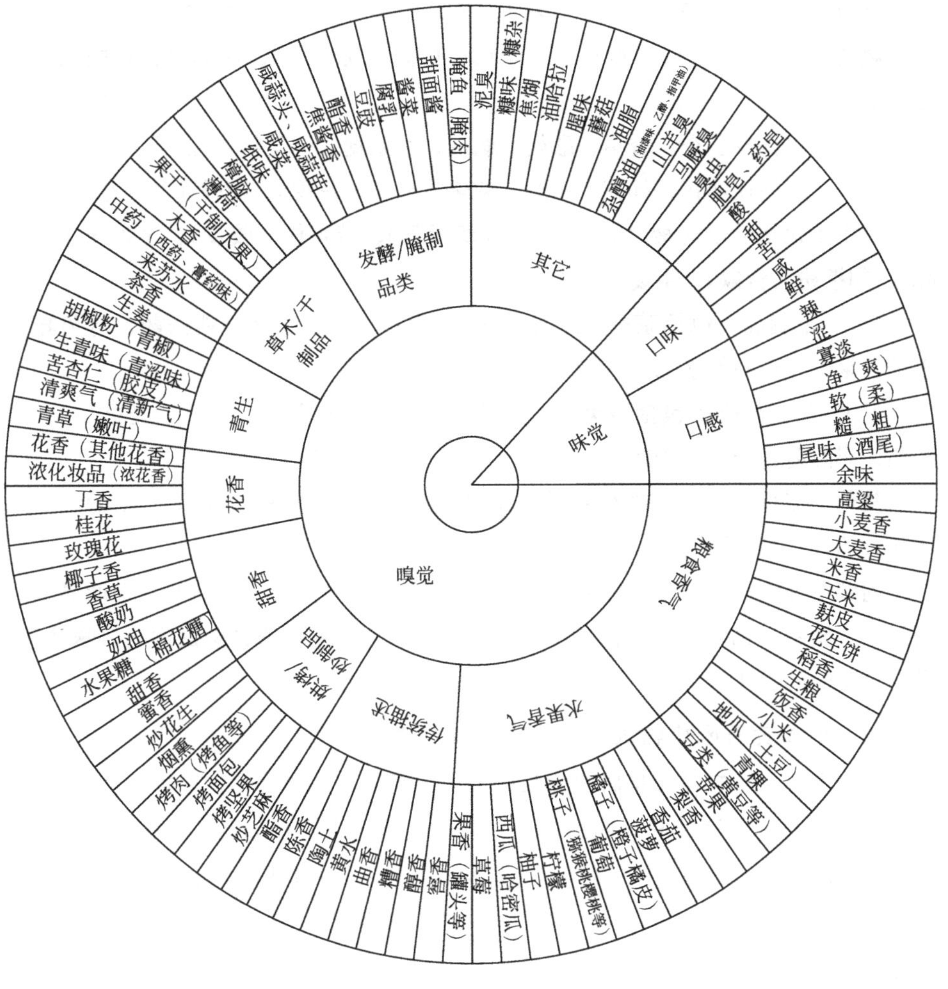


**图2-14　浓香型白酒风味轮**

（1）味觉

口味：包括酸、甜、苦、咸、鲜。

口感：辣、涩、寡淡、净（爽）、软（柔）、糙（粗）、尾味（酒尾）、余味。

（2）嗅觉

粮食香气：包括高粱、麦香（小麦、大麦等）、米香（糯米、大米）、玉米、麸皮、花生饼、稻香、生粮、饭香、小米、地瓜（土豆）、青稞、豆类（黄豆等）。

水果香气：包括苹果、梨香、番茄、菠萝、橘子（橙子、橘皮）、葡萄、桃子（猕猴桃、樱桃等）、柠檬、柚子、西瓜（哈密瓜）、草莓、果香（其他水果香气、罐头等）。

传统描述：包括酯香、陈香、陶土、黄水、曲香、糟香、醇香、窖香。

烘烤/炒制品类：包括炒花生、烟熏、烤肉（烤鱼等）、烤面包、烤坚果、炒芝麻。

甜香：包括椰子香、香草、酸奶、奶油、水果糖（棉花糖）、甜香、蜜香。

花香：包括玫瑰花、桂花、丁香、浓化妆品（浓花香）、花香（其他花香）。

青生：包括青草（嫩叶）、清爽气（清新气）、苦杏仁（胶皮）、生青味（青涩味）、胡椒粉（青椒）、生姜。

草木/干制品：包括茶香、来苏水（医院消毒水）、中药（西医药、膏药味）、木香、果干（干制的水果）、薄荷、樟脑、纸味。

发酵/腌制品类：包括咸菜、咸蒜头、咸蒜苗、焦酱香、酯香、豆豉、腐乳、酱菜、甜面酱、腌鱼（腌肉）。

其他：泥臭、糠味（糠杂）、焦煳、油哈拉、腥味、蘑菇、油脂、杂醇油（油漆味、乙醚、指甲油）、山羊臭、马厩臭、臭虫、肥皂、药皂。

周维军等的浓香型白酒风味轮模型较之以前的研究有了一定进步，但明显缺乏坚果香、蜜香、化学品、氧化物等特征，也不能全面阐述浓香型白酒的风味特征，具有一定的局限性。

#### 2.4.5.3　中国黄酒风味轮进步对白酒的借鉴意义

江南大学王栋等在大量研究的基础上将中国黄酒的感官描述语进行整理归类，选择确定了作为黄酒风味轮的描述语，首次建立了中国黄酒的风味轮（图2-15）。为中国黄酒风味的研究提供了基础数据和科学指导，对白酒风味轮建立有一定借鉴意义。

（1）味觉

口感：清爽、温热、浓郁、细腻、绵柔、辛辣、醇厚、金属感。

口味：酸味（醋酸、乳酸）、甜味、鲜味、涩味、咸味、苦味。

（2）嗅觉

① 焦糖香。

a.酱油气。

b.甜香：包括巧克力香、蜂蜜香、奶酪香。

② 芳香。

a.醇香。

b.花香：包括兰花、荷花、玫瑰花。

c.酯香：奶油香。

③ 蔬菜气。新鲜的，如清香、青草香。

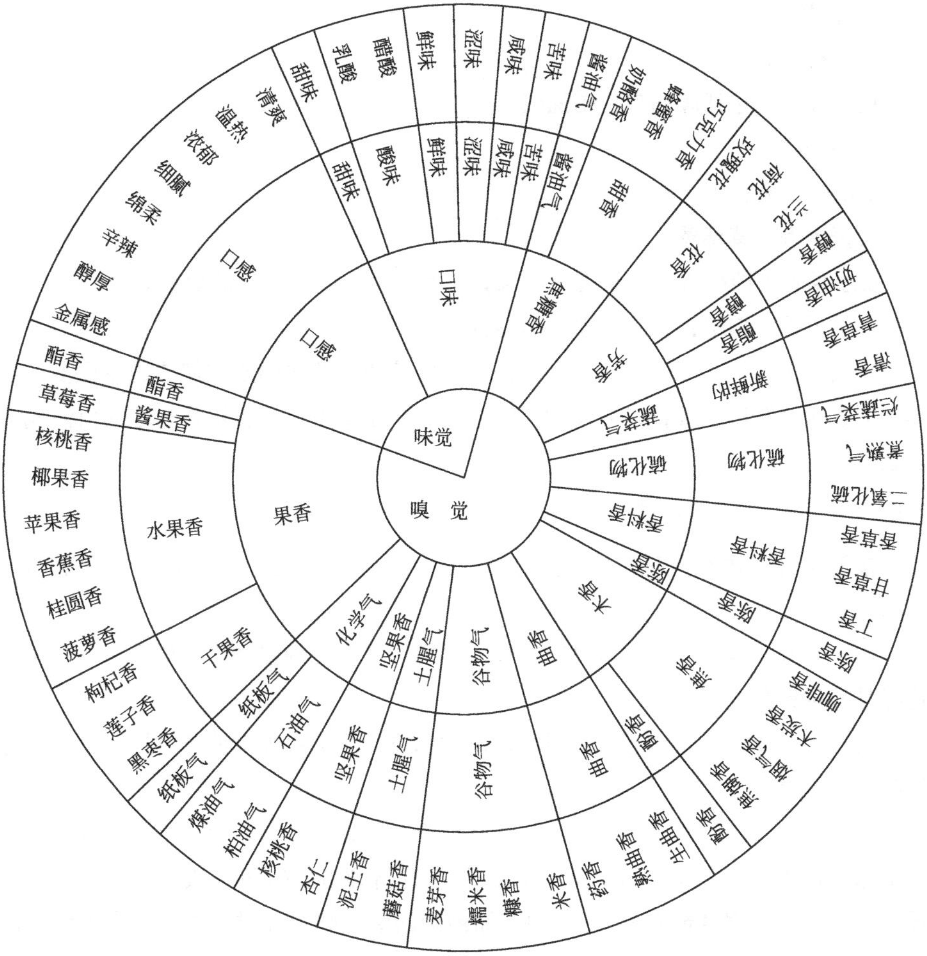


**图2-15　中国黄酒风味轮**

④ 硫化物。二氧化硫、煮熟气、烂蔬菜气。

⑤ 香料香。丁香、甘草香、香草香。

⑥ 陈香。

⑦ 木香。

a.酚香。

b.焦香：包括焦煳气、烟气香、木炭香、咖啡香。

⑧ 曲香。药香、熟曲香、生曲香。

⑨ 谷物气。麦芽香、糯米香、糠香、米香。

⑩ 土腥气。泥土香和蘑菇香。

⑪ 坚果香。核桃香、杏仁香。

⑫ 化学气

a.纸板气。

b.石油气：包括煤油气、柏油气。

⑬ 果香

a.酯香：酯香。

b.酱果香：草莓香。

c.水果香：核桃香、椰果香、苹果香、香蕉香、桂圆香、菠萝香。

d.干果香：枸杞香、莲子香、黑枣香。

相对于国内酒类风味轮研究，江南大学的黄酒风味轮的建立就要进步很多，基本上涵盖了风味因素要件，对黄酒风味描述有一定借鉴作用，可作为建立白酒风味轮之参考。

2.4.5.4 风味轮建立的基本步骤

按照国外对酒类风味轮的研究成果，有专家指出，建立白酒风味轮需要如下步骤。

第一，选择具有显著感官风味特性的不同风格特色的白酒作为样品，并分轮次将样品提供给品酒师。

第二，品酒师在感官品评室对所提供样品进行味觉和嗅觉的感官描述分析；每轮品评间隔时间20min。

第三，品酒师从香气、口感、回味等方面对所评酒样进行感官描述，并详细记录下来。同时，对相应酒样感官性质的强度进行评分，(1 ～ 5级："1" 表示强度最弱；"5" 表示强度最强)，为了便于品酒师回忆气味及味道的描述，将提供一部分基本的风味描述语，使其更容易联想到与之相关或者更加准确的描述词。

第四，收集整理每位品酒师的感官描述语，进行初筛，首先删除近义词、反义词、享乐性的描述语（如令人愉快的、美好的、促进食欲的术语)、定量性术语（如太强、太弱）等。

第五，参考国外酒类风味轮归类方法，对整理的描术语进行归类。

第六，按照归类绘制出代表白酒风味性质的风味轮。

风味轮的建立是个复杂的过程，需要做大量工作，既要熟悉工艺特征，还要了解地域文化，只有深刻理解白酒的特性与工艺、原料、设备、地域等之间的关联性，才能游刃有余。

"风味轮" 描述术语和标准参比物质体系的建立，使酒类的感官评价和交流有了可依据的标准。品评勾兑人员根据初步建立的白酒风味轮，具体描述白酒的基本感官特性，加深对白酒风味的认识，这对提升白酒风味品质也有重要的意义。科研人员以风味轮和标准参比物质定义风味特征，针对性地研究白酒风味产生机理，从而调控原料生产工艺。企业也可以制定自身产品的风味轮，保证产品研发方向与消费者的口味相一致，不断顺应市场需求。

我国白酒的风味轮研究比国外其他酒类要晚，一些学者对一部分白酒风味轮进行的初步构建，对于我国白酒的发展具有借鉴意义。白酒品种丰富多样，评酒人员在感官品评时，不能幻想一味地依赖风味轮，抱着必须从风味轮描述语中找到自己所感受的某种香气或者对这种香气的感受强度的这种想法。要知道每一次的品评都是对白酒风味轮的进一步完善，正如风味轮的车轮形状，它是前进着的，需要研究人员在实践中继续总结研究以完善之。

## 2.5 白酒胶体模型稳定原理

### 2.5.1 胶体的特性

（1）定义　胶体又称胶状分散体，是一种较均匀混合物，在胶体中含有两种不同状态的物质，一种是分散相，另一种是连续相。分散相的一部分是由微小的粒子或液滴所组成，分散相的粒子直径在1 ～ 100nm之间的分散系是胶体（表2-2）；胶体是一种分散质粒子直径介于粗分散体系和溶液之间的一类分散体系，这是一种高度分散的多相不均匀体系。

**表2-2　分散体系按分散相颗粒大小的分类**

| 类型 | 颗粒大小 | 主要特性 |
|---|---|---|
| 粗分散体系（悬浮体或乳状液） | ＞100nm | 颗粒不能透过滤纸，不扩散，不渗析，一般显微镜下可见 |
| 胶体分散体系（溶胶） | 1 ～ 100nm | 颗粒能通过滤纸，扩散极慢，不渗析，只在超显微镜下可见 |
| 分子与离子分散体系（溶液） | ＜100nm | 颗粒能通过滤纸，扩散快，能渗析，超显微镜下都看不见 |

（2）分类　根据不同的分类标准，胶体有不同的分类方法，若根据分散相和分散介质的聚集状态进行分类，胶体可分为液溶胶、固溶胶和气溶胶。其中液溶胶又可分为液-固溶胶、液-液溶胶、液-气溶胶；固溶胶又可分为固-固溶胶、固-液溶胶、固-气溶胶；气溶胶又可分为气-固溶胶、气-液溶胶。

（3）性质　既然胶体是一种分散质粒子直径介于粗分散体系和溶液之间的一类分散体系，它本身一定有其特有的性质和应用价值。如胶体能发生丁达尔现象，产生布朗运动、电泳、凝聚、盐析等现象，有渗析作用和介稳性等性质。

①丁达尔现象。当一束平行光线通过胶体时，从侧面看到一束光亮的“通路”。这是胶体中胶粒在光照时产生对光的散射作用形成的。对溶液来说，因分散质（溶质）微粒太小，当光线照射时，光可以发生衍射，绕过溶质，从侧面就无法观察到光的“通路”。因此可用这种方法鉴别真溶液和胶体。悬浊液和乳浊液，因其分散质直径较大，对入射光只反射而不散射，再有悬浊液和乳浊液本身也不透过，也不可能观察到光的通路。

② 布朗运动。胶体中胶粒不停地做无规则运动。其胶粒的运动方向和运动速率随时会发生改变，从而使胶体微粒聚集变难，这是胶体稳定的一个原因。布朗运动属于微粒的热运动现象，但这种现象并非胶体独有的现象。

③ 电泳。不同的胶粒其表面的组成情况不同，它们有的能吸附正电荷，有的能吸附负电荷。因此有的胶粒带正电荷，如氢氧化铝胶体；有的胶粒带负电荷，如三硫化二砷胶体等。如果在胶体中通以直流电，它们或者向阳极迁移，或者向阴极迁移，这就是所谓的电泳现象。电泳现象表明胶粒带电，胶粒带电荷是由于它们具有很大的总表面积，有过剩的吸附力，靠这种强的力吸附着离子。一般来说，金属氢氧化物、金属氧化物的胶体微粒吸附阳离子，带正电荷；非金属氧化物、金属硫化物胶体微粒吸附阴离子，带负电荷。当然，胶体中胶粒带的电荷种类可能与反应时用量有关。同种溶液的胶粒带相同的电荷，具有静电斥力，胶粒间彼此接近时，会产生排斥力，所以胶体稳定，这是胶体稳定的主要而直接的原因。

④ 凝聚。凝聚是指胶体中胶粒在适当的条件下相互结合成直径大于100nm的颗粒而沉淀或沉积下来的过程。如在胶体中加入适当的物质（电解质），胶体中胶粒会相互聚集成沉淀。

胶体稳定的原因是胶粒带有某种相同的电荷互相排斥而稳定，及胶粒间无规则的热运动也使胶粒稳定。胶体凝聚的原理是中和胶粒的电荷、加快其胶粒的热运动及增加胶粒的结合机会，使胶粒聚集而沉淀下来。

⑤ 盐析。盐析是指向蛋白质胶体溶液中加入高浓度的中性盐，以破坏蛋白质的胶体稳定性，使蛋白质的溶解度降低而从溶液中沉淀析出的过程。如向蛋白质溶液中加入某些浓的无机盐［如$(NH_4)_2SO_4$、$Na_2SO_4$、$\delta$-葡萄糖酸内酯］溶液后，可以使蛋白质凝聚而从溶液中析出。但白酒中几乎不含蛋白质，故不会发生盐析反应。

⑥ 介稳性。胶体的稳定性介于溶液和浊液之间，在一定条件下能稳定存在，属于介稳体系。白酒勾兑的原理之一就是要尽可能地维持白酒的介稳性，防止其向浊液方向发展。胶体具有介稳性的两个原因，一是胶体粒子可以通过吸附而带有电荷，同种胶粒带同种电荷，而同种电荷会相互排斥（要使胶体聚沉，就要克服排斥力，消除胶粒所带电荷），二是胶体粒子在不停地做布朗运动，与重力作用相同时便形成沉降平衡的状态。

### 2.5.2 胶体的稳定性

根据胶体的各种性质，溶胶稳定的原因可归纳为溶胶的动力稳定性、胶粒带电的稳定作用、溶剂化的稳定作用等。

（1）溶胶的动力稳定性　胶粒因颗粒很小，布朗运动较强，能克服重力影响不下沉而保持均匀分散。这种性质称为溶胶的动力稳定性。影响溶胶动力稳定性的主要因素是分散度。分散度越大，颗粒越小，布朗运动越剧烈，扩散能力越强，动力稳定性就越大，胶粒越不容易下沉。此外分散介质的黏度越大，胶粒与分散介质的密度差越小，溶胶的动力稳定性也越大，胶粒也越不容易下沉。

（2）胶粒带电的稳定作用　图2-16表示的是一个个胶团。蓝色虚线圆是扩散层的边界，虚线圆以外没有净电荷，呈电中性。因此，当两个胶团不重叠时［图2-16（a）］，它们之间没有静电作用力，只有胶粒间的引力，这种引力与它们之间距离的三次方成反比，这和分子之间的作用力（分子之间的作用力与分子之间距离的六次方成反比）相比，是一种远程力，这种远程力驱使胶团互相靠近。当两个胶团重叠时［图2-16（b）］它们之间就产生静电排斥力，重叠越多，静电排斥力越大。如果静电排斥力大于胶粒之间的吸引力，两胶粒相撞后又分开，保持了溶胶的稳定。胶粒必须带有一定的电荷才具有足够的静电排斥力，而胶粒的带电量与$\zeta$电势的绝对值成正比。因此，胶粒具有一定的$\zeta$电势是胶粒稳定的主要原因。

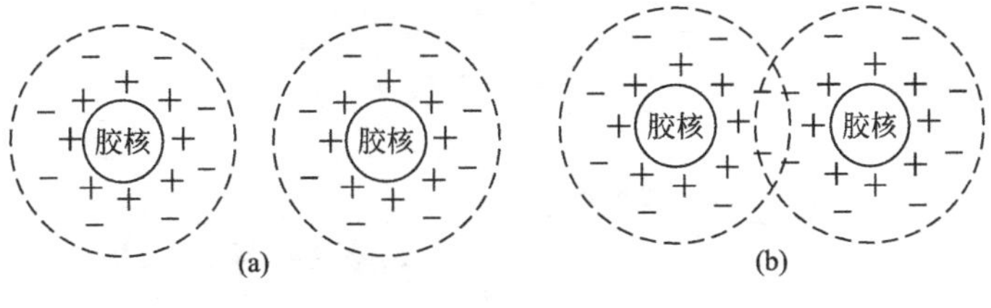


**图2-16　胶团**

（3）溶剂化的稳定作用　物质和溶剂之间所起的化合作用称为溶剂化，溶剂若为水，则称水化。憎液溶胶的胶核是憎水的，但它吸附的离子都是水化的，因此增加了胶粒的稳定性。由于紧密层和分散层中的离子都是水化的，这样在胶粒周围形成了水化层。实验证明，水化层具有定向排列结构，当胶粒接近时，水化层被挤压变形，它有力图恢复定向排列结构的能力，使水化层具有弹性，这成了胶粒接近时的机械阻力，防止了溶胶的聚沉。

### 2.5.3 白酒胶体模型

白酒中的主要成分是乙醇和水（占总量的98% ~ 99%），而溶于其中的酸、酯、醇、醛、酮等种类众多的微量成分（占总量的1% ~ 2%）作为白酒的呈香呈味物质，决定着白酒的质量和风格。长久以来，在研究白酒的特性时，很多学者都是从微量成分以分子、离子或它们简单的聚合体分散于乙醇-水体系中出发进行研究，而忽视了它们的整体特性及其相互影响。当我们从白酒的整体特性研究出发，不难发现，白酒具有高度分散的多相性、动力学稳定性和热力学不稳定性的胶体体系的三大特征。同时实践证明，因为白酒酒体具有布朗运动、丁达尔现象、电泳现象，在微观形态下，酒体颗粒的尺寸在胶体范围内［1～100nm(图2-17、表2-3)］，所以中国白酒属于胶体溶液，白酒的胶体特性显示出微观世界的布朗运动，使各分子分散于酒体中，又通过范德华引力使酒中的微量成分以团聚形式连接在一起，构成完整独特的酒体。根据分散相和分散介质的聚集状态进行分类，白酒应该属于液-液溶胶与液-固溶胶的混合体。

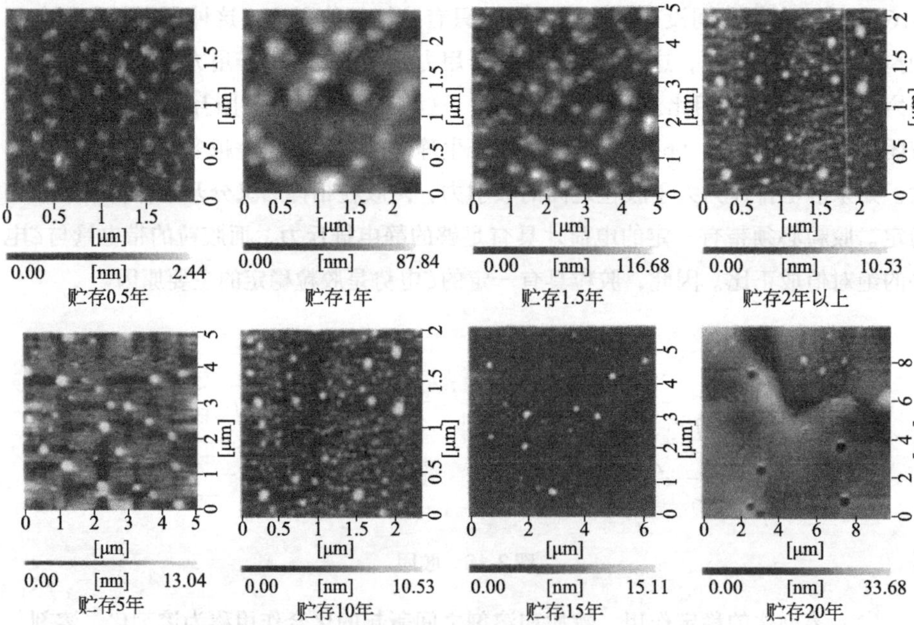


图2-17 不同贮存时间的白酒原子力显微镜图

表2-3 贮存年限不同白酒的胶粒直径

| 项目 | 贮存时间/年 | | | |
| --- | --- | --- | --- | --- |
| | 5 | 10 | 15 | 20 |
| 粒子直径/nm | 15.73798 | 4.71183 | 4.40668 | 19.54320 |

## 2.5.4 对白酒胶体模型的研究

白酒中的胶粒是分子或离子聚结而成的。溶胶中的颗粒由胶核、胶粒、胶团所构成（图2-18）。白酒中微量成分形成溶胶的关键是胶核的形成，有学者认为中国白酒胶体的胶核由棕榈酸乙酯、油酸乙酯、亚油酸乙酯的混合物构成。著名酿酒专家庄名扬等认为白酒中胶粒的形成不是简单的分子相互堆积，是与白酒中的金属元素，尤其与具有不饱和电子层的过渡元素有关。即金属元素的A离子（或原子）同几个B离子（或分子）或几个A离子和B离子（或分子）以配位键方式结合起来，形成具有一定特性的复杂化学质点而构成了白酒中的胶核。这种络合组成的复杂的化学质点，一般称为络离子或络合分子。

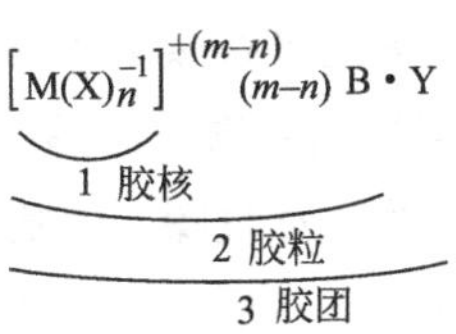


**图2-18　胶团的形成**

M—中心离子；X—配位体；B—带负电基团的化合物（醇、酸、醛、酮、酯）；Y—酒中微量成分

我们研究白酒中微量成分是否形成络合物，应先确定它存在不存在中心离子及配位体。白酒的酿造容器及原料、蒸馏器、贮存容器均含有金属元素，因而使酒体中含有多种微量元素（表2-4）。

**表2-4　不同香型白酒中金属元素的含量**

| 元素 | 香型A | 香型B | 香型C |
| --- | --- | --- | --- |
| K/（mg/L） | 0.61 | 1.06 | 1.38 |
| Ca/（mg/L） | 1.01 | 6.56 | 5.06 |
| Mg/（mg/L） | 10.40 | 3.78 | 2.54 |
| Cd/（μg/L） | 14.25 | 37.27 | 54.99 |
| Fe/（mg/L） | 0.12 | 0.52 | 0.48 |
| Pb/（μg/L） | 9.80 | 78.61 | 125.11 |
| Cu/（μg/L） | 121.53 | 64.95 | 100.54 |
| Mn/（μg/L） | 25.10 | 20.89 | 50.65 |
| Al/（mg/L） | 0.40 | 0.79 | 1.46 |
| Ni/（μg/L） | 3.09 | 6.31 | 11.82 |
| Ce/（μg/L） | 4.53 | 2.78 | 3.62 |
| Na/（mg/L） | 21.83 | 8.19 | 7.18 |

白酒中含有大量的$H_2O$、$OH^-$、—COOH，—CHO，—C═O、—$NH_2$、$O^{2-}$等基团的化合物，它们均可能以配位体与中心离子形成络合物存在于酒体中，从而构成简单的或多核的溶胶中的胶核。在高度酒中，乙醇为溶剂，由于乙醇分子的特殊结构，一端为烃基而另一端为羟基，它既能溶解微量成分中的有机部分，又能很好地与水互溶。一方面高级脂肪酸乙酯由于范德华引力与酒中的微量成分及酯类形成高分子聚合体，以团聚的形式连接在一起，由于高级脂肪酸乙酯的疏水性对酯类物质形成一种疏水性的保护溶胶，阻隔了水分子与酯类物质的接触；另一方面白酒中

金属元素与多种微量成分通过非共价键方式团聚形成胶粒。近年来研究表明，白酒中的两性化合物是白酒形成溶胶的另一重要因素。白酒微量的含N、O、S等杂环类化合物，如吡嗪、呋喃、噻吩等衍生物，它们既具有亲水性基团，又有疏水性基团，因而对白酒中疏水性或亲水性的微量成分均具有亲和力。因而这一类两性化合物的存在及含量多少，是该种白酒能否形成溶胶及决定其感官性质的重要因素。

### 2.5.5 白酒胶体模型稳定性控制

在高度酒中，乙醇浓度大，白酒中的酸和醇一直在进行缓慢的酯化反应，而其逆反应水解反应则很微弱。所以酒体中的香味成分不会有太明显的变化，其胶体特性也相对稳定，不会有太大的改变。在低度白酒中，水为溶剂，由于高级脂肪酸乙酯的疏水性，在低度白酒中析出，造成低度白酒的浑浊，通过除浊从酒中除去，这样一方面破坏了白酒的胶体特性，使酯类物质失去了保护层；另一方面，水在溶液中占比的增大，乙醇浓度降低，使乙醇与水分子结合的水合因子减少，游离的水分子增多，这两个方面的因素加速了低度白酒酯类的水解。

作为白酒企业，一方面要不断满足消费者对低度白酒的需求，另一方面要从工艺技术上解决低度白酒胶体稳定性问题，使产品在货架期内品质保持稳定一致，最大可能满足产品相对稳定。因此保持酒体的稳定性，维持白酒胶体稳定性，是名优白酒勾兑的秘籍之一。

维持白酒胶体模型的稳定性，可以从以下几点考虑。

（1）开发酒度适宜的产品　随着人们文化素质的提高，在生活实践中，人们也逐渐认识到过高的酒度易造成酒醉，对人体健康和社会带来不良的影响，因此，适当降低白酒的酒度，已成为必然趋势，同时实现了酒度与国际接轨。但并不是说我们要一味地降低度数，在降度后随着贮存时间的延长，酒体会因水解和胶粒的稳定性被破坏而变味、浑浊乃至沉淀。

因此我们要开发酒度适宜的产品，目前市场上成品酒的度数大多在38% ~ 55%vol之间，适宜的酒度在42% ~ 52%vol之间。此酒度区间的白酒，不失白酒本身原有的独特风格，同时又能降低酒中原有的不稳定物质的含量，使白酒中原有的胶体更加稳定；还可以因酒度的降低，正好满足了消费者对白酒营养、卫生、保健、安全的新要求。

（2）更多地去除易形成不稳定胶团的高级脂肪酸酯　在高度酒中，乙醇为溶剂，由于乙醇分子的特殊结构，一端为烃基而另一端为羟基，它既能溶解微量成分中的有机部分，又能很好地与水互溶。高级脂肪酸酯由于范德华引力与酒中的微量成分及酯类形成高分子聚合体，以团聚的形式连接在一起，由于高级脂肪酸被烷基的疏水性对酯类物质形成一种疏水性的保护溶胶，阻隔了水分子与酯类物质的接触，使酯类等微量成分相比较而言在一定时期内不易水解或者水解得非常缓慢。在低度白酒中，水为溶剂，高级脂肪酸酯的疏水性增强，在低度白酒中析出，造成低度白酒的浑浊，通过除浊从酒中除去，这样破坏了白酒的胶体特性，使酯类物质失去了保护胶体。

因此在白酒的贮存、勾兑等过程中，我们就要尽可能地把这些高级脂肪酸酯除去，避免因此类物质影响到白酒的贮存和货架期的稳定。要除去白酒中的高级脂肪酸酯浑浊现象，目前所采用的技术有冷冻法、吸附法、超滤法、复合材料过滤法。

① 冷冻法。温度降低，白酒中的酯类物质溶解度下降，使白酒成为乳浊液，通过过滤设施加以除去。冷冻过滤的关键技术有两点，其一是均匀准确地控制冷冻温度和时间，其二是选择合适的过滤介质进行过滤。

白酒中的酯类物质凝固温度一般较低，若基酒稀释为38 ~ 40℃，冷冻为–16 ~ –12℃，保持一段时间后进行过滤即可得清澈的低度白酒。虽然冷冻过滤不同程度地除去了白酒中的一些香味物质，但一般认为能较好保持原有的风格。缺点是冷冻设备投资大，生产时耗能高。

② 吸附法。利用吸附剂表面许多微孔形成的巨大表面张力对白酒中的沉淀物质进行吸附。吸附剂的使用原则是既能除去酒中沉淀性物质，又不影响酒中的香味物质，更不会影响酒体的风味和风格。吸附法又可分为以下几种。

a.活性炭吸附法。活性炭一般选用粉末性活性炭，添加量一般为0.1% ~ 0.15%，充分搅拌，静置8 ~ 24h后过滤即得澄清白酒。其除浊机理是由于活性炭具有相当大的比表面积，可选择性地吸附酒液中易被吸附的大分子物质、分子极性较强的物质和引起浑浊的物质。酒液中的高级脂肪酸酯是大分子物质，杂味物质大部分极性较强，易被吸附，而呈香、呈味有益成分分子小，极性弱，能较好地被保留。经活性炭处理后的白酒，不仅变得清澈透明，且口感会有很大的改善。粉末活性炭用于白酒吸附有改变酒体物理化学性质、过度吸附、过滤污染等问题，目前很多企业采用活性炭柱进行吸附过滤。

b.硅藻土吸附法。硅藻土的吸附应用已经普遍。硅藻土是由钾长石、斜长石、石英等多种矿物质组成的多微孔复合体，具有较大的表面积，能够很好地吸附大分子物质和金属离子，且能同时溶出Si、Se、Zn等多种对人体有益的微量元素。有专家对硅藻土处理的低度白酒进行了研究，发现硅藻土能有效吸附低度白酒中的高级脂肪酸酯类物质，减少酒的浑浊，改善酒的外观，但不改变酒的风格，且能吸附白酒中的甲醇、杂醇油、铅、汞等有害物质，同时溶出有益于人体健康的锶、硅等微量元素，提高低度白酒质量。

c.淀粉或变性淀粉吸附法。淀粉吸附法的机理是淀粉分子中的葡萄糖分子通过氢键卷曲成螺旋状的三级结构，聚合成淀粉颗粒，膨胀后，颗粒表面形成许多微孔，具有了相当大的比表面积，能够吸附白酒中的浑浊物，然后通过机械过滤方法除去。

d.纳米材料法。采用纳米级的氧化锌、氧化镁、氧化硅、氧化钛按一定比例混合，再与高分子化合物聚丙烯按一定比例混合，并经高温活化压制而成。该材料可有效除去白酒中的浑浊，去除新酒味。

③ 超滤法。超滤是20世纪60年代发展起来的一种膜分离技术，其原理是按照分子的大小进行分离。超滤膜的选择性使相对分子量较小的酸、醇、酯类能通过，而白酒中几种高级脂肪酸酯不能通过，从而有效截留了沉淀物质。滤后的酒有效成分不变，风味不变，醇香、绵软、爽口。

④ 复合材料过滤法。复合过滤材料是以分子筛、活性炭、硅藻土、氧化铝等制成的过滤材料，如过滤片、过滤盘、过滤棒等。利用复合过滤材料过滤白酒，其酒质醇和绵甜、口感好、有害成分少。该方法成本低廉，速度快，效果好，工艺简单。

（3）金属离子的影响　白酒中胶粒的形成不是简单的分子相互堆积，是与白酒中的金属元素，尤其与具有不饱和电子层的过渡元素有关。白酒中带负电荷的离子可能以配位体形式与金属离子形成络合物，从而构成简单的或多核的溶胶中的胶粒，胶粒具有紧密的吸附层，吸附其他成分后而形成了胶团。金属元素含量增高而且种类增多，会使酒体中胶核多样化。加入少量金属元素后，主要作用不是催化氧化或酯化反应，而是形成$[M(H_2O)_6]^{+n}$胶核后，使白酒尽快转化为溶胶，贮存一定时间后，此溶胶趋于完善稳定，形成完美的酒体。金属离子的来源主要有贮存容器、加浆水等。就成核理论而言，陶器或金属容器为最佳选择，因为它们能被溶解或释放出多种微量元素。试验证明，新酒中的金属元素含量较低，贮酒器和加浆水是酒中金属元素的主要来源，随着贮存时间的延长，金属元素含量随之增加。

金属离子和加浆水对白酒胶体的稳定性有很大影响，要根据不同酒度、不同酒质的具体要求综合考虑。

（4）并坛与预勾兑　酒度不同的酒不宜并坛，酒质差别大的酒不宜并坛，酒体质量不同，酒中所含微量成分不同，容易因为并坛而导致酒体改变，口感产生很大差别，甚至酒体产生浑浊等现象，因微量成分的改变，从而破坏白酒胶体的稳定性，产生一系列不利的后果。

经验表明，酒精度高的酒，其胶体性质比较稳定，长期贮存香味变化较小；酒精度低的酒，胶体性质稳定性差，容易出现质量变异；自然发酵的酒经过勾兑，其胶体性质比较稳定，可以较长时间贮存；较多添加香料的酒，其胶体性质最不稳定；天然香味物质成分的空间结构多是右旋的，所以比较稳定。酸度较高的酒，其胶体性质远不如酸度较低的酒稳定。

白酒勾兑各有特点，各种白酒香味物质成分各不相同，不能因为追逐某种稳定性而放弃本品固有的差异化特色。控制胶体的稳定性，关键在于控制特定香型白酒中骨架物质成分的比例，将骨架物质成分的比例关系配置好了，本品的特性就可以彰显。

为了解决白酒贮存和货架期的稳定性问题，可将贮存的基酒进行预勾兑处理。预勾兑的白酒，可以剔除对白酒稳定性不利的各种影响，保证酒体各种平衡和胶团的稳定。在预勾兑过程中要注意各种酒的搭配和优化组合。首先，注意老酒与一般酒的搭配。贮存3年以上的老酒具有醇和、绵软、陈味好等特点，但香气不如短期贮存的酒浓郁，两者适当搭配可以使酒质全面。其次，不同发酵期的酒的搭配。发酵期长短与酒质有着密切的关系，发酵期长的酒香浓，味醇厚；发酵期短的酒闻香大，挥发性香味物质多，醇厚感差。两者搭配合理，既可以提高酒的香气又能使酒有一定的醇厚感。还有，注意老窖酒与新窖酒的搭配。老窖酒香气浓郁、味较正；新窖酒味较寡淡。如果用老窖酒来带新窖酒，可以提高质量。另外，还要注意不同季节、不同糟醅酒之间的搭配等。

（5）低温贮存　白酒应低温贮存。温度升高会使布朗运动加快，在一定条件下，可能会使胶粒聚积而产生沉淀。若在超显微镜下观察，可以清楚地看到由于胶粒的布朗运动而引起碰撞，由小变大，产生沉淀，即是溶胶的聚沉作用，这种情况并不多见。低温贮存是白酒的长久贮存之道，是维持白酒胶体稳定性的重要因素之一，在白酒贮存过程中，不宜剧烈升高或降低温度，这些因素都可能使酒质出现问题。

### 2.5.6　白酒胶体稳定性的新认识

（1）高频电磁场理论　高频电磁波具有很高的能量，能加速酒内酯化、氧化反应等，合成更加稳定的络合物或多核的胶粒或胶团。由于金属离子的作用，酒体本身会产生络合体，酒体变得更加稳定。高频电子仪中有分子筛等材料，含有丰富的金属离子，如$Zn^{2+}$、$Co^{3+}$、$Fe^{3+}$等。而白酒中本身含有大量的$H_2O$、—OH、—COOH、—CHO、—$NH_2$、$O_2$、$O^{2-}$等，在高频电子波作用下，可形成更加稳定的络合物或多核的胶粒或胶团。在超显微镜下观察，可以显示出不同规则的几何空间结构，即所谓的纳米图谱现象。这种胶团的形成有利于白酒质量稳定，可使白酒酒体丰满、优雅，独具魅力。

（2）高剪切胶粒研磨器理论　高剪切胶粒研磨器能高效、快速、均匀地将一个相或多个相分布到另一相中，研磨器的高速转子旋转所产生的高切线速度和高频机械效应所带来的强大的动力，使各种成分受到机械与液力的剪切、离心挤压、液层的摩擦、撞击、湍流等综合作用，瞬间完成均匀精细分散。在这种状态下，白酒中的酯、酸、醇、醛等大颗粒物质变小，大的分子团、胶团分散成纳米级的胶粒，从而加速形成溶胶，缩短各种反应时间，达到稳定状态，使白酒胶体稳定。

## 2.6 白酒水解模型控制原理

### 2.6.1 平衡技术

每种不同类型的白酒，都有自己的平衡技术，这些平衡技术是一种体会和经验，不参与勾兑工作是无法知晓的。因此，每一种类型的白酒都会形成自身的勾兑规律，这些规律只有大师才能够掌握。

勾兑的核心之一，就是要使产品在顾客消费期限内，保持产品不发生较大变化。试想，如果一种产品在出厂时各项指标都很优异，如果到市场上不久，品质发生大幅度变化，消费者的感受会是怎样的？

所以，在勾兑时要注意解决以下问题。

（1）酸与酯的平衡　主要解决消费期质量稳定问题。酸与酯的平衡是最主要的平衡之一，酸酯的平衡基本上架构了酒体物理化学特性，使酒的整体表现稳定。

（2）水与酯的平衡　主要解决贮存期问题。水与酯的平衡问题需要高度重视，要减少勾兑单元样本数，通过预勾兑，使难溶于酒精和水溶液的物质成分得到充分的释放，不至于造成货架期沉淀。

（3）醇与酯的平衡　主要解决酒体稳定性和整体感，克服酒体单薄问题。白酒的醇厚感来自于酯与醇等物质的平衡，二者如果平衡，酒体就会丰润、圆满、醇厚，就会体现制造感。如果不平衡，就容易产生上头等问题。

（4）醛与酯的平衡　主要解决香气和陈味问题。醛类物质对酒的香气影响巨大，影响白酒的挺拔感、爽净感，有的还会影响酒的陈味。

（5）不良因子掩蔽　主要解决产品缺陷问题。有的白酒，因自身工艺特点，产品有明显的瑕疵或缺陷，通过香味物质的相乘、相杀、掩蔽、相消等作用，掩盖或者消除对品质的较大影响，这一点非常重要。

（6）酯与酯的平衡　主要解决香型类别标识问题。各种酯的比例关系从一定程度上可以厘定白酒的香型，这一点，在以后的章节中还要表述。

（7）信号物平衡问题　主要解决差异化问题。信号物是一种白酒独特于其他产品的显著标志，是产品的印迹，这种物质的存在，使消费者可以一下子抓住产品的个性，培养忠诚度很高的嗜好型消费者。

（8）健康因子　主要解决消费者关切问题。茅台酒号称富含4-甲基吡嗪，具有保肝护肝的作用，引发了白酒产业健康因子的革命，健康因子的植入可以很好地吸引消费者，为产品升级奠定基础。

（9）酸与酸的平衡　主要解决味的问题。乳酸的存在可以提高酸的厚重感，单纯乙酸，味道比较单薄、刺激，欠柔和，己酸的存在能够丰满浓香感，提高酒的醇香感。

（10）醇与醇的平衡　主要解决酒体特征和后味等问题。高级醇含量过高会导致上头、暴、冲等问题，异丁醇等含量过高，酒的苦感会加重。

### 2.6.2 白酒水解原理

白酒是一种酒精水溶液，酒精度越高，酯类等疏水性强的成分溶解程度相对较高，酒精度越低，酸类等极性物质溶解程度会提高。白酒中的最主要的香味物质成分是低级酯，如己酸乙酯、乙酸乙酯等，这些低级酯是由短链有机酸和乙醇脱水而生成的，在酒精水溶液中可以形成可逆的水解-酯化反应，提高酒度可以促使反应向生成酯类的方向发展，降低酒度可以促使反应向水解方向发展，但总的来说，无论什么样的酒，长期存放，氧化水解作用是主要的。

$$R—CO_2H+C_2H_5OH \rightleftharpoons R—CO_2C_2H_5+H_2O$$

在此反应中，酯化反应和水解反应的速度是由其底物浓度决定的，当酸和乙醇含量较高时，主要表现为酯化反应；反之，当水和酯含量较高时，主要表现为水解反应。当白酒降至40%vol以下后，由于乙醇浓度的降低，使得这一可逆反应主要向水解方向进行，因而总酯下降。如图2-19所示。

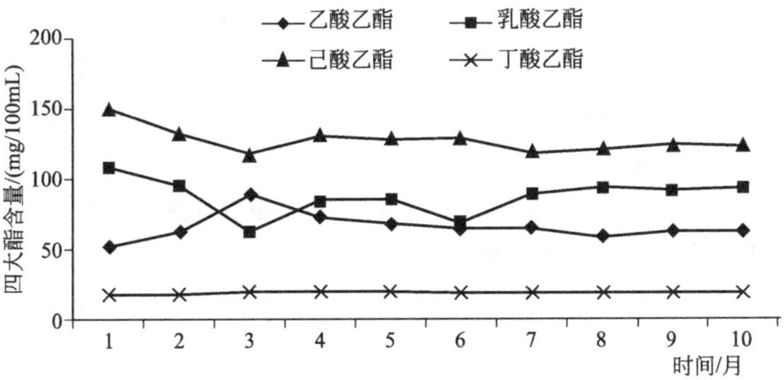


**图2-19　浓香型38%vol成品酒贮存四大酯变化图**

另外，总酸增加，由水解生成更多的酸且酸不易挥发，从而造成总酸上升。由此不难看出白酒水解产生的原因，同时也为我们减缓白酒水解提供了理论依据和攻关方向。

### 2.6.3 延缓白酒水解的措施

影响白酒水解的因素有很多，如酒度的高低和酒体总酸总酯含量、温度、光线、酒体溶解氧的含量和密封性、酒体乙醇分子与水分子的缔合度、预勾兑等。

（1）适当提高酒度或总酸含量，降低总酯含量　由白酒的水解和酯化可逆反应关系式可知，当酒度提高，即乙醇的含量提高，平衡向酯化方向移动，减缓白酒的水解。在产品配方设计时适当提高酒度可以降低水解的风险。

已经勾兑好的低度白酒在贮存过程中总酸含量会随时间的延长而增加，实践证明，在勾兑时稍微提高总酸含量，使总酸的含量达到一个相对的饱和度，这样可以抑制低度白酒在贮存期和货架期的水解过程（表2-5），这也正符合可逆反应平衡移动原理。从表2-5和勾调经验可以得出，总酸含量稍微提高，在贮存过程中总酸的增加量是缓慢的，因此，在勾兑时稍微提高总酸含量可延缓低度白酒贮存期和货架期水解的速度。但是酸度不宜过大，否则对口感会造成较大影响。

表2-5　某低度成品白酒总酸含量随时间变化对比表

| 总酸/(g/L) \ 时间 | 1个月 | 2个月 | 3个月 | 4个月 | 5个月 | 6个月 |
|---|---|---|---|---|---|---|
| 1.05 | 1.06 | 1.08 | 1.10 | 1.12 | 1.14 | 1.15 |
| 1.16 | 1.17 | 1.18 | 1.19 | 1.19 | 1.20 | 1.20 |

由勒夏特列原理可知，要使上述反应向着酯化方向移动，应适当降低总酯含量，特别是那些大分子的高级脂肪酸酯的含量。

（2）避免照射　在暴晒和高温环境下贮存，白酒的水解速度会比在阴凉低温环境下快得多，白酒出厂后，在不同的地方销售，白酒的贮存环境会千差万别，特别是南方市场，低度白酒需求量大，而低度白酒容易水解，所以经销商应该选择合适的贮存场所，以保证酒质的稳定。另外，小批量多批次经营、加快周转速度或许也有利于白酒质量的稳定。

（3）溶解氧和密封性　酒体中的溶解氧是影响酯水解速度的关键性因素。在白酒勾兑过程中，由于酒度的调整及白酒骨架成分的变化，在组合时，若采用压缩空气进行搅拌，会溶入大量的氧气，溶解氧是造成酯类物质氧化的重要因素，会给产品稳定性造成一定的影响。

低度成品酒中酯的水解与其中溶解氧的下降呈线性相关，溶解氧的存在使酯的水解速度在3个月内跳跃很大。3个月后，溶解氧的消耗降低，水解变得非常缓慢，产品进入稳定期。如图2-20所示。

减少酒体中溶解氧的措施主要有，白酒的贮存容器尽量要密封，严格控制空气的进入；采用无空气灌装，尽可能减少酒内残留的空气。

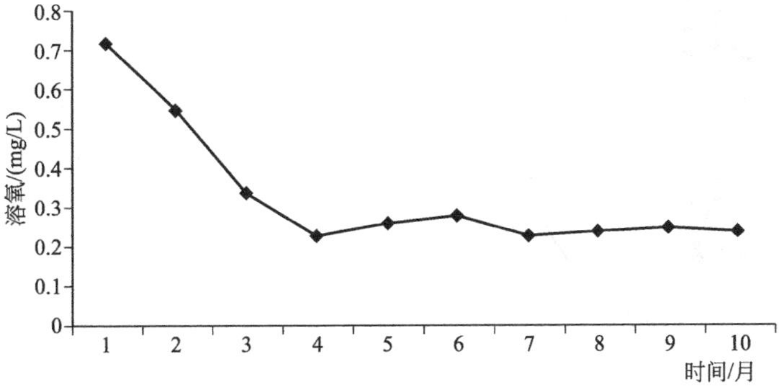


**图2-20　陈酿过程中溶解氧与时间的关系**

（4）提高乙醇分子与水分子缔合度　随着科技的进步和对白酒陈化机理的研究，乙醇分子与水分子的缔合度问题越来越被重视，由于水和乙醇都是极性分子，在氢键的作用下，乙醇和水会形成新的缔合结构，也就是相对稳定的环状三聚体，即$CH_3CH_2OH+2H_2O$相对稳定缔合体（图2-21）。

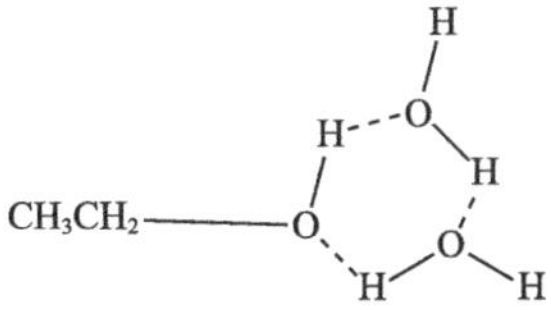


**图2-21　乙醇-水形成的环状三聚体缔合结构**

胶体的形成有稳定酒质、丰满酒体的作用，胶团加强了乙醇分子与水分子的缔合度，加速酒体进入一个稳定的状态，延缓了白酒在贮存期和货架期的水解速度。

总之，白酒中的酯类水解是造成酒体不稳定的主要原因之一，影响因素主要有基酒的质量、酒体微量成分的协调度及基酒贮存条件等。基酒质量越高、微量成分越丰富协调、酒度越高，水解速度越慢；反之就快。温度升高会加快水解速度，故白酒应在阴凉处贮存。因此在白酒生产中要充分协调各因素之间的关系，根据需求选择不同的勾调方案，进行预勾兑，选择不同的包装容器，最大限度地保持酒体的稳定，为市场奉献优质稳定的产品。

# 第二章

# 配方设计

## 3.1 基本概念

配方设计是指根据库存基酒的基本情况及产品的目标要求对勾兑方案进行设计的过程。

（1）配方　配方是组合和调味的具体方案，是白酒勾兑的依据。配方可分为小样勾兑配方和大样勾兑配方。根据配方设计方案，首先进行基酒组合，组合完成后要对组合好的基础酒进行品评，通过品评找出基础酒的缺点或不足，在此基础上，选择合适的调味酒进行调味，然后再进行品评，选出最优方案，确定小样勾兑配方。小样勾兑配方经过中试放大、品评、检测、验证后方可形成大样勾兑配方。

（2）骨架酒　经勾兑人员品评挑选的具有本类型产品基本特点的、可用于组合成基础酒的基酒称为骨架酒。骨架酒在目标酒配方中的用量约占80%以上，骨架酒也称为“大宗酒”。“大宗酒”这个定义，比较模糊。什么是大宗酒，很多非专业人士如云里雾里，困惑迷茫，很多人是一知半解，而“骨架酒”的说法更容易理解。

白酒刚入库时，每一个贮存容器中的酒都是合格的、有用的，它们的天然禀赋各不相同，在经过一段时间贮存后，经过理化分析和勾兑调配人员的品评，大量的酒被定义为可用于组合的骨架酒。这种分类是机械的、随机的，不是恒定的；如上次被确定为骨架酒的某一坛酒，受外界环境变化的影响，某些成分达到或超过了物理化学变化的临界点，导致酒体禀赋降低或者提高，如果赶上酒库勾兑调配人员的摸底品评，或许这坛酒的地位会发生很大的变化。

另外，评酒员对库存白酒进行摸底时，天气因素、情绪因素、身体因素、责任心和工作氛围等，都可能对库存白酒的分类定义产生影响。

天气晴朗、环境温度合适时，品评定义的准确性就会较高；如遇恶劣天气影响，如连续多日阴天、小雨、低气压，同样一坛酒，对其评价定义就会发生很大变化。

当参与品评人员身体状况很好时，品评分类结果的准确性就会大大提高；反之，当身体状态不好时，品评分类结果的可靠性就较差。

酒库工作人员的情绪因素，也会影响品评定义的结果，当赶上他们心情愉悦，品评过程就会很认真，结果就会很准确；反之，品评结果的可靠性就很差。

还有，当酒库工作团队责任心强时，品评结果就很准确；如果有一些成员责任心很差，不负责任，就会影响团队工作效率和品评结果。

从以上论述可以看出，影响酒库普查的因素至少有四个方面，这也从另一个方面说明了，酒库库存原酒的感官品评定义是有弹性的，不是一成不变的。所以库存原酒的分类是相对的、可调的，甚至是随机的。也就是说，这个标签是人为的。

作为一个企业，一定要避免上述因素对库存原酒感官分类的影响，这也正是我们一直在强调品评勾兑人员专业素质、思想素质、品德素质和责任心的原因之所在。

（3）丰润酒　丰润酒在酒库感官普查中被定义为具有比较鲜明香气或口味特点的、可以用来丰富基酒个性的一类库存原酒，这类酒在配方中约占10%。如果把一种目标白酒看作是一副优美的国画，相对于骨架酒，丰润酒实际上就是基酒的“色彩”，是组成画作的基本部分。

骨架酒的概念很好理解，就是构成画作的基本要素，而丰润酒就是白酒的“色彩”，有了丰润酒，这种酒才能呈现完整的形象。

丰润酒具有以下几个特点。

① 香气较好，可以凸显目标白酒的基本风格特征，这种酒是目标白酒具备某一种气质的基础。

② 香气独特，可以支撑和烘托目标白酒的部分特性，完善基本香气表现。具有诸如“窖香”“蜜香”“粮香”“海子香”之类的基本风格特点，可以承载目标白酒的基本特点。

③ 馥郁度高，口味醇厚，可以丰富目标白酒的外延表现，促进目标白酒基本特性的形成。

关于丰润酒，有人称之为“带酒”，也有人称之为“色酒”，为什么称之为“色酒”呢？就是因为这类酒是用来丰润和增美的。其实，这些叫法都不贴切。

不管将这类酒称作什么，作为一个专业工作者始终要明白，这种分类都是人为的、可调的、可变的，绝不是固定的、不变的，它只是一种人为的标签而已，这样理解起来就容易很多。

（4）笨酒　笨酒是指在酒库感官普查中被定义为尚不具备骨架酒或丰润酒的基本特点的一类基酒，在不影响基础酒品质的前提下，可尽量多用此类酒。

经过一段时间的贮存，某一个贮存容器中的酒，可能由于自身天然禀赋的不足或环境因素的影响尚未导致自身自然禀赋的提升，或受自然环境的影响，酒质有所下降，在酒库原酒感官评价分类时，它没有较好“表现”，就会被贴上较次的标签，由于库存压力和均衡生产的需要，酒库管理者认为无需等待它的变化，就可用于调配勾兑。这种酒，在酒库中的占比比较小，故被赋予一种附带将就的地位，填充到基酒组合配方中。在以往的资料中，有的人将其称为“搭酒”，实际上，就是被作为填充剂使用的，所以，有人也将这种酒称为“填充酒”。

这坛酒的命运被时间所终止，为什么呢？就是因为贮存时间到了，这坛酒或者还没有“长大”，或者还没有具备某种“素质”，或者受环境影响被认为变得“不好”，因此，就被“填充”“捎带”使用了。这一点，充分证明了不进则退的自然法则，是自然界颠扑不破的真理。

笨酒在基酒配方中真的无为吗？绝对不是，正是因为它缺乏特点或有瑕疵，在基酒中或许会补充其他酒的不足，要知道，每一坛酒都是有用的。一个专业人员对一坛坛原酒是有感情的，虽然分类是人为的、机械的、随机的，甚至是残酷的，但专业勾兑调配人员决不可轻视，不可被这些人为标签所影响。笨酒在目标白酒配方中所占的比例很小，不足以对总体酒质产生大的影响。

原酒的分类本身就是一种经验之谈，不可一概而论，也不可教条僵化。如计算机按照线性代数的方法确定各个原酒单元配方比例时，实际上，就抛弃了这种机械分类的标签。

（5）基础酒　基础酒是指在白酒勾兑中按照组合方案，用骨架酒、丰润酒及笨酒组合而成的具备目标产品基本特征的酒。基础酒是成品酒的雏形，是白酒勾兑的关键。

基础酒勾兑应注意以下问题：一般来说，基酒品种多、贮存分散，需要“验明真身”，特别是酒度、贮存周期、质量等级、数量等，才能用于勾兑。基础酒勾兑是一种“轮廓勾兑”，通过正确选择骨架酒、丰润酒、笨酒进行组合，才能形成白酒的基本风格特征。对基础酒的要求较低，稍有瑕疵，只要不影响酒的总体风格即可。

## 3.2 配方设计

### 3.2.1 影响配方设计的因素

（1）市场反馈　一个产品从诞生到畅销，有一个时间过程，当产品在市场上畅销以后，后续勾兑仍然要跟进，因为配方并不是一成不变的，为了适应消费者口味的变化，预测市场对白酒质量的需求，在保持产品风格、特征的基础上，要针对性地对配方做出相应的调整，以便不断总结和提高。

一般情况下，销售人员根据某种产品的销售情况，以及消费者对产品质量、口感等方面的建议或意见，及时做出市场反馈。配方设计人员在明了产品的风格、质量、口感等基本特点的基础上，根据产品的市场反馈及时对产品结构做相应的调整。因此，配方设计人员在设计基础酒配方时，必须考虑到均衡及延续生产问题，眼光要放长远，为企业的长远发展谋利，只有这样才能成为一名称职的配方设计师。

（2）历史经验　企业的发展历史，在一定程度上可以反映出该企业产品品质的变化情况。历史经验对我们的工作有直接的引导作用，如西凤六年酒质量好、口感好、风格独特，被广大消费者所青睐，它是由某两种或几种原酒组合后形成的，这款酒成熟的配方是很多前辈经验的总结，给我们现在的工作提供了很大的便利。

年轻的配方设计人员，一定要充分借鉴历史经验，了解企业库存酒的特点及市售产品的情况，掌握配方生成规律，不断总结经验，只有这样才能做好勾兑配方，做出独具特色的产品。

（3）产品定位　产品定位是配方设计的前提，定位包含了地域、文化、习惯、用途、价位等诸多方面，其中原酒的选用、风格的确立、消费群体选择、成本的核算无不需要在产品定位中加以考虑。明确了产品的定位，白酒勾调就有章可循了。

设计一款产品前，企业会根据产品在消费者心中的价值定位，将产品分出不同的层次，如高档、中档和低档，对这些不同层次产品的投入也是不一样的，如广告费、原酒质量等。产品的定位和等级不同，那么在配方设计时，就要考虑加入不同等级的原酒，如设计一款高端产品A，那么产品A的配方中应选用酒龄较长、品质较高的基酒，中低端产品的配方中基酒质量次之。总之，要在保证组合的基础酒质量的前提下，尽可能考虑成本因素，使配方中出现的基酒成本与最终产品的质量档次相对应。

（4）现有产品的基本状况　要全面了解现有产品的配方设计、质量档次和风格特点，通过对酒的香气、馥郁度、醇厚度、丰满度、后味、舒适度等方面品评判定和理化分析，掌握产品的风格特点、微量成分指标及组成，找到决定产品风格特征的主要风味物质的量比关系和信号物特征。

通过市场调查和反馈可了解现有产品所存在的问题，便于新产品设计中方案的优化。如消费者反映现有产品香气过于浓郁，产品后味短，则在新产品开发时针对这一问题，通过调整设计方案，如选用酯含量相对低、醛酮含量低的基酒，改变产品喷香、异香等缺陷。

### 3.2.2　配方设计的基本要求

（1）风格稳定　白酒的产品风格主要指白酒的色、香、味、格作用于人的感官，并给人留下的综合印象，一般来说，如果原酒的质量稳定、配方稳定，酒体的风格就不会有太大变化。

白酒的工艺不同，其风格特点就不相同。虽然决定产品风格特点的关键是产品的生产工艺，但是配方设计对产品风格特点的影响不可小视。在现有工艺条件下，要维持产品风格的稳定，在勾兑中必须考虑以下因素：① 组合配方基本稳定。② 主要呈香呈味物质量比关系基本稳定。③ 物理化学性质基本稳定。

（2）品质稳定　稳定的配方，是维持产品质量稳定的前提条件之一。每种原酒都有其优缺点，即使全部使用质量等级高的原酒，也较难消除这些原酒固有的缺陷。根据配方合理搭配，使这些各有优缺点的原酒发挥各自的优点，得到综合质量较高的白酒。具体说，就是白酒的香型、感官特征、质量等级等应保持相对稳定。如果配方中的某种原酒因缺少或质量不合格等问题需要被替代时，应按照同种香型的酒代替同种香型、同一等级的酒代替同等级的原则进行，从而减少产品批次间的质量波动，保持产品风格长期稳定提高，延长产品的市场寿命。

（3）持续创新　持续创新是保证企业产品核心竞争力的关键。目前的白酒市场竞争已不再是单靠广告效应来支撑，而是靠品牌文化、科技含量、产品品质、消费者的满意度等综合因素取胜。洋河微分子酒的推出影响到很多人对白酒的传统观念，改变了人们对低度白酒以往的看法。通过对传统白酒发酵工艺的革命性调整和创新，研究健康微分子的形成机理，在自然发酵过程中实现健康微分子物质的生成，从而赋予了微分子酒三大特点：一是分子量小，代谢快、醒酒快；二是微量成分多，品质更绵柔，口感更独特；三是健康元素多，具有抗衰老抗氧化等特征，这些创新特征是保持产品不断升级的法宝。持续创新新理念的注入，已经颠覆了传统白酒中的固有思想，创意和亮点、个性与时尚将成为白酒创新发展的新思路。

### 3.2.3　配方设计的原则

配方设计是勾兑的重要环节，无论设计什么样的白酒，勾兑配方都必须坚持以下原则。

（1）酒龄适当原则　库存原酒的酒龄各有不同，但一款产品的酒龄构架应基本稳定。产品要求不同、售价不同，各个酒龄原酒的种类及比例也自然不同，如高档产品可选用5年以上的基酒，中档产品可选用3 ～ 5年的基酒，低档酒可选用酒龄较低的酒。

近年来，在消费市场上，标称年份的白酒很多。所谓“年份”代表了企业自行对产品质量的分类，仅作为符号而已。关于白酒年份酒问题，有待于通过行业自律和制定法律法规来加以约束。

（2）工艺组合原则　库存原酒种类很多，在设计配方时，根据产品定位，必须考虑各种不同发酵工艺酒的结合，如长酵酒、双轮底酒、六轮酒、七轮酒、插窖酒、挑窖酒、多粮酒、单粮酒的组合，由此得到符合口感和理化指标的目标酒样配方。如酱香型白酒勾兑时，要考虑各个轮次酒的使用。好的勾兑师，能从众多的库存原酒中，分析判断出用哪种工艺的酒来取长补短，这也是勾兑师的最高境界之一。

（3）简单组合原则　配方简单是配方具有操作性的必要条件。简单组合就是在配方设计时，尽可能使配方中基酒种类少，从而减少基酒种类较多带来的潜在问题，如基酒种类越多，组合的数量越多，这会给勾兑及配方设计带来一定的难度，我们既要保持产品特性之根本，又要维持勾兑生产工艺的稳定。

（4）品评组合原则　品评是贯穿产品配方设计的一条主线，是基酒选择、组合，基础酒调味的主要依据。基酒组合前，通过品评了解基酒的质量、口感、风格，判断哪些酒更适合于某种产品的组合，从而针对性地设计配方，基酒组合后，通过品评来了解基础酒的优点和缺陷。调香调味离不开品评，大样勾调环节，更是需要通过反复细致地品评才能最终确定最佳组合方案。整个配方制定环节离不开品评的指引，品评过程中，若感到个别酒质量较差，需调整组合比例，或更换质量较好的基酒，重新设计组合，直至产品质量、风格达标。

（5）特色表达原则　用新配方勾兑出的酒应当与原有产品的风格特色相一致。要做到这一点就必须对原酒利用情况进行优化，既要满足库存原酒的持续使用，又要保障所勾兑出的产品与原有成品相一致，勾兑员要谙熟本企业产品的工艺特性、量比关系、信号物种类及用量，合理搭配，保持原有风格，最大可能满足产品的一致性，表达出本产品的独有特色。

（6）持续优化原则　任何一个产品都不可能是完美无缺的，勾兑员在配方设计时，首先要结合已有产品在市场上的综合表现，及后续工序对本产品的影响，无论在感官方面，还是在理化指标方面都要尽可能优化，持续不断地改进配方，使产品风格更加独特、个性更加鲜明，被消费者所青睐。

（7）符合标准原则　配方设计应当在标准控制范围内进行，国家标准覆盖面广，往往比较宽泛，所以，一个好的产品、一个质量可控的产品，应当有本产品的内控标准，内控标准控制的项目要尽可能精准，关键核心指标的控制可以保障产品的差异化，这个标准除了理化指标以外，还应当有感官特征的要求，这种感官特征是本产品优异于其他产品的特点，也是抓住大众的法宝。

（8）成本可控原则　在进行配方设计时，成本因素也是必须考虑的重点。产品成本直接关系到企业的经济效益，成本的忽高忽低也是产品质量不稳定的一种表现。如茅台酒2次投粮、8轮发酵、7次取酒，每轮所产的酒质量各不相同，随着发酵轮次的增多，后边轮次的酒往往优于前边轮次的酒，如果要勾兑出质量优异的产品，增加后轮次的酒就是一个很好的办法。但这样做肯定是会出一些问题的，发酵轮次增多，所产酒的成本也在不断提高，若大量使用后轮次的酒，一是成本就会升高，二是无法均衡生产。各种香型的白酒企业都存在这样的问题。

因此，一个好的勾兑师，在设计配方时，要综合考虑，既要保证产品风格独特，又要保证产品成本可控。

### 3.2.4　配方设计的方法

（1）经验法　经验法是配方设计过程中最常用到的一种方法，有经验的勾兑师熟知库存基酒的情况，了解哪些种类的基酒组合后会有什么样的口感，组合比例大致为多少。他们能通过搭配各种质量等级的酒，明了酒龄、类别搭配规律，从而做到对症下药。当需要生产某种口感的产品时，配方设计人员根据以往经验，对某几种基酒进行搭配融合，品评后确定其配方。另外，他们了解企业市售畅销产品的状况，如某款酒A风格独特、质量合格、价位合理，受广大消费者青睐，这款酒的勾调配方往往比较固定，批量生产时勾兑师根据原有配方勾调小样或在小范围内对配方稍作调整即可，但须品评验证。

（2）借鉴法　配方设计人员在设计配方前，必须要对库存酒的贮存规模、种类、质量水平等进行摸底，全面了解本企业的酿酒工艺，了解原酒分类贮存的意义，了解贮存期不同的基酒质量有何差异，在此基础上设计产品配方，方能游刃有余，确保设计的产品风格独特、质量稳定，基酒库存水平保持在合理的状态。也可以借鉴市售畅销产品，通过对感官风格及理化指标的检测分析，找出其优异点，加以参考。还可以借鉴其他类型白酒的工艺特点，赋予产品一种新的风格特征。

（3）正交试验法　一般情况下，白酒厂勾兑新酒大都是靠经验积累。但有时进行多次勾兑试验后，仍不能得到较好的效果。而一名勾兑员如何找到勾调的捷径，较快速的方法就是进行正交试验，确定因素和水平，组合成若干个组合配方，然后逐个品评验证，从其中找出现有因素、水平下最好的组合，并分析出各因素对酒体的影响程度，也可以发现一些规律，这些规律，只有做过以后才能掌握。

在正交试验时，可将样本作为因素，样本的量作为水平。一般来说，选择的样本数越少，水平越少，形成的配方越少。在开始勾兑时，可先考虑选择少量样本数和水平来进行勾兑，一般用2～5种样本即可满足日常生产需要。

① 确定因素及水平。例如设计一款产品，其由A、B、C、D四种基酒组成，配方设计考察的因素是A、B、C、D，每个因素取三个数量水平，结合单因素试验结果确定。正交试验因素水平见表3-1。

**表3-1　正交试验因素水平表**

| 水平＼因素 | A | B | C | D |
|---|---|---|---|---|
| 1 | 80 | 5 | 2 | 1 |
| 2 | 85 | 10 | 4 | 2 |
| 3 | 90 | 15 | 6 | 3 |

② 试验方案及结果分析。根据所确定的水平，选用$L_9$（$3^4$）正交表来确定安排试验方案，试验结果如表3-2所示。

表3-2　正交试验及结果

| 试验号 | A | B | C | D | 得分 |
|---|---|---|---|---|---|
| 1 | 1 | 1 | 1 | 1 | 81 |
| 2 | 1 | 2 | 2 | 2 | 88 |
| 3 | 1 | 3 | 3 | 3 | 79 |
| 4 | 2 | 1 | 2 | 3 | 77 |
| 5 | 2 | 2 | 3 | 1 | 79 |
| 6 | 2 | 3 | 1 | 2 | 76 |
| 7 | 3 | 1 | 3 | 2 | 76 |
| 8 | 3 | 2 | 1 | 3 | 79 |
| 9 | 3 | 3 | 2 | 1 | 75 |
| $K_1$ | 248 | 234 | 236 | 235 | 710 |
| $K_2$ | 232 | 246 | 240 | 240 | |
| $K_3$ | 230 | 230 | 234 | 235 | |
| R | 18 | 16 | 6 | 5 | |
| 最优组合 | 1 | 2 | 2 | 2 | |

按表3-2中每个试验号为一组条件，进行勾调后请品评人员品评，给出综合评分，并做相应处理。从试验结果来看，较好的试验方案是第2号，组合为$A_1B_2C_2D_2$，通过优算结果可以得知，表3-2第一列中$K_1$最高，故取$A_1$；第二列中$K_2$最高，取$B_2$；同理第三列取$C_2$，第四列取$D_2$。则全体组合中较优的组合是$A_1B_2C_2D_2$，与直接看的结果是一致的。

③ 扩大配方并验证。值得注意的是，无论使用哪种方法进行正交试验结果的判断和分析，得到试验的优化配方后，务必针对优化得到的试验配方进行扩大并验证，通过验证来证明优化配方的真实可靠性，以真实数据证明结论的准确性和可靠性。

### 3.2.5　配方形成的基本程序

配方设计是勾兑师的一项日常工作，在了解库存基酒的情况下，根据市场需求、产品定位，预先设计几组方案，通过组合、品评、修正、再品评、扩大勾兑、验证等过程，最终形成勾兑配方。如图3-1所示。

① 在设计配方前，要根据产品定位和目标要求采集数据，从而设计初步方案。

② 基酒的选择，对库存基酒种类、感官特征及主要的理化数据等做到心中有数，从而确定所选基酒的种类、要求及范围。

基础酒组合前，必须根据配方设计要求选择相适应的合格酒，为了进一步提高合格酒的利用率，实现经济效益最大化，将各等级的酒分为骨架酒、丰润酒、苯

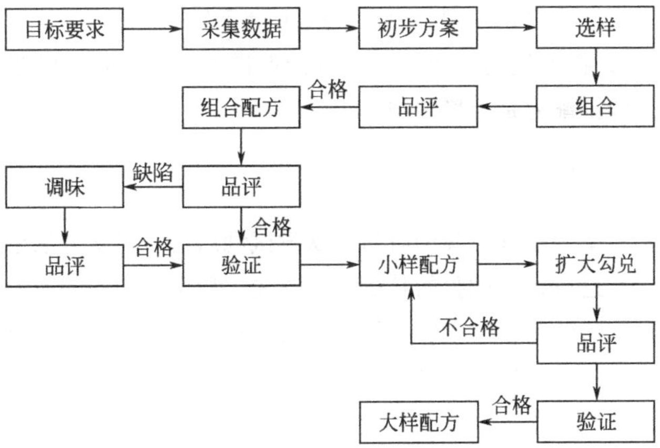


**图3-1　配方形成的基本程序**

酒。选酒时要根据各基酒的酒龄、香型、感官特征等确定基酒的分类，如骨架酒、丰润酒、笨酒。在此基础上进行综合考虑，使各种基酒之间相互补偿、相互协调，以保持基础酒的稳定。

a.骨架酒的选择。骨架酒是指无特别香味的一般酒，香醇、尾净，初步具备一定的风格，但在目标酒配方中的用量约占80%以上，故它的选择非常重要，要根据合格基酒的质量标准及类型严格选择，尽可能避免使用带有损害基础酒香气或口味的酒，若要选用，应该进行预处理，合格后方能使用。

b.丰润酒的选择。丰润酒可称精华酒，具有某种特殊香味或突出特点，通常情况下，根据骨架酒的情况，选择添加不同香味的丰润酒，使两者起到一个互补作用，丰润酒的用量一般在10%左右。实际生产中，要在保证基酒质量的情况下，尽可能少加丰润酒，达到既能提高产品质量，又能节约好酒的目的。

c.笨酒的选择。笨酒在勾调中主要是降低成本的作用，笨酒用于组合，若使用得巧妙，不但不会影响品质，反而可丰富或补充基础酒的香气。通常在已经合格的骨架酒中，按1%左右的比例逐渐添加笨酒，边加边尝，根据品评结果，测定该笨酒是否适合于该基础酒，若不适合，则另选，或不用。也就是说在基础酒组合时可以有笨酒，也可以没有笨酒。

③ 组合，这是配方形成的基本过程，也是勾兑工序的第一个阶段。通过组合，基础酒酒度已经达到或接近目标酒度，感官特性能够满足目标产品的基本要求。

④ 确定组合配方后，通过品评组合好的基础酒，若感官和理化指标达到目标要求，可直接扩大配方并验证；若存在缺陷，则用调味酒进行调味，达到要求后，进行验证，通过验证得到小样配方。

⑤ 根据小样配方扩大勾兑，品评后，若达到目标要求，通过进一步验证可形

成大样配方；若品评不合格，则需要返回重新调整小样配方。

⑥ 进入生产，根据确定的大样配方进行批量生产，同时，后期要对市售成品酒抽样再品评，验证配方是否稳定与实用。

### 3.2.6 组合配方实操训练

以正交试验方案为基础，我们科研团队尝试利用这一科学方法设计一款具有独特风格的产品，在进行正交试验的基础上，首先，找出最优的配方设计方案，并验证正交设计这种方法的正确性与实用性；其次，总结基酒之间的组合规律，积累经验，确定一种配方设计方法供参考。

通过前期的品评与筛选，以凤型2年圆窖酒和凤型3年圆窖酒为骨架酒，凤型5年、芝麻香、浓香、酱香酒为丰润酒，通过单因素试验对骨架酒和丰润酒进行初步选择，通过正交试验对丰润酒的添加比例及骨架酒比例进一步选择，找出现有方案中最优的组合。试验所用酒样色谱数据如表3-3所示。

表3-3 试验所用酒样色谱数据

| 项目 \ 数据 \ 酒样 | | 凤型3年 | 凤型2年 | 凤型5年 |
|---|---|---|---|---|
| 酒精度 | | 66.3%vol | 66.3%vol | 66.6%vol |
| 微量成分/(g/L) | 乙醛 | 0.21 | 0.19 | 0.17 |
| | 甲醇 | 0.12 | 0.14 | 0.11 |
| | 乙酸乙酯 | 1.13 | 1.28 | 0.50 |
| | 正丙醇 | 0.24 | 0.15 | 0.42 |
| | 仲丁醇 | 0.06 | 0.05 | 0.06 |
| | 乙缩醛 | 0.40 | 0.36 | 0.31 |
| | 异丁醇 | 0.13 | 0.17 | 0.24 |
| | 正丁醇 | 0.07 | 0.05 | 0.11 |
| | 丁酸乙酯 | 0.15 | 0.09 | 0.15 |
| | 异戊醇 | 0.29 | 0.40 | 0.67 |
| | 乳酸乙酯 | 2.73 | 2.07 | 2.79 |
| | 己酸乙酯 | 1.28 | 1.00 | 0.98 |

（1）骨架酒和丰润酒的初步选择

① 以凤型5年为丰润酒。以52%vol凤型为勾兑试验标样，以凤型3年、2年为骨架酒，凤型5年为丰润酒进行基酒组合形成基础酒，对组合酒样进行品评后选择最佳的基础酒配方，基酒组合方案如表3-4所示。

表 3-4 凤型勾兑方案Ⅰ

| 项目 / 序号 | 骨架酒 | | 丰润酒 | 基础酒色谱指标/（g/L） | | | | | | | | | 评语 | 评定结果 |
|---|---|---|---|---|---|---|---|---|---|---|---|---|---|---|
| | 凤型3年 | 凤型2年 | 凤型5年 | 乙酸乙酯 | 乳酸乙酯 | 己酸乙酯 | 丁酸乙酯 | 正丙醇 | 异戊醇 | 仲丁醇 | 丁醇 | 异丁醇 | | |
| 1 | 3 ： 7 | | 3% | 0.951 | 1.791 | 0.848 | 0.086 | 0.144 | 0.295 | 0.042 | 0.045 | 0.126 | 香气浓郁，风格较明显 | 2号较优 |
| 2 | | | 4% | 0.945 | 1.795 | 0.847 | 0.086 | 0.146 | 0.297 | 0.042 | 0.046 | 0.126 | 香气细腻，陈味稍显，风格突出 | |
| 3 | | | 5% | 0.940 | 1.799 | 0.846 | 0.086 | 0.148 | 0.300 | 0.042 | 0.046 | 0.127 | 香气发闷，陈味突出，欠协调 | |
| 4 | 4 ： 6 | | 3% | 0.940 | 1.841 | 0.869 | 0.090 | 0.151 | 0.287 | 0.042 | 0.047 | 0.123 | 香气不聚拢，不协调 | |
| 5 | | | 4% | 0.934 | 1.844 | 0.868 | 0.091 | 0.153 | 0.289 | 0.043 | 0.047 | 0.123 | 陈味稍显，酒体较饱满，风格较典型 | |
| 6 | | | 5% | 0.929 | 1.848 | 0.867 | 0.091 | 0.155 | 0.291 | 0.043 | 0.048 | 0.124 | 陈味浓郁，香气较弱，风格不典型 | |
| 7 | 2 ： 8 | | 3% | 0.963 | 1.741 | 0.826 | 0.081 | 0.138 | 0.303 | 0.041 | 0.044 | 0.129 | 香气上扬，不优雅，欠协调，风格较典型 | 9号较优 |
| 8 | | | 4% | 0.957 | 1.745 | 0.826 | 0.081 | 0.140 | 0.306 | 0.041 | 0.044 | 0.129 | 香气幽雅细腻，凤型风格较突出 | |
| 9 | | | 5% | 0.951 | 1.750 | 0.825 | 0.082 | 0.142 | 0.308 | 0.041 | 0.045 | 0.130 | 香气自然，酒体醇厚，风格较突出 | |

综合品评后，暂选9号样（骨架酒比例为2 ： 8，丰润酒添加量5%）为较优组别。

凤型酒勾兑时，骨架酒选择3年与凤型2年比例约2 ： 8时，酒体较醇厚，凤型风格较明显。

以凤型5年作为丰润酒时，添加过量则酒体香气变弱，陈味露头，欠协调；添加量少又会使香气发散，上扬。本次试验结果表明，以凤型5年作为丰润酒对整个基础酒风格的改变并不明显。

将所用基酒降度至52%vol；设计勾兑配方比例；按照配方比例进行基酒组合，静置24h；对组合后的基础酒样进行品评，选择最佳基础酒样。

② 以芝麻香型酒为丰润酒。以52%vol凤型为勾兑试验标样，以凤型3年、凤型2年为骨架酒，芝麻香为丰润酒进行基酒组合形成基础酒，对组合酒样进行品评后选择最佳的基础酒，选择最佳配比。试验所用酒样色谱数据见表3-5。基酒组合方案见表3-6。

**表3-5　试验所用酒样色谱数据**

| 项目 | 数据 / 酒样 | 凤型 3年 | 凤型 2年 | 芝麻香（优级） |
|---|---|---|---|---|
| 酒精度 | | 66.3%vol | 66.3%vol | 57.6%vol |
| 微量成分/（g/L） | 乙醛 | 0.21 | 0.19 | 0.299 |
| | 甲醇 | 0.12 | 0.14 | 0.173 |
| | 乙酸乙酯 | 1.13 | 1.28 | 1.262 |
| | 正丙醇 | 0.24 | 0.15 | 0.655 |
| | 仲丁醇 | 0.06 | 0.05 | 0.117 |
| | 乙缩醛 | 0.40 | 0.36 | 0.363 |
| | 异丁醇 | 0.13 | 0.17 | 0.221 |
| | 正丁醇 | 0.07 | 0.05 | 0.197 |
| | 丁酸乙酯 | 0.15 | 0.09 | 0.143 |
| | 异戊醇 | 0.29 | 0.40 | 0.677 |
| | 乳酸乙酯 | 2.73 | 2.07 | 3.237 |
| | 己酸乙酯 | 1.20 | 1.00 | 0.448 |

表3-6　凤型勾兑试验方案Ⅱ

| 项目/序号 | 骨架酒 | | 丰润酒 | 基础酒色谱指标/（g/L） | | | | | | | | | 评语 | 评定结果 |
|---|---|---|---|---|---|---|---|---|---|---|---|---|---|---|
| | 凤型3年 | 凤型2年 | 芝麻香 | 乙酸乙酯 | 乳酸乙酯 | 己酸乙酯 | 丁酸乙酯 | 正丙醇 | 异戊醇 | 仲丁醇 | 丁醇 | 异丁醇 | | |
| 1 | 3 ： 7 | | 1% | 0.970 | 1.790 | 0.846 | 0.085 | 0.143 | 0.291 | 0.042 | 0.045 | 0.125 | 香气浓郁，风格明显 | 2号较优 |
| 2 | | | 2% | 0.972 | 1.802 | 0.841 | 0.086 | 0.148 | 0.294 | 0.043 | 0.047 | 0.125 | 香气饱满细腻，凤型风格典型 | |
| 3 | | | 3% | 0.974 | 1.813 | 0.837 | 0.086 | 0.152 | 0.298 | 0.043 | 0.048 | 0.126 | 香气不聚拢，酒体欠协调 | |
| 4 | | | 4% | 0.975 | 1.825 | 0.832 | 0.086 | 0.157 | 0.301 | 0.044 | 0.049 | 0.127 | 放香差，风格不典型 | |
| 5 | | | 5% | 0.977 | 1.836 | 0.828 | 0.087 | 0.161 | 0.304 | 0.045 | 0.051 | 0.128 | 香气发闷，风格偏离 | |
| 6 | 4 ： 6 | | 1% | 0.959 | 1.842 | 0.867 | 0.090 | 0.150 | 0.283 | 0.043 | 0.047 | 0.122 | 香气浓郁、上扬，风格明显 | 7号较优 |
| 7 | | | 2% | 0.961 | 1.852 | 0.863 | 0.090 | 0.155 | 0.286 | 0.044 | 0.048 | 0.122 | 香气幽雅，醇厚，凤型风格突出 | |
| 8 | | | 3% | 0.962 | 1.863 | 0.858 | 0.091 | 0.159 | 0.289 | 0.044 | 0.049 | 0.123 | 香气细腻，放香差，风格典型 | |
| 9 | | | 4% | 0.964 | 1.874 | 0.853 | 0.091 | 0.164 | 0.292 | 0.045 | 0.051 | 0.124 | 香气发闷，酸度较高，风格不典型 | |
| 10 | | | 5% | 0.966 | 1.885 | 0.849 | 0.091 | 0.168 | 0.296 | 0.046 | 0.052 | 0.125 | 香气上扬，酒体欠协调，风格不明显 | |
| 11 | 2 ： 8 | | 1% | 0.982 | 1.739 | 0.824 | 0.080 | 0.136 | 0.300 | 0.041 | 0.044 | 0.128 | 香气浓郁，稍有杂味，风格明显 | 13号较优 |
| 12 | | | 2% | 0.984 | 1.751 | 0.820 | 0.081 | 0.141 | 0.303 | 0.042 | 0.045 | 0.129 | 香气不饱满，风格不明显 | |
| 13 | | | 3% | 0.985 | 1.763 | 0.816 | 0.081 | 0.146 | 0.306 | 0.043 | 0.046 | 0.129 | 香气馥郁，粮香突出，风格明显 | |
| 14 | | | 4% | 0.987 | 1.775 | 0.811 | 0.082 | 0.150 | 0.309 | 0.043 | 0.048 | 0.130 | 香气细腻，但稍有杂味，偏酸，酒体欠协调 | |
| 15 | | | 5% | 0.988 | 1.787 | 0.807 | 0.082 | 0.155 | 0.312 | 0.044 | 0.049 | 0.131 | 香气较弱，酒体欠协调 | |

再次对2、7、13号进行综合品评，选定2号（骨架酒比例为3 ： 7，丰润酒添加量2%）为较优基础酒。

此方案中，骨架酒的比例约3 ： 7时，香气馥郁，风格典型。

芝麻香作为此方案中的丰润酒，添加比例以2% ～ 3%为宜；添加过量会使香气变弱，酸度加大，风格失调；添加太少又会使香气出现杂味。以芝麻香作为丰润酒对整个基础酒风格的改变非常明显。

③ 以浓香为丰润酒。以52%vol凤型为勾兑试验标样，以凤型3年、凤型2年为骨架酒，浓香为丰润酒进行基酒组合形成基础酒，对组合酒样品评后选择最佳的基础酒，确定最佳配比，基酒组合方案如表3-7所示。

**表3-7　凤型勾兑试验方案Ⅲ**

<table>
<tr><th rowspan="2">项目<br>序号</th><th colspan="2">骨架酒</th><th>丰润酒</th><th rowspan="2">评语</th><th rowspan="2">评定结果</th></tr>
<tr><th>凤型3年</th><th>凤型2年</th><th>浓香</th></tr>
<tr><td>1</td><td colspan="2" rowspan="5">3 : 7</td><td>1%</td><td>香气不聚拢，酒体欠协调</td><td rowspan="5">2、4号较优</td></tr>
<tr><td>2</td><td>2%</td><td>香甜柔顺，偏浓</td></tr>
<tr><td>3</td><td>3%</td><td>香气较浓郁，风格较明显</td></tr>
<tr><td>4</td><td>4%</td><td>香气柔和，有陈味，风格明显</td></tr>
<tr><td>5</td><td>5%</td><td>香气浓郁，风格偏离</td></tr>
<tr><td>6</td><td colspan="2" rowspan="5">4 : 6</td><td>1%</td><td>香气较弱，放香差，风格不明显</td><td rowspan="5">9号较优</td></tr>
<tr><td>7</td><td>2%</td><td>香气不饱满，风格不明显</td></tr>
<tr><td>8</td><td>3%</td><td>香气浓郁、上扬，风格明显</td></tr>
<tr><td>9</td><td>4%</td><td>入口柔顺，酒体协调，香气优雅，有凤兼浓标杆之称</td></tr>
<tr><td>10</td><td>5%</td><td>浓香过于突出，酒体欠协调，风格不明显</td></tr>
<tr><td>11</td><td colspan="2" rowspan="5">2 : 8</td><td>1%</td><td>凤型突出、有所改进</td><td rowspan="5">11、14号较优</td></tr>
<tr><td>12</td><td>2%</td><td>香气不饱满，风格不明显</td></tr>
<tr><td>13</td><td>3%</td><td>香气饱满，风格不明显</td></tr>
<tr><td>14</td><td>4%</td><td>浓香突出，似有陈味</td></tr>
<tr><td>15</td><td>5%</td><td>香气饱满，酒体欠协调</td></tr>
</table>

再次对2、4、9、11、14号酒样进行综合品评后，选定14号为最优基础酒样。

凤型酒勾兑时，骨架酒凤型3年与凤型2年比例约2 ： 8时，酒体醇厚，香气优雅，具有凤型的典型风格。

以浓香酒作为丰润酒时，适宜的添加量在2% ～ 4%之间，添加量过多，则浓香过于突出，酒体欠协调；添加量少又会使香气不饱满，酒体风格不明显。

④ 以酱香酒为丰润酒。以52%vol凤型为勾兑试验标样，以凤型3年、凤型2年为骨架酒，酱香为丰润酒进行基酒组合形成基础酒，对组合酒样进行品评后选择最佳的基础酒。基酒组合方案如表3-8所示。

表3-8 凤型勾兑试验方案Ⅳ

| 项目/序号 | 骨架酒 | | 丰润酒 | 评语 | 评定结果 |
|---|---|---|---|---|---|
| | 凤型3年 | 凤型2年 | 酱香 | | |
| 1 | 3 : 7 | | 1% | 香气发闷，风格不明显 | |
| 2 | | | 2% | 香气较弱，风格不典型 | |
| 3 | | | 3% | 香气自然，但风格不明显 | |
| 4 | | | 4% | 放香差，风格不典型 | |
| 5 | | | 5% | 香气不聚拢，酒体欠协调 | |
| 6 | 4 : 6 | | 1% | 香气发闷，风格偏离 | 9号较优 |
| 7 | | | 2% | 无杂味、但风格不明显 | |
| 8 | | | 3% | 酒体欠协调，风格不典型 | |
| 9 | | | 4% | 香气优雅、自然，陈味好，风格明显 | |
| 10 | | | 5% | 酱香出头，酒体不协调 | |
| 11 | 2 : 8 | | 1% | 香气不饱满，风格不明显 | 13、14号较优 |
| 12 | | | 2% | 香气不饱满，风格不明显 | |
| 13 | | | 3% | 香气馥郁协调，风格明显 | |
| 14 | | | 4% | 香气优雅、自然，酒体协调，风格明显 | |
| 15 | | | 5% | 酱味突出，酒体欠协调 | |

再次对9、13、14号酒样进行综合品评，选定13、14号样。

凤型酒勾兑时，骨架酒选择凤型3年与凤型2年比例约2 ： 8时，酒体协调，香气馥郁，风格典型。

以酱香酒作为丰润酒时，适宜的添加量在3% ~ 4%之间，添加量过多，则酱味出头，酒体欠协调，添加量少又会使香气不饱满，酒体风格不明显。

⑤ 结果分析。通过以上实验，可以初步得出以下结论。

a.基础酒组合时，骨架酒的组合比例很重要。本次凤型酒勾调试验，骨架酒选择凤型3年与凤型2年比例2 ∶ 8、3 ∶ 7时，酒体较醇厚，凤型风格较明显。

b.丰润酒的种类、添加比例也尤为重要。试验中发现，凤型5年作为丰润酒对整个基础酒风格的改变并不明显，添加量过多会使酒体香气变弱，陈味露头，欠协调；添加量少又会使香气发散，上扬。在此次基础酒组合试验中，丰润酒优级芝麻香对基础酒的风格提升最为明显，其适宜的添加比例为2% ~ 3%，浓香丰润酒的适宜添加比例为2% ~ 4%，酱香丰润酒的适宜添加比例为3% ~ 4%。

c.试验发现，组合后的基础酒风格特征各不相同，但其色谱指标相差并不大，这充分说明勾兑时酒体香气、风格的变化多是复杂成分相互作用的结果。

（2）骨架酒和丰润酒比例的选择　前期的试验中，我们从四个酒（凤型5年、芝麻香、浓香、酱香）中选出了三个较适宜作为丰润酒的酒样：浓香、酱香、芝麻香，并得知它们作为丰润酒的大致比例。对三个比例不同的骨架酒进行了初步筛选，骨架酒凤型3年和凤型2年的比例为2 ∶ 8、3 ∶ 7时选出的基础酒优等酒样较多。但为了进一步充分全面分析，在下一步试验中将比例为4 ∶ 6的骨架酒也考虑在内。在此基础上，采用正交试验法，寻找最佳配方。

以凤型3年和凤型2年为骨架酒，设定两者的比例分别为2 ∶ 8、3 ∶ 7、4 ∶ 6，在此基础上同时加入不同浓度的浓香、酱香、芝麻香三种丰润酒（丰润酒的添加量在0 ~ 4%之间变化），进行三次三因素五水平正交试验，通过闻香品评选择较优的酒样，从而分析三种丰润酒的适宜添加比例。探讨各因素（丰润酒）对酒体风格会产生什么样的影响，影响程度如何，它们之间又有什么样的交互作用。正交试验因素水平如表3-9所示。

**表3-9　正交试验因素水平表**

| 项目 | 1 | 2 | 3 | 4 | 5 |
|---|---|---|---|---|---|
| 浓香添加量 | 0% | 1% | 2% | 3% | 4% |
| 酱香添加量 | 0% | 1% | 2% | 3% | 4% |
| 芝麻香添加量 | 0% | 1% | 2% | 3% | 4% |

注：三次正交试验方法一样，丰润酒添加量也一致，只是骨架酒比例不同。

① 骨架酒比例为2 ∶ 8

a.正交试验及结果。以比例为2 ∶ 8的凤型3年与凤型2年作为骨架酒，浓香、酱香、芝麻香这三种丰润酒为变化因素，每个因素设定五个水平（0%、1%、2%、3%、4%）进行正交试验，试验方案及结果如表3-10所示。

表3-10　正交试验设计及结果

| 项目 序号 | A浓香添加量/% | B酱香添加量/% | C芝麻香添加量/% | 打分 |
|---|---|---|---|---|
| 1 | 1 | 2 | 0 | 89 |
| 2 | 2 | 4 | 0 | 91 |
| 3 | 3 | 2 | 3 | 91 |
| 4 | 2 | 2 | 4 | 92 |
| 5 | 1 | 4 | 1 | 90 |
| 6 | 3 | 1 | 0 | 85 |
| 7 | 3 | 3 | 1 | 90 |
| 8 | 0 | 3 | 4 | 89 |
| 9 | 1 | 1 | 2 | 90 |
| 10 | 1 | 0 | 4 | 93 |
| 11 | 2 | 0 | 3 | 92 |
| 12 | 0 | 2 | 1 | 85 |
| 13 | 4 | 4 | 3 | 90 |
| 14 | 0 | 4 | 2 | 87 |
| 15 | 4 | 1 | 4 | 98 |
| 16 | 0 | 0 | 0 | 87 |
| 17 | 4 | 3 | 0 | 90 |
| 18 | 4 | 0 | 1 | 91 |
| 19 | 3 | 4 | 4 | 87 |
| 20 | 2 | 3 | 2 | 88 |
| 21 | 1 | 3 | 3 | 97 |
| 22 | 4 | 2 | 2 | 92 |
| 23 | 2 | 1 | 1 | 90 |
| 24 | 3 | 0 | 2 | 91 |
| 25 | 0 | 1 | 3 | 93 |
| $K_1$ | 441 | 454 | 442 | |
| $K_2$ | 459 | 456 | 446 | |
| $K_3$ | 453 | 449 | 448 | |
| $K_4$ | 444 | 454 | 463 | |
| $K_5$ | 461 | 445 | 459 | |
| R | 20 | 11 | 21 | |
| 最优组合为$A_5B_2C_4$，较优组合为$A_2B_4C_5$ | | | | |

以上25组样品的品评，分为五组进行，由国家评委和本企业专业的评委进行品评。第一轮品评初步选出5个优等品，组号为2、10、15、21、25，第二轮品评

选出的较优酒样的组号为10、15、21，最后一轮品评筛选到两个酒样，组号为15、21（评分：15 > 21）。

从正交试验品评结果可知，15号试验组为选出的最优组合，样品得分最高，为98分，该组合骨架酒比例为2 ∶ 8，丰润酒添加量为浓香4%、酱香1%、芝麻香4%，从优算结果和极差分析可知，影响基础酒香气和口感的丰润酒主次顺序为芝麻香 > 浓香 > 酱香，芝麻香对该基础酒质量的影响最为显著。可能是因为芝麻香本身陈味较好，酸度适中，而浓香作为丰润酒在基础酒的提香方面起到很大的作用，它们同时与比例为2 ∶ 8的骨架酒结合后，对基础酒的香气和口感提升较大。

b.验证试验。为了进一步证明此推断，我们对这25组酒轮番三次进行品评，品评结果表明，15号酒样酒体醇厚、风格典型，一致评分最高。

c.小结。综合分析本次试验结果，这三种丰润酒的加入有以下特点。

芝麻香对提升基础酒的香气和口感具有很大的作用，它的加入，使整个基础酒放香好，酒体风格特征明显，如试验组10、15、21的芝麻香添加量相对较高，它们的得分也均比较高，在浓香和酱香比例一定的情况下，将芝麻香的含量降低到0 ~ 1%，酒体风格不突出，部分有邪杂味。

浓香与酱香加入总量过多，会使酒体偏格，如试验组号7、17、19，浓香与酱香加入总量比较高，在6% ~ 8%之间，酒样整体得分偏低。

芝麻香与酱香同时加入过多，会使基础酒油陈味突出，香气发闷，酒体偏格，这可能是因为酱香型酒对其他酒的香气发散有一定的抑制作用，如试验组号8、13、14、19、20芝麻香与酱香添加量相对较高，总量在6% ~ 8%之间，酒体香气发闷，部分略带酸味，风格不明显。

② 骨架酒比例为3 ∶ 7。

a.正交试验及结果。以比例为3 ∶ 7的凤型3年与凤型2年作为骨架酒，浓香、酱香、芝麻香这三种丰润酒为变化因素，每个因素设定五个水平（0%、1%、2%、3%、4%）进行正交试验，试验方案及结果如表3-11所示。

**表3-11　正交试验设计及结果**

| 项目<br>序与 | A浓香添加量/% | B酱香添加量/% | C芝麻香添加量/% | 打分 |
|---|---|---|---|---|
| 1 | 1 | 2 | 0 | 89 |
| 2 | 2 | 4 | 0 | 92 |
| 3 | 3 | 2 | 3 | 90 |
| 4 | 2 | 2 | 4 | 96 |
| 5 | 1 | 4 | 1 | 95 |
| 6 | 3 | 1 | 0 | 91 |

续表

| 项目<br>序与 | A浓香添加量/% | B酱香添加量/% | C芝麻香添加量/% | 打分 |
| --- | --- | --- | --- | --- |
| 7 | 3 | 3 | 1 | 89 |
| 8 | 0 | 3 | 4 | 88 |
| 9 | 1 | 1 | 2 | 85 |
| 10 | 1 | 0 | 4 | 93 |
| 11 | 2 | 0 | 3 | 90 |
| 12 | 0 | 2 | 1 | 88 |
| 13 | 4 | 4 | 3 | 90 |
| 14 | 0 | 4 | 2 | 93 |
| 15 | 4 | 1 | 4 | 98 |
| 16 | 0 | 0 | 0 | 90 |
| 17 | 4 | 3 | 0 | 90 |
| 18 | 4 | 0 | 1 | 92 |
| 19 | 3 | 4 | 4 | 85 |
| 20 | 2 | 3 | 2 | 86 |
| 21 | 1 | 3 | 3 | 94 |
| 22 | 4 | 2 | 2 | 89 |
| 23 | 2 | 1 | 1 | 92 |
| 24 | 3 | 0 | 2 | 90 |
| 25 | 0 | 1 | 3 | 92 |
| $K_1$ | 451 | 455 | 452 | |
| $K_2$ | 456 | 458 | 456 | |
| $K_3$ | 456 | 452 | 443 | |
| $K_4$ | 445 | 447 | 456 | |
| $K_5$ | 459 | 455 | 465 | |
| R | 14 | 11 | 23 | |
| 最优组合为$A_5B_2C_5$，较优组合为$A_3B_3C_5$。 | | | | |

第一轮品评在每组中初步选出几个优等品，组号为2、4、5、10、14、15、21、23，第二轮品评选出的优等酒样的组号为2、4、5、15、21，最后在选出的这些优等品中进一步进行品评筛选，得分最高的组号为15、4（评分：15 > 4）。

从正交试验品评结果也可知，15号试验组为选出的最优的组合，样品得分最高，为98分，该组合骨架酒比例为3 ∶ 7，丰润酒添加量为浓香4%、酱香1%、芝麻香4%，从优算结果和极差分析可知，影响该基础酒香气和口感的丰润酒主次顺序为芝麻香 > 浓香 > 酱香，芝麻香对基础酒质量的影响最为显著。

b.验证试验。为了进一步证明此推断，重新对这25组酒行品评，结果表明15号酒样酒体醇厚、风格典型，一致评分最高。

③ 骨架酒比例为4 ： 6。

a.正交试验及结果。以比例为4 ： 6的凤型3年与凤型2年作为骨架酒，浓香、酱香、芝麻香这三种丰润酒为变化因素，每个因素设定五个水平（0%、1%、2%、3%、4%）进行正交试验，试验方案及结果如表3-12所示。

**表3-12　正交试验设计及结果**

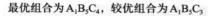

| 序号＼项目 | A浓香添加量/% | B酱香添加量/% | C芝麻香添加量/% | 打分 |
|---|---|---|---|---|
| 1 | 1 | 2 | 0 | 89 |
| 2 | 2 | 4 | 0 | 91 |
| 3 | 3 | 2 | 3 | 90 |
| 4 | 2 | 2 | 4 | 91 |
| 5 | 1 | 4 | 1 | 93 |
| 6 | 3 | 1 | 0 | 89 |
| 7 | 3 | 3 | 1 | 91 |
| 8 | 0 | 3 | 4 | 90 |
| 9 | 1 | 1 | 2 | 89 |
| 10 | 1 | 0 | 4 | 86 |
| 11 | 2 | 0 | 3 | 96 |
| 12 | 0 | 2 | 1 | 90 |
| 13 | 4 | 4 | 3 | 86 |
| 14 | 0 | 4 | 2 | 98 |
| 15 | 4 | 1 | 4 | 89 |
| 16 | 0 | 0 | 0 | 88 |
| 17 | 4 | 3 | 0 | 91 |
| 18 | 4 | 0 | 1 | 91 |
| 19 | 3 | 4 | 4 | 87 |
| 20 | 2 | 3 | 2 | 82 |
| 21 | 1 | 3 | 3 | 90 |
| 22 | 4 | 2 | 2 | 89 |
| 23 | 2 | 1 | 1 | 94 |
| 24 | 3 | 0 | 2 | 92 |
| 25 | 0 | 1 | 3 | 90 |
| $K_1$ | 456 | 453 | 448 | |
| $K_2$ | 447 | 451 | 459 | |
| $K_3$ | 454 | 449 | 450 | |
| $K_4$ | 449 | 444 | 452 | |
| $K_5$ | 446 | 455 | 443 | |
| R | 10 | 11 | 9 | |
| 最优组合为$A_1B_5C_4$，较优组合为$A_1B_5C_3$ | | | | |

第一轮品评初步选出8个优等品，组号为2、5、11、14、23、24，第二轮品评选出的较优酒样的组号为2、11、14、23，最后一轮品评筛选到两个酒样，组号为14、23（评分：14 > 23）。

从正交试验品评结果可知，14号试验组为选出的最优组合，样品得分最高，为98分，该组合为骨架酒比例4 ： 6，丰润酒添加量为浓香0%、酱香4%、芝麻香2%，从优算结果和极差分析可知，这几种丰润酒对基础酒香气和口感的影响程度相差不大，其主次顺序为酱香 > 浓香 > 芝麻香，相对来说酱香对基础酒质量的影响最为显著。这可能是因为，骨架酒凤型3年的比例增大，使得基础酒陈味突出，香气稍过大，而酱香型酒对基础酒香气发散有一定的抑制作用，故其比例较大，浓香型酒起提香作用，其比例较小，这在14号试验组中体现得非常明显。

b.验证试验。为了进一步证明此推断，重新对这25组酒行品评，结果表明，14号酒样酒体醇厚、风格典型，一致评分最高。

④ 正交试验结果汇总（表3-13）。

**表3-13　正交试验结果汇总**

| 项目 | 骨架酒比例 2 ： 8 | | | 骨架酒比例 3 ： 7 | | | 骨架酒比例 4 ： 6 | | | 丰润酒比例 |
|---|---|---|---|---|---|---|---|---|---|---|
| | 第1轮 | 第2轮 | 第3轮 | 第1轮 | 第2轮 | 第3轮 | 第1轮 | 第2轮 | 第3轮 | 浓香：酱香：芝麻香 |
| 2 | √ | | | √ | √ | | √ | √ | | 2 ： 4 ： 0 |
| 4 | | | | √ | √ | | | | | 2 ： 2 ： 4 |
| 5 | | | | √ | √ | | √ | | | 1 ： 4 ： 1 |
| 10 | √ | √ | | √ | | | | | | 1 ： 0 ： 4 |
| 11 | | | | | | | √ | √ | | 2 ： 0 ： 3 |
| 14 | | | | √ | | | √ | √ | √ | 0 ： 4 ： 2 |
| 15 | √ | √ | √ | √ | √ | √ | | | | 4 ： 1 ： 4 |
| 17 | | | | | | | √ | | | 4 ： 3 ： 0 |
| 18 | | | | | | | √ | | | 4 ： 0 ： 1 |
| 21 | √ | √ | | √ | √ | | | | | 1 ： 3 ： 3 |
| 23 | | | | √ | | | √ | √ | | 2 ： 1 ： 1 |
| 24 | | | | | | | √ | | | 3 ： 0 ： 2 |
| 25 | √ | | | | | | | | | 0 ： 1 ： 3 |

注：画"√"的项目表示在该轮次品评中被选到。

综合分析三次正交试验结果可知，骨架酒比例为2 ： 8与3 ： 7时，选出的最优组别一致为15号，丰润酒添加量为浓香4%、酱香1%、芝麻香4%。由表3-13可知，在这两种比例下选出的优等酒样5、10、15、21、25号的得分均随骨架酒比例的增大而减少，其变化趋势是一致的。而当骨架酒凤型3年与凤型2年的比例增加至4 ：6时，这一规律发生了变化，选出的最优组别为14号，丰润酒添加量为浓香0%、酱香4%、芝麻香2%。选出的优等酒样2、4、11、14、17、18、23、24得分均随骨架酒比例增大而提高。

试验发现，不同香型的酒组合是有规律的，就本次试验来说，骨架酒凤型3年与凤型2年的比例增加时，芝麻香和浓香含量有逐渐下降的趋势，酱香含量有上升趋势。骨架酒比例为4 ：6和3 ：7的组别，在同时加入三种丰润酒后选出的优等酒样要多于2 ：8的组别。

试验发现，适量的芝麻香和凤型结合，能使酒体风格突出、略带芝麻香和陈味、香气饱满。另外，芝麻香添加比例相对浓香和酱香要高，一般在3% ~ 4%之间较为适宜。

从选出的几个较优酒样中可以得知，浓香和酱香的加入量必是一高一低，两者加入量均高时，酒体不协调，加入量均低时，香气不突出，但总体分析，浓香大于酱香添加量的组别要好于酱香大于浓香添加量的组别，两者比例相加在3% ~ 5%左右较为适宜。

无论是哪种质量优异的基酒，在基础酒中的含量并不是越多越好，各种基酒必须有适当的比例才能使酒体协调。从本次试验结果来看，三种丰润酒的添加总量在5% ~ 8%左右时，基础酒风格比较突出，酒样得分较高。

本次试验结果证明，正交试验法用于白酒产品的配方设计是行之有效的。利用这种方法进行正交设计，通过勾调、品评，为各种风格特点不同的产品制定相应的配方，并在这个过程中总结不同基酒之间组合的规律，提升自身水平。

以上这些基础酒再经过调味，口感会更加丰富和愉悦。试验还属于初步的推断和探讨，在成本条件允许的情况下，一方面可突破性地随机选取每个因素的取值范围，或许会出现更好的结果；另一方面，可以进行大样勾调扩大配方，验证以上组合的正确性与有效性。

## 3.3 新品开发

新产品开发是根据产品风味特征形成规律和市场适应度的要求，结合工艺技术水平及基酒状况设计出具有典型风味特征的勾兑方案并付诸实施的过程。

新产品开发时，勾兑员应当掌握以下资料。

① 本企业已有产品的优缺点和在市场上的综合表现、消费者对本企业产品的诉求。

② 市场上畅销产品的风格特点和口味变化的趋势。

③ 本企业现有工艺条件满足消费者诉求的程度、优势和存在的问题。

④ 本企业的技术水平。

通过调查，按照消费习惯和市场适应度等要素对消费者诉求进行分类，提炼出新产品的轮廓，对待开发的产品风味特征和质量标准、质量水平进行预判，设定所需要的原料、糖化发酵剂种类、生产工艺、技术标准、基酒的类别、成品酒的风格特征、质量指标等一系列目标，然后经过综合平衡，制定出一套切实可行的实施开发方案，并予以实施。

新品开发是创新的需要，通过开发新产品可以找出现有工艺中存在的问题和不足，优化改进生产过程，因此也是改造老产品的捷径。新产品开发，要求设计者具有较强的科研技能和市场预判能力，不仅对生产工艺了然于心，对品评勾兑精准熟练，更要对白酒发展趋势和市场的走向判断准确。一般情况下，新产品开发不是一两人之力可以解决的，需要在白酒专家的引领之下形成整体协作的开发团队，配备专业人才、分析检测设备、开发场地等条件，进而控制白酒的生产过程，形成预定的酒体的独特风格，达到提高产量、保证质量、降低成本、提高经济效益的目的。

### 3.3.1 产品定位

进行新产品的设计前，先要考虑产品定位，包括市场需求、目标消费群、风格类型、成本与价格等。

（1）明确市场消费需求　依据市场调查，紧密联系消费群体，根据饮食及地域文化、消费习惯、经济状况和社会阶层等要求，准确定位。开发新产品，首先要明白消费者的选择理念，针对消费者意见及喜好进行分析调研，确保市场最前端有效信息的传递和表达，使开发出的新产品具有针对性。由目前市场消费趋势看，柔顺、优雅、低醉是消费者对产品的基本需求，而随着对食品安全认识的加深，消费者对纯粮固态酿造的白酒更加信任，产品设计时应注意突出纯粮酿造白酒的协调感、浑厚感和馥郁度。作为新品开发设计人员，要时刻关注市场的变化，不断发现新情况，研究新问题，把最大限度地满足消费者的要求作为新产品酒体设计的出发点，只有这样，新产品才具有生命力。

调研中开发者还应当熟悉市场主流品牌的所有信息，包括产品外包装、产品命名规律、产品质量等级、针对的消费群体，了解这些关键信息后，在设计时扬长避短，强化自身产品优点，确保后期设计的产品在市场中具有竞争优势。只有通过深入调研，才能将消费者的需求加入产品设计中。因此，针对性的市场调研是新产品开发中最为关键的一步。

（2）确定风格　根据市场调查确定白酒风格。白酒分为十二大香型，风格特点千差万别。即使是同一香型的不同白酒，香气口感也绝不相同。目前市场上的主流香型为浓香白酒，占据了白酒市场的半壁江山。如川派单粮浓香的泸州老窖、多粮浓香的五粮液、江淮派浓香的洋河酒等。因此，在新产品开发前，要了解不同产品风格在市场的接纳度，根据调查确定出被多数人所接受的白酒风格。同时，设计者应普查基酒库存情况，查看所产基酒数量和风格是否能够符合新产品的设计要求，如能满足，勾兑配方设计就比较容易。如果所产白酒与设计的产品存在差异，则需要根据差异大小确定是否要改进工艺或是重新制定新的生产工艺方案及检测方法。目前，白酒市场的主流风格集中在酱、浓、清三个香型类别中，在此基础上，白酒香型在保持差异化的基础上不断融合的趋势是一种新常态，随着新的消费主力的崛起，香型融合化、口味淡雅化、风格馥郁化、饮后舒适化已经势不可挡。单纯强调差异化或酸酯堆砌的传统思维模式亟须改变。如标称浓香型，口味带酱；标称酱香型，却降酸增己；标称凤香型，却偏浓、偏酱等现象，说明各种香型的酒都在根据市场需求进行风格调整，这样既适应了市场，又优化了香型。

（3）拟定价格及成本　新产品定位的最终目标是既能符合消费者的需求，还要为企业带来一定利润。因此在产品设计前，预算成本、预定价格很重要。成本主要集中在原酒生产成本、包装成本、销售成本三个大的方面。当市场零售价格已确定以后，新产品的包装及酒水成本也就基本上可以确定下来。在适合的情况下，合理的成本控制不仅能给企业带来丰厚的利润，同时也能增加产品的市场竞争力。

新产品定价应结合市场竞品价格体系，在主流产品价格设置基础上寻找市场价格带，并针对此价格带进行定价设置。如何定价，是所有企业都在研究的难题。对于多数白酒企业来说，新产品价格策略可采取直切市场主流竞争对手价格带的方式，以竞争对手市场执行价格为参照（不是市场滑落价）而设定；同时，还需参考主流竞品的渠道顺价利润及净利润，确保新产品的渠道利润适度高于市场现有竞品。当初步确定价格以后，设计者还需进行市场验证，以便对所定的价格及时调整修改，直至合理。新产品开发时的成本控制是拟定市场价格的基础，虽然产品物料成本不是市场定价的主要因素，但作为一名合格的勾兑师，应当使产品的成本顺应市场定价和成本控制的需要。

### 3.3.2　新产品开发的基础工作

（1）原料预判　预判基酒库存量、贮存年限、风格特征、类别、色谱指标、理化分析数据、感官分类是新产品开发的基础条件。由于原酒的分级一般是按酒头、前段、中段、尾段、尾酒等进行区分，分级入库，库存原酒又可分为优级酒、一级酒、二级酒等几类，还有采用特殊工艺生产的调味酒。这些原酒入库时，有时间、重量、酒度、等级、工艺、班组等信息，在原料预判时，还要翻阅色谱分析报告和感官品评结果，以便产品设计者选择使用。

通过理化数据和色谱分析结果可以发现已有产品的缺陷或不足及主要呈香呈味物质的量比关系，从而加以调整和完善。某些小酒厂在生产固液法白酒时，通过酒精串烧工艺进行香醅蒸馏后，会存在酸酯比例不协调、羰基化合物含量偏低、口感粗糙、后味短、放香不明显等问题，通过采用相应的固态法白酒加以弥补，就可使产品呈现出较好的风格。

在原料预判时，首先要按照所设计产品的香型风格，确定基酒的选用类型和配比。掌握基酒的香味特点及主要香味物质的量比关系，以此来选定所用基酒。既要结合感官品评，又要参照理化分析。以浓香型为例，要维持典型性必须选用香气浓郁的原酒，一般选用已酸乙酯含量高的基酒。在设计新工艺白酒或小曲法白酒时要考虑醇厚感好、酸酯含量高的基酒。合理的组合可以使基础酒呈现香、甜、绵、净、爽的风格特征。

（2）工艺分析　白酒各自酿造区域独特的地理环境，决定了风格迥然的酿造工艺及其不同的风格特点，从而形成了中国白酒产品的稀缺性优势。工艺对白酒香气、口感的影响是绝对的。泥窖工艺决定了浓香白酒中己酸乙酯的生成，故香气浓郁、绵甜净爽。地缸发酵和清蒸二次清的传统工艺，造就了清香型白酒的高乙酸乙酯含量，使得清香型白酒香气醇正、绵甜爽口。米酒工艺、液态发酵、肥肉浸泡决定了豉香型白酒的风格特点，新酒无异味、无煳味，成品酒斋香不突出，米香舒适醇甜，醇厚感好。了解这些白酒的工艺特点，才能在勾兑时游刃有余。

新产品设计中，如果产品风格没有大的变化，可沿用原工艺操作技术，仅需通过调整工艺参数，便可达到控制酒中微量成分的变化。一般在开发融合产品时，可通过工艺设计生产出所需要的基酒，或者通过分别生产不同特点的白酒，以勾调得以实现。例如芝麻香白酒工艺中，高温堆积、高温发酵、高温馏酒的工艺与酱香白酒相似，因此有焦香感和幽雅细腻的感觉，原料中加入适量的麸皮，增加了氮碳比，利于生成香草醛、香草酸、4-乙基愈创木酚等酚类化合物，有助于焦香的形成。泥底砖壁，是清、浓、酱发酵容器的结合。特有的原料配比及工艺融合使酒体在香气上兼有酱香、浓香和清香的风格，但又不突出，最终以工艺创新诞生新的香型——芝麻香。

### 3.3.3　新产品开发的原则

（1）创新原则　创新是企业发展的不竭动力，作为一名白酒勾兑师，要有创新的理念、创新的勇气、创新的思维、创新的动力，只有创新，企业才能取得长远发展；只有创新，产品才会具有差异化特色；只有创新，新产品才有吸引力；只有创新，才能在勾兑方面有所建树。淡雅浓香型白酒、小分子白酒、弱碱性白酒、功能白酒的推出，体现了持续创新的发展局面。勾兑师要不断地学习专业知识，增强勾兑技能，关注行业发展，始终掌握勾兑技术的发展脉搏，提升专业能力，将创新贯穿于新产品设计的始终。

（2）熟悉市场原则　新产品开发应立足于市场，了解消费者的口感变化，要对市场销量大、影响大的产品，进行理化检测和色谱分析，了解其酒体骨架成分结构及量比关系，并进行感官指标评定，找出其优异特点或质量缺陷，再根据本厂原酒进行小样试制、提高，组织品尝、鉴定，直到产品特性优异为止。只有亲近市场、亲近消费者、不断超越产品价值，才能使产品具有生命力，从而赢得市场。勾兑师要转变观念，超越自我，跳出传统产品的条条框框，只有这样才能有所突破。勾兑人员的群体作用和个体作用同样重要，有时甚至是个体起主导作用，勾兑师的喜好往往对产品的最终定位产生决定性影响。因此，在市场调查时一定要认真分析信息来源的准确度和代表性，最大限度地满足有代表性的群体需求，不能以点概面，以偏概全。

（3）消费群优先原则　消费者或经营者喜爱什么酒，企业就要设计开发出什么酒，市场经济规律决定了设计开发者必须两眼紧盯市场，紧跟消费者口感变化，与消费者交流沟通，拉近距离，把对企业负责、对品牌负责、对香型负责的态度一直延伸到对市场和消费者负责的层面上来，把勾兑师的喜好和消费者的爱好相结合，找准市场定位、风格定位，从而开发出消费者喜爱的产品。名酒和好酒是两个不同的概念，两者既对立又统一，作为个体消费者，要的是他心目中的好酒，名酒只是白酒的差异化标签。大多消费者对白酒的取向可概括为三个方面：一要真；二要顺；三要特，真实的纯粮固态白酒，入口柔顺，有特征、有个性，饮后舒适。

对消费群体的把握判断，也应当根据地域、文化、风俗等进行研究分析，了解消费者的价值取向，才能更准确地进行产品风格特征的定位。东南沿海，气候潮湿炎热，饮酒风格以清淡为主；东部、南部地区喜欢饮用低度酒；西部、北部地区喜欢饮用高度酒。不同民族、不同地区也都有自己的饮酒风格，北方人豪爽，饮酒讲究一醉方休，南方人精明细腻，饮酒讲究品味、享受。新产品要体现多样性，满足不同地域、不同气候条件下消费者的基本需求。

（4）跨界原则　中国白酒因地域、气候、工艺不同形成差异化发展，虽然从市场影响力和生产规模来看，浓、清、酱等几大基本香型发展较好，但是各个白酒香型都不是一成不变的，二十年前的茅台酒与现在的茅台酒不可同日而语，这都是白酒工艺技术的不断创新和发展及白酒勾兑技术的不断进步所带来的。以浓香酒为例，就派生出了很多流派，四特酒、口子窖、白云边、景芝酒、酒鬼酒无不是融合所派生的香型类别。现在酒行业已经认识到香型虽然对白酒的进步和发展起到了一定的作用，但基于主观判断的香型概念终将被打破。由目前白酒行业的发展来看，一些白酒领袖企业在配方设计时，无不是你中有我、我中有你，融合带来了白酒馥郁度的发展，是白酒勾兑技术发展的动力。“一香为主，多香并举”是未来大中型名白酒企业产品开发的主攻方向。香型融合，工艺改进，取长补短，强化特点，以个性化产品设计来满足市场多元化的消费需求，形成香型淡化、品质细化、口感多样化的发展方向。

酒的跨界性发展不再局限于中国白酒之间的香型融合，已扩展至世界六大蒸馏酒，预调鸡尾酒的发展最为凸显蒸馏酒之间的跨界性融合。其基酒要有较强的包容性，可容纳各种香、味、色等材料，从而充分混合达到色、香、味俱佳的效果。基酒在鸡尾酒中起主导作用，选择基酒首要的标准是酒的品质、风格、特性，其次才是价格。一般的基酒可选择朗姆酒（Rum）、金酒（Gin）、龙舌兰（TequiLa）、伏特加（Vodka）、威士忌（Whisky）、白兰地等，试验证明用白酒作基酒同样也可调制出色、香、味俱佳的产品。水井坊有吉亚帝欧的投资背景，连续多年出现在伦敦鸡尾酒周，成为鸡尾酒的新秀。以水井坊酒为基酒，加入朗姆酒及由蜂蜜、香草等制作而成的糖浆，调配出的鸡尾酒带出了田野的自然气息，饮之更觉优雅醇正、余味悠长。

（5）功能明确原则　要明确所设计产品具有什么功能，具有怎样的核心竞争力。白酒产品所具有的功能决定了产品的特性和个性，是消费者选择的主要因素之一。劲酒以小曲清香白酒为基酒，具有“抗疲劳、免疫调节”的保健功能，采用数字化提取技术使皂苷类、黄酮类、活性多糖等功能因子，以及多种氨基酸、有机酸和人体所需的微量元素等营养成分与白酒完美结合，极大地满足了市场消费需求。近年来，随着茅台酒四甲基吡嗪等健康因子的研究，白酒行业围绕萜烯类化合物、吡嗪类化合物、氨基酸、异构多糖等物质的研究如火如荼，其目的就是要发掘白酒的健康功能，丰富白酒的选择理由，使消费者得以明明白白地消费。

功能性白酒是白酒行业发展的方向之一，要从白酒生产工艺入手，从原料采购、曲料配方、酿造工艺、馏酒办法、贮存容器、贮存时间等多方面进行研究，只有这样，才能开发出特点突出、功能明确的产品。泸州老窖创新酿造工艺，开发了系列功能白酒，通过对浓香酒生香和提香机理剖析，在继承传统工艺基础上，通过移位发酵、蒸馏融香等措施赋予了白酒新的功能。

（6）学术跟进原则　白酒勾兑技术日新月异，不断发展，一些新的理念被不断引用到白酒勾兑技术中，如胶体模型原理、风味轮、同位素技术等。随着研究的深入，行业中对白酒的认识越来越明确、越来越清晰。西凤酒特征风味物质的研究表明，凤香型白酒是中国白酒中香味物质成分最多的产品，有1400多种，远高于茅台、泸州老窖、汾酒等的产品。勾兑技术和检测技术的支撑，满足了白酒新产品开发的需要，为新产品开发注入了新的活力。勾兑师要不断学习和跟进白酒勾兑技术的新发展和新需要，用先进的手段、先进的理念保障新产品开发。

（7）符号镶嵌原则　在白酒行业中，风味物质的研究在不断创新和发展，随着检测设备和检测仪器的进步，白酒中的风味物质将会“越来越多”，随着分析检测设备的不断升级改进，各类白酒不断研究其香味化合物，以期找出产品特征风味物质构成，确定出影响产品风格的信号物质。研究表明，己酸乙酯是浓香型白酒的主体香，清香型白酒的信号物质为乙酸乙酯，米香型白酒的代表物质为$\beta$-苯乙醇，凤香型白酒关键特征风味物质为异戊醇等。这些关键特征物质的研究发现，促进了对白酒成分的深入探讨，并逐渐提出白酒的骨架成分、协调成分和微量成分的概念，为白酒风味物质的研究起到了极大的推动作用。

在新品开发中，应当充分利用不同白酒的香气特征物质，将具有符号代表效果的化学物质与白酒的风格特性联系起来，研究其产生机理，在白酒生产工艺中通过参数调整，强化特征符号，或通过勾兑强化信号物质的表达，达到信号物质与白酒特性相辅相成、遥相呼应的效果。

## 3.4　计算机勾兑

### 3.4.1　计算机勾兑的定义

白酒的配方设计方法是在科技不断进步、社会需求不断变化中逐渐发展完善起来的。其发展过程是由人工经验阶段到数字组合阶段，再到使用计算机勾兑调味阶段。

计算机勾兑是将基础酒中代表本产品特点的主要微量成分含量输入电脑，微机再按照指定容器的基础酒中各类微量成分含量的不同，找出酒的形成机理和变化规律，进一步优化组合，使各类微量成分含量控制在规定的范围内，达到协调配比的要求。计算机勾兑后，再品评分析，若理化指标、感官指标能基本吻合，则说明方案可行，结果可靠，否则应重新勾兑。

### 3.4.2　计算机勾兑的基本原理

计算机模拟勾兑系统是采用线性代数理论与人工智能网络技术相结合，以数学模型的建立为基础，实现计算机模拟勾兑。传统的人工勾兑只能注重简单或少数理化数据，无法进行复杂的计算，使勾兑的准确性、可靠性大大降低。通过线性代数理论对十几个或几十个色谱指标进行控制，是一个费时费力的过程，没有计算机的上十万次计算，很难较快找到一个合适的勾兑方案。

大数据、云计算和人工智能的应用，给白酒勾兑增添新的活力，通过数学模型的建立和数据的采集可以实时地选定若干个勾兑方案，是一种白酒勾兑发展的新方向。

### 3.4.3 计算机勾兑基本流程

计算机勾兑技术在白酒生产中的应用，是建立在数学模型基础之上的，没有模型就不能进行计算机模拟勾兑。计算机勾兑白酒的数学模型建立一般包括如下步骤。第一分析确定白酒中主要呈香呈味物质的含量；第二是计算各组分的量比关系，选择参与配方设计的基酒名称、种类，并确定用量的上下限；第三建立数学模型，计算机模拟勾兑的根本是建立全面的数学模型，完整地描述白酒的风味和酒质状况，从而按照这个数学模型找出最佳组合方案；第四是数学模型的简化。在数学模型方面，其理论基础是线性规划、目标规划和模糊线性规划。李家明对此做了进一步的探讨，提出了应用模糊数学理论创建蒸馏酒勾兑的新方法。通过对线性规划、目标规划及模糊线性规划三种优化方法与手工勾兑进行比较，分析了每种方法的优缺点，认为模糊线性规划设计方法较为合理，它能调整配方，求出一个最接近原标准的配方，得到微量成分平衡协调、口感最佳、满足市场和消费者需求的产品。

（1）计算机勾兑系统数据模型　优化配方设计方案，一般采用线性规划程序设计、目标规划程序设计、混合整数规划程序设计、模糊线性规划程序设计等方法，将计算机设计的配方与标样进行对比，直至配方模型满足要求。以线性规划为例，对计算机模拟勾兑的原理进行说明。

① 线性规划程序设计。线性规划法是目前应用最广泛的一种优化配方的技术，其目的是找出一个满足当前约束条件的最低成本配方，它受基酒的酒龄、香型特征、价格等各方面的影响，而线性规划方程可以得出上述各因素对最终优化结果的影响程度，并可计算出在保持配方基酒不变的情况下，各基酒的价格变化范围、约束条件中微量成分指标和用来限制 $b_i$ 值的变化范围，以及各基酒微量成分 $a_{ij}$ 值的变化范围。

假设只有一个目标函数，一般情况下是求配方成本最低；该目标函数是变量的线性函数。其数学模型如下。

约束条件：

$$a_{11}x_1+a_{12}x_2+\cdots+a_{1n}x \geqslant b_1$$

$$a_{21}x_1+a_{22}x_2+\cdots+a_{2n}x_n \geqslant b_2$$

$$\cdots\cdots$$

$$a_{m1}x_1+a_{m2}x_2+\cdots+a_{mn}x_n \geqslant b_m$$

非负条件：

$$x_1 \geqslant 0，x_2 \geqslant 0，\cdots，x_n \geqslant 0$$

目标函数：

$$x_0=c_1x_1+c_2x_2+\cdots+c_nx_n=Z_{\min}$$

求解线性规划数学模型就是在满足约束条件和非负条件之下，使得目标函数成本最低，确定变量$x_1$、$x_2\cdots x_n$的值。式中，$x_1$、$x_2$、$x_3\cdots x_n$为决策变量，即各种基酒在配方中的用量，$a_{ij}$为基酒的香味成分含量，$n$为参与配方的原酒容器数和调味酒的种类数，$m$为约束方程数；$b_1$、$b_2\cdots b_m$为配方中应满足的各项香味成分指标的常数项值，$c_1$、$c_2\cdots c_n$为各种基酒的价格。

然而，利用线性规划在解决实际配方问题时，也存在一定的缺陷：有时线性规划无解，约束集为空集或无限集；优化目标单一，以成本最低为唯一标准来选择基酒种类及用量；约束条件是根据数学式和实际条件硬性规定的，即约束集弹性较小，使得配方中某些指标过高，而另一些指标过低，酒体微量成分之间不平衡。

由于线性规划的部分局限性，在模型的建立过程中应寻找其他较为综合的方法。

② 目标规划程序设计。目标规划把所有的约束条件均处理为目标，采用权重法设置各个目标的重要程度，目标规划程序将根据目标重要程度的不同对所有的目标分别进行优化，最终得到满意的结果。

目标规划程序的目标函数是由各目标约束的正、负偏差变量和赋予相应的优先因子而构成的，当确定一个目标后，目标规划的要求是尽可能缩小与目标值之间的偏差，因此其目标函数是$Z_{\min}=f(d^-,d^+,w)$，目标规划的数学模型如下。

目标函数：

$$Z_{\min}=\sum_{i=0}^{m}w(d_i^-+d_i^+)$$

满足约束条件：

$$\sum_{j=0}^{n}c_jx_j+d_0^- - d_0^+=g$$

$$\sum_{j=0}^{n}a_{ij}x_j+d_i^- - d_i^+=b_i$$

非约束：

$$x_j,d_i^+\ ,d_i\geqslant 0(j=1,2,\cdots,n\ ;\ i=0,1,\cdots,m)$$

式中，$w$为权重系数；$d_i^+$为过盈偏离量，表示目标的超过值；$d_i^-$为不足偏离量，表示目标的不足值；$x_j$为第$j$个决策变量，即第$j$种基酒，$a_{ij}$为各种基酒相应的微量成分含量，$b_i$为应满足的各项微量成分指标或重量指标的常数项值；$c_j$为每种基酒的价格系数，$g$为配方的目标价格。

目标规划所得的结果有两种情况：一是配方成本低于线性规划配方成本，这是以牺牲约束条件为条件的；二是配方成本等于线性规划配方成本，其结果与线性规划结果相同。

目标规划与线性规划相比，具有下列优点：线性规划只能处理一个目标，而目标规划能统筹兼顾、处理多个目标，求得更切实际的解；目标规划可以在相互矛盾的约束条件下找到满足解；线性规划的约束条件是不分主次的同等对待，在目标规划中，配方人员可通过对目标设置优先级和权重，从而获得满足多方要求的优化配方。

③ 模糊线性规划程序设计。普通线性规划其约束条件是一定的，最终只能解决单纯的线性关系问题。而在白酒的勾兑中，由于基酒中某些微量成分的含量具有一定的模糊性，且成品酒中某些微量成分的含量在一定范围内浮动对成品酒的质量并无多大影响，因此在建立模型时，采用弹性约束条件，这样更接近勾兑的实际情况。

模糊线性规划能更准确地描述白酒勾兑的过程，且能较好地模拟配方调整过程，在进行配方设计时，具有自动调整配方的功能，给初学者带来极大方便，在配方调整方面具有广泛的适用性。

在普通线性规划模型的基础上，先求出最低成本$Z_{\min}$，在约束条件中，将“≥”模糊化后，则有如下模型。

设：$A=(a_{ij})(m\times n),\ B=(b_i)(m\times 1),\ X=(x_i)(n\times 1),\ C=(c_j)(n\times 1)$

称：$Z_{\min}=CX\leqslant Z_0$

满足：$AX\geqslant \mathrm{B}$，$X\geqslant 0$

上述，$Z_0$为模糊线性规划中配方成本的期望值，当第$i$个约束条件完全满足时，隶属函数值为1；当约束条件超过配方人员确定的伸缩量$d_i$时，隶属函数值为0；其他约束集的隶属函数值介于0与1之间。那么，可取第$i$个约束集的隶属函数值为：

$$u_{d_i}(x_1,x_2,\cdots,x_n)=\begin{cases}1,\text{当}\sum_{j=1}^{n}a_{ij}x_j\geqslant b_i\\ 1+\dfrac{1}{d_i}\left(\sum_{j=1}^{n}a_{ij}x_j-b_i\right),\text{当}b_i-d_i\leqslant\sum_{j=1}^{n}a_{ij}x_j<b_i\\ 0,\text{当}\sum_{i=1}^{n}a_{ij}x_j<b_i-d_i\end{cases}$$

式中，$d_i \geqslant 0(i=1,2,\cdots,m)$，说明约束边界模糊化了。$d_i$是标样酒中各微量成分指标及基酒用量约束的伸缩量，是由勾兑师根据其经验、标样酒中各微量成分含量的情况确定的。

目标函数模糊化之后得模糊约束集$F$，其隶属函数为：

$$u_{d_i}(x_1,x_2,\cdots,x_n)=\begin{cases}0,\text{当}Z\geqslant Z_0\\ -\dfrac{1}{d_i}(Z-Z_n),Z_0-d_0\leqslant Z\leqslant Z_0\\ 1,Z\leqslant Z_0-d_0\end{cases}$$

其中，$Z_0$–$d_0$是线性规划的最优值，即在原配方标准的基础上，根据勾兑师给出的伸缩量放松约束条件后，得出的线性规划最优解。

根据模糊判定，利用最大隶属原则求$X^*$，则：

$$u_B(X^*)=\max_{x\in X}[u_0(X)\wedge u_F(X)]=\lambda$$

这样就得到在约束条件$u_{d_i}(x)\geqslant\lambda$和$u_F(X)\geqslant\lambda$之下来求最大的$\lambda$，即得另一线性规划$\lambda_{\max}$：

$$1+\frac{1}{d_i}\left(\sum_{j=1}^{n}a_{ij}x_j-b_i\right)\geqslant\lambda$$

$$-\frac{1}{d_0}\left(\sum_{j=1}^{n}c_jx_j-Z_0\right)\geqslant\lambda$$

（式中$0\leqslant\lambda\leqslant1$；$i=1,2,\cdots,m$；$j=1,2,\cdots,n$）

用单纯形法解此线性规划方程，得最优解也就是目标函数在模糊约束式下的模糊最优解，即模糊线性规划的最低成本配方。

模糊线性规划能根据原线性规划各项微量成分，以及基酒的价格，自动给出伸缩量并调整配方，从而得到一个成本低且又满足要求的合理配方。模糊线性规划的求解规程模拟了勾兑人员用线性规划求配方时的调配过程。采用模糊线性规划时，只需要勾兑人员事先给出各约束条件的伸缩量，模糊线性规划能自动调整、计算，给出一个较理想的结果，从而减少配方调整次数和勾兑配方设计人员的工作量。

用模糊线性规划计算配方时，必须实现确定各约束方程的伸缩量。伸缩量由勾兑专家根据其勾兑经验，标样酒微量成分的标准等情况确定，保存在模型中，以便用户随时调用。一般希望尽可能达到要求，其伸缩量必须取得很小；而对基酒用量的约市一般较宽松，其伸缩量可取得相对大一些。另外，用模糊线性规划计算配方时，配方中各项微量成分含量一般不会超出勾兑员所给出的约束值的浮动范围，其计算结果易控制，配方调整较方便，是一种较理想的优化设计方法。

（2）配方形成的过程　目前，色谱仪可以分析出白酒中上千种微量成分，研究显示，对白酒的质量产生重要影响的是其中几十种微量成分，这些成分在优质基酒和成品酒中存在着相对固定的量和量比关系，为计算机设计白酒配方、模拟勾兑奠定了基础。

① 分析原酒色谱数据。对本企业所有可使用的原酒通过气相色谱、液相色谱、气质联用仪（GC-MS）等高科技的分析手段进行全方位的分析，为白酒建立全方位的“电子身份证”，并将电子身份证输入勾兑软件中保存，以作为勾兑的目标参数。认清酒中重要的微量成分及其比例对酒的影响，得出若干套典型白酒中微量成分含量的标准区间值，从而将勾兑调味归结为数学模型。

② 确定目标产品。在进行电脑勾兑之前先要确定一个清晰的酒样模板，即需要勾兑出一款酒度是多少、酸酯比多少、香型是什么、各主要微量成分含量都是多少的酒样模板，并将该模板输入勾兑软件中保存。在大企业中，有多种产品体系，不同的产品有不同的模板。

③ 选择最优的勾兑方案。获得基酒微量组分的检测数据后，按照老配方勾兑时将每一批基酒的成分输入计算机，计算机根据目标参数计算出几种较优的方案，勾兑员就需要选择一种最优的勾兑方案。如要按新配方进行勾兑，则需要在充分考虑各种要求的基础上，对目标参数作相应的调整。

④ 小样勾兑。按照电脑所提供的勾兑方案进行小样勾兑；根据实际需要并结合经验，将混合后的酒样进行静置，之后再品评，品评之后找出其缺陷，再由人工对其进行修饰，修饰之后再品评，直到打造出一款完整的酒样。通过人机对话对指标数据进行修正，经反复修改直至满意为止。由此产生小样勾兑配方。

⑤ 扩大配方并验证。按照小样调整后确认的配方比例，采用计算机控制系统进行大样勾兑，原酒、水等掺兑成分通过装有流量计、电磁阀的管道流入酒槽，当流量计的读数达到定量时，计算机发出一个信号，将电磁阀门自动关闭，从而严格按照所规定的配比进行勾兑。通过品评与小样进行对比，验证配方是否可用。

### 3.4.4　计算机勾兑的意义

计算机勾兑使得白酒勾调更具准确性、可靠性和易操作性，逐步实现生产流程从传统型、经验型向现代科学化的方向转变，从而达到提高产品质量、控制产品成本、快速培养勾兑技术人员、提高成品酒批量勾兑的效率性和准确性，为各大名优酒业的勾调指明了方向等目的。

（1）提高产品质量　计算机模拟勾兑系统可以分析处理近百种理化数据，使多种基酒同时参与计算，在使产品具有本企业产品风格特点的前提下，保证感官指标和理化指标符合标准要求，同时避免许多人为因素，达到稳定提高质量的目的。

（2）有效控制产品成本　在稳定提高产品质量的前提下，通过设定各种基酒成本和目标产品成本，进行计算机运算，确定各种基酒的最佳使用比例，从而使目标产品成本得到有效控制。另外，在保证技术指标的前提下，计算机勾兑系统优先使用低档基酒，以最低成本满足产品风格，显著地提高原料利用率和成品级别；帮助减少产品批次间的质量波动，稳定产品质量，还可避免发生优质酒低质用事情。

（3）有助于快速培养勾兑技术人员　过去一直是由具有多年经验的勾兑师凭借敏锐的感官品评和丰富的勾兑调味经验进行操作，由于勾兑过程涉及思维、心理、物理、化学、数量运算、环境等多方面的因素及科技水平的限制，人们对勾兑过程的规律性和某些反应机理认识不足，难以准确地描述和传授。在计算机勾兑过程中，各种量比关系和平衡关系都会在屏幕上即时显示，大大加快勾兑人员对勾兑技术和白酒复杂关系的认识，使勾兑人员在短时间内学习和掌握勾兑技术。采用计算机勾兑，可帮助勾兑人员认识酒中香味成分和感官特征的关系，快速提高勾兑人员的品评能力，缩短了漫长的学习探索阶段，利用更多的时间去研究探索白酒及其勾兑技术的新奥秘。但需指出，当前的计算机勾兑的白酒只是数据层面上的一种运算，并不能完全诠释出白酒的各种风味特点，所以计算机勾兑之后一定要进行人为的品评、修饰，因此要搞好计算机勾兑，还需苦练品评技术。

（4）提高成品酒批量勾兑的效率性和准确性　大样勾兑系统接收到小样勾兑系统的产品配方后，通过计算机控制酒泵、流量计、电磁阀自动完成勾兑，可减少过去人工计算、计量、配料的操作，极大地提高勾兑效率，减少人工操作产生的误差。

（5）为各大名优酒业的勾调指明了方向　目前，计算机勾兑已经成为白酒勾兑的方向，它使得勾兑师在实际工作中能够对影响白酒质量的每个环节进行分别控制，按照不同的生产目标设计相应的勾调模型，将丰富的经验和准确的计算结合在一起，出色地完成每一次勾调任务，极大地推动白酒行业的科学化和规范化。

随着科技的发展，许多科研机构相继开展了计算机勾兑技术的研究，很多白酒企业都将计算机勾兑技术应用于生产实践中，大大地提高了产品的质量，提高了勾兑的效率，保证了产品批次质量稳定性。

### 3.4.5　计算机勾兑的缺陷

① 计算机勾兑尚不能完全替代人工勾兑的作用，由计算机组合的大量酒样，仍不能离开人工的感官品评和调味，它只能作为人工勾兑的辅助技术手段之一。单凭计算机勾兑就要调出好酒的想法是不对的，首先，白酒的独特风味不是单一的，是众多成分的综合效应；其次，白酒数学模型的建立只能是建立在一定的数据基础

之上，不可能把白酒所有的微量成分都罗列出来，何况，还有成分间量比关系这样一个重要因素；再次，数学模型的建立本身就是相对而言的，其本身是否具有代表性，还需要在实践中进一步验证和确认，这就是当前计算机勾兑的“先天不足”之处。

② 贮存单元要求高，每次勾兑前必须保证每种参与勾兑的基酒贮量充足。

③ 勾调模式比较固定，完全程序化，例如不同批次的同一种基酒，其质量不一定完全相同，人工勾调时，能够根据实际情况及时、反复调整。相比而言，利用计算机勾兑很难做到这一点。

# 第四章

# 勾兑选样与基酒组合

## 4.1 选样与勾兑

### 4.1.1 选样的定义

选样就是用一定的方法，从大批物料中选取符合使用要求的物料的过程。勾兑选样就是从酒库大量的基酒中选出拟使用的酒样，在检测数据的基础上，勾兑选样人员根据勾兑设计要求，经过尝评从酒库中选择相应的合格基酒用于产品勾兑的过程。

### 4.1.2 选样的步骤

选样步骤见图4-1。依据配方设计，设定选样范围，查阅酒库档案，进行取样。每个单样酒一般取500mL左右，对拟使用的若干个基酒进行感官品评，并对每个单样酒做详尽的感官品评记录，标明每个单样酒的优缺点。然后对拟使用的单样酒进行理化、色谱分析，结合感官品评结果选取能相互弥补缺陷的若干酒样，最终确定要使用的酒样。

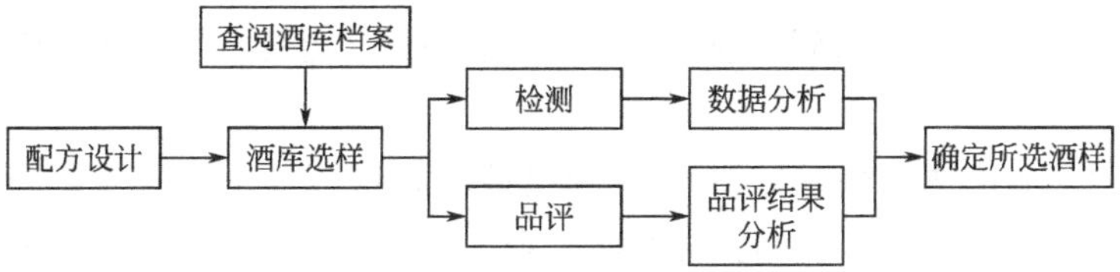


**图4-1 选样步骤**

### 4.1.3 选样的方法

（1）经验法　勾兑前基酒的选取可由酒厂经验丰富的勾兑师完成，因为选用不同的基酒会对最终口感造成较大的影响。经验丰富的勾兑员，能掌握各种基酒、调味酒的特征和功能，每种调味酒在基础酒中所能起到的作用等。要熟知库存基酒的贮存情况，如酒度、酒龄、工艺、不同贮存容器、贮存量等。在选酒时，通过选取各种质量等级的酒，明了酒龄、类别搭配规律，做到对症下药，减少批次间的勾兑差异性。

一般情况下，可按照经验来选择基酒，并可以在一定范围内做相应调整；若是开发新产品，应先做选样试验，找出选样规律和不同基酒的配比关系。无论是否有经验，都不能忽略检测品评环节，严格做到贮存期不到的酒、检测不合格的酒绝对不用。这样才能使组合的基础酒的微量成分的比例适宜，酒体协调，风格典型，质量完美。

一般情况下，调味酒与合格基酒有较明显的差异，各具特色。没有经验的新勾兑员，在单独品评调味酒时往往因为缺少经验，对酒的质量判断不清，将好酒误认为是“坏酒”。需要不断积累总结，掌握选样规律。

（2）品评判定法　品评贯穿勾兑工作的始终，也是基酒选择、组合、调味和判断酒质的主要依据，是各酒厂验收产品、确定质量优劣、把好质量关的重要手段。生产过程中通过品评可以及时发现质量问题，结合化学分析，找出原因，为进一步改进工艺和提高产品质量提供依据。有经验的勾兑师一般可以通过品评选出可用于勾兑的基酒，这需要长期的工作积累和学习。在组合环节，更是需要通过反复品评才能最终确定最佳组合方案。

勾兑技术水平的高低虽然与基酒质量关系密切，但很大程度上还取决于评酒员评酒水平的高低以及经验的积累。在勾兑前，选样人员结合某坛酒的色谱分析数据，通过细致品评，明确基酒存在的缺陷，进而判断某坛酒是否适于某种产品的勾兑，以便针对性地搭配取样。

总之，一个优秀的选样人员必须具备相当水平的评酒能力，因此，每个酒厂都应该有计划地选择和培养一批具有较高水平的评酒人员，不断提高勾兑选样人员的评酒水平和业务知识，做到合理选样，使所取的样品更具有科学性、真实性及代表性。

（3）档案查阅法　新酒入库时，必须经感官品评、理化检测、色谱分析，检测合格后，确定质量等级，方可入库分级贮存，并在贮存容器上挂卡标明：入库日期、质量等级、口感风格描述、理化色谱分析检测结果、贮存量、酒精度、贮存领用记录等内容，并要建立原酒贮存台账，做好详细的库存档案和领用档案。一般情况下库存基酒每年必须进行一次全面的检测和品评，这些数据也列入库存档案备查。

在实施勾兑前，对基酒的取样应严格要求。首先确定参与勾兑的基酒的种类、各项指标范围，根据酒库档案，查阅基酒生产时间、入库时间、生产车间和小组、等级、酒度、香型、生产阶段、感官品评评语和理化分析数据等，在取样时，应清楚了解各基酒的情况，对即将出库的基酒，要进行复评、复检，待各项指标合格后，方可出库；对复评、复检不合格的基酒，应另作处理，直至合格为止；另外，新厂区所产的酒与老厂区所产酒质量差距也是较大的。其次根据勾兑方案，计算出每种基酒的用量，针对性地取样，以便在达到规模生产后，不会过多增加勾兑的工作量。

（4）理化分析法　随着勾兑技术的不断进步，在选取酒样方面，改变了过去只凭感官逐坛鉴定的方法，在选择基酒时除感官品评要达到该香型特有的香气外，还要进行常规的理化检验、微量成分色谱分析，了解该酒的总酯、总酸、总醇、总醛等含量，以保证白酒的基础风格特征。有的勾兑师通过熟知理化分析结果，就可有针对性地选样，这需要一定的专业积淀。

原则上，库存基酒每半年需抽样检验一次，取样数量根据需要设定，做到感官品评与分析检测相结合。检测数据的准确性会直接影响勾兑取样人员对酒质的初步判断；选样时参考某种酒以往的检测数据，并分析这种酒当前的检测数据，进行科学合理选样。

检测选样时应该注意以下问题：白酒在大容器中贮存时，上下层的酒精度有差异，取样时最好能够搅拌均匀再取，这样既能够确保酒罐中上下部位的白酒检验指标的均一性，又能保证勾兑小样扩大时不会出现大的偏差。

### 4.1.4 勾兑选样的原则

有人说，勾兑是平衡酒体，使其形成一定风格的专门技术，它是白酒生产工艺中的一个重要环节，对于稳定和提高白酒质量均有明显的作用。它的魅力在于将差异较大的基酒通过勾兑使产品保持一致。要选好基酒，必须重视两方面工作。

第一，必须重视基酒的生产，有了良好的基酒，勾兑选样就方便了许多。

第二，选样的合理性也会直接影响检验结果的真实性。必须全面考虑选样的科学性、真实性与代表性，如果所选样品不具代表性，勾调也就失去了意义，甚至会造成误导。

勾兑选样应遵循以下原则。

（1）先进先出原则　先进先出原则，是指在库存管理中，按照原酒入库的时间顺序存放，在出库时一般要按照先入库先出库的原则进行操作。先进先出原则是保障贮存成本稳定的必要条件，也是保障产品质量稳定的必要条件。先进先出是相对的，不是绝对的，要灵活掌握。

例如图4-2中酒罐①～⑥中的同一基酒是按从先到后的顺序存于酒库中的，勾兑取酒时应遵循先进先出的原则，依次选出。

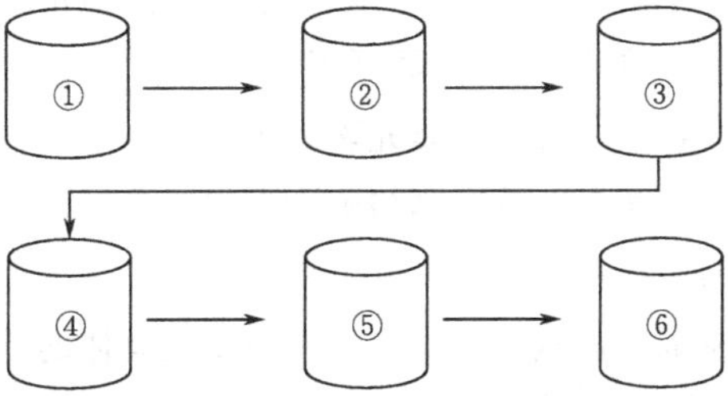


**图4-2　先进先出示意**

遵循先进先出原则，一方面，不能把酒库孤立地看成存放和收发酒的一个场所而已，应该看成是勾兑工艺的一个重要组成部分。贮存起着排除杂质、氧化还原、分子排列的作用，使酒味醇和、酒体绵软。所以说勾兑选样时基酒的出样顺序应当遵循一定的原则。另一方面，控制和保持企业成品或半成品的库存是每个企业面临的问题，对于酒厂来说，基酒的库存过多过或少都不利于企业的经营。遵循先进先出原则，取先入库的基酒，既可以避免后来入库的基酒被使用完，而先入库的基酒还没有用的情况的发生，又可以避免贮存期短的基酒达不到需要的酒龄，降低企业运营成本。

要做到先进先出原则，需从以下几个方面入手。

一是从基酒的入库贮存时间上考虑，根据酒库档案，了解库存基酒的贮存情况，在取样时，安排取先入库的基酒；基酒出库的时间按入库时间的顺序进行，从最先入库的酒罐中先取样。也可以在酒罐上做出标识，保证每次都能依次选样。

二是从酒罐放置的位置考虑，一般情况下会规律地划定贮存顺序，酒库管理人员需对入库的基酒精确分类，规划好酒罐摆放的位置，以便勾兑选样人员能够很清楚、方便地找到所需的基酒。

总之，根据基酒入库的时间安排基酒贮存顺序，随着基酒的不断出出进进，合理地规划贮存顺序，最大限度地节约贮酒库房和容器，减少酒损，减少资金的占用，降低企业成本。

（2）酒龄恰当原则　所谓酒龄恰当原则是指勾兑所取的基酒必须达到一定的贮存年限，满足一定的酒龄，名优酒的贮存有较严格的要求，酱香型要贮存3年以上，浓香型白酒要贮存1年以上，凤香型白酒要贮存3年以上，未到贮存期的，不能用于勾兑。但并不是所有的酒都是越陈越好。

白酒的酒龄与白酒的质量之间有一定的关系。刚蒸馏出来的新酒，暴辣、刺激性大，至少要贮存半年以上才可能成为较好的基酒，酒体达到一个相对稳定的平衡状态。贮存能达到排杂增香，提高酒体醇厚感、细腻感等风格的目的，原酒自然老熟，杂味消除或减少。在贮存过程中，各种微量香味成分经氧化还原等物理化学反应，在动态下逐步趋于平衡，乙醇分子与水分子间通过氢键缔合作用逐渐形成分子缔合群，缩小了酒精分子的活度，故降低了乙醇的刺激性，使酒味变得醇和、绵软。且在贮存过程中，容器中各种金属元素溶于酒中形成胶体溶液，使白酒香气幽雅飘溢、醇和丰满、圆润净爽，故新酒与陈酒在口味及风格上有较大的差别。酒龄合适，才能保障产品的质量稳定。

要做到酒龄恰当原则，需从以下几方面入手：在具体的取样过程中，要在保证基酒质量档次的前提下，尽可能地考虑成本因素，使选用的基酒成本与最终产品的质量档次、成本相对应；高档基酒选用一般在3 ～ 5年以上，中档酒一般控制在

2 ~ 3年左右，低档酒一般为贮存1年即可；勾兑选样时要保证基酒的酒龄达到要求，酒龄不同，其口感及微量成分含量稳定程度不同；基础酒组合时，用不同酒龄的酒合理搭配，尽量减少陈酒用量。

（3）种类齐全原则　种类齐全原则是指在勾兑选样时，应做到不同班组、不同贮存期、不同发酵周期、不同季节等各类基酒的科学合理的搭配取样，由此可得到符合口感和理化指标设计的目标酒样。故在勾兑前要充分考虑库存酒的类别，做到种类齐全、选样全面，确保酒库中各类基酒库存的合理性和基础酒的平衡性。

生产工艺条件和季节气候不同，原酒质量有差异。通过勾兑，改善香气，调整口味，将各种微量成分不同的酒种，按照优选出的最佳调配比例混合在一起，使各种成分重新组合，相互协调，达到平衡一致，烘托出酒的风格特点，取长补短，以达到味觉、嗅觉上整体协调，彰显产品个性。

要做到种类齐全原则，需从以下几方面入手。

① 掌握各基酒的情况。

a.不同糟别的酒样。如双轮底酒、粮糟酒、红糟酒、丢糟黄水酒，在浓香型酒的勾调中，粮糟酒的比例较大占到65%左右，其次为红糟酒20%，双轮底酒10%左右，丢糟黄水酒5%左右。

b.不同贮存期的酒。如老酒，贮存三年以上的酒，它具有醇、甜、清爽、陈味好的特点，但香味不浓；一般酒，贮存期较短，香味较浓，带糙辣。因此在勾兑选酒时，一般都要取一定数量的老酒，使之取长补短。其比例多少恰当，应注意摸索，逐步掌握。

c.不同发酵期所产的酒。发酵期较长酒，香浓味醇厚，但香气较差；发酵期短的酒，闻香较好。若按适宜的比例混合，可提高酒的香气，使酒质更加全面。一般可在发酵期长的酒中配以5% ~ 10%发酵期短的酒。

d.不同季节所产酒。由于一年中气温的变化，粮糟入窖温度差异较大，发酵条件不同，产出的酒质也就不一样，尤其是夏季和冬季所产的酒，各有各的特点和缺陷。因此勾兑选样时应注意它们的搭配比例，根据实际情况取样。

e.不同窖龄的窖池所产的酒，这在浓香型酒的生产中较为常见，在勾兑选样时，所取的总量中，新窖合格酒的比例应占到20% ~ 30%。

② 掌握各调味酒的情况。

a.基础调味酒，能使基础酒基本达到质量标准要求，使酒体丰满、香气优雅。

b.陈味调味酒，该调味酒具有陈味突出的特点，具有典型陈年老酒的风格，可提高基础酒的老陈味。

c.窖香调味酒，当基础酒窖香不足时，添加此调味酒，能使基础酒窖香浓郁、尾净、味长。

d.老酒调味酒，可提高基础酒的风格和陈酿味，使酒具有浓厚感、味醇正。

e.“双轮底”调味酒，其特点是香气浓郁、气味纯正、含酯量高、窖底香也较好，是提香、增口味的主要调味酒。

还有其他的调味酒，如酒头调味酒、酒尾调味酒、陈酿调味酒、浓香调味酒、酱香调味酒、酯香调味酒、窖底香调味酒、高酸调味酒、曲香调味酒。

③ 根据各类酒之间的配比选样。如果酒体中的酸类、酯类、醇类等物质在酒中的含量、比例合适，就会产生独特而优美的香味，形成酒固有的风格；但当它们含量、比例失调时，则会产生杂味。因此在勾兑选酒前，要了解各类酒的特性，并且明确各种酒之间的大概配比关系，如不同糟别酒的配比、不同贮存期酒的配比、不同季节所产酒的配比、不同发酵期所产的酒之间的比例，如此搭配取样，保证取样种类的全面性。

总之，选样时要确保所取基酒的量的平衡、所取基酒的种类的全面、库存的平衡。这样才能保证酒质的全面和稳定。

（4）样本数量最小化原则　样本数量最小化是指在勾兑选样时尽量选择较少种类的基酒用于某种基础酒的组合。例如，若能用一种或两种基酒组合某种质量及特点的基础酒，就尽量不取三种或多种基酒去组合，尽量减少勾兑选样的样本数量。因为选择的基酒样本数越多，组合的种类越多，就会给勾兑带来一定的难度；另外，酒坛打开次数过多，或在基酒组合中只用了半坛，剩余的基酒在下一轮基酒取样组合时不能被充分使用，就降低了基酒及酒坛的利用率。

并坛的作用是减少原酒样本数，使勾兑简化。在浓香型白酒生产中，并坛是在麻坛内进行的。以麻坛为容器，以“竹提”为工具，勾兑前逐坛品评，根据品评结果，选用两坛或几坛，以便互相弥补各自的缺陷，发挥每坛酒各自的香、醇等特点，从而达到等级酒标准，保证产品质量的稳定性。

例如，有一坛酒（甲）20kg，口感醇和、香味差，另一坛酒（乙）20kg，香味好、醇和差。这两坛酒就可以相互勾兑，各取一定量样品，按不同的比例进行小样组合。第一次小样组合，取甲坛中的酒20mL，乙坛中的酒28mL，混匀，经品评如果是醇和感较差，香味可以的话，说明甲酒的用量还不足。第二次取样组合，取甲坛中的酒25mL，乙坛中的酒28mL，经品评，如果是醇和感较好，而香味较差，说明第二次组合中，乙酒的比例偏低。故在第三次小样组合时用甲酒（25+20）/2mL，乙酒28mL，混匀后再品评，如果符合质量等级标准，根据确定的比例，计算出大样勾兑时甲坛中的酒用16.07kg，乙坛中的酒20kg（刚好全部用完）。取出甲坛中多余的3.93kg酒，这两坛酒就可以并坛了。

总之，并坛是一个预勾兑的过程。现如今，很多浓香型酒厂都沿用了这一方法。选样时，分别在两个或几个贮酒罐中取出部分酒进行合并，经过品尝后调出这两罐或几罐酒之间合并的准确比例，再取出某罐酒中多余的一小部分酒，最后将这两罐或几罐酒进行合并。通过并坛，将不同的原度酒，按统一的特定标准，通过巧妙的配比，组成符合质量标准的基础酒，可使不同类型的酒取长补短，经过进一步调味，使酒体达到统一标准、统一酒质，使出厂酒长期保持相对稳定的质量，以赢得消费者的青睐。

### 4.1.5 选样与勾兑的关系

选样与勾兑之间是密切相关的，原酒的种类及品质直接关系到勾兑工作的难易和最终产品质量的优劣。

（1）选样与配方稳定性　每一款白酒产品都有其成熟的配方，企业的主打产品更是如此，这些白酒产品所具有的风格特点经受住了市场和消费者的考验，其口感及风格在消费者心中逐渐形成了某种固定的认识。企业在生产过程中，每进行一项生产任务时，要根据产品的配方对库存原酒进行选择。那么，要保证产品口感及风格不变，稳定的配方是不可或缺的条件之一。一方面，选到的原酒质量、风格差异越小，该产品的配方变动也越小，即配方越稳定；另一方面，维持配方的稳定性，也保证了勾兑选样的稳定性，两者之间是相辅相成的。

（2）选样与产品一致性　勾兑所用原酒的种类较多，其组合更是千差万别，为了保证勾兑的快速、顺利进行，在选样时应根据产品本身的风格特点，遵循配方规律，选取一定数量的原酒，不同类型的产品，所用的原酒种类是不一样的，选样时，原则上要按照产品的类别特性选取相应的原酒。一方面确保勾兑过程中所需原酒种类全面，保证勾兑过程快速、准确地进行；另一方面减少耗费不必要的精力。如A酒主要骨架成分是由浓香型和酱香型组成的，那么在选样时，一定要根据A酒配方的组方规律，选取所需的浓香和酱香型原酒。严格按照产品风格特点及相应的配方进行，确保选样与产品的一致。

（3）选样与数量保障性　选样前要严格按照生产作业计划及酒体配方对所需原酒的量做精确的计算，选样时原酒量要略大于计算量，保证每次选到的所有原酒数量、种类能满足该配方的生产需要。如C酒主要由三种原酒组成，某次生产中，根据配方计算得这三种原酒的用量分别为$x$、$y$、$z$吨，那么在选样时，一定要选出略多于$x$、$y$、$z$的量，确保选到的原酒数量有保障。$x$、$y$、$z$是以最小勾兑单元计算的，如使用一个基本贮存容器中的酒时，应该一次用完，不应该有剩余，也就是说，最小计算单元的量就是一个基本贮存容器的量。

（4）选样与战略贮备　随着我国经济软着陆，白酒经过“黄金十年”的发展，已进入深度调整期，作为白酒企业，要想持续其在市场上的长久表现力，就需要合理规划库存，为长期发展奠定基础。由白酒的市场表现来看，一方面，白酒消费主流意识逐渐向健康化和低度化发展，另一方面，白酒消费需求逐渐向优势品牌集中。在白酒深度调整过程中，一些缺乏战略眼光的企业，受到了市场的严酷挑战，销量呈下降趋势。而名优白酒的销量却在增长，如飞天茅台、五粮液、洋河“蓝色经典”等。这些企业都是做足了战略贮备，所以它们的产品才会有持续市场表现力。

认清白酒发展的形势，各企业应当准确把控消费者对白酒需求的变化，迎合市场，提高质量，开发消费者欢迎的产品。有远见的企业家都会结合市场表现对生产各单品的销量进行统计分析，作为公司战略布局的依据，根据战略布局对年销售量、所需产品数量及所需原酒的生产和贮存量做一个大概预测，为长远发展留足酒，留好酒。

要想在质量上赢得消费者，取得一定的市场地位，就必须保持自有产品特色，不断研发新产品，满足不同消费者的不同需求，必须留有一定的战略库存。

### 4.1.6 影响选样的因素

（1）市场反馈　企业应当根据产品的市场反馈适时对产品口感、质量、结构做相应的调整。一般情况下，销售人员根据某种产品的销售情况及消费者对其口感、质量方面的建议或意见，及时做出市场反馈，以便不断总结和提高。每一种产品都有其自身的发展规律，一成不变的产品也有其自身的寿命。就茅台酒而言，现在的茅台酒同二十年前的茅台酒相比已大相径庭，不可同日而语。产品的改革创新，是企业发展不竭的动力，勾兑人员应当随时把控产品的市场表现，对产品的质量、风格、口感等明了于心，要及时根据市场变化做出调整，只有这样，才能成为一个合格的勾兑师。

（2）库存基酒种类、酒龄等　一个合格的勾兑师，在组织配方前，必须要查看库存档案，了解库存酒的质量水平和贮量，了解不同年份生产酒的质量差异，了解本企业酿酒工艺的变化规律，了解原酒分类贮存、检验规则的变化，在此基础上设计产品配方，这样一方面可以保证产品质量，另一方面可以保证库存合理，有效缓解库存压力。

库存摸底与勾兑选样密切相关，没有库存摸底，就跟瞎子摸象一样，给取样与勾兑带来很大的麻烦，合理的原酒库存不仅能够帮助企业节省资源与空间，还有利于产品开发。勾兑时，勾兑人员必须要对酒库现有的原酒贮存规模、原酒贮存种类进行摸底，做到心中有数，合理搭配，从而将基酒库存水平保持在恰当的状态。

（3）专家意见　开发什么样的产品，怎样开发，用什么样的方案，往往取决于专家对市场情况的了解和把控，从某一方面来说，勾兑选样时，专家意见往往起着非常重要的作用。第一，随着市场变化和最新前沿消息，企业决策者可能会对企业战略作出调整。根据市场反馈和基酒库存情况，企业决策者会从全局考虑，做出产品调整部署。如实施大单品战略，就会影响勾兑选样的方向性。第二，专家是某个领域的领导者或者带头人，他们有丰富的经验、良好的专业素养，其眼界比较前沿，能够洞悉行业发展趋势，他们的意见不可或缺。

（4）历史经验　很多白酒企业都有一定的发展历史，从发展史来看，有高潮也有困惑，企业发展的轨迹同样可以映射出产品品质的变化规律。历史经验非常重要，它可以影响勾兑人员的思维方式、做事风格、学识水平。在勾兑选样时，要充分借鉴历史经验，掌握本企业库存酒的变化规律。只有这样，才能选好酒样，做好勾兑配方。年轻人要向老师傅学习，传承历史文化技艺和勾兑艺术，做出独具特色的产业文化产品。

### 4.1.7　勾兑选样应注意的事项

勾兑选样是一个十分重要而又非常细致的工作，决不能粗心马虎。如选酒不当，就会因一坛之误而影响几吨或几十吨酒的质量，造成难以挽回的损失。故做好选样工作非常重要，勾兑选样人员应注意以下事项。

（1）做好选样计划单　在勾兑选样前，要考虑上述四个方面的影响因素，结合个人理解和勾兑班组的意见，拿出取样计划单，要详细列举所取样品的编号、贮存地点、贮量、酒度、酒龄、质量等情况，做到有的放矢、规范有序。

（2）准备好取样器具　酒库取样时必须配备相应的取样工具，一般情况下，库存酒酒度较高，在取样时若使用重量较轻的取样工具，会影响取样效率。有经验的勾兑师会设计制备专门的取样工具来进行取样，因此，取样效率大大提高。专用取样工具一般采用食品级不锈钢材料制作，不宜使用玻璃瓶、铝制品、重金属等含量高的材料。

选样时所带器具必须干净，要注意不能混入其他杂质，否则会使检测和品评结果发生差错。选用不同调味酒尽可能用不同的盛样器，每取一个样品前应对取样器具进行清洗，不可连续使用。

（3）要注意贮存容器中上、中、下层酒质的不同　原酒贮存容器中的酒，其上、中、下层酒度、酒质都可能不同，取样时要根据贮存容器的这一特点，选取相应的取样工具，确保取出的样品具有代表性。有经验的勾兑师会按一定比例从三个部位分别取样，混匀后使用。取样时，一定要认真执行工艺操作规程和取样作业指导书，严格遵守各项管理制度，不得随意挪动酒库内各设备，保持酒库清洁卫生。

（4）做好贮酒容器密封工作　选样前要检查酒罐周围是否有渗漏，酒罐封闭性是否完好；选完样后，及时对库房酒罐周围进行检查，并密封好贮存容器。要确保贮酒容器标识完好，放置到位，清理取样痕迹，维持取样设备的完好性。

（5）做好记录　每次选样时，要在选样记录本上做好原始记录，并在盛样的容器上写好标签，注明选样地点、样品名称、选样日期、选样人姓名等必要的信息，以便酒库管理及勾兑效率的提升。

（6）其他注意事项　勾兑人员应该有高度的责任心和事业心，必须保证所选酒样的正确性和真实性，对选样过程中出现的问题不得隐瞒，要及时反映，以便进行补救及合理解决。取样计划单所列酒样与酒库实际不一致时，如指定的贮存容器中无酒或数量、酒度、酒龄等不符，要做好记录，及时反馈。对存在严重质量问题的酒，即使数量、酒度、酒龄等相符，也不能选取。遇到这些情况应当及时调整取样计划单，确保所取样品的代表性。

### 4.1.8　选样的技巧

（1）用好数据库，保障原酒之间的配比关系　每一个产品都有一定的延续性，而企业中合格的原酒是什么风格、口感，色谱数据在什么范围内，都积累了一定的资料，通过总结分析，用这些数据指导选样、勾兑，用数据库或大数据支撑白酒勾兑是未来白酒的发展方向之一。若各原酒之间的比例搭配不当，即使最后加入调味酒也很难使酒体协调。故在选样前，要经过多次品评及计算，初步做好各种量的平衡工作，例如选用优质酒与一般酒搭配组合，酯含量高的酒与酯含量低的酒搭配，酸高的酒与酸低的酒搭配，这样选用的基酒，基本上能达到产品设计的要求和需要。

（2）根据不同工艺选取样品　一般来说，一个企业的生产工艺是相对恒定的。一个合格的勾兑员，会熟知本企业产品的工艺状况对原酒品质的影响，有针对性地选取酒样，要了解自家不同原酒的工艺差异和质量缺陷，只有这样才能轻车熟路，信手拈来。

由白酒行业发展情况来看，近年来香型融合的趋势越来越明显，造成企业中生产工艺繁杂。大的企业可以同时生产两种以上不同香型的白酒，而一些小企业会采购不同工艺的白酒，用于弥补自身产品的不足。

库存基酒的种类增多，增大了勾兑的复杂性，选样时要综合考虑，合理布局。要熟知不同工艺白酒的特点，找出配比规律，优化勾兑方案，增强产品的馥郁度，最大可能地满足消费者需要。

（3）根据产品的风格特征选样　如果是生产已有产品，由于其已有标准，酒样的理化及感官指标均有规定，选样时，尽量选择与标准酒样风格特征相似的酒。如果是开发新品，选到的原酒质量合格即可。

（4）了解各原酒的特点　通过对原酒的品评，了解酒库中各种原酒的情况，如酸、甜、苦、辣。经验表明，带麻味的酒，可以提高酒的香气，可作为调味酒来用；后味带苦的酒，可以增加酒的陈味；酸味大的酒可以增加酒的醇甜感。选样品评时，不能一尝到酸、苦、涩味，就绕道而行去选别的酒。有特点的酒未必是坏酒，如果用法用量得当，可以被充分使用到酒的勾兑中去。选样时要区分带煳味、酒尾味、霉味、焦臭味、生糠味等杂味的酒，要慎重使用，可以选一部分做笨酒用，若质量严重有问题，必须另作处理。总之，要从多方面考虑，避免选样时误入歧途。

（5）客观看待理化色谱检测数据　为保证评价的准确性，选样时，要对其重新进行理化检测和色谱骨架成分分析，以便在勾调取样时有的放矢。然而，不能单从色谱骨架成分数据来评判某种酒的酒质，因为有的基础酒色谱骨架成分在一定程度上与成品酒的色谱骨架成分相同。虽然调味酒对基础酒的质量和风格会产生很大影响，但调味酒用量很少，并不能对基础酒的色谱骨架成分的含量有实质性的改变。

故不能只重视色谱结果，要采用感官、色谱及常规分析相结合的方法。优秀的品酒师嗅觉是非常敏感的，轻轻一闻就能在2 ～ 3s内判断出一个酒样80%的香味情况，更何况有些香味物质成分仅呈香而不呈味，有些呈味不呈香，单靠色谱是检测不出来的。

### 4.1.9　勾兑选样中常存在的问题

虽然各企业对勾兑选样都有明确的规定和严格的要求，一些勾兑人员在选样时仍然会犯这样那样的错误，影响选样工作的开展，这些问题需要高度重视，从思想认识上、制度建设上、选样程序上加以优化和完善，以确保选样的准确性。

（1）经验主义　一些勾兑员在勾兑工作中，考虑问题时思维比较僵化，墨守成规，总是按经验办事，殊不知市场千变万化，白酒勾兑技术日新月异，这些信息反映到白酒勾兑选样中，就要求勾兑人员要不断地学习新知识，提高新技能，以不断创新的姿态搞好勾兑工作。

按照条条框框及老的经验去做看起来没有什么大的问题，但若不能适应企业产品的变化，就会搞错，这对产品勾兑有很大危害。

（2）试图走捷径，用香精香料去弥补指标的不足　白酒勾兑必须遵循原酒真实化的原则，而由于市场的变化，新工艺白酒的发展，一些勾兑师习惯于采用香精香料来弥补原酒指标的不足，这种做法是极其错误的。有香精香料的酒可以不考虑或少考虑取样的准确性，反正可以人为添加，这样一来，怎么能够生产出合格的优质白酒呢。

（3）轻品评重数据　有的勾兑员在白酒选样时，轻品评重数据，忽视了白酒酒龄差异、工艺差异、轮次差异、季节差异、窖池差异、容器差异，选样勾兑一边倒，这是形成产品批次质量差异的根本原因。重视原酒品评，有利于丰富产品的酒体个性，表现产品的独特魅力，防止产品质量忽高忽低的情况；重视原酒品评，有利于很好地控制产品成本，保持产品质量的一致性。如酱香型白酒以三轮、四轮、五轮酒为组合主力，既考虑第一、第二轮酒的适当使用，又合理地使用六轮、七轮酒，使产品成本控制在较为稳定的范围内。在其勾兑中，品评和工艺差异、轮次差异起到了决定性作用。

（4）随意使用笨酒　笨酒多是指那些经过贮存质量变化不大、没有什么突出特点或香差味杂的酒。在勾兑选样时，一些勾兑员并不认同这种分类，对笨酒随意使用，影响了勾兑配方的形成。笨酒虽无突出特点，但若大量使用，也会改变酒体风格，影响评酒人员对酒质量的判断，所以要充分认识笨酒的特性，做到心中有数，合理使用。

## 4.2 基酒组合

基酒组合是将骨架酒、丰润酒、笨酒按一定比例混合搭配而构建基础酒的过程。把几种单样酒通过合理的搭配使用，取长补短，从而初步具备目标产品基本特征和质量要求，在此基础上可进行调味。

### 4.2.1 基酒组合的原则

（1）标杆对照原则　基酒组合中保证批次间的一致性是勾兑工作最基本的原则。一般情况下，勾兑工作室都留有每种产品的标样，以此为标杆来组合配方，对照感官品评，每次重新组合的配方，经评委会品评要达到标样水平，否则视为此次配方组合失败，需重新进入组合工序。

（2）规律配比原则　一般情况下为了保证酒库各类酒的合理贮备，基础酒组合时各基酒的用量一般遵循以下公式：基础酒=骨架酒（80%以上）+丰润酒（10%以内）+笨酒（适量）。

（3）简约原则　如果简单的2 ～ 3种基酒经合理搭配组合成的基础酒，风格突出，诸味协调，已满足本产品理化及感官标准，则此次组合成功，没必要再添加丰润酒、笨酒等。勾兑组合工作必须遵循自然天成原则，能简不繁。

（4）低成本原则　好的勾酒师可以根据该产品定位，在基础酒组合时会考虑成本因素，在保证酒质的前提下使最终产品的配方组合与它的市场价位相匹配。

（5）滚动原则　为了保证组合后的基础酒的酒龄和质量，以及未来生产需要，使勾兑好的成品酒酒龄、质量、胶体特性、水解特性基本一致，应当遵循先进先出原则，而不是信手拈来，随意使用库存原酒。

### 4.2.2 基础酒的组合要点

（1）酒体设计是关键　设计包括产品定位、香型、酒度、酒龄、理化参数、目标价位等，这是贯穿勾兑工作始终的指导思想，其他工作必须服从于这一思想。

（2）掌握酒库档案　对于库存酒分类、贮量要熟记于心，明了哪些是骨架酒，哪些是丰润酒，哪些是笨酒，这些酒的理化指标如何，要有详细的记录。

（3）准确选取骨架酒　如果骨架酒选取不合适，后面的工作将会无法进行，甚至会劳而无功。骨架酒必须是具有本香型基本风格、无独特香味的一般性的酒，香气较正，尾净。

（4）基础酒组合要考虑原酒各自的工艺特点　原酒做好分级入库，分段摘酒，各种工艺阶段酒单独存放，建立库存档案。组合时先翻看库存台账，考虑库存因素，各种酒合理搭配使用。比如，不同酒龄酒的搭配、各季节所产酒的搭配、各工艺阶段所产酒的搭配等。合理搭配既能保证酒质的稳定性和批次间的一致性，更能减少库存压力，提高经济效益。

（5）理化分析　勾兑前，要对所选用的原酒做理化分析，勾兑后，要对组合完成的酒做理化分析，使基础酒理化指标尽可能接近标准要求。

（6）不使用带杂味的酒　不将带有明显杂味的酒带入基础酒，否则将给调味工作带来诸多不利的影响。尽可能避免使用危害最终基础酒香气或口味的基酒。若要选用，必须经过科学有效的处理，经品评合格后方可使用。

（7）建立记录　基酒组合过程中，操作必须准确，记录必须详尽，每一步记录都必须保留。香气的变化、口感的变化都应记录，以便找出最佳的配比量与香气口感的变化规律，指导勾兑过程的顺利进行。

（8）配方筛选　每次筛选出几个风格明显不同的组合配方，以便从中选出最佳配方，也可以为调味多出几种方案。

### 4.2.3 基础酒组合方法

（1）数字组合法　我们先把选取的若干个用于组合的基酒做色谱理化分析，建立目标基础酒的微型数据库，然后再确定目标酒样所要达到的主要理化色谱数据参数，由计算机进行线性代数的计算，给出若干组合方案，优选出最佳方案。这一方法要求勾兑员必须熟练掌握线性代数相关知识。

$$W=c\times\sum W/\sum c$$

式中　$W$——表示某单样酒的数量，mL；

$c$——表示目标酒样的微量成分含量，mg/100mL；

$\sum W$——表示组合基础酒的总量，mL；

$\sum c$——表示单样酒微量成分含量mg/100mL。

这是手工组合的数字组合方法，目前微机智能勾兑系统已经成功用于配方组合，就是利用这种数字化组合方式，建立庞大的基酒数据库，组合时根据需要组合，又快又好，很值得推广。

（2）逐步添加法　逐步添加法的组合方式分为四步。

第一步，骨架酒的掺兑。将选出的骨架酒，每一缸都取样约500mL，装瓶，贴上标签，标明缸号、酒的总量，待用。然后以每缸酒总量的1/10000～1/5000（视每缸酒的总量而定）取样混合均匀，闻香尝味，确定是否合格。若合格进行下一步；若不合格，则分析不合格的原因，再重新调整骨架酒的比例，或增减个别骨架酒，甚至添加部分丰润酒，再掺兑、品尝、鉴定。有时甚至需要重新选取骨架酒，反复进行，直到合格。

第二步，试加笨酒。在已经合格的骨架酒中，按1%的比例逐渐添加笨酒，边加边尝，只要不影响骨架酒的风格和品质，尽可能多加这类酒，有时会收到意想不到的效果。

第三步，添加丰润酒。对于已经添加过笨酒，经品评合格的酒样，可以选择性地添加少量的丰润酒，即具有某种香或味的精华酒。一般添加量控制在5%以内。只要达到改善酒质、提升品质的目的，即可停止添加。这类酒因为比较稀有，所以必须控制用量，点到为止。当然前提是必须用对丰润酒，否则会适得其反。

第四步，勾兑验证。将已经组合好的基础酒，分别送去做理化分析和感官品评，看感官品评结果和理化结果是否符合目标要求，若符合，则此次基础酒组合成功，可进入调味。若不符合，则分析原因，重新调整，直至合格为止。

（3）等量对分法　对所选用的几种基酒按各自的贮量，以其中最少的一个酒样为基准，计算出其他几种酒相对于这个酒的比例关系，并写出各自的优缺点，按比例取样组合配方。举例如下。

A酒100kg，香气好，但后味较短。

B酒200kg，酒体较干净，香气较淡。

C酒300kg，醇厚感较好，香气较杂。

D酒250kg，香气馥郁，陈味较好。

以A酒为基础它们的比例是1 ：2 ：3 ：2.5，分别取A、B、C、D四种酒10mL、20mL、30mL、25mL组合成基础酒，然后品尝。若品评结果是香气较淡，说明B酒用量多了，应该减少B酒用量，增加A酒用量。按照对分原则减少B酒为2/2=1，增加A酒为1+2/2=2，调整后的比例为2 ：1 ：3 ：2.5，再重新组合，品尝。若香气已经变好，但是陈味不足，那就要追加D酒的用量。再次按照等量对分原则，增加量为2.5+2.5/2=3.75，调整后的比例为2 ： 1 ： 3 ： 3.75，按此比例再次组合，品评，若其自然口感好，陈味也好，则此次组合成功。若还有缺陷，则再次组合或者重新选取基酒。此法比较繁琐，但组合成的酒比较全面，效果较好。

（4）正交试验法　当用以上几种组合方法组合效果不好时，我们可以使用正交试验法，这是一种比较科学的优选方法。正交实验法的具体应用，我们在后面的章节中详细介绍。

# 第五章

# 调香调味

## 5.1 嗅觉与味觉

### 5.1.1 嗅觉

#### 5.1.1.1 嗅觉的概念及特性

食品中的挥发性物质以微粒状态飘浮在空气中，经过鼻腔刺激嗅黏膜和嗅觉细胞，然后传至人的大脑中枢神经而产生的一种综合感觉就是嗅觉。能产生嗅觉的挥发性物质称为嗅感物质，通常是指可在食品中产生嗅感并具有确定化学结构的物质。一般将具有愉悦感的气味叫作香气，具有厌恶感的气味叫臭气。香气和臭气是相对的，有的香气在一种浓度下或在一种介质中为香气，在另一种浓度下或另一种介质中为臭气，反之亦然。从嗅到气味到产生感觉，仅仅需要0.2 ~ 0.3s时间。

嗅觉的特性：敏锐；易疲劳、易适应、易习惯；个体差异大；阈值随环境因素和自身身体状况变化。

#### 5.1.1.2 嗅感物质具备的基本条件

① 水溶性或油溶性。

② 有一定的挥发性和表面活性。

③ 分子量较小。

④ 大多数风味物质作用浓度都很低，占整个白酒体系的$10^{-12}$ ~ $10^{-6}$。

⑤ 各类型白酒中的呈香物质有所不同。

⑥ 嗅感物质的化学性质不同所产生的气味不同。

#### 5.1.1.3 嗅觉的影响因素

（1）性别　女性比男性具有更强的区别能力，在月经来潮之前和在妊娠期间，女性的嗅觉神经感知和气味鉴别能力处于最高状态。研究表明，女性大脑结构中的细胞数量比男性高43%，特别是神经元计数，女性比男性高出50%之多。女性在各种气味测试中的表现优于男性，而且随着年龄的增长，女性嗅觉丧失的程度比男性小。

（2）年龄　人对气味的辨认及敏感度从6个月起显著提高，25岁达到顶峰，之后随年龄增长而降低，但一般不会出现持续性退化。有许多老人常常抱怨他们吃的东西味道不好，其实是因为他们嗅觉能力下降造成的。嗅觉和味觉有相关性，并相互影响。

（3）时间　若长时间接触同一种气味，随着时间增长，嗅觉敏感度会随之降低。

（4）注意力　嗅觉也会受情绪和注意力影响，注意力愈集中，敏感度愈强；情绪不好，敏感度降低。

（5）疾病　某些疾病对嗅觉有很大影响，感冒、鼻炎都可以降低嗅觉的敏感度，呼吸系统疾病会直接影响嗅觉。

（6）环境　气温升高时，嗅觉敏感度会增强。环境中的温度、湿度和气压等的明显变化，也都对嗅觉的敏感度有很大影响。

#### 5.1.1.4　嗅觉理论

（1）立体化学理论　理论认为，决定物质气味的主要因素可能是整个分子的几何形状，而与分子结构或成分的细节无关；有些原臭的气味取决于分子所带的电荷；不同呈香物质的立体分子大小、形状、电荷都不同；立体结构学说的优点是提出了特殊而明确的试验方法，并通过了若干实验验证，原臭气味的提出为相关实验所佐证。立体化学理论虽然取得了一些成就，但就复杂的嗅感来说，要做的工作还很多。

（2）振动理论　理论认为，化学物质的气味与其在电磁波远红外区所固有的分子频率振动有关，嗅觉神经的感受体分子对相关频率的振动敏感。具有与感受体分子相互协调的振动频率的气味分子可以到达并吸附在感受体分子表面，产生共振，各类气味被认为是由于这些分子振动频率变换所致。这是一种物理模型，有待进一步证实。

（3）膜刺激理论　理论认为，气味分子被吸附在受体柱状神经的脂膜界面上，神经周围有水存在，气味分子的亲水基朝向水并推动水形成空穴。若离子进入空穴，神经就会产生信号。

以上即嗅感物质产生嗅感的理论，三种理论分别从空间结构、电荷、亲水膜刺激等方面对嗅觉进行了研究，但都缺乏系统性，有待进一步探索。

#### 5.1.1.5　嗅觉与调香

嗅觉与调香紧密联系，香气是酒的重要指标，白酒的香气是产品的一种属性，是形成白酒风味特征、决定白酒品质的重要指标，白酒品评“七分靠闻香，三分靠品味”，没有好的嗅觉调不出好的酒，所以，白酒的勾调对嗅觉的要求很高。嗅觉是评酒的灵魂，评酒时最重要、最考验人的步骤就是“闻香”，因此，要调出好酒，得先有一个好嗅觉。

调香是白酒勾兑的一个重要步骤，白酒组合完成后，对组合好的酒要进行品评判定，当香气不能满足设计需要时，就要进行调香。白酒调香一般采用以酒调酒的方法进行。

### 5.1.2 味觉

#### 5.1.2.1 味觉定义

味觉是指食物在人的口腔内，对味觉器官化学感受系统刺激所产生的一种感觉，是呈味物质和唾液混合后，刺激舌苔表面的味蕾细胞，表现反应经过神经传送到大脑的味觉中枢，经过大脑的分析产生味觉。

#### 5.1.2.2 味觉分类及体现

（1）心理味觉　由食品的形状、色泽、光泽、外形而引起的心理反应，或喜爱或厌恶。

（2）物理味觉　由食品在口腔中感受到软硬程度、黏稠性、冷热、湿润性、亲水性和对口腔的刺激感而引起的心理反应。

在白酒品评中常用的“绵”“柔和”，是由白酒中物质对口腔器官的湿润、亲和力引起的感觉，而辛辣是对口腔器官的刺激引起的感觉，涩是由白酒中的物质使口腔和舌细胞的黏膜蛋白质发生变形引起的感觉，均属物理味觉。

（3）化学味觉（基本味觉）　是由化学物质在味蕾中真正感受到的刺激。基本味觉一般分为四种：甜味、咸味、酸味、苦味，它们的阈值见表5-1。很多亚洲国家习惯上将味觉分为酸、甜、苦、咸、鲜五味，而一些欧盟国家将基本味觉分为酸、甜、苦、咸、金属味五种。

**表5-1　基本味觉的阈值**

| 口味 | 呈现物质 | 浓度 |
|---|---|---|
| 甜味 | 蔗糖水溶液 | 2.5g/L |
| 咸味 | 食盐水溶液 | 1.5g/L |
| 酸味 | 盐酸溶液 | 0.007%（体积分数） |
| 苦味 | 硫酸奎宁水溶液 | 0.5mg/L |

#### 5.1.2.3 人类是怎么感知味觉的

我们都知道，人类的味觉感官存在于舌头上。那么，当我们对着镜子吐舌头的时候，可以清楚地看到舌头表面布满密密麻麻的小突起，这些突起就是人类感受味觉的器官，学名为舌乳头。舌乳头分为四种，那些直径1mm左右的红色圆形突起，因为在显微镜下看起来像一朵朵蘑菇，所以得名为菌状乳头；而舌根尽头处舌界沟附近的舌乳头比菌状乳头大很多，每个突起周围还有一圈环形结构，故称为轮廓乳头；菌状乳头和轮廓乳头之间被圆锥形的突起填满，这种舌乳头因形态细长，故称为丝状乳头。当然，还有一种乳头称为叶状乳头，在食草动物的舌头上多见，人类舌头上的叶状乳头几乎都退化了。

人类的味觉是通过味受体细胞产生的，味受体细胞集中在味蕾中，而味蕾主要分布在舌、上腭表面和咽喉部黏膜的舌乳头上。人类的每个舌乳头中有一个到上百个味蕾，每个味蕾中有50 ~ 150个味受体细胞，味蕾的顶端是味孔，开口于舌头表面，通过味受体细胞接受和识别不同的味觉刺激并编码形成神经电信号，再将这些信号承载的味觉信息通过特殊的感觉神经被传送到大脑皮层，最终变成味觉感觉。

科学证明，一个味蕾可同时辨别五种基本味道，一个人大概有约3000个味蕾，分布在口腔各处，所以说口腔内任何一个部位都能够感受出食物的味道。

有人认为，人类对味道的感知都有一定的主观成分，且每个人又存在个体差异，会不会人类舌头的不同部位对味觉的敏感性有所差异呢？研究发现，人类的每个舌头区域都能够尝出五种原味，只是人类舌头每部分分辨化学物质的最低浓度不同。然而，这个尝出阈在人体中的差异非常小，当人类在生活中接触的美食物质浓度相对较大的情况下，并没有显示出实际的意义。总之，人类的味蕾是多功能体，每个部位都有感知味道的作用。

白酒中的呈味物质有数千种，而人类的基本味觉只有四种（或五种），其原因可能有以下几点。

① 不同的物质对味蕾的刺激感受也许和四味是基本相同的。

② 感受味觉的细微差别没有嗅觉灵敏，分辨率低。

③ 人们习惯用四种基本味觉来描述千差万别的味觉感受。

有品尝能力的人很容易辨别具有相同甜度的葡萄糖、果糖、蔗糖、麦芽糖、糖精钠之间不同的甜味感觉，这说明同一味觉还有细微的差别。

5.1.2.4　影响味觉的因素

（1）物质的结构　糖原及羟基多呈甜味，氢离子及酸类物质多呈酸味，一些碱金属的盐类多呈咸味，生物碱及一些杂环类化合物多呈苦味。

（2）物质的水溶性　呈味物质必须有一定的水溶性才可能有一定的味感，完全不溶于水的物质是无味的，溶解度小于阈值的物质也是无味的。水溶性越高，味觉产生的越快，消失的也越快，一般呈酸味、甜味、咸味的物质有较大的水溶性，而呈苦味的物质的水溶性较小。

（3）温度　随温度的升高，味觉加强，最适宜的味觉产生的温度是10 ~ 40℃，在30℃时最为敏感。温度过高或过低均会使味觉减弱，所以在品酒时，一般要求环境温度在15 ~ 30℃之间。

（4）味的相互作用　两种相同或不同呈味物质进入口腔时，会使两者的呈味味觉发生改变，称为味觉的相互作用。常见的有如下几种。

① 对比效应和消杀效应。两种或几种不同基本口味的物质在口腔中混合，有时会加强（对比效应），有时会减弱（消杀效应）。混合物各自浓度不同，配伍不同，效应也不同，而且没有规律。

② 变调效应。在品尝某一种物质口味后，接着品尝第二种物质口味时，由于第一种物质的口味造成第二种物质口味的变化称为变调。如在做基本口味测定时，在尝过硫酸奎宁的苦味后再品尝蒸馏水，能感觉到水有明显的甜味，此现象只需隔一段时间（数秒）便会消失。

③ 阻塞效应。某些物质在味觉中能造成其他口味感的暂时性丧失。

④ 相乘效应。两种物质呈现的味觉感受强度不是相叠加，而是以乘积方式反映。如谷氨酸钠和5′-肌苷酸钠或5′-鸟苷酸钠混合所产生的味觉就是以乘积方式反映的综合味觉。

白酒的口味除了上述基本口味以外，还有物理味觉，如柔绵、辛辣、涩、麻、油腻、金属味等口感也常被列入口味中进行描述和评价。白酒中大多数呈香物质也是呈味物质，白酒品评时，口味占总分比例最高，一般大于50%。白酒感官品评与其他食品的感官品评有明显的不同，对于白酒的口味要求，多注重整体感、协调感、圆润感、醇厚感和馥郁感。

#### 5.1.2.5　味觉与调味的关系

白酒的味感是通过味觉体现的，而味感是白酒鉴赏的一项重要感官指标，因此，在白酒勾兑中要特别注意酒样味觉的变化。一名合格的勾兑员必须具有灵敏的味觉，才能在勾调过程中发现细微的变化。白酒中的微量成分互相有相加、消杀、相乘等作用，如盐可消除糖的无滋味感；苦味和涩味可以加强酸感；酸味开始可掩盖苦味，但在后味上会加强苦感；涩味则始终被酸味加强；咸只会突出过强的酸、苦和涩味。这种作用还会以另一种方式表现出来：在重复品尝过程中，只尝同一种酸或苦或既酸又苦的溶液的次数越多，这些味感出现就越快，表现也越强烈。白酒的味感，大部分决定于甜味、酸味、苦味之间的平衡，以及醇厚、丰满、爽口、柔顺、醇甜等口味的调整。味感质量则主要决定于这些味感之间的和谐程度。甜味和酸味可以相互掩盖，甜与苦、甜与咸都能相互掩盖，但不能相互抵消，只能使两种不同的味感相互减弱。人们一般比较偏爱甜味，但白酒不能只讲究甜味，还必须协调酸味、香气、口味的柔和、圆润、丰满醇厚等，所以优质白酒是要调出能够掩盖过强的酸味和苦味的综合感。

## 5.2 白酒中的呈香呈味物质

### 5.2.1 呈香呈味物质的来源

众所周知，白酒的风味是白酒中呈香呈味物质的整体表达，优质的白酒，必须兼顾各呈香呈味物质之间适当的浓度比例，才能达到口感舒适、香气丰满、优雅细腻的特点。好品质的白酒总是表现出一种独具魅力的风格特性，使人难以忘怀。呈香呈味物质与原料、糖化发酵剂、发酵工艺、蒸馏工艺、贮存等因素有关。

（1）原料赋予白酒不同香气　原料与白酒呈香呈味物质的生成有很大关系，原粮是发酵过程中微生物的主要营养物质，微生物通过分解利用原料中的淀粉、蛋白质等营养物质，生成众多的产物及中间产物，形成了白酒特殊的呈香呈味物质。目前，酿造白酒的原料以高粱、玉米、小麦、糯米、大米为主，大麦、豌豆、荞麦、小米等也可作为酿酒原料。

白酒的最佳酿造原料是高粱，高粱酿酒不仅出酒率高，而且醇厚浓郁，香正甘洌，粮香突出；其中以粳高粱使用最为广泛，其结构致密，蛋白质含量高，直链淀粉含量较高，易被水解利用。高粱壳中含有2%以上的单宁和少量花青素，经过蒸煮糊化和发酵，衍生为香兰酸和香兰素等酚类化合物，赋予白酒特殊的香气。花青素是一类广泛存在于植物中的水溶性天然色素，属类黄酮类化合物，有研究表明，花青素具有预防癌症、促进血液循环、增进视力、抗氧化、改善睡眠等作用。

原料在使用前一般要经过两道程序的处理，一是除杂粉碎，二是清蒸。除杂粉碎的目的，一是为了便于清蒸，减少清蒸时间，节约能源；二是为了原料中的淀粉能被充分利用，减少淀粉剩余残留。原料的清蒸可以使原料中的淀粉颗粒进一步吸水、膨胀、破裂、糊化，以利于淀粉酶的作用，同时，在高温下，原料也得以灭菌，并排除一些挥发性的不良成分。在原料清蒸过程中，还会发生其他许多物质的变化，如碳水化合物的变化，脂肪、果胶的变化等；同时，不同的生产工艺对原料的清蒸时间也不相同，这一不同也是产生风格差异的原因。

除了高粱外，其他的酿造原料也有着自身独特的优点，如大米生甜、糯米生厚（绵）、玉米生糙、小麦生香等。五粮液是以高粱（36%）、大米（22%）、玉米（8%）、糯米（18%）、小麦（16%）五种粮食为酿造原粮，造就了多粮香；米香型白酒以大米为酿造原料，其香气发甜。

（2）蒸馏摘酒工艺影响白酒的风味　生香靠发酵，提香靠蒸馏。蒸馏是指在白酒生产中将酒精和其伴生的香味成分从固态发酵酒醅或液态发酵醪中分离浓缩，得到风格独特的各类型白酒。在白酒蒸馏过程中，一方面美拉德反应生成大量的诸如糠醛、4-甲基吡嗪等产物，进入到蒸馏液中；另一方面是各种酯、高级醇、有机酸等风味物质的馏出。

固态白酒的蒸馏过程都要求“缓气蒸馏，大气追尾”，蒸馏设备就是一个上口直径约2m，底口直径约1.8m，高0.8 ~ 1m的圆锥形蒸馏器——甑桶，但摘酒方式的不同导致酒液中风味物质含量及量比的不同，如浓香型白酒摘酒是按酒质特点进行，分为特醇、特甜、绵长、特香等；清香型白酒是只摘取酒头、酒身，酒头中酸酯类物质较高，香气复杂；酱香型白酒更是每次摘酒方法都不一样，根据酒液中风味物质的不同，分为了醇甜、酱香、窖底香等。这些摘酒方式所摘取的酒液是白酒勾兑的基础，正是因这些酒体的出现才使得白酒的勾兑更加多样，更加神秘。

（3）酿造影响白酒的风味　白酒的酿造，其实是酿造微生物的发酵过程。白酒中的呈香呈味物质均是酿造微生物的代谢产物，如乳酸菌主要代谢产物为有机酸类化合物和双乙酰；酵母菌特征代谢产物为乙醇、异戊醇、异丁醇、苯乙醇及酯类化合物；霉菌类微生物特征代谢产物为长链脂肪酸和糖，某些真菌的代谢产物是具有生理活性的萜烯类化合物。白酒是多微生物开放式发酵工艺，酿造微生物的生成及作用过程有两个，一是糖化发酵剂——曲料的形成过程，二是酒醅的发酵过程。

曲料中含有大量的微生物菌系及酶系，曲料生产是酿造微生物及风味物质形成的一项工艺。中国白酒的曲料类型众多，有大曲、小曲、麸曲等，且曲料的制备原料及比例、制备温度各不相同，如大曲的一般原料是大麦、豌豆、小麦，四川地区以小麦为原料，而北方以大麦及豌豆混用较多；大曲又分为高温曲、中温曲、低温曲，如酱香型白酒所用的高温曲，浓香型白酒用的是中温曲，清香型白酒用的是低温曲，曲料生产工艺的不同，致使产生的酿造微生物及风味物质不同。在曲料中，清香型白酒中醋酸杆菌、乳酸杆菌（乳球菌）占一定地位，凤香型白酒中的优势菌是酵母。

酒醅的发酵过程，是呈香呈味物质形成的主要来源，曲料中的众多微生物在这一时期进行繁殖代谢，呈香呈味物质在这一过程中大量形成并聚集。由于曲料、发酵时间及发酵工艺的不同，每一类型的白酒在这一过程中所发生的反应也各不相同。如清香型白酒发酵过程中酒醅中的主导微生物是假丝酵母和细菌，多粮浓香五粮液酒醅中的优势菌为芽孢杆菌。

（4）陈酿影响白酒的风味　新发酵蒸馏的白酒辛辣、暴冲、刺激性强，口感欠佳，需陈酿一段时间，酒体才纯正爽口、醇和、绵软，因此陈酿是形成白酒馥郁风格的关键，而陈酿所用的贮存容器及贮存环境成为白酒风格形成的另一重要因素。陈酿过程中会发生挥发、水解、缔合、氧化还原、缩合等物理化学反应，使酒体更加醇厚、柔和，尤其是乙缩醛的生成，使白酒更加细腻、陈味显现，如凤香型白酒，随着陈酿时间的增加，乙缩醛与苯甲醛逐年增加，陈味越来越浓郁、细腻。为了使酒体自身的呈香呈味物质达到平衡协调状态，不同香型的白酒陈酿周期也不相同，如清香型白酒的贮存一般在1年半以上才可用于勾兑，在此过程中，乳酸乙酯与乙酸乙酯的质量浓度比例关系随着酒龄呈现线性增加趋势；芝麻香型的白酒需经5年以上的贮存期，才能达到勾调成品酒的要求；浓香型白酒经过8个月陈酿之后，口感会更加绵柔、醇厚；而酱香型白酒需贮存3年以上方可使用。

### 5.2.2 呈香呈味物质的分类

一般情况下，白酒中的呈香呈味物质可分为醇类、醛类、酸类、酯类、酮类、内酯类化合物、硫化物、缩醛类化合物、吡嗪类化合物、呋喃类化合物、芳香族化合物以及其他化合物，如图5-1所示。

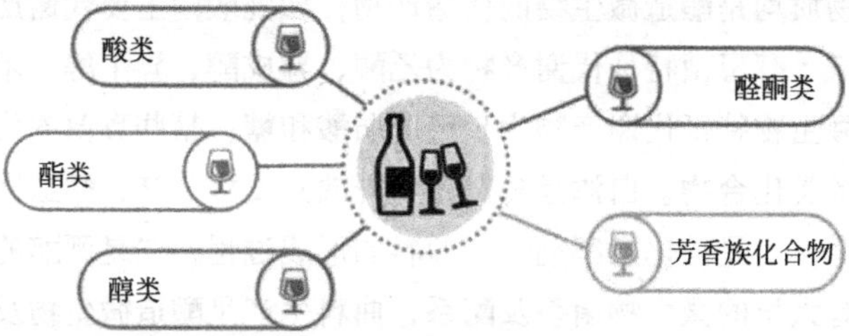


**图5-1 白酒呈香呈味物质分类**

在白酒呈香呈味物质中，酯类赋予白酒愉悦感，酯类一方面由微生物代谢产生，另一方面由发酵过程中的酯化反应形成。白酒的醇甜主要来源是醇类，醇类一方面由酵母摄取氨基酸产生，另一方面是糖质生成氨基酸过程的中间产物。白酒浓厚的感觉可由适量的酸调节，酸主要来源于微生物代谢，如醋酸菌、乳酸菌等。要使白酒香气透亮飘逸可由适量醛酮类物质调节，醛酮类物质一方面由微生物代谢产生，另一方面由化学反应生成。

按照中国白酒169计划的研究成果，将不同类型白酒中的呈香呈味物质进行对比，可以发现不同香型白酒中呈香呈味物质种类几乎相同，但每一类别中的数量却不相同，说明正是由于不同呈香呈味物质的共同作用才成就了白酒的风格。表5-2中列出了中国白酒主要香型中活性物质对比。

**表5-2 中国白酒主要香型中活性物质对比** 单位：种

| 项目 | 清香型A | 小曲清香 | 老白干 | 酱香型A | 浓香型A | 兼香型 | 凤香型 | 药香型 | 豉香型 | 芝麻香 |
|---|---|---|---|---|---|---|---|---|---|---|
| 醇类 | 16 | 9 | 14 | 18 | 14 | 16 | 16 | 15 | 8 | 10 |
| 酯类 | 23 | 18 | 19 | 37 | 30 | 29 | 26 | 23 | 15 | 18 |
| 酸类 | 13 | 9 | 14 | 24 | 14 | 13 | 14 | 9 | 10 | 10 |
| 醛酮类 | 2 | 2 | 0 | 14 | 3 | 5 | 3 | 7 | 12 | 1 |

续表

| 项目 | 清香型A | 小曲清香 | 老白干 | 酱香型A | 浓香型A | 兼香型 | 凤香型 | 药香型 | 豉香型 | 芝麻香 |
|---|---|---|---|---|---|---|---|---|---|---|
| 缩醛类 | 2 | 4 | 2 | 4 | 3 | 3 | 3 | 2 | 1 | 2 |
| 芳香族 | 14 | 16 | 14 | 32 | 15 | 15 | 14 | 14 | 8 | 11 |
| 酚类 | 7 | 7 | 6 | 11 | 4 | 6 | 6 | 7 | 4 | 3 |
| 萜烯类 | 1 | 2 | 1 | 0 | 0 | 0 | 0 | 26 | 0 | 3 |
| 呋喃类 | 3 | 1 | 9 | 11 | 8 | 7 | 4 | 5 | 1 | 4 |
| 吡嗪类 | 2 | 1 | 5 | 20 | 10 | 10 | 2 | 1 | 0 | 8 |
| 硫化物 | 2 | 2 | 1 | 5 | 1 | 0 | 1 | 2 | 2 | 2 |
| 内酯类 | 2 | 1 | 3 | 12 | 1 | 1 | 2 | 2 | 2 | 1 |
| 其他 | 1 | 0 | 2 | 6 | 0 | 0 | 1 | 0 | 1 | 0 |
| 未知 | 12 | 10 | 16 | 2 | 1 | 8 | 10 | 2 | 3 | 3 |
| 合计 | 100 | 82 | 106 | 183 | 104 | 113 | 102 | 115 | 67 | 76 |

#### 5.2.2.1 酸类物质

白酒中的酸为有机酸，既是呈香物质也是呈味物质，适量的有机酸可使酒体丰满、醇厚、回味悠长。有机酸含量的多少，因酒的等级、香型和批次等不同而有所差异，同时，因其刺激阈的不同，在香气和口味上也有所不同。

白酒中的酸主要有两类。一类是甲酸、乙酸、丙酸、丁酸等挥发性酸。其中，以乙酸为主，一般在白酒中的含量达5 ～ 150mg/100mL，它们对主体香气既起烘托作用，又起缓冲作用。另一类是以乳酸为主的非挥发性酸；其次，有苹果酸、酒石酸、柠檬酸、琥珀酸、葡萄糖酸等，它们比较柔和，能调和酒味。由于非挥发性酸具有羟基和羧基，具有亲和作用，对酒的后味起缓冲、平衡的作用。

酸类成分是白酒的重要口味物质。酸量过少，酒味寡淡，后味短；酸量过大，酸味露头，酒味粗糙，甚至入口有尖酸味。我国白酒的含酸量，一般不超过150mg/100mL。白酒中含有20多种有机酸，尤其以酱香型白酒中酸含量最高，有的能够直接影响酒的风味和质量，如乙酸是刺激性强的酸味；丁酸适量能增加“窖香”，过浓则有“汗臭”气味；乳酸能增加白酒的醇厚性，起调味作用，过多则呈涩味。表5-3列出了有机酸的风味特征。

**表5-3 有机酸的风味特征**

| 有机酸 | 风味特征 |
|---|---|
| 甲酸 | 闻有酸味，进口刺激和涩感，极强的刺激臭 |
| 乙酸 | 醋酸气味爽口带甜，醋酸刺激臭 |
| 丙酸 | 闻有酸味，进口柔和、微涩，醋酸刺激臭，但较乙酸淡薄 |

续表

| 有机酸 | 风味特征 |
| --- | --- |
| 丁酸 | 轻的黄油样臭，奶酪腐败及汗臭，似大曲酒气味，能增加窖香 |
| 戊酸 | 脂肪臭，似丁酸样气味 |
| 己酸 | 较强的脂肪臭，有刺激感，同丁酸，但较淡薄，似大曲酒气味，稀时能增加香气 |
| 庚酸 | 强的脂肪臭，有刺激感，同丁酸，但较淡薄 |
| 辛酸 | 脂肪臭，微有刺激感，放置后浑浊，同丁酸，但较淡薄 |
| 月桂酸 | 月桂油气味，微甜，有刺激感，放置后浑浊 |
| 乳酸 | 微有酸味，酸中带涩，适量有浓厚感，能增加白酒的醇厚性，比较柔和，带给白酒以良好的风味，但过浓时则呈涩味，使酒呈馊酸味 |
| 琥珀酸 | 酸味低，有鲜味 |
| 柠檬酸 | 柔和，带有爽快的酸味 |
| 酒石酸 | 酸味中带有微苦 |
| 富马酸 | 同酒石酸 |
| 氨基酸 | 呈谷物的鲜美味，是非蒸馏酒的重要成分 |

（1）酸在白酒中的作用　白酒中的几大类物质中，酸的作用力最强，在协调和处理酒中各类物质之间的关系方面，酸的影响力大、面也广，其主要原因如下。

① 酸对味觉有极强的作用力，以分子和离子两种状态作用于味觉。酸都有刺激性和腐蚀性，在白酒中的浓度很低，不会对口腔和舌等造成伤害，但其刺激作用仍然明显可见。因此，勾调时要恰如其分地掌握用酸量，且几种主要酸的比例要协调。

② 酸与白酒中的一些物质可以相互作用，酸对某些物质起到驱赶或抑制作用，并且酸可以与碱性物质发生化学反应。

③ 酸可以起到催化酯化作用，羧酸和醇反应生成酯，酸还可以对酯交换进行催化，对缩醛反应也有一定影响。

（2）酸量的表达

① 消除酒的苦味。白酒中不可避免地都含有苦味物质，对同一个白酒厂，在生产正常的情况下，其苦味物质大体相同，然而，为什么有些批次的酒（不论是半成品酒、基础酒或者成品酒）不苦，有的就苦？不苦的酒，其中的苦味物质依然存在，它们不可能消失，显然是苦味物质和酒中的某一些物质之间存在着一种明显的相互作用，这些物质就是酸类。酒苦与不苦与酸含量的多与少有关，酸含量不足，酒苦；酸含量适度，酒不苦；酸含量过大，酒有可能不苦，但将产生新的问题。这里指的酸含量，是指化学分析的“总酸”值，不论白酒苦味物质的含量多少，组成情况和表达行为等如何，当酒的酸性强度在合理的范围之内，各种酸的比例又在一

个适当的范围内时，酒就不会发苦。

② 味感衬托基础。酒入口后的味感过程是一个极其复杂的过程，白酒味觉刺激的综合反映就是口味。对口味的描述尽管多种多样，但却有共识，如讲究白酒入口后的后味、余味、回味等。白酒的所有成分都有两方面的作用，既对香也对味做出贡献。而酸作为味感剂主要表达在以下几方面：增长后味；减少或消除杂味；可增强甜味和回甜感；消除燥辣感，增加白酒的醇和度；可适当减轻中、低度酒的水味。

③ 风味友好剂。在对酒体设计实践中，往往碰到这种情况，含酸量高的酒加到含酸量正常的酒中，对正常酒的香气有明显的压抑作用，俗称“压香”，就是使酒中其他成分对白酒香气的贡献在原有水平上下降了，或者说酸含量过多使其他物质的放香阈值增大了。白酒酸含量不足时，普遍存在的问题是酯香突出、香气复合程度不高等，在用含酸量高的酒去做适度调整后，上述问题在相当大的程度上得以解决。因此，酸在解决酒中各类物质的融合程度、改变香气的复合型方面，显示出它特殊的作用，按比例加入白酒中使得白酒香气更加幽雅自然，细腻感增强。

（3）四大酸含量和平衡性与酒质的关系及对勾兑的影响　白酒中含量较大的酸是乙酸、己酸、丁酸、乳酸，是白酒中最重要的四大酸，占总酸的90%以上，它们的协调配比，为中国白酒带来了丰富神奇的口感，为派生出众多香型和风格流派作出了贡献。“五粮液”酒己酸含量最高，占总酸量的35%，其次是乙酸，占总酸量的23%；“汾酒”的乙酸含量高，占总酸的70%以上；米香型“三花酒”乳酸、乙酸含量高，乳酸占总酸80%；酱香型白酒与浓香型白酒相似，乳酸、乙酸、己酸和丁酸是其主体酸，其中乳酸含量高；“西凤酒”的主体酸是乙酸、己酸和乳酸。四大酸与酒质的关系是非常重要的，勾兑时要特别注重它们的配比和含量。一种酸过头，都会给酒质造成极大的危害，适量乙酸使酒有爽快感；适量乳酸，能增加白酒的浓厚感；适量丁酸能增加酒的爽快感；适量己酸能增加酒的丰满感。

有人说，多种粮食的酒比单一粮食的酒口感好，原因之一就是多粮型酒的酸比单粮型酒的酸结构和配比协调平衡。单粮型酒普遍乳酸含量多，口感浓厚，容易造成酒后味发涩；五粮型酒己酸含量普遍偏高一点，酒口感比较丰满细腻、后味干净。川酒的口感好，主要原因之一是川酒生产中母糟经黄水浸泡，为母糟提供了协调而丰富的酸类物质，酸的结构及配比协调。所以，四大酸的结构和平衡性，对酒质的影响非常大，是酒体设计的核心部分之一。

#### 5.2.2.2　酯类物质

酯为有机酸与醇类在酸性条件下经酯化作用而成，酒的香味在很大程度上与酯类的组成及含量有关，是构成酒香的主要物质。白酒中，酯类成分极为复杂。主要是C—C的直链脂肪酸酯，我国名优白酒多以乙酸乙酯、己酸乙酯和乳酸乙酯三大酯类为主，它们的含量和相互之间的配比不同，构成了名优白酒不同的风格。表5-4列出了酯类物质的风味特征。

表5-4 酯类物质风味特征

| 酯类 | 风味特征 |
|---|---|
| 甲酸乙酯 | 似桃香味，伴有涩感，近似乙酸乙酯香气，果香稀薄 |
| 乙酸乙酯 | 香蕉、苹果香味，带涩，乙醚状新鲜香气 |
| 乙酸乙戊酯 | 似梨样、苹果香 |
| 乙酸异戊酯 | 香气极好，含量过浓时酒呈现怪味 |
| 乙酸正丙酯 | 如乙酸乙酯状，果实香较浓 |
| 乙酸正丁酯 | 新鲜爽快的果实香 |
| 乙酸异丁酯 | 苹果及梨的芳香 |
| 乙酸戊酯 | 泸州型茅香型酒的助香 |
| 丙酸乙酯 | 果实芳香、菠萝香味，微涩似芝麻香 |
| 丁酸乙酯 | 似菠萝带脂肪臭，爽快可口 |
| 丁二酸乙酯（琥珀酸乙酯） | 汾酒的呈香，起重要作用，是汾酒的重要成分之一，与汾酒的典型性有重要关系，琥珀酸乙酯的含量比茅台、泸州特曲高2倍 |
| 戊酸乙酯 | 似菠萝香，味浓刺舌，日本称吟酿香 |
| 异戊酸乙酯 | 果实香，浓厚的果实香 |
| 戊酸戊酯 | 白酒的助香剂 |
| 己酸乙酯 | 似菠萝香，味甜爽口，具有大曲酒香，愉快的窖底香 |
| 正己酸乙酯 | 果实香，似红玉苹果香 |
| 庚酸乙酯 | 似苹果香略同辛酸乙酯 |
| 正庚酸乙酯 | 果实香 |
| 辛酸乙酯 | 似梨样感，菠萝香，与庚酸乙酯均有较好的果实香味。此外还有很多高级多碳酸、高级脂肪酯、异物酯等，都具有特殊的香味 |
| 正辛酸乙酯 | 同辛酸乙酯和庚酸乙酯 |
| 癸酸乙酯 | 似玫瑰香冲鼻，放置后浑浊 |
| 乳酸乙酯 | 香弱味微甜，适量有浓厚感，多则带苦涩，过浓时青草味，淡时呈优雅的黄酒味 |
| 月桂酸乙酯 | 有月桂香味，带油珠状，放置后浑浊 |
| 肉豆蔻酸乙酯 | 似苹果、黄油样 |

（1）酯在香型上的表现　己酸乙酯是浓香型白酒的主体香味成分，是浓香型白酒中窖香的主要来源，它在浓香型白酒中占据很大的酯类总量比例，其含量的多少，影响着浓香型白酒品质。例如五粮液、剑南春、泸州特曲，所含己酸乙酯均占总酯量的1/4 ~ 1/3。同时，己酸乙酯具有较低的气味界限值，因而使浓香型酒富

有“喷香浓郁”之感。在其他类型的名优白酒中，已酸乙酯的含量占总酯量的比例较小，而其他酯类所占比例较大，从而显示出其他类型白酒的风味。

在浓香型名优白酒中，还有一定量的丁酸乙酯。丁酸乙酯是浓香型名优白酒的香气成分之一，丁酸乙酯较浓时呈臭味，稀薄时呈水果味，它在浓香型白酒中含量不能过多，否则会使酒带上臭味，影响酒的质量。一般浓香型白酒要求己酸乙酯为丁酸乙酯含量的8 ~ 15倍。

乙酸乙酯和乳酸乙酯是清香型名优白酒的主体香气成分，这两种酯在白酒中都较多，尤其是在大曲清香中更为突出。当白酒中乙酸乙酯浓时，呈苹果香、香蕉香；稀薄时，呈梨香。汾酒的乙酸乙酯含量可高达300mg/100mL，一般白酒仅含100mg/100mL，液态法白酒只含30mg/100mL左右。

在清香型名优白酒中几乎没有己酸乙酯，这与其操作工艺有一定关系。清香型采用的是典型的清蒸酒糟、地缸发酵、石板封口、水泥晾堂的工艺，保证了清、香、醇、净的特点。

乳酸乙酯是构成名优白酒风味的重要成分，在白酒中含量较多，它在呈香过程中起主要的作用，适量的乳酸乙酯对酒的风格极有好处；但含量过多，则会使酒产生涩味，反而抑制主体香。清香型酒与酱香型酒的乳酸乙酯含量比较接近；在浓香型酒中乳酸乙酯要小于己酸乙酯，否则会影响风格；在酱香型酒中乳酸乙酯大于己酸乙酯。表5-5列出了酯类物质与香型的关系。

**表5-5　酯类物质与香型的关系**

| 香型 | 主要酯类物质及量比关系 |
|---|---|
| 浓香型 | 己酸乙酯为主，己酸乙酯：乙酸乙酯：乳酸乙酯：丁酸乙酯=1：(0.7 ~ 0.9)：(0.5 ~ 0.7)：0.1 |
| 清香型 | 乙酸乙酯为主，乙酸乙酯：乳酸乙酯=1：0.6 |
| 凤香型 | 乙酸乙酯为主，己酸乙酯为辅，乙酸乙酯：己酸乙酯=4：1左右 |
| 酱香型 | 乙酸乙酯>乳酸乙酯>己酸乙酯 |

（2）四大酯协调性与酒质的关系　白酒中乙酸乙酯、己酸乙酯、乳酸乙酯、丁酸乙酯含量较大，是最重要的四大酯类物质。众多香型白酒，除了有独特的工艺外，四大酯的配比也不同。浓香型白酒香气浓郁、绵甜甘洌、香味悠长，己酸乙酯含量高，如剑南春四大酯比例为己酸乙酯>乙酸乙酯>乳酸乙酯>丁酸乙酯，（比例约为5.5：3.5：2.5：1）从而赋予了剑南春绵甜甘洌的特点；泸州老窖是浓香型酒的代表，它的四大酯比例（乙酸乙酯与己酸乙酯、乳酸乙酯含量差别不大，均约占总酯含量的30%，是丁酸乙酯含量的四倍）与剑南春的截然不同，使泸州老窖具有浓香特点；清香型四大酯比例也比较独特，己酸乙酯含量几乎为零，乙酸乙酯

与乳酸乙酯的比例约为2 ：1，丁酸乙酯含量较少，约2mg/L，从而形成了清香型酒清爽甘洌、香味协调的独特风格；凤香型白酒的四大酯比例，乙酸乙酯>乳酸乙酯>己酸乙酯>丁酸乙酯［比例约为1 ：（0.6 ~ 0.8）：（0.2 ~ 0.3）：0.1］，赋予了凤香型白酒浓清兼顾的特殊风格。总之，四大酯的量比关系非常重要，要生产什么香型的酒，就必须有与其相适应的酯比例关系，勾兑时一定要慎重。

5.2.2.3　醇类物质

醇类物质是由原料中蛋白质、氨基酸和糖类在发酵过程中生成的，是白酒中的重要芳香成分之一，也是重要的呈味物质。白酒中醇类很多，一般含3个碳以上的醇称为高级醇，以异戊醇和异丁醇为主；其次为正丙醇、仲丁醇、正丁醇和正己醇等；此外，还有2,3-丁二醇、$\beta$-苯乙醇和丙三醇（甘油）等。一般认为，高级醇是助香物质，但含量过多易导致酒的苦味、涩味、辣味增大，含量过少，会缺乏传统白酒的风味。表5-6列出了醇类物质的风味特征。

**表5-6　醇类物质的风味特征**

| 醇类 | 风味特征 |
|---|---|
| 甲醇 | 有温和的酒精气味，具有烧灼感，淡薄时柔和有毒性，对人体有害 |
| 乙醇 | 酒精香气，稀释带甜，有温和的烧灼感 |
| $\beta$-苯乙醇 | 似蔷薇、玫瑰香气，持久性强，微带苦涩 |
| 乙二醇 | 具有醇甜味，次于丙三醇 |
| 乙六醇 | 具有浓厚的甜味，是多元醇中最甜的醇 |
| 丙醇 | 有风信子香味，极苦 |
| 正丙醇 | 同酒精香气但香味比酒精重，似醚臭，有苦味，有风信子香味，微苦 |
| 丙三醇（甘油） | 味甜柔和有浓厚感 |
| 丁醇 | 有极好的脂肪香味，过多则苦，呈汗臭 |
| 正丁醇 | 刺激臭，香气极淡，稍有茉莉香，主要是杂醇油香，带苦涩味而不苦，味极淡薄 |
| 异丁醇 | 如同丙醇香气，微弱的戊醇气味，带有脂肪香，具苦味感，似葡萄香味 |
| 仲丁醇 | 具有较强的芳香，爽口，味短 |
| 叔丁醇 | 似酒精香气，有燥辣感 |
| 丁四醇（赤藓醇） | 具有浓厚的醇甜感 |
| 2.3-丁二醇 | 有甜味可使酒发甜，稍带苦味，具有小甘油之称，有调和后味酯作用，同时可增香 |
| 戊醇 | 苦涩，呈汗臭 |
| 正戊醇 | 微具刺激臭，似酒精气味 |

续表

| 醇类 | 风味特征 |
| --- | --- |
| 异戊醇 | 有杂醇油气味，刺舌，稍带苦味，具典型杂醇油气味，酒头香 |
| 叔戊醇 | 有特殊刺激性气味 |
| 戊己醇（阿拉伯醇） | 有浓厚的甜味感 |
| 活性戊醇 | 有浓厚的杂醇油香 |
| 旋光性异戊醇 | 类似杂醇油气味，稍有芳香，味甜 |
| 己醇 | 呈汗臭 |
| 正己醇 | 强烈的芳香，味持久，有浓厚感 |
| 己六醇（甘露醇） | 均有浓厚的醇甜感 |
| 酪醇（羰基苯乙醇） | 具有愉快优雅的香气，也是一种重要的呈香物质，但在酒中含量稍高时饮之有为苦味，持久性强 |
| 双乙酰（联乙酰） | 有蜂蜜状的浓厚香味，也是奶酪及饼干的重要香气，可增加酒的香气，特别是进口香，有调和诸香之作用。嗅之有馊味，浓时酸馊气味，细菌臭，黄酒、清酒腐败臭 |
| 醋翁（3-羟丁酮） | 有刺激性但可增香，也有调和味觉之作用 |
| 乙硫醇 | 极稀时酒内呈现水煮萝卜的气味 |

甲醇和乙醇（即酒精）虽同属脂肪醇，结构上仅有一碳之差，但其毒性却大相径庭。甲醇是有严重毒性的有机化合物，少量饮用后轻则失明，重则致死。严格地讲，甲醇勾兑的产品纯属毒液，绝不可与“酒”相提并论。国家标准规定，以谷类为原料的白酒中甲醇含量不得超过0.04g/100mL。

杂醇油是一种很不科学的称谓，将诸多高级醇统称为杂醇油是落伍的认识，随着对高级醇研究的重视，高级醇对白酒品质的影响并不亚于酯类物质。高级醇主要由正丙醇、仲丁醇、正丁醇、异丁醇、正戊醇、异戊醇等组成，是酿酒原料所含的氨基酸与糖类在发酵过程中经一系列生化反应而生成的，组成成分均有各自的香气与口味，其总量及量比关系直接左右着白酒的风味，因此，白酒中不能没有高级醇。

纯净的高级醇为无色液体，具有特殊的强烈刺激性臭味和辛辣味，在白酒中不但呈香、呈味，并且增加酒的甜感，有助香作用。同时它又是酸酯形成的前体物质。高级醇在白酒中含量一般为0.8 ~ 1.4g/L之间，一定含量的高级醇赋予白酒以醇厚、丰满的口感，增加酒的协调性，使其典型性突出。含量过少会使白酒的风味淡薄，含量过多会给人以辛辣和不愉快的苦涩味。总之，高级醇在白酒中的含量对酒质有很大的影响。

醇酯比是左右白酒醇厚感和整体感的一项重要指标。根据经验，一般各种香型白酒醇酯比为，浓香型白酒1 ： 6以下，汾酒1 ： 3左右，液态法白酒

1 ：（0.06 ～ 0.1）。在凤香型白酒中，醇类含量较高，异戊醇尤为突出，形成了凤香型白酒高醇低酯的特点，故凤香型产品醇香秀雅、甘润挺爽。

从醇类物质在白酒中的量比关系来分析，异戊醇是醇类在酒中含量最多的醇，名优曲酒一般含35 ～ 90mg/100mL，其中米香型三花酒含异戊醇最高，可达96mg/100mL。

一般情况下，蒸馏酒中异戊醇与异丁醇的比值基本保持在2.5 ～ 3.5，同一香型不同质量的酒中其比值如此，甚至不同香型的酒中亦如此，这说明引起酒质变化的原因不是异戊醇与异丁醇的比值，而是它们的绝对含量。

凤香型白酒中异戊醇的含量约30mg/100mL左右，但在近期的优化实验中发现，当异戊醇的含量在50mg/100mL时凤香型白酒的口感更佳，并将异戊醇作为凤香型白酒的特征信号物质。因此在白酒勾兑中，要注重醇类物质的表达，尤其是要注重一些重要醇类物质。

#### 5.2.2.4 醛酮类物质

在白酒中检测到的醛酮类物质有57种，这些物质主要起助香、呈味作用。其含量在白酒中占总香味成分的3% ～ 15%。在白酒中的醛类主要是乙醛和乙缩醛，占总醛量的98%以上，是白酒中重要的香味成分，是“香”的协调成分，主要对白酒的香气起平衡协调作用。乙醛与乙缩醛的含量及它们之间的比例关系，对白酒的香气和风格质量产生重大影响，其在名优白酒中含量比普通白酒高2 ～ 3倍。

醛酮化合物生成途径很多，如醇经氧化、酮酸脱羧、氨基酸脱氨脱羧等反应，均可生成相应的醛、酮。表5-7列出了醛酮类化合物的特征。

**表5-7 醛酮类化合物的特征**

| 品名 | 特征 |
|---|---|
| 甲醛 | 刺激臭 |
| 乙醛 | 有醛类刺激臭，有陈谷物的臭气，有刺激性的果香辛辣感，过浓时带有苦杏仁味 |
| 乙缩醛 | 酸味重，似果香，味甜带涩，香味柔和、文雅细致，有愉快之感，有人认为乙缩醛产生木香味 |
| 缩醛 | 在酒中呈味尚不明确，具有醛的特有芳香、青臭的不愉快味 |
| 正丙醛 | 刺激性气味，有窒息感 |
| 丙烯醛 | 有催泪性的刺激，极强的辣味 |
| 丙酮 | 有特殊臭及辛辣甜味，似乙醛类臭气 |
| 正丁醛 | 刺激性 |
| 异丁醛 | 有刺激性气味 |
| 正戊醛 | 有刺激臭 |

续表

| 品名 | 特征 |
| --- | --- |
| 异戊醛 | 苹果香，似酱油香味 |
| 己醛 | 有浸透性，稍带有葡萄酒及蓝莓的香气 |
| 正己醛 | 似异戊醛气味 |
| 正庚醛 | 似水果香 |
| 苯醛 | 苦扁桃油味 |
| 酚醛 | 有较强的蔷薇香气 |
| 糠醛 | 浓时冲辣，极稀薄情况下稍有桂皮油香气，苦涩，辣味极为严重，在酒中影响尚不明显。但茅台酒中含量特别高，想必对酒的呈味是有一定的作用 |

除酱香型白酒外，糠醛在其他香型白酒中的含量较少，一般不超过130mg/L，但在酱香型白酒中含量最高约达300mg/L。糠醛被认为是区分酱香型白酒与其他香型白酒的重要依据之一，白酒中糠醛能赋予酒以异香，但超过限度则会使酒味燥辣、刺鼻，而出现焦苦味。糠醛与有机酸、酯、醇等微量成分以一定的比例协调共存，使酒体变得柔和协调，形成了酱香型白酒的独特风格；糠醛的高沸点、不易挥发等特点是酱香型白酒空杯留香的主要原因。

乙缩醛是白酒老熟和质量的重要指标。它是由一个乙醛分子和两个乙醇分子发生加成反应而得，乙缩醛具有愉快的香气。乙醛有定香作用，能降低挥发组分挥发速率，保持香气均匀持久和调和香气之作用。处理好乙醛、乙缩醛的量及比例关系对解决香气单调、个别香突出或香气不明显，达到香气平衡协调十分重要。在浓香型白酒中，乙缩醛与乙醛的比例为1 ：（0.5 ～ 0.7）；而乙缩醛构成了清香型白酒爽口带苦的味觉特征，含量约为240mg/L；茅台酒中的乙缩醛含量较高，达1210mg/L；而凤香型白酒中的乙缩醛含量为420mg/L，是其陈味的主要来源。因此，在白酒勾兑时要注意乙醛与乙缩醛的含量及量比关系。

#### 5.2.2.5 勾兑中酒体香味表达的原则

在勾兑白酒时，首先要知道目标白酒的要求和属性，是兼香型产品还是自有香型产品，是多香融合还是搞差异化，是多粮还是单粮等。香味表达应遵循以下几项原则。

（1）香气优先原则　每一类型的酒都有自己的主体香，主体香是确定其属于哪一种风格的主要因素，如浓香型白酒以己酸乙酯为主体香，清香型白酒以乙酸乙酯为主体香，凤香型白酒以乙酸乙酯、己酸乙酯、异戊醇等为主体香，米香型白酒以$\beta$-苯乙醇为主体香。

在白酒勾兑中，讲究主体香突出、香气协调，白酒的香气是由呈香物质共同作用的结果，呈香物质的种类越多则香气越复杂，当然，这些呈香物质之间的量比关系也必须协调适当，才能使酒体呈现香气浓郁、幽雅细腻等风格特点。

（2）酯香适当原则　酯类化合物是白酒中呈香呈味物质数量最多的一类风味化合物，是白酒香气的主要来源，由于酯类物质的含量高，香气强度大，其间的量比关系形成了各香型白酒间的主要区别指标。如清香型白酒基本不含己酸乙酯；浓香型白酒的主体香是己酸乙酯、乳酸乙酯、丁酸乙酯和乙酸乙酯，在讲究主体香的同时不能使其香气过于突出、露头，否则会造成喷香。

酯香突出或主体香突出可以凸显出白酒自身的风格，若酯香过于突出，酒体就会比较粗糙，适口性差。对浓香型白酒而言不能因为己酸乙酯是主体香就将己酸乙酯越调越高，酸酯比例的不合理往往是造成上头、暴辣、冲的主要原因。随着绵柔型、淡雅型白酒概念的提出，行业内越来越重视白酒的口味，而不单单是香气。近年来，国内众多的浓香型白酒企业对浓香型白酒国家标准多有诟病，纷纷要求去掉对呈香呈味物质的单项指标要求，浓香型白酒行业对其国家标准的修订必将带动整个白酒行业对高香高酯的反思，以总酸总酯含量为主要理化指标要求的趋势不可阻挡。

（3）信号物突出原则　每一个香型的白酒都有自己特定的香味信号物，在白酒勾兑时要充分发挥信号物的优势，彰显产品差异化魅力。浓香型白酒要考虑是单粮浓香还是多粮浓香，是淡雅浓香还是传统浓香，其己酸乙酯含量和产品风格是不相同的。凤香型白酒以异戊醇为特征信号物，如果异戊醇含量过低凤香型风格特征就不明显。在突出信号物的同时，要注意酸酯及其他呈味物质之间的协调。

（4）柔香怡味原则　白酒是一种胶体溶液，各风味物质成分在其中互相平衡，各具一格。要做到香味协调，必须在注重香气的同时更注重味的协调。由目前市场上白酒的表现来看，香气柔和、回味悠长的白酒才称得上是好酒。过度追求酯类物质的堆砌并不能解决白酒的优雅度、馥郁度等问题。

（5）酒体醇厚原则　由于高级醇的存在，对其他呈香呈味物质的香气表现起到了衬托作用，会使酒体变得厚实、丰满、醇和，入口后给人以醇厚圆润的感觉。提高酒体的醇厚感必须注意高级醇在白酒中作用的发挥。有的勾兑员认为，高级醇是白酒的有害物质，这是极其错误的。近年来的科学研究发现，高级醇在白酒中的正面作用要远远大于其负面作用，必须引起白酒勾兑人员的高度重视。高级醇并不是引起上头的第一原因，高级醇的分子结构不同，在白酒中的作用不同，高级醇与酸酯的比例不同，在饮用后的表现也不同。

## 5.3 白酒的香气与口感

### 5.3.1 香气

#### 5.3.1.1 香气的分类

香气的分类方法有物理化学分类法、心理学分类法、嗅盲分类法。在白酒界，通常将香气按照其物理化学性质分为酯类、醇类、酸类、醛类、酚类、吡嗪类、呋喃类等。

#### 5.3.1.2 香气阈值

香气阈值是指能够引起嗅觉的呈香物质在空气中的最小浓度或者呈香物质在水或特定介质中的最小浓度。阈值越小，嗅感强度越大。阈值是用数值来表示呈嗅物质的知觉、嗅觉强度、嗅觉的范围，是嗅觉能感受到的临界点。

香气阈值受多种因素影响，包括呈香物质的分子结构、物理性质、化学性质、特定介质等本质因素，及呈香物质种类的多少、集中、分散等量的因素；此外，气温、湿度、风力、风向等环境因素；心理状态、身体状况、生活经验等客观因素也对香气阈值有影响。人在心情好时，敏感性高、辨别力强；当身体疲劳、饮食不当或生病时嗅觉会减退。香气阈值之间存在相互增强、相互抵消、相互掩蔽等情况。

#### 5.3.1.3 香气间的相互作用

白酒是集合各种香气成分的混合物，酒中各成分之间相互作用、相互影响，表现为累加作用、协同作用、融合作用、掩盖作用四个方面。

（1）累加作用　一些呈香物质的香气强度可以相互叠加，当两种或者几种香气物质同处于一个液相时，它们构成的混合物香气比其单独存在时的香气更强。将几种呈香物质以低于它们各自的嗅觉阈值的浓度配成混合溶液后，香气反而更加明显。

（2）协同作用　一些呈香物质的香气可以相互促进，不同香气物质溶液混合后，则可以促进各自气味的强度。如甲和乙溶液加在一起，甲的香气被加强，乙的香气同样也被加强。

（3）融合作用　具有相似浓度的不同香气物质相互混合后，无法分辨出它们各自的单独香气，它们相互融为一体，表现为一种新的香气特征。A味+B味产生了一种全新的气味，A、B本身味不存在。这种数种香气混合后形成一个整体，产生一种出乎意料而又难以分辨的新香气，这些气体则互为可融合气味，融合作用就是一种相消作用。

（4）掩盖作用　掩盖作用指一些呈香物质的香气相互掩盖，即一些香气可以掩盖另一些香气。这种掩盖作用通常与呈香物质的浓度和香气强度有关。在混合液中，若两者香气物质浓度相同，香气强度高的呈香物质的香气会掩盖另一呈香物质的香气。表5-8所示为乙酸乙酯的香气掩盖作用。

表5-8　乙酸乙酯的香气掩盖作用

| 乙酸乙酯混合液 | 嗅觉阈值/（mg/100mL） |
|---|---|
| 水 | 3 |
| 10%vol乙醇 | 4 |
| 10%vol乙醇+微量庚酸乙酯 | 12 |
| 葡萄酒 | 17 |

由表5-8可以看出，微量庚酸乙酸，可以显著提高乙酸乙酯的阈值；酒精度的提高可以掩盖其他气味，使阈值提高，因此在勾兑上，可以通过提高酒精度来降低某些物质的影响；乙酸乙酯在葡萄酒中，其阈值提高到16 ~ 18mg/100mL，混合气味越复杂、越浓就越能掩盖乙酸乙酯的特殊性气味。

#### 5.3.1.4　白酒香气的描述

关于葡萄酒香气的文章可谓汗牛充栋，而描述葡萄酒香气的词汇更是突破了人类的想象，那你知道白酒的香气如何描述吗？

用于白酒香气的词汇到底有多少种很难说清楚，常用的有醇香、曲香、糟香、酱香、清香、浓香、窖香、蜜香、芝麻香、豉香、药香、陈香、焦香、粮香、多粮香、海子香等，以上为白酒的正常香气。非正常香气常用词汇有杂醇油气、焦煳气味、酸味、糠霉味、窖泥臭、酒稍子味、苦涩味、馊香、泥香、木香、胶香等。一般质量较差的假冒优质白酒往往存在某些负面的香气征兆，兼有香气单调、香气不正或化学异香等。

（1）白酒正常香气

① 醇香。酒经长期贮存老熟而特有的一种醇厚、柔和的香气。

② 曲香。曲香是指具有高中温大曲的成品香气，香气很特殊，是空杯留香的因素之一。

③ 糟香。糟香是固态法发酵白酒的重要特点之一和自然感的体现，是固态法白酒的固有香气之一，带有母糟发酵的香气，一般是母糟经过长期发酵产生的。

④ 酱香。酱香是指具有类似酱食品的香气，酱香型酒香气的组成成分极为复杂，至今未有定论，但普遍认为酱香是由高沸点的酸性物质与低沸点的醇类组成的复合香气，与空杯留香有关。

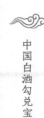

⑤ 清香。指清淡的香气。清香之于白酒指的是酒体清、净、酯香匀称，干净、

利落。优质的清香型白酒清香纯正，主体香乙酸乙酯和乳酸乙酯搭配协调，琥珀酸的含量较高，清字当头，净字到底。

⑥ 浓香。浓香是指以己酸乙酯为主的复合香气。浓香不同于“浮香”，“浮香”是指香味不协调，香大于味的一种香气表现。浓香可以分为窖底浓香和底糟浓香，一个是浓中带老窖泥的香气，譬如窖底香酒；一个是浓中带底糟的香气，香气丰满怡畅。

⑦ 窖香。窖香是指窖底香或老窖香气，比较舒适浓郁，是窖泥中微生物代谢产物所产生的复合香气。

⑧ 蜜香。凤香型白酒多贮存于酒海中，而酒海在制作过程中要在内壁涂上蜂蜡等物，蜂蜡的一些成分会溶于酒中，使白酒产生一种淡雅的蜜香。

⑨ 芝麻香。“芝麻香”通常被认为是芝麻香型白酒的代名词，芝麻香型白酒是以芝麻香为主体，兼有浓、清、酱三种香型之所长，故有“一品三味”之美誉。芝麻香型白酒的风味特色是“酱头芝尾”，入口绵，落口甜，似有甘味，芝麻香型的主体香有待进一步研究。

⑩ 豉香。豉香与在白酒中浸泡大肉有关，按照对豉香型白酒的研究，一般将豉香定义为以乙酸乙酯和$\beta$-苯乙醇为主体的清雅香气，并带有明显的脂肪氧化的陈肉香气，口味绵软、柔和，回味较长。

⑪ 药香。药香型白酒多采用大曲与小曲并用，并在制曲配料中添加了多种中草药，通过串蒸工艺使白酒具有丁酸和丁酸乙酯与药香的复合香气。

⑫ 陈香

a. 窖陈：窖陈一般是指具有较强窖底香的香气，醇厚细腻，是由窖香浓郁的底糟酒或双轮底酒经长期贮存后形成的特殊香气。

b. 老陈：老陈是指经过长期贮存产生的一种特有香气，与乙缩醛含量有关，具有丰满、细腻、幽雅的风格，老陈体一般略带微黄。

c. 酱陈：酱香型白酒大量使用高温曲，并经过长期贮存，产生一些特殊的香气，白酒中的乙缩醛与酱香型特有的香味物质成分呈现出独有的香气，酱陈与酱香是两个不同的概念。

d. 醇陈：总酯含量低的白酒经过长期贮存也会产生陈香，一些清香型酒厂通常将这种香气称作醇陈。

⑬ 焦香。焦香在白酒风味中占有重要地位，似一种焙炒香气，在白酒中广泛存在。有学者将芝麻香型白酒的焦香认作为主体香。产生焦香的成分主要是吡嗪类化合物，是美拉德反应的产物。白酒焦香的产生，与高温大曲及其酸性蛋白酶有关。焦香成分的种类和含量在不同香型之间有着显著的不同，目前已检测出近30种吡嗪类化合物，可定量的约20种，以茅台酒的吡嗪含量为最高。

⑭ 粮香。各种粮食有各自的独特香气，可在白酒中体现为一种复合香气，通常称为粮香。高粱是酿造白酒的最好原料，其他粮食同高粱一起按一定比例进行配料，进行多粮蒸馏发酵可以使香气更加丰富，获得更好的效果。

⑮ 多粮香。五粮液等浓香型白酒，多采用小麦、大米、玉米、高粱、糯米或五种以上粮食生产，其所产白酒与单粮浓香有显著差别，是多种粮食产生的复合香气。有学者认为，多粮香是一种蒸饭的气味；也有人认为，多粮香是一种幽雅的复合香气；还有一些人认为，多粮香是一种似蒸玉米的气味。

⑯ 海子香。在酒海中贮存的白酒会产生一种特殊的香气，称作海子香。在酒海的制作过程中，需用血料、鸡蛋清、菜籽油、蜂蜡等材料，这是产生海子香的主要原因。

（2）白酒非正常香气

① 杂醇油气。是指使人难以忍受的苦涩怪味，即所谓“杂醇油味”。

② 焦煳味。焦煳味与焦煳香有显著差别，焦煳味是一种非正常气味，与酿造、生产、蒸馏等环节都有关系。

③ 酸涩味。酸涩味是一种不协调的味感，在白酒发酵过程中，原料中单宁等物质含量过高、发酵异常或乳酸菌过度发酵、酒稍用量过大等都可造成酸涩味增加。

④ 糠霉味。糠霉味是一种不正常的气味，在白酒生产中工艺粗糙、大量使用辅料或辅料清蒸不彻底、原料发霉、窖池污染等都可造成糠霉味。

⑤ 窖泥臭。窖泥臭与窖香显著不同，是白酒生产工艺控制不严的必然结果，多产生于浓香型白酒，有的小酒厂在白酒勾兑时为了增加窖香，将臭窖泥浸泡在所谓的调味酒中，使白酒产生一种泥臭味。

⑥ 酒稍子味。是指酒尾的味道，在白酒勾兑生产中，酒尾酒使用不当，可造成酒稍味突出。原酒中的酒稍味与装甑和分段摘酒都有关。

⑦ 馊香。馊香是白酒中常见的一种气味，似馊饭味，蒸煮后的粮食放置过久，常会产生一种似2,3-丁二酮和乙缩醛综合气味。

⑧ 苦涩味。白酒中苦、涩味往往同时呈现。其形成原因比较复杂，与原粮、曲子、酵母菌、工艺条件、污染杂菌等多种因素有关。正丙醇和异丁醇等与乳酸等搭配不当会产生严重的苦涩味。

⑨ 胶香。胶香是指酒中带有塑胶味，是一种非正常的气味。在生产或运输过程中，使用非食品级的塑料或橡胶会产生胶香。

（3）描述放香的词汇

无香气：香气淡弱，无法嗅出。

香气不足：香气清淡，未达到应有香气的浓度。

香气清雅：香气浓度恰当，令人愉快又不粗俗。

香气纯正：有正常应有香气，一般指纯净无杂气。

香气不正：与类型风格有较大差异的香气。

香气浓郁：白酒中己酸乙酯含量高的一种描述。

暴香：一种或几种香气过度造成香与味严重脱节，香气粗糙、浓烈。

喷香：香气扑鼻，犹如从酒中喷涌而出，有时与双乙酰含量有关。

入口香：酒液刚入口时感受到的香气。

回香：酒液咽下后才感受到的香气。

协调：酒中各种香气成分搭配合理，比例协调，没有不愉快的刺激感。

丰满：是指香气饱满、协调、浑然一体的感觉。

浮香：香气短促，一哄而散，缺少正常香气的持久性，有人工加工香的感觉。

芳香：香气芬芳悦人。

空杯留香：品评完白酒后的空杯，仍保留有被品评白酒的香气，称作空杯留香。酱香型白酒的显著特点之一是空杯留香持久，一般是24h以内。

基于风味化学的传统勾兑理论，主要是从调香、调味上解决白酒的品质问题，对白酒的香气特征的描述缺乏定量指标，无法准确界定，所谓的香气是一种感官感受，作为一名合格的勾兑员，在工作中要准确把握。就总体感觉而言，溢香、喷香、留香都是白酒香气的常见表现，酯含量高的一些优质白酒往往具有溢香的特点。喷香多被认为是香气欠协调的表现，或香料感。留香是白酒勾兑的梦想之一，好的白酒才会留香持久、回味无穷。

### 5.3.2 白酒的口感

白酒品评中，主要是对白酒的香与味进行品评，先闻香，后品味。白酒的味，即口感，白酒入口后对味觉器官刺激的结果，在描述白酒的口感上一般有绵、甜、净、醇等词汇。如“绵”，主要是指白酒口感中的厚实感。好的白酒品牌一般都不会出现很剐的感觉，而是很迅速地融入到我们的消化系统，成为一团温暖的水，迅速扩散，我们称之为绵。“甜”，主要针对善饮者而言，我们吃饭的时候会有一个感觉，如果我们一顿饭不给你任何菜蔬，仅仅让你吃米饭，不要很长时间，你就可以品尝到米饭实际上还是非常之甜。好的白酒也是这样，如果仅仅是你大口大口喝酒，相信你一定会感觉到白酒也是很甜的感觉。“净”，主要是不粘口感觉。好的白酒品牌一般都会十分爽滑，具有不粘口的特点，因此很多白酒企业往往会在净上下功夫。“香”，特别是浓香型白酒品牌，香型对于白酒品质来说具有很重要的影响。香型一般也作为白酒企业纯度指标很重要的参数。“浓”，酒浓味浓情更浓。酒浓也是很多白酒作为核心卖点的重要指标，浓体现的物质性价值与情感性价值都非常美好，因此，很多白酒导购中会使用这种策略。“爽”，与净比较相近，主要是针对白酒饮用过程中的心理感受进行引导。“厚”，厚味宜人，白酒味道的厚薄对于长期喝酒的消费者来说也是很有吸引力的说辞，终端导购要学会针对目标人群的语言沟通技巧，厚味就是酒尾比较厚重，不会出现上头等情况。“纯”，自从白酒出现粮食酒与勾兑酒之分后，对于酒的粮食纯度也成为判断白酒品质的一个十分重要的指标。酒纯代表了白酒原料来源的正宗与纯正。“醇和”，主要是白酒喝后的入口感觉。醇和代表了白酒均匀度比较好，不会出现低档酒的分层等特征。“正”，主要是描述白酒的口感比较吻合目标人群的心理需求，从而表现出比较正宗、正式的口味等。

白酒中的呈味物质对味觉器官的刺激形成了白酒的味感。这些口感都是由基本味觉混合反应造成的，如甜、酸、咸、苦、辣、涩等。

5.3.2.1　白酒的甜味

形成白酒甜味的物质绝大多数来自于醇类，其甜度随羟基数增加而加强，但甜味都很低，其含量亦微，甘油和甘露醇在白酒中含量较多。白酒中的甜味主要来自多元醇，一般甘露醇比甘油甜，赤藓醇更甜，甘露醇也很甜，但环己六醇甜度极低；由于多元醇沸点高，因此在蒸馏酒中含量很少，但它不仅呈甜味，更重要的还在于起缓冲作用。

白酒的甜味和糖形成的甜味有差别，属甘甜兼有醇厚感和绵柔感，品尝时呈后味“回甜”，在味感中来得比较迟。若酒初入口就感到甜味，或回甜消失时间太长、甜味太强，则为白酒的缺点。

甘油与2,3-丁二醇是白酒勾兑中常用的助甜助香剂，主要起到缓冲作用，能使酒增加绵甜、回味和醇厚感。

5.3.2.2　白酒的酸味

“无酸不成酒”，白酒必须也必然具有一定的酸味，酸味物质与其他香味物质共同组成白酒的固有芳香。酸味是由舌味蕾细胞受到$H^+$的刺激而得到的感觉，口腔黏膜分泌的碱性物质中和了$H^+$，酸味就消失了。因此，凡在溶液中能解离氢离子的酸和酸性盐均有酸味。在饮料中有较多的缓冲物质，虽然游离氢离子浓度不大（但滴定总酸大），饮料在口腔中不断解离出$H^+$，此时酸感就较持久。呈酸物质的酸根也影响酸味强度和酸感，在相同的pH下，有机酸的酸味要比无机酸强烈。

白酒中酸类以脂肪酸为主，通常以乙酸含量最多，其次是己酸、乳酸、丁酸等，有机酸既有香气又是呈味物质，碳原子少的有机酸含量少可助香，如乙酸带有愉快的酸香和酸味；己酸有窑泥香且带辣味；乳酸香气微弱而使酒质醇和浓厚，过多则发涩；丁酸有窖泥气且带微甜，这些有机酸在酒中起调味解暴作用，含量比例适中，就会使人饮后感到清冽爽口、醇香浓郁、酒质厚醇、软绵、尾净余长；若含量过高，则酸味重，刺鼻，不协调。

5.3.2.3　白酒的苦味

白酒的苦味一般表现为麻苦、焦苦、涩苦、甜苦等，会影响酒体质量。苦味物质并非只呈现出一种呈味特性，它可能有着不同的味觉感受。如单宁类物质，给人的感觉是苦、涩味共存；又如甘草，苦味过后是甜味感，稻壳及原料皮壳中的多缩戊糖分解得到的糠醛有严重的焦苦味等。经研究发现苦味物质分子内部有着强疏水部位，据推测，疏水部位和味觉细胞膜之间的疏水性相互作用的强度决定着苦味持续时间的长短。

引起白酒苦味的主要物质有杂醇类、醛类、酚类化合物、硫化物、多肽、氨基酸和无机盐等。其主要来源于原辅料不净、原辅料选择不当或配料不合理以及工艺条件控制不当。

5.3.2.4　白酒中的咸味

咸味只有强弱之分，没有太多细微差别，但呈咸味的物质常常会咸中带苦或带涩。形成咸味的物质为碱金属中性盐类，尤以钠为最强，卤族元素的负离子均呈咸味，尤以 $Cl^-$ 为最强，因此 NaCl 呈最典型、最强的咸味；金属镁、钙的中性盐也有咸味。

白酒中存在的咸味物质有卤族元素离子、有机碱金属盐类、食盐及硫酸、硝酸等，咸味物质能促进味觉的灵敏，使人觉得酒味浓厚，并产生谷氨酸的酯味感觉。但若咸味超标便会影响酒的风味，咸味超标的主要原因是酿造用水处理不达标，水中带入过多的呈咸味物质。

5.3.2.5　白酒中的其他味感

（1）涩味　涩味属物理味觉，是物质通过涩味味质和舌味蕾细胞膜、口腔黏膜蛋白质结合，使之变性，暂时凝固，在舌苔的后部和咽喉好像被拉住，这种不舒服感就是涩味。轻度的涩味（收敛性）是红葡萄酒的特点，明显的涩味是白酒的缺点。

有人认为，涩味不能单独存在，是由不协调的苦、辣味共同组成的，并常常伴有苦味、酸味。白酒中呈涩味的成分有糠醛、酚类、杂醇油、木质素及其分解的酸类化合物——阿魏酸、香草酸、丁香酸、丁香醛等。乳酸过多也呈涩味。形成涩味的原因有：① 单宁和木质素含量较高的原料，未经处理和清蒸，蒸酒时大火大汽，会带入较多的涩味成分。② 曲量、酵母用量过大，环境不卫生，污染较多的杂菌。③ 酒醅乳酸含量过大时，使酒呈涩味。④ 发酵期长，发酵管理差，翻边透气，会使涩味增大。⑤ 酒与钙接触，如酒在用石灰血料涂的酒篓里存放时间过长，容易产生涩味。

白酒的涩味物质主要来自于酚类化合物，其中尤以单宁的涩味最强烈。高粱中含单宁类物质较多，如在蒸馏时蒸汽压太大、蒸馏速度太快，会有过多的单宁味；由于发酵温度过高，酪氨酸经酵母水解脱氢、脱羧形成2,5-二羟基苯乙醇（酪醇），常常是给白酒带来苦涩味的原因之一。

（2）辣味　辣味也属物理味觉，是辣味物质刺激口腔和鼻腔黏膜形成灼热和痛感。白酒中的辣味和食品中的花椒、胡椒、辣椒、芥末类的辛辣味有明显不同，白酒的辣味是由醇类、醛类、酚类化合物引起的“冲辣”刺激感。

白酒中的辣味物质主要有糠醛、乙醛、丙烯醛、杂醇油、硫醇和乙硫醇，造成白酒辣味大的原因有：① 用糠量大，糠清蒸时间不足，其中的多缩糖受热后生成较多的糠醛，具有糠味和燥辣味；② 发酵温度高，操作不卫生，使酒醅污染大量杂菌，特别是异乳酸菌，可产生刺激性极大的丙烯醛；③ 前火猛，发酵期不适当地延长，酵母早衰，生成较多的乙醛，使酒的辣味增强；④ 流酒温度低，影响低沸点辣味物质的逸散，酒的辣味较大；⑤ 未经贮存的新酒，辣味大。在一定温度下，经过一段贮存，低沸点的异味物质排出，乙醇分子与水分子缔合成大分子，酒逐渐变得绵软，辣味减弱。味辣的酒在勾兑中可以用醇甜酒调整。

## 5.4　调香调味

基酒组合成基础酒后，品质得到较大提升，若基础酒已经满足出厂标准，就不需要调香调味了。调香调味是勾兑的一个环节，但并不表明每批酒都需要调香调味。若基础酒不符合产品的质量标准，在香气或口味的某些方面还有不足，就需要通过调香调味加以弥补，使产品更加完美无缺。

基础酒怎么进行调香调味，用什么来调香调味，怎样调香调味才能使产品符合标准，调香调味时应注意什么呢?

### 5.4.1　调香调味的定义及意义

#### 5.4.1.1　调香调味的定义

调香调味是一项针对白酒香气和口味的再加工技术，并不是添加香精香料，而是用极少量的调味酒使基础酒完全符合质量标准。调味酒有很多种类，风格迥异，特点鲜明，勾兑人员在品评完基础酒之后要能很快判定出基础酒的不足或缺陷，有针对性地选用特定的调味酒，采用边加边尝的办法不断地进行尝试，直至达到满意效果，必要时也可采用正交试验法进行优选。通过调味要使产品感官特征满足标准要求。

#### 5.4.1.2 调香调味的意义

对基础酒进行调味是勾兑工作最核心的内容，工作要求高，技术难度大，需要经过长期训练并积累经验，这是区别勾兑人员工作能力的重要指标。调香调味有以下意义：① 画龙点睛，弥补不足。② 修饰香气，提高馥郁度。③ 改善口感，提高品质。④ 彰显个性，突出特点。⑤ 总结规律，提升技能。

### 5.4.2 调香调味的作用

（1）添加作用　白酒中呈香呈味物质的多少决定了香味大小，某种香味物质的含量不足时，就会影响整体的香味表现，只有当某种香味物质达到一定浓度时才能呈现出特有的香、味感。向基础酒中添加特定的调味酒，特别是香气较大的调味酒对整个白酒的香气有明显的改善作用，微量添加就可以明显地改善产品的品质。

（2）平衡作用　典型风格的形成，得益于众多的微量芳香成分相互缓冲、烘托、协调、平衡、融合等。添加调味酒可以改善香气平衡，使香气表现朝特定的方向发展。必须掌握各种香味物质的特性和作用，才能确定调味酒的比例。比例不当，酒体就不协调，就会影响样品的香气。酸、酯、醇、醛比例的协调统一才能保证酒体的胶体稳定性，延长产品寿命。

（3）化学反应　调味酒中所含的微量成分与基础酒中所含的某些微量成分发生化学反应，生成酒中的呈香呈味物质，改善酒质。如调味酒中的乙醛与基础酒中的乙醇进行缩合，可产生乙缩醛。添加酸类物质可以促使水解反应朝酯化方向进行，提高产品的质量。

（4）掩蔽作用　调味酒中所含的部分微量成分可以掩蔽基础酒中的某些不良风味物质，改善酒质。如己酸乙酯、丁酸乙酯可以掩蔽基础酒中的丢糟味。调味酒的添加作用、平衡作用、化学反应和掩蔽作用并不是独立发生的，在调味时要高度重视。

### 5.4.3 调味酒的定义及种类

调味酒是指在香气、味感、指标上有突出特点的酒，特点愈突出，调味酒的作用愈大。调味酒的主要功能之一是使组合的基础酒质量水平和风格特点尽可能得到提高，使基础酒的质量向好的方向变化并稳定下来。

（1）双轮底调味酒　双轮底酒是指经过双轮发酵的酒醅经过蒸馏而摘取的酒。双轮底酒酸、酯含量高，浓香和醇甜突出，糟香味大，有的还具有特殊香味，它能增进基础酒的浓香味和糟香味。

（2）陈酿调味酒　陈酿调味酒是指发酵期达半年以上而蒸馏摘取的酒。这种酒具有良好的糟香味，窖香浓郁，后味余长，尤其具有陈酿味，这种酒酸、酯含量也特别高，它可以提高基础酒的后味和糟味、陈味。

（3）老酒调味酒　在贮存3年以上的优质酒中，最好是双轮底酒中选择那些具有陈香和老酒风味、口感特别醇和浓厚的酒，它可以提高基础酒的风格和陈味，使香味幽雅、醇和。

（4）陈酒调味酒　指的是酒龄在5年以上具有明显陈酒味的酒。陈酒调味酒由于贮存时间长，其乙缩醛含量比较高，色泽可能发黄，是普通消费者非常认可的一种好酒。

（5）酒头调味酒　酒头（即头道酒）富含低沸点化合物，对白酒的香气影响很大，醛、酯、酚类等物质含量高，酸度低，香气大，可以提高前香和喷头的作用。

（6）酒尾调味酒　酒尾调味酒是指富含高沸点化合物的一类酒，其酒度低、酸度高，特别是乳酸含量高，可以延长基础酒的后味，使酒体回味悠长。

（7）酱香调味酒　酱香调味酒是指按酱香型白酒生产工艺生产的酒，多为六轮、七轮次的酒。此类酒含芳香族化合物较多，用其调味能使酒体醇厚丰满，优雅细腻，增加香气上的馥郁度和优雅感，还具有一定的增甜作用。

（8）特制调味酒　特制调味酒是指按特殊工艺制作的特殊酒，其制作工艺比较繁多、复杂，各个企业不尽相同。特制调味酒是各个企业的独门秘籍。

（9）其他调味酒　其他调味酒是指用不同工艺生产或不同方法制作的具有一定特殊功能的酒。

### 5.4.4　调香调味流程

调味时，首先要了解基础酒的质量情况和调味酒的特点，以便选准所要使用的调味酒的类型。调味酒选得准，即使用量不大，也会取得明显的效果。调味是一项十分细致的工作，在调味之前，一定要通过品评深刻了解对勾基础酒的缺陷和不足，然后有针对性地选择调味酒进行调味；也可根据本企业基础酒存在的规律性缺陷，制作特殊调味酒用来调味。

（1）品评基础酒　调味前，首先对基础酒进行理化分析和感官品评，掌握基础酒感官质量情况和微量香味成分的含量及相互间的配比关系，找出基础酒理化和感官质量与出厂酒标准的各项差距，明确需要解决的主要问题。

（2）选用调味酒　根据基础酒的质量，确定选用哪几种调味酒。所选定的调味酒性质应与基础酒相符，并能弥补基础酒的缺陷。调味酒选用是否恰当合理，对调味效果影响极大，选准了，调味酒用量少，效果好；选取不当，效果不明显，甚至越调越差，浪费调味酒。

例如，某浓香型白酒浓香不足，陈香差，略带燥辣。可先用提高浓香的调味酒，由万分之一用量逐渐增加，直至酒的浓香变好为止，然后再解决陈香不足的缺陷，最后解决燥辣的问题。清香型白酒以纯净为基础，因此，清香型基础酒的调味必须在清香较纯正、较爽净的基础上进行，有针对性地解决缺陷问题。

（3）小样调味　目前小样调味方法有以下三种。

① 分别加入各种调味酒。一种一种地选，最后确定各种不同调味酒的用量。首先将选定的调味酒分别编号，并吸入微量注射器中备用，然后取基础酒50mL或100mL，放入试剂瓶或磨口三角瓶中，以1/10000的量逐滴添加调味酒，盖上玻璃塞，摇匀，然后倒入品酒杯中，品评鉴别，逐步进行调味，直至符合质量标准为止。

② 同时加入数种调味酒。有经验的勾酒师可根据基础酒的缺陷和不足，选好调味酒后，一次加入数种不同质量和不同作用的调味酒，将基础酒摇匀后品评鉴定，再决定添加或减少不同数量的调味酒。据此不断变化并品评，直至符合质量标准为止。

③ 综合调味酒加入法。一些高级勾酒师可根据基础酒品评鉴定结果和调味经验，选用数种不同质量、不同特性的调味酒，组合成一种针对性强的综合调味酒，按1/10000的量逐滴加入酒中，不断增加用量，并通过品评找出最适用量。若该调味酒用量增大后仍不能解决基础酒的缺陷，就说明这种综合调味酒不适应基础酒的性质，需要重新考虑调味酒的组成比例和成分，再次调味，直至满意为止。确认小样调味后，就可按试调的比例计算调味酒用量，将调味酒组合在一个较大的容器内摇匀，取样对基础酒再进行一次试调，以确保调味的可靠性，符合要求后就可正式调味。

（4）再现调味　根据小样调味计算各种调味酒的添加量，然后将调味酒加入基础酒中，充分摇匀，取样尝评，若不符合要求，则应继续调味，直到完全符合质量标准为止。调好味的酒应存放10天左右，复尝，若复尝后不如以前，应再次调味，直到质量稳定符合标准。

### 5.4.5　调香调味的原则

（1）能不调就不调原则　是不是我们组合的基础酒都需要调香呢？答案是否定的，有的基础酒，香气就很好，那为什么一定要去调香呢？调香只是针对组合后的基础酒在香气方面欠缺的地方加以弥补，并不是说组合的基础酒都要调香，如果一味调香会适得其反。

（2）突出主体香原则　白酒的香气应与白酒的香型相对应，这样则属于正常的香气。不管怎么调香，酒的风格特征要明显，在给浓香型白酒调香时，要突出己酸乙酯的香气。给凤香型白酒调香，要突出异戊醇的香气。

（3）酸酯同调原则　白酒是种胶体，讲究平衡、协调，白酒系统内部协调了，才会呈现好的香气。值得注意的是，醇、酸、酯、醛组成混合体，存在一定的平衡关系，在勾调时，酯过高、酸偏低时，酒体表现香气过浓，口味暴辣，后味粗糙，饮过量易上头；酸过高、酯偏低时，酒体表现香气沉闷，口味淡薄，杂感丛生。所以在调香过程中，一定要酸酯同调，平衡酸酯比例是酒体协调的基本因素。

（4）香味协调原则　香和味是一对平衡体，香味平衡则胶体稳定；香味不平衡则香味风格失调。香气过大口味寡淡是香大于味的表现；香气过小、口味酸涩是味大于香的表现。所以在调香调味时必须注重香和味的协调。

（5）以酒调酒原则　对纯粮固态白酒生产企业而言，还原白酒真实，彰显差异化魅力，必须坚持以酒调酒的原则，标称纯粮酿造的白酒决不允许添加任何添加剂。用优质的调味酒完全可以调配出品质超群的产品。要坚决反对用香精香料、酒精、色素、甜味剂等勾调白酒。

（6）点到为止原则　调味的关键是找准弥补不足的应对方法，就如老医生看病用最简单的办法去解决貌似复杂的问题，不得过度用药。不能一味地追求香气突出、浓郁，盲目的一味乱加，只会适得其反。

### 5.4.6　调香调味应注意的问题

工欲善其事，必先利其器。在调香调味时所用器具必须干净卫生。

提高品评能力，增强白酒感官鉴评力。

调味酒的用量一般不超过0.3%。如果超过一定用量，基础酒仍未达到质量要求，则应另选调味酒。

计量准确。

做好详尽的记录。

表5-9列出了调香调味的小技巧。

**表5-9　调香调味小技巧**

| 基础酒缺陷 | 改进方法 |
|---|---|
| 缺陈香 | 5年以上的陈年老酒<br>1年以上发酵期或多排双轮底糟等特殊工艺所产的贮藏酒<br>添加酚类、苯环类芳香族化合物和氨基酸高的酒<br>乙缩醛含量高的酒 |
| 香气发闷 | 酒头酒<br>双乙酰含量高的酒 |
| 香气不足 | 酒头 |
| 缺少糟香 | 酒尾<br>多元醇、羟基酮、羟基醛、异戊醇、乙醛、乙缩醛含量高的酒 |
| 缺少酱香 | 酱香型酒<br>含氮化合物高的酒 |
| 香气不正 | 丁酸乙酯和辅以异戊醇含量高的酒 |

续表

| 基础酒缺陷 | 改进方法 |
| --- | --- |
| 新味问题 | 丁酸乙酯、戊酸乙酯含量高的综合老酒 |
| 上层糟气味 | 己酸乙酯、丁酸乙酯含量高的酒 |
| 生味、新酒味 | 总酯、总酸含量高的综合酒 |
| 苦味 | 增加总酯含量 |
| 味短 | 酒尾 |
| 酒体不完整 | 陈酿酒<br>老酒 |

### 5.4.7 不同类型白酒调香调味规律

#### 5.4.7.1 酱香型

优雅细腻是酱香型白酒的显著特点，酱香型原酒按轮次进行贮存，3轮、4轮、5轮酒具有醇甜绵厚的特点，常用来作为骨架酒使用，各轮次用量20% ~ 30%；第一轮酒又叫生渣酒，酱香风格不突出，一般很少用于勾兑，有的厂将第一轮次的酒贮存3 ~ 5年时间以后才在白酒勾兑中使用，第一轮酒使用量约占2% ~ 3%；第二轮酒又叫糙渣酒，香气比较粗糙欠协调，一般用量在10%以内；第六、第七轮出酒率低，酱香风格典型，第六轮酒一般用量在10%以内，第七轮酒一般用量在5% ~ 8%。仙潭酒厂勾兑时，一般1轮酒用1% ~ 5%，2轮酒用5% ~ 10%，3轮酒用20% ~ 28%，4轮酒20% ~ 28%，5轮酒20% ~ 28%，6六轮酒用5% ~ 15%，7轮酒用5% ~ 8%，提高酱香的措施是少用第一、第二轮酒，多用第六、第七轮酒。在3 ~ 5轮次酒中，乳酸乙酯在总酯中所占的比例接近乙酸乙酯；而在1轮次酒中乙酸乙酯占总酯含量的70%左右，乳酸乙酯的含量不及3轮、4轮，5轮次酒，这是1轮次酒和3轮、4轮、5轮次酒不同的一个特点。

一般先调香，再调味，然后再解决陈味、酱香等其他问题。具有窖底香特点的酒一般不先加，用作调香、增香。后味短或辛辣的基础酒，适当添加某些酸味较重的酒，可使酒体变得丰满、味长；第一、第二轮次酒，有保持酒体入口绵醇的作用；第六、第七轮次酒可以增加酒体的细腻感和空杯留香，对酱香香气和风格起到很好的弥补和平衡作用；适量的窖香调味酒可增加酒体的醇甜和放香，入口丰满。陈香调味酒可提高酒体的柔和度并带有幽雅的陈香。酒头调味酒可增加基础酒的前香。1轮次酒香气较大、甜味好，但酒味冲、生、涩、酸味重，且有醋酸异戊酯香味；2轮次酒较1轮次酒香味较好、醇和、味甜、后味带酸，在一些特殊情况下第一、第二轮次可作调香、调味。

5.4.7.2　浓香型白酒

浓香基础酒香气不足时，可选用酒头酒或双轮底酒增加香气。双轮底酒香气正，糟香味大，浓香突出，能增加基础酒的浓香和糟香味，但一般口味较糙辣；酒头中含有大量的香味物质，总酯含量最高，喷香好，多元醇含量也多，可使酒味醇甜。醇厚感不够时，可添加一些多粮酒。

5.4.7.3　清香型白酒

清香型白酒乙酸乙酯占绝对优势，辅以适量的乳酸乙酯，可以彰显清香型白酒的显著特征，丁二酸二乙酯也是清香型白酒酯类组分中较重要的成分，由于它的香气阈值很低，虽然在酒中含量甚少，但它与$\beta$-苯乙醇组分相互影响，赋予清香型白酒香气的特殊风格。酒中的有机酸以乙酸和乳酸为主，占总酸的90%以上，是保证酒体醇甜、绵软、协调的重要物质。此外，清香型白酒中乙缩醛具有爽口的特征，它与正丙醇共同构成清香型白酒爽口带苦的味觉特征。因此，在勾调时，要特别注意醇类物质与乙缩醛的作用特点。在调香时，适量添加乙酸乙酯高的酒，能克服乳酸乙酯的沉闷感，并突出清香风格；适当添加乙酸高的酒能消除乳酸的收敛性和苦涩感，赋予白酒爽口感，过量则有暴辣的刺激感。乙酸和乳酸的量比关系及其两者的绝对含量，对清香型白酒的口感是否绵柔爽口，有一定影响。

## 5.5　调香调味实操

**调味实操培训方案**

培训时间：每日上午

培训地点：勾调室

培训对象：所有勾调员

培训目的：要求识别基础酒的优缺点，正确选择调味酒。此次培训是通过添加不同量的各种调味酒，训练勾调初学者对调味的认识。

（1）培训方案Ⅰ

培训材料：基础酒（凤型3年30mL，凤型2年65mL，凤型5年5mL）100mL，调味酒（酒头、凤型破窖酒、凤型插窖酒、凤型挑窖酒、凤型长酵酒）、烧杯、品酒杯、试剂瓶、量筒、移液枪或微量进样器等。

要求调味酒用量不得高于0.3%。

培训方案如下。

① 品评基础酒。基础酒的感官评语：香气细腻，陈味稍显，风格明显，但香

气不足，发闷，后味较苦涩。

② 调香调味。取20mL基础酒于烧杯内，按所设置的调味酒添加量进行添加，搅拌静置后品评，详细记录每一样品的评语及调味酒添加量（表5-10）。

表5-10　调香调味培训记录表

| 序号 | 调味酒名称 | 添加量 | 评语 | 综合分 |
|---|---|---|---|---|
| 1 | 酒头 | 2μL | 乙酯香明显加强，放香加强，香气浓郁 | 88 |
| 2 | | 4μL | 酯香浓郁，香气稍有上扬，香气柔和 | 90 |
| 3 | | 6μL | 香气变弱，邪杂味稍显，酒体不协调 | 84 |
| 4 | 破窖 | 2μL | 香气加强，稍有杂醇油味 | 80 |
| 5 | | 4μL | 香气复杂，杂醇油味明显 | 73 |
| 6 | 插窖 | 2μL | 有粮香，放香不强，发闷，不愉悦 | 85 |
| 7 | | 4μL | 糟糠味明显 | 83 |
| 8 | 挑窖 | 2μL | 有杂味，酸度较大，香气不协调 | 75 |
| 9 | 酒头插窖 | 4μL+1μL | 香气浓郁，无杂味，风格明显，入口柔顺协调 | 95 |
| 10 | 酒头插窖 | 4μL+2μL | 香气浓郁，稍有糠味，绵柔甜顺 | 93 |

③ 定样。根据品评结果及综合评分确定调味酒的种类及添加量。结论是，20mL基础酒中添加酒头4μL、插窖1μL，酒体风格明显，香气浓郁，绵柔甜顺。

（2）培训方案Ⅱ

培训材料：三种基础酒（风格相同但各有缺陷）各100mL，调味酒（酸酯含量高的调味酒、酸高酒、酒尾）、烧杯、品酒杯、试剂瓶、量筒、移液枪或微量进样器等。

培训方案如下。

① 品评基础酒。对三种基础酒各自进行编号、品评，找出其缺陷，并根据缺陷选取调味酒（表5-11）。

表5-11　基础酒及调味酒预选

| 基础酒编号 | 感官评语 | 预选调味酒 | 调味酒作用 |
|---|---|---|---|
| 1 | 酒体风格明显，入口苦涩 | 酸酯高调味酒 | 消除苦涩味，增加甜味 |
| 2 | 酒体欠协调，不完整 | 老酒 | 增加酒体丰满度 |
| 3 | 风格明显，陈味不足，香气稍闷 | 高乙缩醛酒 | 解闷增爽，增加陈味 |

② 调香调味。取20mL基础酒于烧杯内，将所选择的调味酒添加至基础酒中，搅拌静置后品评，详细记录每一样品的评语及调味酒添加量（表5-12）。

**表5-12 调香调味培训记录表**

| 序号 | 调味酒名称 | 添加量 | 评语 | 综合分 |
|---|---|---|---|---|
| 1 | 酸酯高调味酒 | 2μL | 香气馥郁，入口微苦，不顺畅 | 93 |
| | | 4μL | 香气浓郁，醇甜爽口，回味悠长 | 95 |
| | | 6μL | 香气发闷，入口甜，回味较短 | 92 |
| 2 | 老酒调味酒 | 2μL | 酒体欠谐调，整体性不强，香气较散，后味较苦涩 | 91 |
| | | 4μL | 酒体协调性增强，香气馥郁度加强，后味绵长 | 93 |
| | | 6μL | 酒体整体性较好，香味统一，回味悠长 | 95 |
| 3 | 高乙缩醛调味酒 | 2μL | 酒体放香加强，香气愉悦，稍显陈味，后味爽口 | 94 |
| | | 4μL | 香气怡人，馥郁度高，陈味细腻，后味悠长 | 95 |
| | | 6μL | 香气稍闷，陈味突出，后味稍显酸涩 | 93 |

③ 定样。根据品评结果及综合评分确定调味酒添加量，1号基础酒选择添加酸酯高调味酒0.2mL/L；2号基础酒选择添加老酒调味酒0.3mL/L；3号基础酒选择添加高乙缩醛调味酒0.2mL/L。

# 第六章

# 白酒风格与馥郁度

白酒为多菌种开放式发酵，酿造地域独特的气候环境，决定了复杂的酿造微生物群系，造就了风格迥然的酿造工艺，从而形成了中国白酒风格的差异化特点。一款成熟的白酒在面世之前，必然经过精心的勾调设计，既要保持产品的传统风格，又要凸显产品的个性，进一步在保证白酒风格的基础上，将白酒间的差异化放大，最终形成独有的典型风格。基础酒组合完成后，产品的风格就已经基本确定了，调味就是在此基础上进一步修饰，因此，了解白酒风格特征及形成，是做好勾兑的基础，也是研究白酒馥郁度的前提。

## 6.1 白酒风格

### 6.1.1 定义

白酒的风格即酒的个性和特性，所谓风格是对白酒的感官认识，是指白酒的色、香、味三个方面具有区别于其他酒的独特之处，风格是对白酒整体特性的描述。之所以有不同的风格，从风味化学原理来说，决定性的因子是其中的呈香呈味物质比例关系不同。从大的方面来说，白酒的风格源自于白酒的生产工艺，在生产工艺过程中，原料、制曲、酿酒、贮存、勾兑等诸多环节从不同方面支撑了风格的形成，风格是白酒中所有化学成分的综合体现。

#### 6.1.1.1 风格与香型是一个问题的两个方面

香型是白酒产品的一种分类方法，是为了方便研究和分类而提出的概念。白酒按香型划分的基本条件如下。第一，应该具有独特的香气风格，同时又明显区别于其他香型白酒。香型的概念是相对感性的、模糊的，是一种定性概念，实际上，同一香型的白酒企业所生产出的产品是有较明显区别的，在香型定义中，有一些粗的条条框框来界定香型，如主体香物质的含量顺序、比例等。第二，应该具有特殊的香气组分，这些组分如主体香，代表着这类香型香气的特征，并起着主导的作用。这些特殊组分无论在种类、含量、比例，还是在香气作用上，与其他香型类白酒有着本质的区别。第三，此香型白酒应具有一定的代表性和普遍性。也就是说，属于同一香型的白酒产品，应该有几个或多个类似产品的生产厂家，具有一定生产规模和市场占有量。第四，具有独特的生产工艺，凤香型白酒采用老五甑续糌混蒸混烧工艺，酒海贮存，每年铲一次窖皮泥；清香型白酒采用清蒸二次清工艺。第五，应具有一定的数据支撑，如检测分析报告、工艺技术参数等，还有白酒生产中微生物的研究和白酒中香味物质的研究，为香型确定奠定了良好的基础，白酒中特殊组分的存在和呈香呈味作用，是构成白酒风味特征的物质基础，其种类及量比关系的不同，决定着白酒的香气类型。香型是白酒风格特征的一种展示，是以感官质量为主导，结合相应理化指标对酒产品类型的一种定义。

行业普遍认为，白酒香型就是白酒产品所具备的，并为大家公认的对该类产品的感官质量特征的综合描述，是一种主观认识。就香型的产生过程而言，并不是哪个企业都可以随便独出心裁、随意创造的。它是以独特的酿酒工艺为基础，经过长期的实践、认识、再实践，以自然发酵形成的某些微量香味成分为主体，使产品具有鲜明的特色和独特的风格，为行业和广大的消费者所认可。

既然香型是一种感官认识，行业中在白酒品评训练时，常常将对香型的判断称作典型性训练。也就是说，既然已经有了12大香型，就要以代表香型的企业产品为标杆，进行品评对比和鉴别。如果所提供的样品与标杆企业的标准样品相似度高，就称作典型性突出。所谓相似度是指感官品评的结论、理化指标的含量比例、特征香味物质的表达等。如西凤酒是凤香型白酒，标准感官评语是醇香秀雅、甘润挺爽、诸味协调、尾净悠长。如果参评的样品标称是凤香型，其感官特征就必须与此一致。凤香型白酒是以高级醇和低级酯为主要香味物质成分的白酒，其特征风味物质异戊醇的表达，从一个方面就标示了凤香型的典型特征。

#### 6.1.1.2　风格是对白酒整体感官表现的一种广义描述

相对于典型性，白酒的风格是一种广义的描述。一类白酒能够具有一定的风格，说明这款酒在勾兑时，充分考虑了白酒的典型性问题，注意到了各种香味物质之间的配比关系，只有配比关系得当，白酒才能表达出特定的风格。虽然白酒的典型性是特定的发酵工艺所决定的，但要使白酒具备独特的风格，还需要做大量的工作。“典型性”是天生的，“风格”是可以塑造的。典型性讲的是产品的差异性，而风格讲的是一种感觉；同一香型的白酒，虽然都具有典型性，但风格未必相同。典型性具有一定的量化指标，风格没有统一的标准，或者说，风格无模板。形成产品典型性的因素都是形成风格的因素，但形成风格的因素要多得多。在此，勾兑要解决的问题，是如何在差异化产品的基础上，表达一种愉悦的风格。

### 6.1.2　风格形成的原因

典型性是产品的相貌特征，风格是产品的气质特征。白酒的风格与工艺有着密不可分的联系，中国名优白酒之所以能够在历届白酒品评中连连胜出，与其长期探索形成的独特工艺密不可分。由于受到环境气候、地理特征、原辅材料、地域文化、性格信仰等多方面的影响，不同白酒生产工艺条件差异较大，即便是同一种香型的不同白酒，生产方式也未必是完全相同的。虽没有完全一样的白酒，却都有在工艺传承中精益求精、一丝不苟的工匠精神和锐意进取、不断改进的创新意识。因此，不同香型白酒既传承了酿造的核心，又在长期的探索中不断优化工艺，使产品源于古法，却优于古法。

（1）工艺　西凤酒为凤香型白酒的代表，工艺延续了古法酿造的特点，分为立、破、顶、圆、插、挑六个阶段，每年9月初开始生产，到第2年的6月停产，所有投料都要在第2年6月清理完毕，一个周期历时刚好1年。六个阶段各具特点，其中立窖只蒸粮加曲发酵，不出酒。破窖是第二轮生产期，所谓"破"，是"首开"的意思，指经过1月左右的发酵，开始出酒了。立窖时，窖池内只有三甑酒醅，破窖时，要续上粮食变为四甑了，由于立窖时所用的原料都是新的，入窖酸度较低，故破窖酒乙酸乙酯含量明显高于其他工艺期，己酸乙酯最少。高级醇如正丙醇、异戊醇、正丁醇等含量居高，乙缩醛含量最低，较其他工艺期少，因此闻香和口感有明显新酒臭和典型的杂醇油味，口味欠协调，是凤型白酒的高酸高酯调味酒。顶窖酒的香味物质总量居于第二位，仅次于破窖酒，其中的乳酸乙酯含量高于乙酸乙酯，凤型酒主体香不突出，酒整体发闷。圆窖是凤型白酒正常发酵阶段，圆即圆满之意，要进行若干排生产。圆窖酒酸酯比较其他工艺协调，四大酯含量规律为乙酸乙酯＞乳酸乙酯＞己酸乙酯＞丁酸乙酯，与凤香型"以乙酸乙酯为主，己酸乙酯为辅"的复合香气风格特征相一致，凤型风格最为典型突出，是凤型酒勾兑中常用的骨架酒。插窖阶段主要是经过近1年的生产，窖底和窖壁的窖泥中己酸菌、乳酸菌大量繁殖，造成凤型新产酒中己酸乙酯和乳酸乙酯的含量大大增加，因此必须铲掉老窖泥，敷上新泥，以保持凤香型白酒的特点。插窖不投入粮食，只蒸馏取酒，因此酒体较为干净协调。挑窖是最后一轮生产，不加粮和曲，只加辅料，馏出的挑窖酒酸大，酸酯比最高。在勾兑中，发酵期长、轮次较多的圆窖酒与凤香型"以乙酸乙酯为主，己酸乙酯为辅"的复合香气风格特征相一致，因此在勾兑中用量最多，作为主要骨架酒成分。破窖酒总酸、总酯、杂醇油含量最高，乙酸乙酯含量明显高于其他工艺期，是凤型白酒的高酸高酯调味酒。顶窖酒乳酸乙酯含量高于乙酸乙酯，凤型酒主体香不突出，酒整体发闷，高的乳酯可增加白酒的丰富感。插窖酒酒体干净，可用于调节后味。挑窖酒酸度高，可用以调节酸酯比例。由于不同阶段的凤型白酒之间相互协调补充，选择性地进行勾调，最终形成以乙酸乙酯为主、一定量己酸乙酯和乳酸乙酯为辅的复合香气，具有明显的以异戊醇为代表的苦杏仁味特殊香气。

某酱香型白酒企业经过对传统工艺的长期研究发现，当地产的小粒红高粱淀粉丰富，适合多轮次蒸煮发酵。每年端午后，以小麦为原料开始制高温曲，夏季的高温有利于微生物的生长，加速淀粉、蛋白质分解，形成呋喃、吡嗪类芳香族化合物，同时产生丰富的酶系。酒曲制好后，时间已从初夏转入仲秋重阳节，此时开始"重阳下沙"，选用当地产的整粒高粱为原料，开始高温堆积，对微生物进行预培养，是酱香型工艺的一项关键技术。再经高温多轮次发酵工艺，整个过程中2次投料，8次发酵，7次取酒，正好历经一整年时间。由于酱香型白酒酿酒生产用曲量大，与原料比达1∶1，历来认为曲的香气是酱香的主要来源之一。高温制曲使得细菌种类多、量大，香气成分比较复杂，以4-乙基愈创木酚、丁香酸等物质为主，以多种氨基酸、高沸点醛酮类物质为衬托，其他酸、酯、醛类物质为助香成分，高温长酵，发酵充分，酒质醇甜，酱香细腻，邪杂味较少。存贮时间长，酒体发生缓慢变化，分子间充分作用，香气与口感更协调、舒适。酱香型白酒的工艺特点决定了其酒质酱香突出、优雅细腻、酒体醇厚、后味悠长、空杯留香持久、独特而优美的典型风格。勾兑时应按照不同轮次酒的特点取长补短，相互补充，突出酱香白酒优雅细腻的特性。

清香型白酒在工艺上突出一个“清”字，即“清字当头，一清到底”，工艺采用“清蒸二次清”，所谓“清蒸”，就是酒醅的原料（高粱和辅料）都要单独经清蒸处理后才能加曲入缸发酵，“二次清”是第一次蒸馏后的酒醅不能再配入新料，只加曲进行二次发酵，这是汾酒工艺与混蒸续糙工艺的显著不同，由于整个发酵过程在地缸内进行，不接触泥土，故不受其他微生物代谢影响。清香型白酒生产工艺的关键是“清”和“净”，即，闻香要清，尝味要醇，落口要净。因清香型白酒的主体香是乙酸乙酯和乳酸乙酯，与己酸乙酯几乎绝缘，乙酸乙酯具有花果清香，似苹果香和淡菠萝香，乳酸乙酯具有青草香，香气较干净，勾兑中一般用大糙酒和二糙酒混合使用，大糙酒酯类含量高，二糙酒酸度较大，两者搭配使用调节酸酯比，因不再调入其他类别酒，仅突出乙酯和乳酯的香气，赋予汾酒清香纯净的特点。

（2）环境　一般来说，从一个人的口音上可以分辨出其生活地或出生地，同样白酒感官的差异也源自地域环境的不同，地域特征是产品风格形成的根本因素。不同地域涵盖了气候的差异，温度不同，光照时间不一，空气湿度差异，酿造用水的酸碱度、甘甜度的不同，环境中微生物菌群结构差异，这些因素对白酒风格的形成起到了一定作用。譬如，北方地区模仿川酒工艺，酿出的浓香白酒香气浓郁程度远不及川酒，而茅台酒离开了贵州茅台镇酿，根本无法酿出品质类似的酱香酒。因此，地域环境对白酒风格的形成是至关重要的。

凤香型白酒勾调中凸显醇香秀雅、甘润挺拔的特征，主要缘于西凤酒的地域环境：位于渭北平原之上，属半湿润、半干旱暖温带季风气候，昼夜温差较大，气候较冷、干燥，环境中喜湿、喜高温的细菌类微生物分布较少，而酵母和霉菌种类数量繁多，原酒中高级醇含量高，特别是异戊醇等，赋予了西凤酒苦杏仁的特殊香气，酯类以乙酸乙酯为主，这种高醇低酯的特征香气成分，使得西凤原酒醇香感厚重，质朴而浓烈。在产品勾兑中，既要考虑原酒的风格特征，又应与当地的民俗风情相联系，保留高级醇含量，突出醇厚、挺拔的豪放风格。

浓香型川酒突出酯香，特别是以己酸乙酯作为主体香，同时伴有多种酯类香气，口感上强调绵甜醇厚。四川盆地气候湿润，降水充沛，昼夜温差小，湿度大，为空气中的微生物提供缓流和沉降的生态系统，温湿度适宜的环境利于多种微生物生长繁殖，特别是产酯产香的细菌和酵母菌，同时，选用天然的黏性黄泥筑窖，湿润有黏性，为微生物提供了适宜的栖息场地，适于大量厌氧异氧菌、甲烷菌、己酸菌的生长，有益于浓香白酒中己酸乙酯的生产，形成独特的窖香和醇香。所产原酒酯类丰富，酯含量高，香气浓郁。正是因为这种适宜的气候使得四川名酒胜出，宜宾的五粮液、绵竹的剑南春、泸州的国窖（泸州老窖）、成都的水井坊、射洪的沱牌，皆因特殊的地理环境酿造出特色迥然的浓香白酒。因此，浓香型白酒风格，与地域环境中温和、舒适的巴蜀气候相一致。

酱香型白酒在勾调中，将具有酱香、醇甜和窖底香的酒搭配使用，突出酒体幽雅细腻、空杯留香的特性。茅台酒的细腻，离不开赤水河甘甜的水质，由于茅台镇的地貌结构特殊，页岩、砾岩受海拔高度和岩石风化后形成土母质，具有良好的渗水性。当地面水和地下水流渗过土壤，既溶解了红土层中的多种有益的微量元素，又层层过滤出甘甜清冽的泉水汇入赤水河中，为茅台酒酿造提供了优质水源，也造就了茅台酒的细腻。茅台镇独特的自然环境和气候、复杂的微生物群系是无法被模拟仿制的，茅台原酒中富含多种芳香族化合物，成分复杂，至今未能确定主体香物质，因此在白酒勾兑中也从未有模仿成功的例子，说明勾兑不是万能的，只有好的原酒才能勾兑出好的产品。

（3）配方设计思想　产品定位与消费群体、市场需求、成本价格、产品固有特性等紧密相关。产品的风格反映了消费者对白酒需求的不断改变，一般来说，一个企业的同类产品，其风格是一致的，消费者对白酒的认可取决于产品的品质，如适口性、是否低醉、是否上头、是否绵顺、是否协调、是否回味等；而要让消费者记住他喝过的酒，风格是决定因素。消费者逐渐形成的对某种产品风格的固有认识，是产生再次购买欲的决定性因素，这是由于产品的风格特点嵌合了消费者的“灵魂”。劲酒虽是一种保健酒，在做好功效的前提下，以健康、安全、关切理念为突破口，以数字化提取为噱头，取得了巨大的成功，是产品风格设计的领先者。豉香型白酒玉冰烧，以肥肉浸泡而得名，以大米为原料酿造，酒的度数较低，且带有饭香。这种低度且带有油脂味的白酒，在北方地区并不畅销，这是因为北方气候较冷，加之北方人性格较豪爽，饮酒时更青睐于度高、醇厚、香气浑厚的白酒；而南方，特别是广东、东南亚一带，气候温和湿润，饮食以清淡偏甜为主，因此饮酒中也喜好甜润饱满的味道，因此玉冰烧的脂玉风格恰好适应了南方人的生活环境和饮食习惯。不同民族、不同地域都有自己的饮酒风格，北方人豪爽，饮酒讲究一醉方休，酒度多以偏高度酒为主；南方人精明细腻，饮酒讲究品味、享受，酒度以中度酒为主，在勾兑设计白酒风格时，应根据消费群体和地域体现多样性。

产品的定位决定产品的风格，在产品做配方设计时就要考虑产品的风格问题，是勾兑浓香型产品还是勾兑酱香型产品，是勾兑凤香型产品还是勾兑清香型产品，作为勾兑员必须要做到心里有数，在配方设计时，从基酒组合开始就要朝一个方向去走。近年来，很多白酒企业都在走产品融合的道路，有的企业有多种香型白酒的原酒生产，有的企业，只生产一种香型原酒，靠购买大量其他香型的白酒来进行勾兑，因此，勾兑师面临的问题会越来越多。产品风格是一种类型白酒产品的基本信息，一旦固定下来，就会保持较长一段时间。产品风格可以改进。

（4）勾兑师　同样一盘鱼香肉丝，不同的厨师做出来的味感是大相径庭的。有经验的勾兑师，总能在产品特征中烙上自己的印记。譬如，就白酒的回甜感，勾兑时，可选择的调味办法很多，如“释”法、“加”法、“衬”法、“抗”法等。选用“释”法的勾兑师，会通过整体降低酯香的办法突出之；选用“加”法的勾兑师，会用增加“—OH”的办法来增甜；选用“衬”法的勾兑师，常用提酸以促甜；而选用“抗”法的勾兑师，会选用减低苦味的办法来增甜。没有职业操守的人会用加甜味剂来增甜。

一个好的勾兑师，面对已经用固化的工艺生产出来的原酒，会拿捏出自己的一套办法，这样的勾兑师已经与产品融为了一体。在我国，恐怕只有首席评酒师才有此能力。

### 6.1.3　强化产品风格的原则

（1）天然禀赋原则　禀赋，是与生俱来的，也可以在后期通过努力而提升。白酒的固有风格在酿出新酒的那一刻就基本定格，这是白酒最天然、最真实的特点，决定了白酒的最终风格。白酒的天然禀赋主要是指酒体主体香突出，香气与口感和白酒风格一致，主要风味物质含量在规定范围之内，特征风味物质量比关系能够展现产品的典型性，这些特点与酿造工艺相关，是在酿造过程中自然形成的，故可称为天然禀赋。在勾兑中，若所选的基酒香气浓郁、风格典型，有时无需调味便可达到天然去雕饰的目的。但所选基酒本身香气异杂、风格偏失，即使调酒师技艺超群，也难以把握。因此说，勾兑中白酒的天然禀赋是根本，勾调技术是关键，可锦上添花，亦能遮瑕修疵，只有生产出品质上乘、风格典型的原酒，才能勾调出色香味典型的成品白酒。勾兑师必须明了目标酒的设计思路，熟练掌握库存基酒的特点，根据色谱指标结合感官品评厘定基酒的天然特性，依据天然禀赋原则，适当加以修饰调整，更科学合理地进行勾调。

茅台酒闻香细腻，幽雅，空杯留香持久，在勾兑时所选用的基础酒有7轮次发酵所取的不同阶段酒。1轮次酒因发酵期短，因此酒质粗糙，用量甚微。2轮次的酒用量也较少，主要3 ～ 5轮次酒为勾兑用的主要骨架酒。因为这三个轮次酒的生产量最多，香气更加柔顺、细腻，接近酱香白酒的典型风格，因此勾调中作为主要的骨架酒来使用。6、7轮次的酒因酸高，主要用于调味，用量逐减。因此，要勾调出酱香、醇甜香和窖底香兼有的酱香酒，对每轮次原酒、基础酒因工艺产生的天然特点应当了解掌握。

特型白酒风格是轻闻清香带浓香，细闻焦煳香，清、浓、酱兼而有之，三者又都不靠。这一典型风格与特型白酒的生产工艺有关，采用大米作为原料，采用老五甑混蒸混烧工艺，这种工艺可以将大米的米香、饭香味带到酒体中。大曲原料中以面粉、麦麸、少量酒糟为主，发酵池是用红条石砌成的，窖底和封窖的时候用泥巴。生产中原料为大米，有清亮纯净感，工艺为浓香老五甑混蒸混烧，泥底窖，因此有窖香感，红条石则类似于酱香发酵容器，加之高温制曲，因此有酱香的焦煳香气。这一典型风格特征是特型酒与生俱来的，因此在勾调中应充分保留三种香型兼而有之却又不出头的原则，做到香气融合协调，充分展示酒体原有的风格。

（2）流派分类原则　白酒分为十二大香型是白酒技术进步的表现，但是，随着人们对香型的认识，已经逐步认识到这种分类方法的局限性。“淡化香气、强化口味、突出个性、功能独特”已成为一种行业的共识。有学者提出，白酒应该朝“少香型、多流派、有个性”的方向发展。同一香型白酒之间香气相似，但在个性上还是有差异的。流派和类型之分，主要是依据白酒香气的馥郁度、口感的绵柔度、酒体醇厚度、饮后舒适度等若干方面来区分。

浓香酒中有川派和苏派，虽然香型上均属于浓香型，但川派偏重于香气浓郁，浓中带陈；苏派更偏向于浓纯淡雅。而川派浓香中浓带酱的剑南派、窖香浓郁的泸州派、多粮浓香的宜宾派，风格各有千秋；苏派主要以绵柔型的洋河浓香酒为主。这些塑造酒类香型的先例大家已是耳熟能详，在香气的侧重点还是有区别的。川派浓香主要突出乙酸乙酯为主体的窖香、酯香，酯类物质种类居多，特别是四大乙酯，总酯含量远高于其他白酒，因此放香大，香气浓郁。而苏派浓香酒突出淡雅，香气淡雅、舒适，没有喷香和浓郁的感觉，主体香成分中己酸乙酯含量不及川派浓香。

贵州茅台酒和四川郎酒同为酱香，同在赤水河畔生产，但两者香气大小、细腻度总是有一定差别。茅台偏向幽雅型，郎酒侧重浓厚型。茅台的酱香酒质醇甜，酱香细腻，邪杂味较少，酱香中还有一点淡淡的甜味和鲜味，比较幽雅，香气若隐若现，不经意间闻到，深闻香气却不那么明显。郎酒的酱香比较浓郁、厚重。茅台入口时焦味十分的明显，入口后的酱香比较纯，薄而不淡，因为纯，使得酱香的后面有一丝丝甘爽。郎酒的焦香不是很明确，似乎被酱味淹没了，酱香厚实，郁而不涩，有一点点隐隐的酸，引起厚重的感觉。有人说，如果把茅台、郎酒比作糖水，那么茅台就像白糖水，纯粹的甜，所以甜的发鲜；而郎酒就像红糖水，除了甜，甜的不同。

清香酒中有大曲清香、小曲清香和麸曲清香白酒。大曲清香发酵采用低温大曲，微生物较麸曲和小曲多，地缸发酵，清蒸清烧，固态发酵21 ～ 30天，呈香呈味物质的种类和数量均多于小曲和麸曲清香，酒体的整体感、丰富感、层次感较强，有浑然一体的厚重感，香气纯正，醇甜柔和，无杂味，余味净爽。牛栏山二锅头、红星二锅头均属麸曲清香，采用麸曲酒母（大曲、麸曲结合），于砖窖发酵，清蒸清烧，固态短期发酵，香气远不如大曲清香。小曲清香代表为江津、玉林泉，采用小曲于砖窖或小坛、小罐发酵，清蒸清烧，固态短期发酵，小曲清香为7 ～ 30天，香味物质种类含量偏少，香气单纯、干净。

（3）特征强化原则　强化特征是体现白酒差异化最直接有效的办法。特征，是一种酒的标签，特征风味物质的组成，则是指白酒中的信号物质，感官上能够突出主体香，其呈香呈味物质的种类及量比关系显著区别于其他白酒，能够直接体现白酒风格差异化。勾兑中，在不影响白酒风格的基础上，要将这些特征物质及量比关系的整体效果放大、强化、突出，这是白酒的差异化的前提。

浓香型白酒的己酸乙酯，在含量和香气强度上占有绝对优势，清香型白酒中的乙酸乙酯也具有这种主导作用，乙酸乙酯便成了清香型白酒的主体香成分；凤香型中的高级醇，特别是异戊醇，具有苦杏仁淡雅香气，米香型的乙酸乙酯和$\beta$-苯乙醇；药香白酒的丁酸与丁酸乙酯；特香型白酒的高级脂肪酸乙酯，这些信号物质基本与主体香的表达相一致，在勾调中可以强化风格特征，彰显差异性。但是，对一些工艺“变形”的普通白酒企业的产品而言，其主体香和信号物质另当别论。白酒特征香气并不是单一的、不变的，而是香气复合的表现。不同风格的白酒香气所对应的化合物类别是多样的，而不是某一种化合物所能决定的。特征性化合物在食品风味中起关键性作用，可以是一类化合物，也可以是几类或几种化合物的集合体。例如，泸州大曲酒的戊酸和正戊醇、2,3-丁二醇等以及高沸点芳香物质的含量和比例都高于五粮液酒，它们都较突出地衬托了己酸乙酯的香味，形成泸州派浓香型酒的风格。以己酸乙酯为中心，其他芳香物质的配比发生变化，即使其香型不变，风格也会变化。五粮液酒的丁酸和丁酸乙酯及双乙酰的含量稍高于泸州大曲酒，与入口喷香的独特风格有关系。全兴大曲的乳酸和乳酸乙酯的含量稍高于泸州老窖大曲酒和五粮液酒，与其的入口香、甜、后味绵软的特点可能有关。在酱香型白酒中，虽然醇、酯、酸、羰基化合物有其特定的含量及量比关系，但这些组分在感官上很难与所谓的酱香气味特征相吻合，通过改变这些组分的量比关系，很难再现典型性。白酒中的特征风味物质不一定是一种或一类物质，更重要的是物质间的量比关系，如果配合比例不当，则酒味就会产生异味、怪味或香味寡淡、暴辣、主体香型不突出等问题。因此，勾调中对特征强化原则应灵活运用，对不同风格白酒应区别对待。

（4）市场趋势原则　近年来，行业中香型融合趋势在逐步加强，各种香型白酒的相互借鉴，挣脱了白酒香型的束缚，促进了白酒的市场化发展，这也是健康化、低度化、舒适化、时尚化给企业提出的新要求。中低酒度白酒被普遍看好，淡雅舒适的新风格白酒越来越受到消费者的青睐，其柔和的特点使白酒产品呈现出雅致、简约的特质，在口味上满足了消费者对舒适感的需求，逐渐被市场所钟爱。"低醉酒度"是指酒对人的精神激活的程度，既要满足美好的精神享受，又不至于对健康造成大的影响，进而影响到正常工作、生活。低醉酒要求饮酒过程"醉得慢，醒得快，酒后不干喉、不上头，饮后精神舒适"。对饮酒者来说，既想要喝完酒后的洒脱性情，又想要饮后的轻松感觉，低醉酒符合多数消费者的意愿。白酒中导致酒醉头痛的主要原因是酯类物质比例失调，并非完全是高级醇所致，因此，降低总酯含量，协调好酸酯比、醇酯比就显得格外重要。

陈香、酱香、多粮香、芝麻香是白酒香气变化的一个趋势，芝麻香本身就是一种复合香。陈香、酱香能够带给消费者成就感、品质感。窖藏年份酒因贮存时间长，闻香有陈香、酱香的厚重细腻感，例如贮存3年以上的凤香酒就会嗅到陈香，随着贮存年份增长，会呈现陈中带酱。多粮香能够使酒香变得愉悦、舒适、优雅，通过增加多粮香提高酒质已经是北方多数浓香型白酒厂的共识。芝麻香给白酒可带来一种优雅的融合感，使前香变得丰富，回味变得润滑，能很好地抓住消费者的嗜好。了解市场趋势，辅以勾兑师准确的把控，产品风格一定会发生较大变化。

## 6.2 馥郁度

### 6.2.1 馥郁度的提出

近年来，产品的香气馥郁度已被列入一些较高级别的白酒品评中，有成为白酒的一个考核指标的趋势。关于白酒的馥郁度问题，行业争论不断，至少在名优白酒企业，白酒的馥郁度已然引起了高度重视，馥郁度的核心是香与味的融合，将这个问题解决好，产品才会彰显其馥郁度。馥郁度是高端白酒必须具备的气质，是白酒的香气整体表现，是一个优秀的产品必须有的幽雅气质、独特个性和愉悦口感。

馥郁度是产品具备的包容多种香味成分的复合气质，是产品包容度的体现。在满足自身风格的同时，香气饱满，酒体圆润细腻，风格优雅，整体性更强。馥郁度是超出风格要求的更高要求，是对香味再造的一种考量，重点考量的是在原有差异化的基础上，超越典型性而具备的高雅气质，是对酒体整体性、融合性、协调性的更深层次的追求，也可以说是对酒体内涵和外延的双向追求。

### 6.2.2 馥郁度的形成

白酒中的香味物质大致分为三类，骨架成分、谐调成分、复杂成分，骨架成分含量一般在2 ~ 3mg/100mL，有20种左右，占香味成分总含量的95%以上，有酯类、酸类、醛酮类、醇类。谐调成分不仅是骨架成分，还起到骨架成分无法代替的特殊协调作用，醛是香的协调成分，酸是味的协调成分；在浓香型白酒中，乙酸、乳酸、己酸、丁酸、乙醛、乙缩醛等物质就是协调成分。复杂成分是含量少于2 ~ 3mg/100mL的所有成分，它们含量虽少，但其数量、种类多，来源复杂，对白酒的风格、质量产生重大影响。有人按照气相色谱分析结果，试图用纯酒精和香料还原白酒，结果相似度很不理想。非骨架成分虽然含量甚微，但作用巨大。

有的学者认为，产品的馥郁度是由白酒中的复杂成分决定的，复杂成分多为酚类、杂环、含氮化合物等，种类多、来源丰富，物质结构复杂，对白酒的品质影响较大。复杂成分的不同，显著影响白酒的香气馥郁度。复杂成分中的呋喃类、吡嗪类、酚类等对白酒馥郁度影响较大。有研究表明，白酒的陈香主要是由呋喃类物质经氧化还原或分解形成的，这种物质越多，其陈香越浓郁；也有人认为白酒中的陈香与乙缩醛的含量有关，乙缩醛含量越高，陈香越明显，而乙缩醛的形成一般是在贮存过程中形成的，是一个漫长的过程，与贮存年限正相关。

馥郁度与“复杂性”“融合”“痕量物质”等关键词有关，但并不能说明，单靠增加香味物质复杂性就能达到提高馥郁度的目的。虽然白酒馥郁度的提出已经超越了香型的概念，但是，从香型来说，不同香型的白酒有其自身提高馥郁度的规律，其解决馥郁度问题的措施各不相同。

### 6.2.3 影响馥郁度的因素

影响白酒香气馥郁度的因素主要有三个：一是白酒香气的复杂程度；二是酒体的协调性；三是香味的融合度。

（1）香气的复杂程度　一般而言，白酒香气的复杂程度越高，酒体香气的馥郁度相对越高，同时白酒中的复杂成分也越多。如酱香型白酒，与其他白酒相比，微量成分较多，已检测到的有1000多种，其复杂成分含量也是所有白酒中最高的，但其香气不浓郁也不清淡，馥郁度较好。迄今为止，仍没有找到酱香型白酒的主体香成分，虽有几种香气形成学说，但尚无定论，因此，白酒的馥郁度是与复杂成分有关的，复杂成分种类、含量越多，馥郁度可能越好，复杂成分主要来源于酿造用粮、大曲、酒醅、窖池及陈酿等过程。

（2）酒体协调性　在复杂成分的种类、含量都较多的情况下，还应该使其能够相互融合、平衡，达到一种稳定的状态，这就是酒体的协调性问题，同样的复杂成分，在各项比例都平衡的情况下，无论是风格还是馥郁度都很好，但若有一类复杂成分失调，则整个酒体的风格便会改变。因此，在勾兑时，勾调员常常都会考虑各类成分的协调问题，例如，讲究酸酯醇的比例，才能不失风格。

（3）香味融合度　单个香型白酒的物理化学特性是有一定局限性的，正所谓，栽什么树，结什么果。按照馥郁度要求，这棵树的果子应当吸纳最畅销水果的魅力，这就要求，一个企业的产品，要兼具融合度，吸纳其他酒的优越点。馥郁度是不抛开差异化的借鉴和包容，勾兑师要结合本企业固有产品的特性，找到融合的最佳方案。

### 6.2.4　提高馥郁度的原则

（1）融合原则　白酒香气的馥郁度实际上就是白酒中的骨架成分、谐调成分、复杂成分相互协调、统一的表现。微量成分的变化可以影响酒的整体表达。凤香型白酒醇香突出，具有以乙酸乙酯为主、一定量的己酸乙酯为辅的复合香气。经分析，凤香型白酒微量成分中的$\beta$-大马酮含量非常小，但香气强度大，影响产品的优雅度。以强项弥补弱项，借鉴、引入、融合其他白酒的痕量物质，可以改善产品的馥郁度。

（2）成分复杂原则　馥郁度是由协调的复杂成分形成的，同时也与白酒中微量成分的种类有关，如同为酱香型白酒的郎酒和茅台酒，它们微量成分的种类数量有显著不同，从香气上看，茅台酒的香气更加幽雅细腻，整体性强，馥郁度高；而郎酒的香气浓郁，稍有喷香之感，整体性不同，虽是同一香型，却各有特点。可以说明成分的复杂性及种类的多样性会影响到酒体的香气馥郁度。

（3）保持风格原则　馥郁度一定是在产品风格明显的条件下进行考虑的，若产品偏格，馥郁度再强也不是一款好产品。产品的馥郁度不同于风格，但与风格相关，骨架成分基本决定了产品的风格，而复杂成分与骨架成分的充分融合、协调、平衡后才能表现出馥郁度。

一些企业在保持自身风格的条件下，利用多种香型融合来提高馥郁度，参照的就是兼香型白酒，如酱兼浓的白云边酒，闻香有酱香的幽雅细腻，入口又有浓香的绵柔舒适，整合了酱香与浓香的优点。随着消费者对白酒馥郁度及口味的需求越来越精细化，一些白酒企业都通过选择植入少量其他香型白酒，提高和改善产品的馥郁度，如浓香型白酒中植入酱香或芝麻香，凤香型白酒中植入浓香或酱香等，香型的融合一是要分清主次，二是要学会取舍，三是要科学选择。

（4）画龙点睛原则　产品馥郁度的提高可以通过用不同的基酒调香或调味来实现，如酒头、醇香酒、醇甜酒，甚至酒尾或带杂味的特殊酒，这些酒中的复杂成分较多，在用量极少的情况下便可以改善酒体的馥郁度，起到画龙点睛的作用。有经验的勾调师一般在基酒组合时便会考虑产品馥郁度的问题，组合后产品的馥郁度也是选择基酒的条件之一。馥郁度的提高，不同于普通的调味，而是一种优选考量，植入的优雅香气达到“有”即可，不可过多。

### 6.2.5 提高馥郁度实操

馥郁度的提高相当于对产品进行进一步的加工，与调香调味有异曲同工之效，对于有经验的勾调员来说，在进行调香时已将馥郁度问题考虑其中，而初学者可以通过试验的方法来判别产品的馥郁度，有两种试验方法，一是不指定添加量，逐滴或按次定量添加，边记录边判别；另一种试验方法是设计正交试验，将不同类型的酒按不同量进行组合，静置后，边记录边判别馥郁度。下面将介绍通过正交试验法判别和提高馥郁度。正交试验方案如下。

此次正交试验产品酒度为52%vol，以凤型3年、凤型2年（比例为3 ∶ 7）为基础酒，浓香型、酱香型、芝麻香型作为丰润酒，添加量分别在1% ~ 4%。对丰润酒添加量进行正交试验，通过闻香判别酒体的馥郁度，以确定最佳添加比例。

（1）以骨架酒（凤型3年、凤型2年比例为3 ∶ 7）为基础进行正交试验，正交试验的因素有三个，即三类丰润酒添加量；每个因素有5个水平，即添加量分别为0%、1%、2%、3%、4%。

（2）设计三因素五水平的正交试验表，见表6-1、表6-2。

（3）按正交试验表的试验安排进行试验，并对每一组合样品进行品评打分。

（4）汇总结果，选出最优的三类丰润酒添加量配比。

**表6-1　正交试验因素水平表**

| 因素＼水平 | 1 | 2 | 3 | 4 | 5 |
|---|---|---|---|---|---|
| 浓香添加量 | 0% | 1% | 2% | 3% | 4% |
| 酱香添加量 | 0% | 1% | 2% | 3% | 4% |
| 芝麻香添加量 | 0% | 1% | 2% | 3% | 4% |

注：凤型3年、凤型2年为3 ∶ 7，浓香、酱香、芝麻香为丰润酒。在对样品进行品评时，可将其分组，按5杯或6杯法进行品评，选出每组的优等品，最后再进行最终品评。

**表6-2　正交试验安排表**

| 序号＼添加量/%＼因素 | 浓香 | 酱香 | 芝麻香 | 结果 |
|---|---|---|---|---|
| 1 | 1 | 2 | 0 | 此组中4、5号馥郁度较优，酒体整体性较好，4号陈味明显，酒体幽雅细腻；5号香气浓郁，香气馥郁度较好，愉悦舒适度较强 |
| 2 | 2 | 4 | 0 | |
| 3 | 3 | 2 | 3 | |
| 4 | 2 | 2 | 4 | |
| 5 | 1 | 4 | 1 | |

续表

| 序号 \ 添加量/% \ 因素 | 浓香 | 酱香 | 芝麻香 | 结果 |
|---|---|---|---|---|
| 6 | 3 | 1 | 0 | 此组中10号较优，陈味明显但不刻意，香气浓郁但不喷香，整体性强，香味协调性好。本组其他样品都有香气发闷的现象，这可能与酱香型酒添加量较多的原因有关，过多的酸会压制香气的释放 |
| 7 | 3 | 3 | 1 | |
| 8 | 0 | 3 | 4 | |
| 9 | 1 | 1 | 2 | |
| 10 | 1 | 0 | 4 | |
| 11 | 2 | 0 | 3 | 此组中14、15号较优，陈味明显，香气浓郁，整体性强，馥郁度较高。14号香气较15号香气幽雅，这可能与浓香型白酒的香气有关，而酱香与芝麻香与凤型酒混合后馥郁度都有所加强 |
| 12 | 0 | 2 | 1 | |
| 13 | 4 | 4 | 3 | |
| 14 | 0 | 4 | 2 | |
| 15 | 4 | 1 | 4 | |
| 16 | 0 | 0 | 0 | 此组中选21号，香气舒适愉悦，无压抑感，整体性强，馥郁度高。此组中其他编号的样品香气都较浓郁，且有上扬的感觉，如17、18号，香气有断节的现象，细闻会发现缺点，有杂味，这可能与浓香型白酒的添加量较多有关，浓香型白酒可以提香，似乎也将部分杂味放大了 |
| 17 | 4 | 3 | 0 | |
| 18 | 4 | 0 | 1 | |
| 19 | 3 | 4 | 4 | |
| 20 | 2 | 3 | 2 | |
| 21 | 1 | 3 | 3 | |
| 22 | 4 | 2 | 2 | 此组中23号较优，香气幽雅细腻，陈味舒适愉悦，馥郁度较好。22、24号香气过于浓郁，且稍带杂味，25号香气幽雅，但酸度太大，香气略发闷 |
| 23 | 2 | 1 | 1 | |
| 24 | 3 | 0 | 2 | |
| 25 | 0 | 1 | 3 | |
| 最优组合 | 经对比后，最终能够选择4、5、15号馥郁度较强，酒体风格及整体性较好，在凤香型白酒中加入浓香可以提香，但香气整体性下降；加入酱香，陈味明显，但香气发闷；加入芝麻香，香气幽雅细腻，馥郁度较好 | | | |

## 6.3 十二大香型白酒风格

### 6.3.1 浓香型白酒的风格特征

#### 6.3.1.1 典型风格

浓香型白酒的典型风格是浓郁、绵甜。酯香浓郁是浓香型白酒最典型的特征，浓香型白酒中的酯类物质种类多、含量高，闻香时香气扑鼻、香气丰富。因此，之所以确定为浓香型白酒，其中的“浓”字应当为香气“浓郁”“丰富”之意。绵甜是浓香白酒的另一大特点，是指入口柔顺舒缓，后味回甜。

#### 6.3.1.2　决定风格的特征风味物质组成

酯类是浓香型酒中含量最多的芳香成分，大约占总量的60%。其中己酸乙酯是构成浓香型主体香的主要物质，含量多在180mg/100mL以上，其绝对含量优势使得浓香型白酒具有窖香浓郁、绵甜爽冽的典型风格。除己酸乙酯外，含量较多的酯类还有乙酸乙酯、乳酸乙酯和丁酸乙酯，另外还有戊酸乙酯、乙酸正戊酯、棕榈酸乙酯等高级脂肪酸酯。除绝对含量外，几种主要酯的比例对酒的品质也有很大影响。如己酸乙酯与乳酸乙酯的比例在1 ：（0.6 ~ 0.8），己酸乙酯与乙酸乙酯的比例在1 ：（0.5 ~ 0.6），己酸乙酯与丁酸乙酯的比例不大于1 ：0.1。丰富的酯类物质使得浓香型白酒酯香浓郁，香气丰富悠长。

浓香白酒中羰基化合物占芳香成分的6% ~ 8%。最多的是乙醛和乙缩醛，含量大于10mg/100mL，二者比例在1 ：0.6左右，其次还有双乙酰、3-羟基丁酮、异戊醛。羰基化合物大都阈值低，有特殊气味，较易挥发，在适当的含量下能使酒体丰满而有个性，并能促进酯类香气的挥发。浓香型白酒放香大，正是羰基化合物挥发对酯有携带作用，使得酒体喷香，赋予了浓香白酒香气浓郁、饱满的典型特征。

#### 6.3.1.3　影响风格的工艺要点

浓香型白酒主要产地为四川盆地，空气湿润，雨量充沛，温差小，湿润温暖的气候环境适于喜湿的酵母和细菌生长，因此数量丰富、种类众多的微生物群成为浓香白酒生产的基础条件，也成为产生多香气物质的前提，是浓香白酒的优势所在。

人工老窖是酯高的重要原因。选用特有的黄泥筑窖，湿润有黏性，适于大量厌氧异氧菌、甲烷菌、己酸菌的生长，有益于浓香白酒中己酸乙酯的生产，形成独特的窖香和醇香。因此说浓香型白酒中多种呈香呈味成分与泥窖工艺有关，特别是丰富酯类的生成与人工老泥窖工艺有必然的联系。酒醅入窖后，发酵过程中窖内不断增压，酒醅中的养分和酒曲中的微生物、环境微生物以及其代谢产物得以进入黄水中，也不断地与窖泥接触，窖泥微生物充分利用这些营养物质，使窖泥自身也得到了滋养和新陈代谢。窖泥微生物经过长期的驯化，微生物种类得到不断丰富，慢慢形成了以己酸菌、丁酸菌、甲烷菌等为主的窖泥微生物生态菌群系，其生命代谢活动所产生的复合窖香也越发浓郁，从而构成浓香型白酒窖香浓郁的基础。

酒醅入窖酸度高、淀粉高、发酵周期长是浓香白酒工艺的显著特点。浓香型白酒发酵周期一般为45 ~ 60天，长酵酒可达90天以上。续糟循环跑窖法和原窖发酵相结合。长发酵期能够使酯类物质在发酵后期得到大量的积累；循环跑窖法中酒糟的营养成分和理化条件比较稳定，窖池中微生物种群结构较为稳定，每轮次酒的质量较一致。

### 6.3.2 清香型白酒的风格特征

#### 6.3.2.1 典型风格

纯正爽净，是清香型大曲白酒的最显著特点。清香型白酒香气纯正，闻香要清，尝味要醇，落口要净。主体香是乙酸乙酯和乳酸乙酯，乙酸乙酯具有花果清香，似苹果香和淡菠萝香，乳酸乙酯具有青草香，两大酯赋予清香型白酒清香纯净的特点。由于酒体中其他香味物质的干扰少，因此香气纯正、口感爽净。清香的“清”字，既代表了香气上的干净、纯正，也包含了工艺上清蒸清烧的特点。

#### 6.3.2.2 决定风格的特征风味物质组成

清香型白酒总酯含量要远低于浓香型白酒，但香味组分中酯类仍然占优势。乙酸乙酯是清香型白酒中含量最高的酯，占总酯50%以上，其次是乳酸乙酯，而己酸乙酯与丁酸乙酯的量都非常少，几乎不含有，这是与浓香型酒的最大不同。乙酸乙酯和乳酸乙酯的绝对含量及其量比关系对清香型白酒的风格特征有很大影响，乙酸乙酯含量少会使酒失去清香的风格，乳酸乙酯含量太少又会使酒后味短，两者的比例一般在1：（0.6～0.8）左右。清香型白酒中的有机酸主要是乙酸和乳酸，占总酸的90%以上；羰基化合物中主要为乙醛和乙缩醛，占总量的90%以上。醇类化合物在清香型白酒香味组分中所占的比例较高，特别是高级醇中的异戊醇、正丙醇、异丁醇，没有高级醇，酒体缺少醇厚感，其中正丙醇含量较高，一般在6g/L以上，有人认为这与清香型酒的清爽程度有关。

#### 6.3.2.3 决定风格的工艺要点

“清字当头，一清到底”是清香型白酒的最大特点，包括“清蒸清烧、地缸发酵”。所谓清蒸二次清，关键是突出“清”和“净”二字。生产中，高粱和辅料都要单独经清蒸后才能使用，清蒸可以去掉其中的杂味，保证了香气的纯正。第一次蒸馏后的酒醅不能再配入新料，只加曲进行二次发酵，这是清香型白酒工艺与混蒸续糙工艺的显著不同，保证了大糙和二糙酒不含生粮和辅料的杂味。整个发酵过程在地缸内进行，不接触泥土，入缸前用花椒水清洗，除去杂菌污染，保证了生物稳定性。

### 6.3.3 酱香型白酒的风格特征

#### 6.3.3.1 典型风格

酱香型白酒的典型风格是细腻，酱香的细腻是其他酒较难企及的。酱香白酒香气舒适、丰富、幽雅、持久，酱香味突出，略有焦香但不能出头，味大于香。香气由“前香”和“后香”两部分构成复合香，“前香”是挥发性较大的组分，以酯类为主，对酱香的呈香作用较大；“后香”是挥发性较小的组分，以酸性物质为主，对酱香的呈味作用较大，形成“前酯后酱”独特风格，空杯留香经久不散，有“扣杯隔日香”的说法。

#### 6.3.3.2　决定风格的特征风味物质组成

酱香酒的主体香成分有几种说法，有学者认为是以4-乙基愈创木酚、丁香酸等物质为主，以多种氨基酸、高沸点醛酮类物质为衬托，其他酸、酯、醛类物质为助香成分，构成主体香。也有研究认为茅台酒的酱香是由醇甜和窖底香两部分共同构成。醇甜成分主要包括多元醇，如2,3-丁二醇、丙三醇、环己六醇等；窖底香成分主要包含己酸乙酯、乙酸乙酯、丁酸、己酸、乙酸等。还有酱香型主体香味成分为高沸点酸性物质的说法。接受较多的说法或许是酱香、窖底香、醇甜味构造酱香主体风格。

酱香型白酒总酸含量高，酸的种类多，有近30种。乙酸、乳酸含量是各类酒中最高的。总酯比浓香型酒低，但乳酸乙酯高。酸高及乳酸乙酯含量高使得酒的后味长、酒体丰满。羰基化合物含量是各类型酒中最高的，糠醛含量尤其高，含氮化合物如吡嗪、三甲基吡嗪、四甲基吡嗪等也较其他香型多，这些成分可能与酱香风味有关。

#### 6.3.3.3　影响风格的工艺要点

酱香型白酒生产工艺的特点是“四高两长”，即高温制曲、高温堆积、高温发酵、高温蒸馏、发酵周期长、贮存时间长。

高温曲不仅是酱香型风味的来源，也是嗜热芽孢杆菌的来源之一，可代谢产生醛类、酚类和吡嗪等芳香类化合物。酱香工艺用曲量大，粮曲比基本为1 ∶ 1或1 ∶ 1.2，曲不仅是糖化发酵剂，也是作为酱香物质的前体，分轮次不断添加，随着用曲增大，香气成分随之增大，产酯产酸微生物大量进入，给成香创造了有利条件。酱香白酒香气成分的产生与细菌关系较大。

“高温堆积，多轮次发酵”是大曲酱香型白酒工艺的独特之处。堆积的目的是使曲中的微生物在高温环境下，在酒醅上扩大繁殖，同时网罗空气中的微生物，经过几个轮次的循环，酒醅逐渐形成了浓郁的复合酱香香气。随发酵轮次的增加，堆积温度越来越低，收堆温度反而增高，此时糟醅酸度越来越大，酱香特征风味物质在糟醅中越来越浓。

分轮分型陈贮：酱香型白酒采取分轮次、分类型贮存，即按轮次分为酱香、醇甜、窖香三种原型酒分别贮存。尽管三种酒相互交错，彼此联系，但酿酒师都能熟练掌握原酒分级。通常认为，给酱香酒分类时将窖底香不明显的酒，均列为醇甜；太差的杂味较重者，可能列为次品酒。以醇甜为基础，以酱香为关键，通过分型，有利于掌握成品酒的勾兑和协调，扬长避短。酱香型工艺因发酵轮次多，不同轮次在酒质上有明显的不同。

酱香型白酒贮存时间长，大曲酱香3年以上，麸曲酱香1年半以上，贮存时间不够难以保障酒质。贮存的目的是排杂增香，易挥发性物质释放以后，高沸点成分、不易挥发物质经过缓慢老熟反应，如分子缔合、酯化反应、氧化还原等，使酒体醇和。酱香中高沸点的酸、酯、醇、醛、酚类物质较多。

### 6.3.4 米香型白酒的风格特征

#### 6.3.4.1 典型风格

米香型白酒的典型风格是纯净。米香型亦称蜜香型白酒，以桂林三花、湘山酒为代表。一般以大米为原料，米酿香明显，小曲发酵，酯类物质含量较少，香气怡悦、干净，带有醪糟的酸甜香气。

#### 6.3.4.2 决定风格的特征风味物质组成

香味主体成分是$\beta$-苯乙醇、乙酸乙酯和乳酸乙酯。醇含量高于酯含量，醇总量200mg/100mL，酯总量150mg/100mL。乳酸乙酯含量高于乙酸乙酯，两者比例为（2～3）：1，两酯合计占总酯73%以上。乳酸含量最高，占总酸90%。醛含量最低。

#### 6.3.4.3 决定风格的工艺要点

米香型白酒为液态发酵、液态蒸馏，小曲酒生产。以大米为原料，蒸米后加小曲曲粉糖化，由糖化缸转入发酵缸，加水拌匀，进行醅缸发酵。酿造中主要微生物为霉菌和酵母，工艺简单，发酵周期短，产生的香气物质种类和含量较少，主要突出乙酸乙酯和$\beta$-苯乙醇为主体的清雅米香。

### 6.3.5 凤香型白酒的风格特征

#### 6.3.5.1 典型风格

凤香型白酒的典型风格是甘润挺爽。凤香型白酒闻香有苦杏仁的明显香气，清而不淡，入口挺拔，酒体厚实，醇厚丰满，诸味协调。

#### 6.3.5.2 决定风格的特征风味物质组成

以高级醇和低级酯为主要香味成分，高级醇含量较高，构成了凤香型白酒醇香、味厚的特点。酯类化合物中，乙酸乙酯含量最高，略低于清香型白酒。己酸乙酯的含量直接影响凤香型白酒的整体风味和典型风格，当己酸乙酯含量大于100mg/100mL时，白酒的风格将偏向浓香型；如果己酸乙酯的含量小于40mg/100mL时，其风格将会偏向清香型。总酸和总酯明显低于浓香型白酒，略高于清香型白酒。总酯、总酸含量较低、高级醇含量较高，使凤香型白酒具有醇香突出的特征。

#### 6.3.5.3 影响风格的工艺要点

凤香型白酒采用特殊的“酒海”贮存、老熟，裱糊酒海时，在内壁涂抹的蜂蜡赋予凤香型白酒一种优雅的“蜜香”。生产过程分为立、破、顶、圆、插、挑六个阶段，圆窖阶段是凤香型白酒的正常生产状态。每个阶段的酒质特点因工艺而不同。热拥法是凤香型白酒工艺最显著的特点，入窖温度高，微生物生长代谢活跃，窖池内酒醅顶点温度可升至37 ~ 39℃。勾兑时，圆窖酒常被用作骨架酒，破窖酒等其他酒常被用作丰润酒或调味酒。

### 6.3.6 芝麻香型白酒的风格特征

#### 6.3.6.1 典型风格

幽雅是芝麻香型白酒的显著特点，兼具酱香白酒的幽雅，清香、浓香的醇甜感，闻香似炒芝麻香的香气，入口后焦煳香味突出，细品有类似芝麻香气（近似炒芝麻的香气），后味有轻微的焦香。

#### 6.3.6.2 决定风格的特征风味物质组成

芝麻香型白酒中目前尚未明确主体香成分，但其香味物质的普遍特点是含量介于酱香、浓香和清香之间。这一特点也充分证明了芝麻香型白酒具有似酱香又带清香与浓香独特风格的原因。其主要风味物质含量及特点如下。

吡嗪类、呋喃类化合物低于酱香及兼香白酒，但明显高于浓香和清香型白酒，其中吡嗪类绝对含量在0.11 ~ 0.15mg/100mL，而呋喃类大多具有焦甜味，可与吡嗪类形成独特的焦香气味。

己酸乙酯含量平均值17.4mg/100mL，低于浓香、酱香，高于清香。乙酸乙酯含量略高于浓香与酱香。

$\beta$-苯乙醇、苯甲醇及丙酸乙酯含量低于酱香型白酒，一般认为这三种物质跟酱香浓郁有关，这三种物质含量低是形成其清雅风格之所在。

丁二酸二丁酯平均值为0.4mg/100mL，这值高于浓香也高于酱香，高于白云边酒却低于清香（清香汾酒含量为1.28 ~ 1.41mg/100mL）；二甲基三硫、3-甲硫基丙醇、3-甲硫基丙酸乙酯为芝麻香中特殊的组分。

#### 6.3.6.3 影响风格的工艺要点

芝麻香白酒的工艺要点为清蒸续糙，泥底砖窖，大麸结合，多微共酵，三高一长（高氮配料、高温堆积、高温发酵、长期贮存）。

（1）高温曲、中温曲的混合使用　高温大曲是酱香酒成香的关键因素，同时也是芝麻香酒中的焦香来源，高温制曲培养大量嗜热芽孢杆菌，是产生酱香及芝麻香的微生物来源。

中温曲是形成芝麻香型酒风格的又一关键条件，以小麦、大麦、豌豆为主要原料，采用5 ∶ 4 ∶ 1的比例，制曲工艺又类似汾酒大曲工艺，曲块有较高的糖化力和发酵力。

芝麻香型曲酒工艺的用曲方法是中温曲与高温曲以5 ∶ 3的比例混合使用。用曲量较大，为原料的35% ~ 40%，与其他工艺有所不同，曲不仅是糖化发酵剂，还作为大曲酒酯香物质的前体，分轮次不断增加，产酸微生物大量进入，给成香创造了有利条件，高温曲中含有较多的呋喃、吡嗪及酚类化合物，经中温曲在较高的糖化力和发酵力的作用下，醇化和酯化反应在较高温度下同时进行。随着发酵温度的上升与时间的延长，酒醅中也积累了一定的糖分和蛋白质，经多次反复蒸烧与发酵，促使生成呋喃（主要是醛类）、酚类和吡嗪化合物，这些物质是构成芝麻香型风格的主体香成分。

（2）低温润料、清蒸续糙　发酵设备采用泥底砖窖，工艺上采用了清香型白酒有关的清蒸续糙工艺，而在操作上又融进了浓香型白酒的老五甑工艺，这些是芝麻香型曲酒工艺的独特之处。与酱香白酒的晾堂堆积和清香型白酒的高温润掺工艺的性质、方法、目的完全不同。芝麻香型工艺的原料在糊化前，须加30℃的温水进行润料，以润透淋浆为止。堆积3 ~ 4小时，堆积的目的主要是使原料吸足水分，容易糊化，糊化后的原料进行凉冷加曲，堆积2 ~ 3小时，再按不同的比例配在蒸馏后的母糟里，混糙入窖发酵。这样，酒醅经过多次反复轮次的循环续糙，各种香气反复增长，因此香气上兼有酱香、浓香和清香的风格，但又不突出，形成了芝麻香型白酒的特殊风格。

### 6.3.7 老白干型白酒的风格特征

#### 6.3.7.1 典型风格

老白干型酒的典型风格是清醇。老白干香型是清香型白酒的一个分支，香气成分组成上接近清香型，香气清冽而净，冽是指酒的度数高，口感浓烈，有厚重感。和大曲清香相比高级醇含量较高，醇厚感好，具有醇香清雅、甘冽挺拔、丰满柔顺的典型特征。

#### 6.3.7.2 决定风格的特征风味物质组成

老白干的主体香为乙酸乙酯和乳酸乙酯，与清香型白酒相似，酒中高级醇含量比汾酒稍高，口感较汾酒更加甘洌挺拔。

酯类化合物中，乳酸乙酯和乙酸乙酯（乳：乙≥0.8）为主体的复合香气构成了老白干香气清雅的特征，丁酸乙酯和己酸乙酯含量极少，含量稍多则视为异香、出格。

高级醇含量高于大曲清香酒，尤其是异戊醇含量为47mg/100mL，高于大曲清香酒近1倍。适量高级醇能够衬托酯香，使香气更丰满，是老白干酒中不可缺少的香气和口味成分。

羰基化合物中以乙醛和乙缩醛为主，其含量相对其他香型大曲酒来说是较低的，但合适的含量有助于白酒的放香，同时也不会使白酒过于刺激和辛辣，67%vol老白干“高而不烈”的特点说明了这一点。

#### 6.3.7.3 决定风格的工艺要点

① 中温大曲工艺和地缸或瓷砖窖发酵类似于清香白酒，因此己酸乙酯和丁酸乙酯含量很低，酯类物质中主要突出乙酸乙酯和乳酸乙酯的香气。

② 续（糟）混烧，老五甑生产工艺；混蒸流酒、分段摘酒、分级贮存，类似于凤香白酒的工艺特点，高级醇含量高，比较醇厚，纯小麦制曲，口感干净，爽口，后味长。

③ 发酵期短，出酒率高，贮存期短　发酵期一般在28 ～ 30天，所用的是纯小麦踩制的中温大曲，糖化力较高，一般在1300mg葡萄糖/（克曲·小时）以上，发酵力在80%以上，综合出酒率达50%。最佳贮存期一般为3 ～ 6个月，贮存期短，酒体清洌醇厚，但陈味不足。

### 6.3.8 药香型白酒的风格特征

#### 6.3.8.1 典型风格

药香白酒具有较浓郁的酯类香气，药香突出，带有丁酸以及丁酸乙酯的复合香气，入口有舒适的酸味，醇甜，回味悠长。酒体兼有小曲酒和大曲酒的风格，将大曲酒的浓郁芬芳和小曲酒的醇和绵爽融为一体。曲中配有品类繁多的中草药，具有独特药香，此外，香醅也是香气的主要来源，具有持久的窖底香，回味中略带爽口的微酸味。

#### 6.3.8.2 决定风格的特征风味物质组成

风味物质组成概括为“三高一低二反”。

① 三高。高级醇含量高，总酸含量高，丁酸乙酯含量高。酒体醇厚味长，带有窖香及爽口的酸味。

② 一低。乳酸乙酯含量低，是其他白酒的30% ~ 50%。

③ 二反。一反是一般名酒是酯大于醇，药香白酒则是醇大于酯；二反是一般名酒是酯大于酸，它是酸大于酯，因此入口有舒适的酸味，醇甜，回味悠长。

6.3.8.3 决定风格的工艺要点

① 制曲工艺特点。大曲、小曲同时使用；大曲原料为小麦，加中药40味；小曲原料为大米，加入中药95味；有的中草药有抑制杂菌而能促进有益微生物生长的作用。大、小曲中配有的中草药，带给酒体愉悦的药香。

② 特制窖池。窖池用石灰、白泥、洋桃藤泡汁拌和而成，偏碱性，适于细菌繁殖，因此酒的酸度较高。

③ 串蒸。先采用小曲酒酿制法取得小曲酒，再用该小曲酒串蒸香醅蒸馏而得。或在甑的下层装小曲酒醅，上层装香醅，蒸馏得原酒。串蒸后的酒同时兼有小曲酒和大曲酒的风格，使大曲酒的浓郁芬芳和小曲酒的醇和绵爽的特点融为一体。

### 6.3.9 豉香型白酒的风格特征

6.3.9.1 典型风格

脂玉是豉香型白酒的典型风格。玉冰烧酒是“豉香型白酒”的代表。清亮透明，晶莹悦目，有以乙酸乙酯和$\beta$-苯乙醇为主体的清雅香气，有明显脂肪氧化的陈肉香气，即豉香。口味绵软、柔和，回味较长，落口稍有苦味，但不留口，后味较清爽。

6.3.9.2 决定风格的特征风味物质组成

酸、酯含量低，高级醇含量高，$\beta$-苯乙醇含量为白酒之冠，含量在6 ~ 7mg/100mL，具有米香清甜感。含有高沸点的二元酸酯，如庚二酸二乙酯、壬二酸二乙酯、辛二酸二乙酯，这些成分来源于浸肉工艺。该类酒国家标准中规定，$\beta$-苯乙醇含量≥4mg/100mL，二元酸二乙酯总量≥100mg/100mL。

6.3.9.3 影响风格的工艺要点

以大米为原料，先在大米中加入20%的黄豆和饼曲，圆盘制曲培养8天左右，然后用100%的大米，加入30多种中草药，再加入母曲，制作成$A_4$纸大小的曲饼，用麻绳捆绑后，挂起来培养15天左右，即为成品曲。生产时，大米经过浸泡、蒸饭、冷却，然后加入干大米量20%的曲饼粉和2.2倍干大米量的水，混合入罐液态发酵14天。蒸馏后得酒度为28% ~ 32%vol的斋酒，是我国白酒中酒度最低的。用斋酒浸泡蒸熟后的肥猪肉，大肉要无肉皮、无瘦肉。经肥肉浸泡30 ~ 40天，脱肉贮存60天以上，勾兑后再过滤即为成品酒。经过特殊的浸肉工艺处理后，产生了一些特有成分，主要为二元酸酯，一般要求二元酸二乙酯含量不得低于100mg/100mL，这是构成这类白酒特有的油脂香及米甜香的关键。一般斋酒醪糟味很重，新酒要求无异味、无煳味。成品酒要求斋香不突出，米香、甜香、醇厚感好。

### 6.3.10 特型白酒的风格特征

#### 6.3.10.1 典型风格

融合是特型白酒的典型风格。四特酒是“特型酒”的代表，是以酯类的复合香气为主，酯香中又突出以奇数碳原子乙酯为主体的香气特征，被冠为“特型酒”。主体香是清香带浓香，放香有较明显的似庚酸乙酯香气，并带有轻微的焦烟香。口味柔和、绵甜，稍有糟味。

#### 6.3.10.2 决定风格的特征风味物质组成

① 富含奇数碳脂肪酸乙酯（主要包括丙酸乙酯、戊酸乙酯、庚酸乙酯、壬酸乙酯）总量为白酒之冠。

② 含有多量的正丙醇，含量与丙酸及丙酸乙酯之间有极好的相关性，这与茅台、董酒相似。

③ 高级脂肪酸乙酯总量超过其他白酒近一倍，相应的脂肪酸含量也较高，对特型酒的口味柔和及香气持久起重要作用。

④ 乳酸乙酯含量高，居各种酯类之首，其次是乙酸乙酯，己酸乙酯居第三。

#### 6.3.10.3 影响风格的工艺要点

大米为原料，整粒直接与出窖的酒醅混合，采用老五甑混蒸混烧工艺。这种方法可以将大米中原有的米香味带到酒体中，丰富了四特酒的香味成分。

大曲原料配比独特，其制曲原料是35% ~ 40%的面粉，40% ~ 50%的麦麸和15% ~ 20%的酒糟。这种配料可以加强原料的粉碎细度，而且调整了碳氮比和增加了含氮成分。生麸皮自身带有的淀粉酶，提高大曲的液化糖化力。添加一定的酒糟，不但可以改善大曲的疏松度，增加透气性，同时改善了大曲的酸碱度，抑制有害杂菌的生长，且其中残余的大量死菌体能够有助于微生物的成长。

独一无二的发酵窖池。四特酒选用的发酵池是用红条石砌成，水泥勾缝，仅仅在窖池的底部和封窖的时候才会用泥巴。红条石质地疏松，孔隙较多，吸水性则比较强。这种非泥制成的窖壁，为酿酒微生物提供了非常好的环境。

### 6.3.11 兼香型白酒的风格特征

#### 6.3.11.1 典型风格

兼容是兼香型白酒的典型风格。以湖北白云边、安徽口子窖等为代表。香气介于两种香型之间是“兼香型”白酒典型的香气复合特点。口子窖酒是浓中带酱，工艺较独特，白云边酒属于酱中兼有浓香。

6.3.11.2　白云边特征风味物质组成

① 庚酸含量高，平均在20mg/100mL左右，为酱香的11.8倍，浓香的7.1倍。

② 庚酸乙酯含量高，多数样品在20mg/100mL左右，是浓香型酒的3倍，比酱香型酒也高出许多。

③ 含有较高的乙酸异戊酯和乙酸-2-甲基丁酯。这两个酯是异醇和活性戊醇相对应的酯。高出酱香型3～4倍，略高于清香型酒。

④ 2-辛酮含量虽仅为0.1mg/100mL，但比酱香型酒多4倍，比其他酒高出一个数量级。

⑤ 丁酸、异丁酯含量较高。

6.3.11.3　决定风格的工艺要点

以高温大曲和中温大曲为主要糖化发酵剂，高温大曲80%，低温大曲20%，高温大曲生产酱香，中温大曲生产浓香。

采用高温闷料、高比例用曲、高温堆积、三次投料、九轮发酵的工艺（1～7轮为酱香工艺，8～9轮为混蒸混烧浓香工艺），基本是酱香型酒工艺。高温堆积是白云边酒的关键操作，严格控制堆温，要求升温平稳，上、中、下温度要相衔接。特别是前三轮堆积温度高一些，时间长一些，产的酒酱香突出。

采用水泥池、泥窖并用，窖池四周是水泥池，底部为泥窖，因此泥底窖带有浓香工艺的特点。

## 6.3.12　馥郁香白酒的风格特征

6.3.12.1　典型风格

“混合香”是馥郁香白酒的典型风格，以湖南的湘泉酒为代表。

6.3.12.2　决定风格的特征风味物质组成

对香味组分的研究发现，馥郁香型白酒具备了清香、浓香和米香型白酒香味组分的某些特点，同时也有它自身的一些特殊组分构成。酒中酯类化合物组分以乙酸乙酯、已酸乙酯和乳酸乙酯含量最多，三者的比例关系为乙酸乙酯：已酸乙酯：乳酸乙酯＝0.96 ：1 ：0.86，量比关系区别于浓香型、清香型和米香型白酒。从酯类组分的绝对含量及香气阈值上看，酒中已酸乙酯的香气起了较重要的作用，这一点与浓香型白酒类似。醇类组分的含量及量比关系有类似米香型和清香型白酒相应组分的某些特点，其中异戊醇：正丙醇：正丁醇：异丁醇为1 ：0.87 ：0.56 ：0.44，这个比例高于浓香型与清香型大曲白酒相应组分的比例，而低于米香型和小曲清香型白酒相应组分的比例。在总酸和总酯含量上，湘泉酒类似浓香型，高于清香型与米香型。馥郁香酒集浓香、清香、米香型白酒香气和口味上的某些特点于一身，协调一致，构成了馥郁香独特的“混合香”风味特征。

6.3.12.3　影响风格的工艺要点

（1）立体制曲　大曲生产采用立体制曲工艺，即地面与架子相结合的方式，由于培养方式的不同，促使大曲中微生物生长环境不同，从而大曲中的微生物种类与量比及曲香成分都有差别，这也是形成馥郁香型酒独特风格的原因之一。

（2）五粮糖化工艺　多种粮食加在一起，就形成了一个营养成分十分丰富的培养基质，该工艺也是形成馥郁香型白酒中清香香气的主要工艺，并由于采用堆积发酵，有可能产生形成酱香香气的前体物质。

（3）大曲续糟泥池发酵工艺　采用根霉曲单独对粮食进行糖化，再将糖化好的粮食进行配糟加大曲入泥池续糟发酵的独特工艺，提供了发酵微生物菌种，还有很多酶类和曲香成分，也可能有形成酱香香气的前体物质存在；续糟发酵是对原料、香味成分、有机酸等的传承利用；泥池发酵是充分利用窖泥微生物所产生的特殊有机酸对酒体的作用，这也是馥郁香型白酒香气形成的主要工艺。馥郁香型白酒生产中由于糖化料的加入，使参与窖内发酵的微生物种类、数量、活性等都发生了显著的变化，与浓香型白酒窖内发酵有很大的区别，这是形成馥郁香型白酒香味成分及量比独特的主要原因。

（4）清蒸清烧工艺　在馥郁香型白酒生产中，蒸粮与取酒是完全分开进行的。酿酒所使用的粮食事先都要经过统一清洗，以去除表面杂质和污染物，再进行清蒸，通过清蒸可以排除杂味。发酵完成的糟醅，也只加入适量的熟糠壳拌和均匀，即上甑蒸馏取酒。当班开窖，当班蒸完，不会造成糟醅的二次污染。此工艺带有小曲清香型白酒和米香型白酒的风格特点，保证了酒体中的香气成分全部来源于发酵过程，因此香气自然，酒体纯净。

（5）双轮底发酵工艺　双轮底发酵是馥郁香型白酒生产调味酒的主要措施之一。其生产方式比较独特，首先它是用已经取过酒的正糟（粮糟）不投粮，只加上适量的大曲进行拌和后作为双轮底糟源。其次采用“移位发酵”法，即每个窖始终有2甑底糟，每次开窖只取上面的一甑使用，新入的底糟又始终放在最下面，第一轮次在下面的糟醅到下一轮又移到上面，如此循环。这种做法的优点：一是用2甑底糟可以减少正糟（粮糟）与黄水的接触，有效控制其酸度；二是使用取过酒且不投料的糟醅，虽然自身发酵产酒不多，但经过两轮下渗黄水的浸淋，大量吸附了黄水中的乙醇和有机酸等有益香味成分，提高了对代谢产物的利用率；三是所采用的“移位发酵”方式保证了生产用底糟的水分不至于太高，利于上甑和蒸馏，且减少了底糟与窖底泥接触的时间，烤出的酒不会出现泥味。

# 第七章

# 品评

## 7.1 白酒的品评

### 7.1.1 白酒品评的概念

白酒的品评又称尝评或鉴评，是利用人的感觉器官（视觉、嗅觉和味觉）来鉴别白酒质量优劣的一门检测技术。它既是判断酒质优劣的主要依据，又是决定勾兑调味成败的关键，具有快速而又较准确的特点。到目前为止，还没有被任何分析仪器所替代，是国内外用以鉴别白酒内在质量的重要手段。

### 7.1.2 白酒勾兑离不开品评

白酒的勾兑离不开品评。各类勾兑酒样质量的优劣，主要通过理化检验和感官品评这两个办法来判断。感官品评也叫品尝，主要是通过人的感官如眼、鼻、舌、口腔来评定白酒色、香、味和酒体质量的一种方法。白酒属于食品，任何精密仪器都代替不了人味觉和嗅觉的判断，而且人的感觉也无法用理化指标来准确地表示出来，所以在白酒质量评定上有品评这个内容。评酒可以选出勾兑优选酒样，使白酒质量不断提高，推动全行业的技术进步。

具体来说，白酒的品评有如下意义。

（1）品评是辅助勾兑和检验勾兑效果的既快速又灵敏的手段。勾兑工作有三个步骤：同类型基酒组合；本品种基酒组合、调整酒度；微量成分调整、基本定型及再调整、定型。同类型基酒组合就是将不同质量和不同贮存期的同一生产工艺的基酒按一定比例组合品评，品酒员应掌握本类型基酒在贮存过程中的感官变化及组合后的质量要求，包括感官质量和理化指标，组合后经过品评和检测理化指标来确定是否符合质量要求；本品种基酒组合、调整酒度，是指一个品种需要一个同类型基酒或多个同类型基酒按一定比例组合，这是产品开发时按本品的感官要求决定的，本品种基酒组合后调整酒度到本品标准酒度，然后进行品评，本次品评是关键性的，需要与本品的标准酒样对比，看是否符合了本品标准。如果品评结论为符合本品要求，则勾兑成功，否则进入下一步；微量成分调整时，品酒员应熟悉掌握本公司调香、调味酒的感官特点，然后进行调香、调味，最终达到本品质量要求。

（2）品评是各酒厂验收产品、确定质量优劣、把好质量关的重要环节之一。一个酒厂对本厂的出厂酒，要严格通过品评把关。每个酒厂都必须成立相应的评酒组织，并建立标准实物（标准酒样），定期进行对照、品评，把好质量关。

（3）品评新酒能够随时监测酿酒过程。例如新酒中出现了异杂味，说明工艺出现问题，可以和酿酒车间攻关找出问题，从而解决问题；在分段摘酒时，通过品评中段酒，可以判定酿酒工摘酒是否正确等。品评为进一步改进工艺和提高产品质量提供依据。

（4）品评能够判断白酒的老熟程度。白酒在贮存过程中会发生一系列物理和化学变化，因基酒质量、贮存条件、贮存容器的不同，白酒的成熟期不同，老熟程度也有所不同，通过对贮存中的白酒进行品评，可以判断哪些酒已经老熟可以使用了，哪些酒还要再贮存老熟，这样就可以将老熟的基酒及时使用，既保证产品质量又缓解库存压力。

（5）品评可以及时确定酒的级别，便于量质摘酒，分级入库贮存，也可随时掌握贮存过程中的变化情况和成熟规律。

（6）品评是生产管理部门检查监督产品质量的有效手段。通过对同行业同类产品的品评对比，可以及时了解各企业的产品质量水平和差异，作为选拔名、优质产品的重要依据。

（7）利用品评鉴别假冒伪劣商品。

### 7.1.3　白酒品评的特点

（1）快速　品酒的过程短则几分钟，长则半个小时即可完成。

（2）准确　即灵敏度较高，对某种成分来说，人的嗅觉甚至比气相色谱仪的灵敏度还高。

（3）便捷　白酒的品评只需品酒杯、品酒桌、品酒室等简单的工作条件，就能完成对几个、几十个、上百个样品的质量鉴定。

（4）实用　品评对勾兑效果的检验、新酒的分级、出厂产品的把关、新产品的研发、市场消费者喜爱品种的把握都有重要作用。

### 7.1.4　品酒员应具备的条件

品评是影响酿酒水平的关键技术之一。掌握品评技术的品酒师对酿酒工艺技术的改进、产品质量的控制、新产品的开发起着重要作用。新中国成立以后，通过组织历届国家评酒活动，中国酿酒行业逐步形成了一整套品酒人员的培训、考核办法。各名优酿酒企业参照国家级品酒师的考核办法逐步建立起企业内部的专职品酒队伍。白酒品评是鉴别白酒质量的一门技术，它不需经过样品处理，直接通过观色、品味、闻香来确定其质量与风格的优劣。品评既是一门技术，又是一门艺术，所以要求品酒员在文化上、经验上都需要具备一定的水平。要成为一名合格的品酒师需具备以下特质。

（1）身体素质好　一个能够专注于品酒的人，一定是豁达、开朗，身体素质好的人；一定是没有影响嗅觉和味觉疾患的人；一定是不惧怕酒精，而且敢于和善于饮酒的人；一定是具有能够较快代谢酒精的身体体质的人。

品酒师很少把酒喝下去，而是在嘴里品出感觉后就把酒吐掉。一个合格的品酒师绝不能嗜酒成瘾，否则会损坏味觉，影响评酒的准确性。对于品酒师而言，为了保持鉴赏能力，从饮食到日常生活的其他各个方面，都有严格的戒律。

（2）热爱品酒　每一位品酒员要掌握单体香的特征、不同类型白酒的典型性特征、掌握香味化学物质的呈现特征及各种不同香型白酒的发酵特点，如果没有专业知识积淀，很难胜任工作，也很难适应不断变化的产品需求。只有热爱这项工作，才能不断地学习、历练、提高，才能保持对品酒活动的浓厚兴趣。热爱品酒的人，会主动地、自发地、有激情地学习、接受新知识，还会不断钻研专业知识，这是成为一名合格的品酒员的必要条件。按理说，一个真正的品酒师，对酒一定有着浓厚的兴趣，但这又和“酒鬼”有着天壤之别，毕竟，“闻香识酒”是品酒师的必备技巧，亦是一种成就。在每一次品酒时，既要做好笔记，还要加深“记忆”，如果没有对不同产品特征的记忆和再现，也就分辨不出酒的好坏，而要加深记忆，最主要的一点就是要谙熟工艺，对该香型白酒的特性有一个全面的了解，譬如对于凤香型白酒，作为一名品酒师，必须熟练掌握凤香型白酒的生产工艺，了解传统凤香型白酒的工艺、新凤香型白酒工艺和绵柔凤香型白酒工艺，掌握其中的不同，如大曲品种的不同、发酵期的不同、蒸馏工艺的不同、贮存容器的不同，是酒海贮存，还是瓷缸贮存，还是不锈钢罐贮存？必须能够判断出破窖酒、顶窖酒、圆窖酒、插窖酒、挑窖酒的不同特点，还要能够判断出不同年份白酒的不同特点。除此之外，作为企业的品酒员，必须关注数十年来白酒生产工艺的微妙变化，掌握数年前所产白酒到现今生产白酒酒体的动态变化和各自特点。

（3）有主见　自信，对于一个品酒师来讲是非常重要的。一个品酒师是否自信，除了个人性格因素外，最主要的是看品酒师的品酒基本功是否扎实，如果平时训练不扎实，品评能力有限，品酒时肯定不自信，出错概率就会大大增加。

扎实的理论基础和专业知识是有主见的前提。一个在酿酒行业摸爬滚打十几年的行业高手，一定对自家的产品有深刻的认识，能够洞察行业产品的微妙变化，对不同类型的白酒有独到的见解，能够对本企业产品建立良好的理论体系，深知自家产品与其他类产品的嵌合点，明白自家产品的优越之处和不足之处，并能够通过产品品质的变化，找出生产工艺中存在的问题，找出解决问题的方法，如果不能做到这些，就不是一名合格的品酒师。

（4）责任心　品酒员一定要有责任心，没有责任心的人担当不了品酒工作，责任心决定了一个品酒师能否认真踏实地从事品酒工作。品酒工作是枯燥的、重复的，有责任心的人，会将自家产品视为珍宝，潜心研究，乐在其中，没有责任心的人，会把品酒作为一种应付，这样的人不会发现产品微妙的质量变化，缺乏品酒师应当具备的敏锐洞察力，所以说责任心是品酒师的基本特质。

（5）持久力　品酒师的持久力既是指品酒师要具备酒精耐久力，又是指平时的训练要有持久力，还是指品酒师要有孜孜不倦、持之以恒的学习精神。

作为一名品酒师，要从生活习惯中养成“逢喝必品”的习惯，只要参加聚会，就把这次聚会作为“品评”的最好机会，端起酒杯，观其色、闻其香、品其味、悟其格，找到对所品酒的整体感官认识，并举一反三，回忆该产品生产时的历史事件、历史背景和工艺配方的调整情况，时时映照工艺、感悟质量、提升认识，通过品悟，充实自己，提高发现问题和解决问题的能力。

“酒无止境”，消费者需求是不断变化的，企业为了打开市场，对品质的要求也是不断变化和调整的，所以，任何一款产品都会出现品质的起伏变化，都会朝着消费潮流变化。近年来，传统浓香型白酒厂家在白酒勾兑时加入酱香型白酒，传统单粮型浓香型酒厂家在产品勾兑时加入多粮浓香调味酒，一些清香型白酒、浓香型白酒在勾兑时加入芝麻香型白酒，这在行业内已经不是秘密，但各个企业都不会公开承认，所以，在持续训练中，品酒师要细心判断，认真研判。

提高持久力，还要不断地学习专业知识，熟悉大曲、小曲、麸曲等制备生产方法和判定方法，熟悉酿酒工艺特点、生产装置如窖池结构、操作特性、贮存容器、贮存期等，这些专业知识在教科书中都可以找到。作为一名品酒师，最重要的是要掌握和学习书本上找不到的专业知识，如不同香型白酒的感官独特性、独特贮存容器的结构、品评白酒的一些感受等，这些东西书本上很少，但在实际工作中却很重要，只有通过不断地学习总结才能了然于胸。

## 7.2 品评程序

### 7.2.1 白酒品评前的准备工作

（1）酒样分类　对参评的酒样进行分类，按同香型、同工艺归为一类。如大曲酒与麸曲酒之分，粮食原料与代用原料之分，酒的香型之分等。

（2）品评数量　每组酒样不超过5个，每日最多评4组，每组评完后要休息半个小时左右。

（3）酒样数量　工作人员对酒样与酒杯编号时，酒样号与酒杯号一致。每杯酒样注杯的3/5量，每杯注入数量相同。

（4）酒样温度　酒样温度直接影响人嗅觉和味觉的感知，白酒一般在15～25℃时品评为宜。

### 7.2.2 白酒品评的顺序

（1）酒样顺序

① 香气由淡到浓。品酒的顺序应依照香气的排列次序，先从香气淡的开始，例如先喝酱香再喝清香一定会影响个人对于清香的品鉴。

② 颜色从浅到深。一般颜色较深的酒，要么是年份较长，要么质量较好，所以在尝评的时候按颜色深浅先排一个次序，这不仅有利于质量排序，也减少了品评难度，先尝酒龄短的或质量较次的，后尝酒龄长的或是品质好的，在味觉上就会产生一个梯度感，觉得酒越来越好，就会把好的酒评出来，否则先尝了好的酒，这种味觉还没消失的时候，再尝一杯酒就会影响味觉判断，质量的层次感不明显，会掩盖次酒的品质。

③ 酒度由低到高。一般安排酒的质量差品评，尤其是企业在选取配方的时候，上酒次序是由低度酒开始，逐轮增加酒的度数，这样才不会影响评酒的准确度。如果先上一轮高度酒，再上低度酒的话，味觉会麻木，从而影响本轮次评酒的准确性。

④ 注重初评结果。仔细记录初评结果，初评往往是最准确的。如果在评酒过程中，经过几轮的嗅尝后比较难下结论的时候，一般应以初评结果为准，因为第一印象往往比较准确，它是在未受任何干扰的情况下得出的结论，所以品评时一定要做好记录。

⑤ 注重香与味结合。品评要注重香与味的结合，虽然评酒七分靠闻，但有时香气很好、很艳丽的酒并不一定就是好酒，这种香气是因为调香所致，是一种“浮香”。当你去品味的时候就会发现口味并不怎么样，香与味是脱节的，是很不协调的，这就不能算好酒，只有香与味协调一致，酒体丰满醇厚的酒才是好酒。

（2）品评顺序　应先由前至后，再由后至前，防止评前面酒样对后面酒样有不良影响，也就是顺序效应。如依次品评1号、2号、3号酒样，此时极易产生偏爱1号酒样的心理现象，这称为正顺序效应；而有时也会产生相反的心理效应，偏爱3号或后面的酒样，这称为反顺序效应。

也要防止后效应，即在品评前一种酒样时，常会影响后一酒样品评的正确性。所以要由前至后，再由后至前，如此反复几次，才能得出正确结论。

### 7.2.3 白酒的品评方法与步骤

#### 7.2.3.1 品评的方法

（1）明评与暗评　明评又分为明酒明评和暗酒明评。明酒明评是公开酒名，评酒员之间明评明议，最后统一意见，打分并写出评语。暗酒明评是不公开酒名，酒样由专人倒入编号的酒杯中，由评酒员集体评议，最后统一打分，写出评语，并排出名次顺序。在酒样多和评酒人员多时，为了更准确地品评，最好先对不同类型的酒进行明评，使意见统一或接近，以免打分相差悬殊。但不论明评或暗评，重要的是写出评语，为改进和提高酒质提供依据。

暗评是对酒样密码编号，从倒酒、评酒一直到统计分数、写综合评语、排出顺序的全过程，分段保密，最后揭晓评酒结果。暗评不受品牌和价格的影响，能够对白酒进行更客观的评价。

（2）其他方法

① 一杯品评法。先拿一杯酒样1#，品后取走，再拿一杯酒样2#，续评，要求判定1#、2#酒样是否相同，主要训练和考核评酒员的记忆力（再现性）的灵敏度。

② 二杯品评法。一次两杯酒样，一杯是标准酒，另一杯是酒样，评出两者是否有差异（如无差异、有差异、差异小、差异大等）及各自的优缺点，也可能两者为同一酒样。

③ 三杯品评法。一次三杯酒样，其中两杯是相同的，要求品出哪两杯相同，不同的有何差异，以及差异程度的大小如何，可提高评酒人员的辨别能力。

④ 顺位品评法。将几种酒样（一般为五杯左右）分别编号，然后要求评酒员按酒度的高低或酒质的优劣，顺序排位，分出名次。

⑤ 记分品评法。按酒样的色、香、味、格的差异打分，写出评语。目前多采用100分为满分，其中色10分，香25分，味50分，格15分。

#### 7.2.3.2 白酒品评方法的改革与创新

（1）老方法的分析总结　分项百分。五杯品评法是在1979年全国第三届白酒评酒会上确立的。所谓分项就是把感官指标分成色、香、味、风格四项。所谓百分制就是得分制，样品最高得分为100分。通过白酒品评专家多年来的总结分析，老方法存在以下不足之处：① 评比分数拉不开档次；② 书写评语作用不大；③ 统计速度慢；④ 保密程序差；⑤ 评比结果对企业改进工作指导作用不大；⑥ 历史延续性差。

（2）新方法的改革、创新

① LCX-白酒品评方法。LCX-白酒品评方法，也称为分项扣分五杯品评法。所谓分项就是把感官指标分为六大母项、十八个子项，扣分就是质量指标降幂排列，每个子项中可以从0分扣至3分。另外增加四个机动扣分项。五杯法还是延续的五杯为一轮的比较法。该方法最大优势就是采取了计算机与人相结合完成品评过程及统计结果。

② 新方法的保密处。酒编号的后四位是随机形成，而且每一轮一变，无规律

可查；每位评委，每杯酒的扣分值（即得分值）是在软件系统中，不打印是任何人不可能知道的；整个评比过程、评比结果及统计结果具有高度保密性，只有掌握密码的高级用户才可查阅。

③ 新方法的公开处。酒编号的前四位分别代表香型和酒度；每类酒都有自己独特的一套品评表，感官指标描述上存在明显的区别；每个品评表上都有必选项和自选项的区别。

④ 新方法的创新之处。科学的样品编号，样品编号有8位数字，前四位代表香型、酒度是公开化的，而后四位是随机形成的具有保密性；新颖的品评表，细化、增加了感官指标，而且确定了合理的扣分值，还有机动扣分项；适用性强的软件设计。

（3）品评方法的完善与提高　白酒品评应该是一个科学、完整、先进的系统工程，而且应与时俱进，不断增添新内容，可以考虑感官指标的增加、六大母项的分值规定、增加品评标的种类、品评表感官指标进一步细化、大范围实现计算机网上评酒等，使品评过程不仅科学规范、准确公正，而且轻松愉快、富有情趣。

### 7.2.4　品评的步骤

白酒的品评主要包括色、香、味、体四个部分，即通过眼观色、鼻嗅香、口尝味，并综合色香味三方面的因素，确定其风格，即“体”。

（1）白酒的色　白酒色泽评定是通过人的眼睛来确定的。先把酒样放在评酒桌的白纸上，用眼睛正视和俯视，观察酒样有无色泽和色泽深浅，同时做好记录。在观察透明度、有无悬浮物和沉淀物时，要把酒杯拿起来，然后轻轻摇动，使酒液游动后进行观察。根据观察，打分并作出色泽的品评结论。由于发酵期和贮存期长，常使酒带微黄色，如酱香型白酒大多带微黄色，这是许可的，但酒色发暗或色泽过深、失光浑浊或有夹杂物、浮游沉淀物等都是不允许的。

（2）白酒的香　上部嗅觉上皮细胞的作用，有香气的物质与空气混合后，在呼吸时经鼻腔的甲介骨，形成复杂的流向，其中一部分到达嗅觉上皮，此部位有黄色色素，称为嗅斑，大小约为1.7 ~ 5cm$^2$，是由支持细胞、基底细胞和嗅细胞组成。嗅细胞呈杆状，一端通到上皮表面，浸入上皮的分泌液中，另一端是嗅觉细胞，与神经细胞相连，通过嗅觉神经将得到的刺激传达给大脑中枢，最终使人感受到香气。当酒样上齐后，首先应注意酒杯中酒量的多少，把酒杯中多余的酒样倒掉，使同一轮酒样的酒量基本相同之后才嗅闻其香气。在嗅闻时要注意：鼻子和酒杯的距离要一致，一般在1 ~ 3cm；吸气量不要忽大忽小，吸气不要过猛；嗅闻时，只能对酒吸气，不能呼气。

在嗅闻时按1、2、3、4、5的顺序进行，辨别酒的香气，再按反顺序进行嗅闻。

经反复几次嗅闻，将香气突出的和气味不正的首先确定下来，之后再对香气接近的进行对比嗅闻，最后确定闻香结果，写出评语。

（3）白酒的味　白酒的口味是通过味觉确定的。人们通过口尝可以辨别出各种味道，是因为舌面上数量可观的味蕾，味蕾上的味细胞受到刺激后传给大脑，便产生味觉。辣味和涩味不属于味感，均是由刺激引起的。各种味之间相互有影响，同时存在两种或两种以上味道时，各自单一味道将会有升减。品酒时先将盛酒样的酒杯端起，吸取少量酒样于口腔中，品尝其味，并反复品尝辨别，最后打分并写出品尝结果。在品尝时注意：

每次入口量要保持一致，以0.5 ~ 2mL为宜；酒在口腔中停留时间应保持一致，一般停留10s左右，仔细辨别其味道，然后咽下或吐出。酒样进口后，一般采用两种方法来体验酒的香味，一是蠕动法或振动法，利用上、下嘴唇的来回张闭，使酒液在口腔中运动；二是平铺法，酒进口后立即将酒液平铺于舌面，把嘴闭严，使香气充满口腔。酒样下咽后，立即张口吸气，闭口呼气，辨别酒的后味；品尝时，先按闻香的好坏排队，先从香淡的开始品尝，由淡而浓，再由浓而淡反复几次，注意把暴香和溢香的酒放到最后品尝；品尝次数不宜过多，一般不超过3次。每次品尝后用水漱口，防止味觉疲劳。

（4）综合起来看风格　根据色、香、味的品评情况，综合判定白酒的典型风格。

### 7.2.5　白酒品评实操

#### 7.2.5.1　典型性训练

① 38%vol西凤酒、55%vol西凤酒、65%vol西凤酒、凤香型太白酒。

暗评：评酒员将面前的酒杯打乱，仔细品评看能否根据各自的特点找出酒样。

② 汾酒、宝丰酒、江津小曲酒。

明评：这一轮是清香型酒的典型性训练，评酒员将面前的酒杯按顺序排列仔细体会并寻找其中的差别和每杯酒的特点，并写下评酒记录。

③ 泸州老窖、五粮液、剑南春、洋河、习酒（浓香）。

明评：这一轮是浓香型酒的典型性训练，评酒员将面前的酒杯按顺序排列仔细体会并寻找其中的差别和每杯酒的特点，并写下评酒记录。

#### 7.2.5.2　质量差训练

① 西凤酒1#、西凤酒2#、西凤酒3#、西凤酒4#、西凤酒5#。

明评：此轮酒样是国家标准的质量差酒样，各酒样之间呈线性差别，也体现出了每种酒样的具体差别，评酒员细细体会并写下评酒记录。

② 汾酒$1^{\#}$、汾酒$2^{\#}$、汾酒$3^{\#}$、汾酒$4^{\#}$、汾酒$5^{\#}$。

明评：此轮酒样是国家标准的质量差酒样，各酒样之间呈线性差别，也体现出了每种酒样的具体差别，评酒员细细体会并写下评酒记录。

③ 郎酒$1^{\#}$、郎酒$2^{\#}$、郎酒$3^{\#}$、郎酒$4^{\#}$、郎酒$5^{\#}$。

暗评：每位评酒员将面前的品酒杯打乱，并细细体会，看能否按照质量顺序排列出来，如不能排出就对照编号继续体会并写下品酒记录。

#### 7.2.5.3 酒度差训练

① 39%vol、44%vol、49%vol、54%vol

明评：这一轮是酒精的5%vol酒度差，主要是让评酒员先熟悉各酒度差不同的感觉。

② 39%vol、44%vol、49%vol、54%vol

暗评：每位评酒员将之前的酒杯打乱再细细体会，看能不能按照酒精度数排列，如果排列不出还需对照笔记仔细体会。

③ 39%vol、42%vol、45%vol、48%vol、51%vol。

明评：这一轮是酒精的3%vol酒度差，较之前的5%vol差难度大，评酒员仔细体会感觉做好笔记。

#### 7.2.5.4 重复性训练

① 38%vol西凤酒、55%vol西凤酒、55%vol西凤酒、凤香型太白酒。

明评：这一轮是凤香型白酒的重复性训练，评酒员将面前的酒杯按顺序排列仔细体会并寻找其中的差别和每杯酒的特点，并写下评酒记录。

② 38%vol西凤酒、55%vol西凤酒、38%vol西凤酒、凤香型太白酒。

暗评：评酒员将面前的酒杯打乱，仔细品评看能否根据各自的特点找出38%vol西凤酒的重复酒样。

③ 38%vol西凤酒、汾酒、汾酒、38%vol西凤酒、宝丰酒。

暗评：评酒员细细体会，此轮主要是看评酒员能否找到38%vol西凤酒和汾酒两组重复酒样。

#### 7.2.5.5 再现性训练

① 四川多粮浓香（优级）、四川多粮浓香（一级）、剑南春、泸州老窖、剑南春。

② 四川多粮浓香（一级）、四川多粮浓香（一级）、郎酒、四川多粮浓香（优级）、泸州老窖。

暗评：评酒员细细体会，这两轮主要是看评酒员能否再找到重复与再现。

③ 酱香型基酒（优级）、郎酒、白云边、习酒、酱香型基酒（一级）

④ 酱香型基酒（优级）、酱香型基酒（一级）、酱香型基酒（优级）、郎酒、习酒。

暗评：评酒员细细体会，这两轮主要是看评酒员能否再找到重复与再现。

7.2.5.6 通过缺陷判断工艺存在问题

① 带苦味的酱香型白酒。

原因分析：原料、辅料有霉烂；原料中蛋白质含量过高；用曲量过大等。

② 带泥味的酱香型白酒。

原因分析：窖底醅做得不好；窖底醅和窖下部醅做隔层管理不好；窖面管理不善；窖泥过稀等。

③ 带霉味的酱香型白酒。

原因分析：原料及辅料的霉变；窖池漏气；清洁卫生管理不善等。

暗评：评酒员细细体会白酒中的苦味、霉味、稍子味、酒尾味等缺陷并判断工艺中存在问题。

7.2.5.7 根据典型性判断工艺

① 玉冰烧、泸州老窖、董酒、郎酒、白云边。

② 55%vol西凤酒、江津小曲、汾酒、老白干、宝丰酒。

③ 郎酒、习酒（酱香）、洋河、习酒（浓香）、剑南春。

暗评：通过品评，写出该白酒的香型、工艺特点、原料、糖化发酵剂、发酵设备及发酵时间。

## 7.3 感官判定勾兑配方的影响因素

（1）经验对感官判定的影响　品评经验是一点一滴积累起来的，只有不断尝试、不断总结才会较快找到感觉。越有经验的品酒师，在大脑中能罗列、再现出的白酒类型越多。品酒师长期训练的结果就是要记住各个不同类别产品的“式样”，用专业术语描述就是清香、浓香、酱香、凤香、豉香、芝麻香、米香等，不同类型的白酒，其典型代表是哪个酒？有没有相类似的知名产品？它们之间有何区别？如茅台酒与郎酒有何区别？习酒与白云边、口子窖有何区别？产品不同类型酒的放香如何？酒体如何？醇厚感如何？馥郁度如何？信号物是什么？等等，所有这些都要熟记于心，化为经验，丰富的经验能帮助品酒师更加迅速、准确地对酒样进行感官判定。

（2）素质对感官判定的影响　品酒工作不能单纯以品酒论品酒，要做的基础工作很多，需要长期不懈的训练。各个企业的品酒员一般多分布在科研、技术、质量检验、新酒品评、勾兑、酿酒生产等部门，这些人员的工作内容主要就是品评，所以要做好本职工作，就要从身体素质方面严格要求自己，并对品酒工作保持高度的热情和积极性，增强责任心，踏踏实实品评每一个酒样，潜心研究，持之以恒，还要不断地学习专业知识，积累经验，提高自身的综合评酒素质，力求对每一个酒样的品评都能尽可能准确。

（3）环境因素对感官判定的影响　为了提高白酒感官品评的准确性，尽可能排除环境对评酒过程中的影响，对评酒环境作了以下规定。

① 评酒室应设于环境安静，没有噪声干扰的地方。

② 评酒室内应保持空气新鲜、易通风，并不得有香气或邪杂气味，品酒人员不得擦香水、香粉和使用香味浓的香皂。在评酒室内不得带进有芳香性的食物、化妆品和用具。此外，评酒前半小时不准吸烟。

③ 室内光线充足、柔和，墙壁没有强烈的反射，反射率为40% ~ 50%，如光线不足要配有日光灯照明。

④ 评酒室内整洁，设有评酒桌，桌面白色或铺白布，并每人配有漱口水杯及水盂。

⑤ 评酒室温度为15 ~ 25℃，湿度为60%左右为宜，酒样的温度应与室温一致。温度对白酒香味的影响较大。一般人的味觉最灵敏温度为21 ~ 30℃，为了保证品评结果的准确，要求各轮次的酒样温度应保持一致。一般在品酒前24h就必须把品酒样品放在同一室内，使之同一温度，以免温度的差异而影响评酒的结果。

⑥ 评酒时要注意安静，独立思考，暗评时不许相互交谈和互看品评结果。

⑦ 在评酒室内，最好能设置相互隔离、并排排列的品尝间。

（4）时间因素对感官判定的影响

① 评酒以上午9时至11时为最好，下午以2时左右为宜。

② 每次评酒不超过2h，评酒时间长，易疲劳，影响效果。

③ 评酒一定要抓住关键性的前十分钟，这是评酒的黄金时间段。当酒样全部上齐后，这时我们的味觉、嗅觉系统还是一片空白，未受任何干扰，从第一杯开始仔细闻香，在大脑中记忆每杯酒的香气特点，按香气的好坏初步排一个顺序出来，并做记录，这大概在3分钟内完成。一般优秀的品酒师对酒的闻香只需3次，一组酒嗅3次即可排出香气次序。然后再按闻香的排序逐一品味，看是否香与味一致，好的酒香与味是一致的，不好的酒香与味是分离、脱节的，会有香大于味的情况，我们这时就要按香与味是否一致的情况在排序上做一调整。这样白酒品评的初评阶段基本完成，大概在10分钟内初定乾坤。我们对酒的第一印象，往往是最正确的。评酒时间不能太长，人的味觉、嗅觉是极易疲劳的。每轮考试的时间大概40分钟左右，剩余的时间我们写评语、打分，按考试要求答卷了，在写评语前要查看上几

轮品评结果，以确保品评结果在一个基准线上，同时应做好笔记，为下一轮做好准备，因为下一轮次或许有再现性考试，所以笔记很重要。

④ 每评一组酒样时，注意闻香、入口量、停留时间一致。闻香时注意每杯酒的嗅闻时间要一致，要保持闻香时间长短一致，因为嗅觉会因嗅闻时间的不同产生较大的变化，也就是说嗅觉极易疲劳，某杯酒你嗅闻时间较长的话就会不知其味。再说入口量，每杯入口量大小要一致，以0.5 ~ 2mL为宜，否则会因入口量的不同而影响味觉感知度，从而做出错误的判断。入口时要慢而稳，轻啜一小口，让酒液先停留在舌尖上1 ~ 2s，此时主要体验酒的绵甜度，而后舌头轻触颚，让酒液平铺全舌，并转几回，使之充分接触上颚、喉膜、颊膜，让酒的醇厚爽滑弥漫在整个口腔中，仔细品评酒质醇厚、丰满、细腻、柔和、协调、爽净及刺激性等情况，2 ~ 3s后将口腔中的余酒缓缓咽下，然后使酒气随呼吸从鼻孔排出，检查酒气是否刺鼻，判断酒的回味。酒液在口中停留的时间不宜过长，因为酒液和唾液混合会发生缓冲作用，时间过久会影响味的判断，同时还会造成味觉疲劳。注意每杯酒入口量一致的同时，还要保持酒样在口腔中停留时间长短一致。

⑤ 品尝每一组酒样后，留给嗅觉、味觉足够的休息时间。每次品尝后需用纯净水或淡茶水漱口，尽快离开评酒现场去室外透透气，呼吸新鲜空气，让嗅觉尽快恢复，尝味不闻香，以免相互干扰，切忌边闻边尝，影响品评结果。最后，酒样品完后，将酒倒出，留出空杯，放置一段时间，或放置过夜，以检查空杯留香情况，比如我们常说的浓香型白酒的糟香、窖底香等。此法对酱香型白酒的品评更有显著效果。评酒期间忌吃辛辣刺激性食物，饮食宜清淡，不过度饮酒，要保护好味觉。女士尽量不使用有香味的化妆品，以免影响嗅觉的灵敏度和影响他人。

## 7.4 批次质量差判定

### 7.4.1 定义

批次质量差指的是白酒不同批次之间的质量差别。批次质量差是绝对存在的，是难以完全消除的，但是一名优秀的白酒勾兑师则可以充分地利用企业所拥有的一切资源勾兑出一款质量稳定、消费者认可的白酒产品。

### 7.4.2 形成原因

成品酒是好几种不同基酒的组合，每批次基酒的质量、不同贮酒罐内备用酒的质量、勾兑人员的手法和素质、联评的准确程度等众多问题都关系着成品酒质量的稳定性。

### 7.4.3 危害

近年来，各级食品监管部门不断加强对白酒质量安全的监管，国家食品药品监督管理总局也常开展白酒专项监督抽检，批次间质量差过大造成的成品酒品质不一也被评定为不合格。有的小企业闹过不同批次白酒在口感味道上完全不同的“笑话”，这样的产品流入市场后，会造成企业和产品形象大跌，企业信誉度受损，影响消费者对该产品的信任和喜爱。

### 7.4.4 解决办法

要完全消除批次质量差是绝对不可能的，但可以想办法尽量缩小它。

（1）严格控制、明确指标

① 确定并严格遵守工艺参数。每家酒厂对于自己酿酒车间的工艺指标都有严格的要求，我们要做的就是严格遵守这些参数，并且认真监督，这样所生产出的白酒才能保证质量稳定。

② 加强员工培训，统一操作手法。不同的制酒工人产出的白酒也不一样，在给员工培训时一定要讲好每个步骤的关键点及操作顺序，缩小人为因素造成的差异，实现基酒质量的稳定。

③ 明确验收指标。新酒入库时，必须按照严格的等级标准分级入库，不可混淆。

④ 预勾兑。即在白酒的生产过程中将工艺相近、时间相近、质量相近的白酒都放在一起。因为其关键参数相近，将这类白酒混合在一起不但不会影响白酒的质量还可以有效地消除不同批次白酒的质量差异对成品酒的影响，预勾兑其实就是“海纳百川”的意思，就像一个人能看得见黄河水和长江水的区别，但是在海水里还能分辨出哪些是黄河水哪些是长江水么？这就是这一技巧在白酒勾兑中所起的作用。

⑤ 重视色谱指标。色谱指标是直观判断白酒各个指标的最简洁、直观的标准，在色谱表中我们可以看到各微量成分所占的比例，从而了解不同白酒间的差异。

⑥ 通过联评把关。成品酒必须要经过全体评酒成员的认可方可出厂。品评是对成品酒香、味、格最直接的判定，只有经该厂品评成员一致通过，产品才能流向市场。

（2）缩小人为因素引起的质量差　缩小人为因素引起的白酒质量差，就是减少因为人员问题对白酒质量的影响，应做到以下几点。

① 专酒专调。专酒专调的意思就是让勾兑员自己对自己勾出的小样和大样负责，并且在没有特殊因素的情况下不换人调酒。因为对一名勾兑师来说，自己的作

品就像是自己的孩子一样，没有人比孩子的父母更了解自己的孩子，要想减少人为因素引起的质量差，必须要实行专酒专调的管理原则。

② 精确计算。在用小样配方计算大样配方的时候一定要严格、精确，就连管道、软管、阀门里的酒也要计算上，因为一般进行小样勾兑的时候勾兑师使用的都是非常精密的仪器，比如说微量进样器、移液枪等，有的酒只占总体积的十万分之五，这些酒哪怕是多一滴也会对酒的品质造成影响，所以说白酒勾兑时一定要精确计算。

③ 加强验证。成品酒需要全体评酒成员的认可方可出厂，但为了减少人为因素对白酒质量的影响，必须要结合色谱指标来判定成品酒是否合格。因为偶尔会出现成品酒虽然通过品评被认为合格，但色谱指标并未达到标准的情况，则该成品酒应被判定为不合格。

④ 实行责任制。实行责任制就是让勾兑师对自己的操作负责，其好处就在于能让勾兑师在勾兑时紧绷自己的神经，因为小样勾兑量小，大样勾兑动辄就是几吨的白酒，如果勾兑配方或计算上出现了差错，不但影响了大量酒的质量，还占用了勾调的贮罐，所以一定要通过实行责任制来约束勾兑师的行为。

⑤ 强化体系管理。实行体系管理说白了就是通过表格和记录的方式来确定勾兑员的操作，并且做到有章可循，有章可依。白酒勾调记录表如表 7-1 所示。

**表 7-1 白酒勾调记录表**

<table>
<tr><td colspan="6">勾调酒品名称：</td></tr>
<tr><td>勾调罐编号</td><td>勾调数量</td><td>勾调酒度</td><td>勾调师签字</td><td colspan="2">日期</td></tr>
<tr><td></td><td></td><td></td><td></td><td colspan="2"></td></tr>
<tr><td colspan="6">勾兑师勾调记录</td></tr>
<tr><td>加入次序</td><td colspan="2">酒罐号或物品名称</td><td>加入量</td><td colspan="2">操作要求</td></tr>
<tr><td></td><td colspan="2"></td><td></td><td colspan="2"></td></tr>
<tr><td></td><td colspan="2"></td><td></td><td colspan="2"></td></tr>
<tr><td></td><td colspan="2"></td><td></td><td colspan="2"></td></tr>
<tr><td></td><td colspan="2"></td><td></td><td colspan="2"></td></tr>
<tr><td colspan="6">操作员操作记录</td></tr>
<tr><td>加入顺序</td><td>酒罐号或物品名称</td><td>操作起始时间</td><td>操作终止时间</td><td>加入量</td><td>操作说明</td></tr>
<tr><td></td><td></td><td></td><td></td><td></td><td></td></tr>
<tr><td></td><td></td><td></td><td></td><td></td><td></td></tr>
<tr><td></td><td></td><td></td><td></td><td></td><td></td></tr>
<tr><td></td><td></td><td></td><td></td><td></td><td></td></tr>
<tr><td colspan="6">勾兑日期：　　　年　　月　　日　　　负责人签字：</td></tr>
</table>

⑥ 留样。留样的目的在于确立样酒，并对每批样品质量状况的可追溯性提供客观依据。一般每批都必须留样酒，且每批勾兑都以样酒为基准，首先品尝样酒，再根据各基酒的微量成分（色谱数据）和口感特点预设勾兑比例。

其中化验员、包装检验员负责收集、存放样品，化验室主管负责留样管理工作的质量，品控部经理负责对留样及留样记录的监督、检查。每批次取样至少1次，每次取样不得少于2000mL，取样瓶数不得少于4瓶，确保做到取样均匀，所取样品具有代表性。有企业规定，批量在500箱以下，随机抽取4箱，每箱取样四瓶（以500mL计），其中两瓶做感官和理化检验用，其余两瓶由质量管理部门留样。取样完毕后，做好现场取样记录，贴好样品标签，标签内容包括：样品名称、采样地点、批号、采样日期和时间、采样者等。采得样品应立即进行分析或封存，以防变质和污染。

所有样品都是极为重要的实物档案，不得随意动用，只有在出现质量投诉和市场抽检及其他形式检查出现质量问题，需对其质量进行检验时方可使用。取出时需填写《取样申请记录》，部门经理签字后方可取出，一般样品保存期限为两年。

## 7.5 复评

### 7.5.1 定义

复评是指白酒勾兑员定期按批次将市场上售卖的白酒抽取样品，再将抽取到的样品、出厂时的勾兑大样和留存的同批次勾兑小样进行横向品评比较的过程就叫做复评。

### 7.5.2 复评的意义

进行复评是非常必要、非常有意义的。

（1）复评可以了解一款成品酒样的变化规律，因为白酒本身就是酒精、水和各种呈味有机物的混合胶体溶液，不管是在运输过程中，还是售卖过程中，甚至是在饮用过程中都会发生物理和化学的变化，所以了解一款白酒的变化规律对于提高白酒品质是非常重要的，比如说某款白酒起初味道不是特别突出，但是在售卖两年以后味道变得非常好，那么我们在下次再勾兑这款白酒的时候，就可以将这款白酒先贮存两年以后再灌装出售，就可以显著提高该款白酒的口碑。

（2）复评可以检验基酒质量和勾兑员水平，市场上出售的产品、灌装之前的大样、小样肯定会存在些许不同，但是如果小样、大样还有产品存在较大的差别，那么我们就可以认为是酒样出了问题，或者是勾兑员在操作时出了问题。

(3) 复评可以及时了解市场动态和消费者需求，对勾兑员的勾兑思路的拓宽与技能培训方向的明确都是一种帮助。

### 7.5.3 复评的程序

(1) 由质量管理部门进行市场选样。

(2) 评酒委员会品评。

(3) 理化指标对照。

(4) 讨论问题及原因分析，并提出改进方案，如调整配方。

### 7.5.4 复评的注意事项

(1) 复评取样的注意事项

① 调取勾兑记录、包装车间记录和成品酒出库记录，确定每一批白酒对应的销售区域和销售时间，从而清晰地确定取样地点和时间范围。

② 在同一地点范围取样时尽量取时间跨度大的，在同一时间范围取样时尽量取地点范围跨度大的。

③ 取样时不能只取一瓶。

(2) 复评的注意事项　明确评酒的规则和注意事项，是保证复评准确性的必要措施，参加复评的评酒员和工作人员都要遵守以下事项。

① 正式复评前应先进行2 ～ 3次标准酒样的品评，以协调统一打分和评语标准。

② 参评样品，须由组织评选的单位指定检测部门，按照国家统一的检验方法进行严格的检测，并出具正式检测报告。

③ 参加其他香型评选的产品，必须附有工艺操作要点、企业标准等资料，并经有关部门组织的技术人员认可。

④ 参加评选的样品，在取样时必须遵循多点、平均、多次的原则。

⑤ 复评用具、场合、时间安排等都应按照本章提到的品评相关要求进行具体布置。

⑥ 复评的时间间隔一般是每3 ～ 6个月1次。

⑦ 复评工作应由专人管理，专人负责，定期报告。

## 7.6 白酒品评结果分析及实操

### 7.6.1 品评结果分析

#### 7.6.1.1 品评结果的计算——常规数据方法

(1) 结果统计　综合评分中去除一个最高分值和一个最低分值，其余的分值相加的总和除以其人数所得的分数，即为该白酒样品的感官质量得分。

（2）无效值判断　同一人每轮品评样品中，相同样品的得分差距大于2，标准样品偏离标准得分值大于2，则此人结果不计入统计。

（3）异常值判断　不同人对相同酒样品评结果中异常值的判断采用三倍标准差法（3σ），即计算多人或多次品评结果的算术平均值（$\overline{X}$）与标准差（$s$），品评结果中≥$\overline{X}+3s$或≤$\overline{X}-3s$的值视为异常值。

示例：对同一酒样多次或多人的结果分别为$X_1$、$X_2$、$X_3\cdots X_n$，则

$$\text{平均值}\quad \overline{X}=\frac{1}{n}\sum_{i=1}^{n}X_i$$

$$\text{标准差}\quad s=\sqrt{\frac{1}{n-1}\sum_{i=1}^{n}(X_i-\overline{X})^2}$$

7.6.1.2　评价所得结果的可信度分析——肯德尔（Kandall）系数法

Kandall和谐系数则适用于数据资料是多列相关的等级资料，既可是$k$个品酒员品评$N$个酒样，也可以是同一个品酒员先后$k$次评$N$个酒样。通过求得Kandall和谐系数，可以较为客观地评价所得结果的可信度。

（1）同一评价者无相同等级评定时，$W$的计算公式：

$$W=\frac{12S}{K^2(N^3-N)} \tag{7-1}$$

式中　$W$——酒样等级系数；

$N$——被评的酒样数；

$K$——品评员人数或评分所依据的标准数；

$S$——每个被评酒样所评等级之和$Ri$与所有这些和的平均数的离差平方和，即当品评员意见完全一致时，$S$取得最大值可见，和谐系数是实际求得的S与其最大可能取值的比值，故$0\leqslant W\leqslant 1$。

（2）同一评价者有相同等级评定时，$W$的计算公式：

$$W=\frac{12S}{K^2(N^3-N)-K\sum_{i=1}^{K}T_i}$$

$$T_i=\sum_{i=1}^{m}(n_{ij}^3-n_{ij})/12 \tag{7-2}$$

式中$K$、$N$、$S$的意义同式（7-1），这里$m$为第$i$个品评员的评定结果中有重复

等级的个数；$n_{ij}$为第$i$个品评员的评定结果中第$j$个重复等级的相同等级数对于评定结果无相同等级的评价者，$T_i$=0，因此只需对评定结果有相同等级的品评员计算$Ti$。

（3）结果分析　当品酒员人数$k$在3 ~ 20之间，被评酒样$N$在3 ~ 7之间时，可查《肯德尔和谐系数（$W$）显著性临界值表》，检验$W$是否达到显著性水平。若实际计算的$S$值大于$k$、$N$相同的表内临界值，则$W$达到显著水平。

当被评酒样$N$>7时，则可用如下的$X_2$统计量对$W$是否达到显著水平作检验。

设$H_0$：品酒员意见不一致，则对给定的水平$\alpha$，查$d_f$=$N$–1的$X_2$分布表得临界值为分位数，依计算出的Kandall系数$W$等计算$X_2$值。

若拒绝$H_0$，则为品酒员的意见显著一致。

若承认$H_0$认为品酒员的评判显著不一致。

尽管对品评结果有着科学严格的评定方法，但许多企业为了方便生产，仍然常常使用加权平均法来确定品评结果。

### 7.6.2　品评结果分析实操

经过统计后的品评结果如果出入较大时，一般按照如下原则进行判断。

（1）有国家评委参加时，以国家评委的品评结果为准。

（2）无国家评委参加，但有省级评委参加品评时，以省级评委的品评结果为准。

（3）既无国家评委又无省级评委参加时，需重新组织品评，打乱酒样顺序，重排进行再次品评。

（4）在争议很大的情况下，不能直接以国家评委或省级评委的品评结果为准，建议组织再次品评。

## 7.7　色谱分析的局限性

### 7.7.1　勾兑配方的色谱分析

勾兑配方中甲醇含量的检测、重金属的监控、杂醇油的测定，总酸、总酯、乙醇浓度的测定，微量成分的分析都与产品质量的控制息息相关，通过对勾兑配方的理化分析，可以回溯到对生产的控制，如对发酵过程的监控、酒体的勾兑、新产品的开发等。

（1）白酒检测技术及检测仪器的升级进步　目前色谱技术已经成为白酒分析检测行业应用最为广泛、作用最大的一种方法。根据其在白酒行业中的应用情况，主要包括气相色谱（联用）技术、液相色谱（联用）技术以及其他色谱技术。采用色谱分析技术，可以用于卫生质量监控和产品质量的检测，用于白酒勾兑与成品的质量控制分析，用于不同香型白酒的特征组分剖析。

1964年，早在原轻工业部组织专家在贵州茅台酒厂进行科学试点的时候，就已经采用了纸层析色谱法，定性分析出茅台酒中的香气成分45种，为白酒成分的分析奠定了基础。1969年，原轻工业部食品发酵工业研究所（现改名为中国食品发酵工业研究院）与中科院大连化物所合作，对茅台酒香味组分进行了剖析研究，采用了包括填充柱、毛细管柱和制备色谱在内的系列分离方法以及红外、质谱等鉴定技术，从茅台酒中定性鉴定了50种组分，从而奠定了在我国采用现代色谱技术分析白酒的基础。1976年，沈尧绅首次采用DNP填充柱检测白酒中的微量成分开辟了单独使用填充柱分析白酒成分的先河。

20世纪90年代，国内对白酒中微量成分的研究达到了高潮。据不完全统计，由于色谱（联用）技术的进一步完善，至1998年，在中国白酒中能够分析分离的微量成分的种类已可达340多种，定量检测已可达180多种。目前，利用色谱分析技术，能够从白酒中检测出的微量成分更多，大连化学物理研究所利用全二维气相色谱技术，通过一次进样，就从茅台酒中鉴定出472种香味成分。

除了气相色谱（联用）技术在白酒行业的普及，液相色谱（联用）技术也在白酒行业具有重要的应用。液相色谱技术在白酒成分分析方面主要应用于白酒中不挥发有机成分的分析、氨基酸的分析、原料及大曲中组分的分析等。

白酒分析检测中的光谱分析技术包括紫外-可见光谱分析法、近红外光谱分析法、原子吸收光谱分析法等。紫外-可见光谱分析多用于样品中单一成分或少数成分的分析，在酿酒原料的检测方面具有很大的优势。如贵州茅台酒厂技术中心开发出双波长法检测酿酒原料糯高粱中支链淀粉的含量，如今已成功应用于对原料的监控。对于高粱中单宁的检测，同样多用此类分析方法进行检测。原子吸收光谱分析技术可以说是在白酒分析中应用仅次于气相色谱分析的一类分析技术。采用这类分析技术，可以快速、高效地鉴定出产品中的多种金属离子的含量。如采用石墨炉原子吸收分光光度法检测白酒中的铅含量，采用火焰原子吸收光谱法测定白酒中铁和锰的含量，采用平台石墨炉原子吸收光谱法测定酒中锰的含量等。近红外光谱技术是近年才引起白酒行业关注的一类分析检测技术，它可以进行定量分析，也可以进行定性分析。由于其具备强大的化学计量学软件，因此对大量样品的光谱图进行数学的处理和分析，可以得到许多意想不到的结果。该类技术具有快速、灵敏、无损的特点，在新时期当是研究者们关注的对象。

（2）白酒相关检测技术　色谱类仪器可以分为气相色谱、液相色谱、毛细管电泳和薄层色谱，而在白酒产品及其过程分析中应用较为广泛的主要为气相色谱和液相色谱。

① 气相色谱。气相色谱法主要是利用物质的沸点、极性及吸附性质的差异来实现混合物的分离。由于白酒是蒸馏酒，其香味成分主要为挥发性有机物质，因此气相色谱法是应用于白酒分析中最为广泛和有效的仪器分析技术。虽然气相色谱技术在白酒成分的分析方面应用广泛、成熟，但是如果深入对发酵过程进行研究，则很多不挥发及热不稳定物质的分离就需要液相色谱技术的介入，如对发酵过程中糖类、有机酸、氨基酸、蛋白质的分离鉴定。另外，白酒虽为蒸馏酒，但在蒸馏过程中和贮存过程中也不排除带入或生成一些难挥发或热不稳定的物质，如乳酸等，这些无法使用气相色谱分离的物质依靠液相色谱可以分离。

② 液相色谱。液相色谱根据分离机理可以分为分配色谱、吸附色谱、离子交换色谱、排阻色谱，同时又可以配备不同的检测器以分析不同特性的物质，其中最为常用的为紫外检测器，主要是针对有紫外吸收特性的物质（化学结构中有共轭体系）。其中高效液相色谱不受样品挥发度和热稳定性的限制，非常适合分析量较大、难气化、不易挥发或对热敏感的物质、离子型化合物及高聚物的分离分析，世界上约有70% ~ 80%的有机化合物可以使用高效液相色谱来分析测定，而在白酒领域，它主要用来测定白酒中的不挥发物质。

③ 气质联用（GCMS）。气质联用是发展最早，目前最成熟、最成功和应用很广泛的有机质谱联用技术。气质联用即是将气相色谱通过合适的接口与质谱连接，从而将毛细管柱卓越的分离效能与质谱定性鉴定的优越性有机结合而实现对未知物的分离定性。气质联用适合于分析气化和热稳定的有机化合物，它已应用于复杂的天然产物和生物混合物的分析鉴定，例如石油组分、香料、饮料酒、烟草中挥发性组分的鉴定分析。由于气质联用仪的特性及白酒中挥发性成分较多的性质，这一技术在今后对白酒中香气成分剖析工作仍然举足轻重。

④ 原子吸收光谱。原子吸收光谱凭借其特点已广泛应用于环保、生物制药、食品检验等领域。在白酒及其相关行业中也有较宽的应用，例如水中痕量金属元素的测定，白酒中铅、锰元素的测定，贮存容器如陶坛中重金属元素的测定等。在以上分析中，除了水可以直接进样外，白酒样品由于含有乙醇会对原子化有所影响，陶坛为固体样品，这些样品在进样分析前都需要经过适当的预处理。虽然原子吸收光谱在白酒行业有一定应用，但只是用于监控产品中铅、锰元素含量或者水质分析，随着人们对食品安全的重视以及出口量的增加，白酒中镉、汞等危害性重金属元素及一般的金属元素如铝、铁等元素的含量都愈来愈为人们所重视。因此开发金属元素在陶坛、酒瓶、原料等这些与产品中金属元素含量直接相关样品中的快速、方便的测定方法是当务之急，更有利于质量检验工作的进行。

⑤ 核磁共振法。核磁共振（NMR）分析技术已经成为有机分析领域里非常重要的一种分析手段，而在白酒领域，该技术也被用来分析固态法白酒和液态法白酒

的微观差异。韩兴林、张五九等应用NMR分别对固态发酵的浓香、酱香、清香型白酒及采用食用酒精勾兑的新型白酒按主体风味构成进行了分析，结果表明，固态发酵白酒要比食用酒精勾兑白酒酒体缔和更完全；浓香、清香型白酒的中心峰固态发酵酒比食用酒精勾兑酒均向左偏移，说明在固态发酵酒中各羟基质子缔和度更高，而酱香型酒出现了相反的情况。通过核磁共振分析，看起来晶莹剔透、貌似一致的白酒其微观结构存在着差异，这为各香型白酒为何独具特色、吸引着各自的消费群体提供了理论支持。同时，也为进一步研究中国白酒的微观结构打下了基础。

⑥ 白酒微量成分的定量技术。我国白酒的风味成分十分复杂，通常有100种左右香气成分，涉及的化合物种类包括酯类、醇类、醛类、酮类、酸类、芳香族化合物、酚类、呋喃类化合物、含氮化合物（主要是吡嗪类化合物）、含硫化合物、内酯、萜烯类等，这些化合物浓度分布广，从浓香型白酒中己酸乙酯等的克/升级化合物到几微克/升级的呈异臭的土味素。因此，不可能应用一种定量技术对白酒中化合物进行全面的定量分析，必须开发一系列的检测技术。白酒中常用的定量方法如下。

直接进样的GC-FID技术。GC-FID是白酒常用的定量技术，主要用于定量白酒中克/升级或几百微克/升级的化合物，这些化合物通常包括乙酸乙酯、丁酸乙酯、戊酸乙酯、己酸乙酯、乳酸乙酯、1-丙醇、2-甲基丙醇、1-丁醇、3-甲基丁醇等。

液液微萃取技术。白酒中一些浓度相对较高（毫克/升级）但极性较强的化合物，比如有机酸类化合物，这些化合物采用液液微萃取的方法进行定量。

固相微萃取技术最早应用于白酒研究是2005年，后来这一技术已经广泛应用于白酒、酒醅、大曲、窖泥等的检测，或用于检测一些特定的目标化合物，如异臭化合物、萜烯类化合物、吡嗪类化合物、含硫化合物等。

搅拌子吸附萃取于1999年开发，该技术比SPME技术吸附容量大，因此，与SPME技术相比，其检测灵敏度更高、检测限更低、回收率和重现性更好。目前，该技术已经用于白酒的检测。

⑦ 白酒的GC-O技术研究（将传统的人工闻香与GC技术结合）。GC-O技术是一种发现样品中可能存在的香气化合物的技术，它将传统的人工闻香与GC技术结合，在GC检测器前、色谱柱末端增加一个三通，将原来直接进入检测器的气流分一路出来，进行人工闻香。GC-O常用的方法有香气萃取稀释分析法、Osme技术（香气强度分析）、Charm分析等。通常GC-O技术与气相色谱-质谱联用，进行化合物的鉴定。2006年，Fan和Qian使用AEDA技术（香气萃取稀释技术）研究了五粮液和剑南春酒，总共检测到132种香气化合物，鉴定出126种香气化合物。发现酯类是最重要的香气化合物，但一些醇、醛、缩醛、烷基吡嗪、呋喃类衍生物、内酯、含硫化合物以及酚类化合物对香气也有贡献。2005年，Fan和Qian使用Osme

技术研究了洋河大曲的香气成分，同样发现己酸乙酯和丁酸乙酯是浓香型白酒的最重要的香气成分。这一技术应用于酱香型白酒的研究，发现了酱香型白酒中186种香气成分，重要的香气成分包括己酸乙酯、己酸、3-甲基丁酸、3-甲基丁醇、2,3,5,6-四甲基吡嗪等。目前GC-O技术已经广泛应用于浓香型和绵柔浓香型白酒、酱香型白酒、清香型原酒、青稞酒、牛栏山二锅头白酒、老白干香型白酒、药香型白酒、兼香型等香型白酒的检测。

### 7.7.2 色谱分析的局限性

色谱分析与产品质量的控制息息相关，近年来，白酒色谱分析检测技术和仪器不断地升级进步，尽管白酒中越来越多的微量成分被定性、定量地检测出来，但是色谱分析也不是十全十美的，受到诸多因素的影响。

（1）色谱分析是一项繁杂的工作。样品的选取、色谱柱的甄选、色谱柱的清洗、组分的收集、数据的分析等过程都需要耗费大量的时间和精力。

（2）色谱分析只能测定白酒中微量成分的含量，却难以体现呈香呈味物质的特征及其变化情况。

（3）色谱分析的多种误差。以气相色谱为例，色谱分析的误差可分为系统误差、非系统误差和过失误差，还有样品处理时产生的误差、峰面积定量测量的误差、色谱柱误差、进样环节产生的误差、高沸点物质的沉积等其他原因的误差，所以在色谱分析时，每一个步骤都需要认真仔细地完成，多做对照样，尽可能地减小误差。

色谱分析不能代替感官品评，感官品评也不能代替色谱分析，只有两者有机结合起来，才能发挥更大的作用。

# 第八章

# 勾兑十法

勾兑的核心工作是配方设计，各企业的勾兑人员主要围绕风味化学原理，对白酒中的主要香味物质进行控制，通过控制含量、成分来厘定产品风格，而按照勾兑原理，维持产品品质稳定性的工作也绝不可少。勾兑从配方设计开始，要经过选样、组合、调香调味、品评等诸多环节，虽然勾兑过程非常繁杂，但也有规律可循，需要长期的工作实践，才能明了其中的要害。有人说，勾兑是无法之法，全凭勾兑者的感官体验。实际上，勾兑工作无非以下十个方面：释、敛、衬、掩、抗、加、乘、修、融、正，这是对白酒勾兑要领的高度总结，领悟其中的奥秘才能游刃有余。

## 8.1 释

主要是指白酒的稀释，有发散、分解的意思。通过稀释减少某些呈香呈味物质过度释放，达到控制感官特性的目的。

### 8.1.1 释放

（1）香味的释放　白酒香的释放通常用溢香/放香来描述，溢香/放香是指白酒中芳香成分溢散于杯口附近的空气中的自然香气；而喷香则是指白酒香气的一种剧烈释放，由于酯类物质或其他低阈值香味成分的充分表现，这种白酒一倒入杯中，与空气接触的瞬间，香气便蓬勃而出，给人以勃发的感觉。白酒味的释放是指产品入口后通过与不同区域味觉细胞的接触，将各种信息传递给大脑神经组织，由大脑做出的一种判断。人的口腔温度较高，加剧了香味分子的释放与扩散运动，从而在口腔中感受到了一种强烈的味感。所以通过对白酒嗅闻和品尝就能充分感觉到白酒香与味的释放。

白酒的香与味释放得好，就会舒适宜人，往往会有浓郁、幽雅、芬芳、谐调、细腻的感觉；释放过度，会使酒体粗糙、暴烈、冲，给人造成不适的感觉；白酒香味不足，就会出现整体感差、欠谐调、压香、失格等情况。

保证白酒的香与味谐调释放，就应注意以下问题。

① 原料不同而引起的特征香气的释放，如粮香等。浓香型白酒，要注意多粮浓香与单粮浓香的显著不同；清香型白酒要注意小曲清香与大曲清香的不同、老白干与二锅头的不同；要尽可能表达不同原料带给白酒的独特香气。

② 特征香味成分与非特征性香味成分的释放。在勾兑浓香型白酒时要让己酸乙酯、乳酸乙酯、乙酸乙酯、丁酸乙酯等酯类物质得到充分释放，重点是己酸乙酯的释放；凤香型白酒要让异戊醇、乙酸乙酯、己酸乙酯等物质得到充分释放，重点是异戊醇等醇类物质比例的控制和己酸乙酯含量的控制；清香型白酒要让乙酸乙

酯、乳酸乙酯等得到充分释放，特别是要严格控制己酸乙酯的含量；酱香型白酒要让窖底香、曲香、七轮酒等香气得到充分释放，重点是控制好总酸含量。

③ 不同工艺香味的释放。固态法白酒与液态法白酒的香味物质成分远远不同，固态法白酒中的香味成分物质比较复杂，含量高、范围广，香味比较厚实，醇厚感突出，香味物质间的相互作用非常复杂，在白酒勾兑过程中，要尽可能释放固态白酒给产品带来的优越感，掩蔽其瑕疵。液态法白酒香味物质成分相对比较简单，香气较单薄，缺乏醇厚感，在勾兑过程中，要注意与固态白酒的结合。

譬如凤香型白酒是以高级醇和低级酯为主要香味物质，具有乙酸乙酯为主，一定量的己酸乙酯为辅的复合香气，特别是具有异戊醇含量较高的香气特点，还有酒香清雅而不淡薄、浓郁不艳腻，香味优雅和谐，口感上浓烈而不暴，收口爽利而不涩，闻香芬芳而不艳，口味浓厚，硬而不暴，后味干净，回味舒适悠长，满口留香，久而弥芳，余味隽久，回味舒适愉快。在勾兑过程中，要充分掌握各类酒的特点，合理使用，取长补短，使凤香型白酒工艺特征得到最大释放。

（2）阈值降低对香味释放的影响　乙醛对香气有携带作用，对挥发性物质的阈值有明显降低作用，可提高酒的放香感，对香气强度有放大和促进作用，醛含量高的酒香气明显变强，放香整体效果提高。

各类型白酒中，特定香味物质很大程度影响了香与味的释放。在白酒香气中，醇类占有一定比例，是香和味的桥梁，若含量恰到好处，就会烘托主体香香味，起到很好的调和作用，如凤香型白酒中异戊醇含量相对其他香型白酒较为突出，所以常用“苦杏仁味口中悬”来描述西凤酒，这是抓住凤香型白酒香与味释放的关键；还有，酱香型酒中的糠醛和米香型酒中的丙醛，都能协调香与味的释放，提高酒体质量。

### 8.1.2　稀释

（1）稀释的定义 “在一定浓度的溶媒中再加入一定量的溶剂，使现有溶媒的浓度小于原有溶媒浓度”。在白酒勾兑中，一是指原浆酒通过加浆（软化水）降低酒度；二是指通过添加液态法白酒使白酒中各种微量成分的浓度降低。

（2）稀释的条件

① 酒度过高。原酒的酒度高于配方设计的酒度时，就需要加浆降度。

② 比例失调。白酒勾兑的灵魂就是协调和平衡。只要掌握了这两点，勾调出的白酒就不会差。其中最主要的就是把握好几个比例协调问题：比如酸酯比例、醇酯比例、醛酯比例等。任何一种比例的失调都会造成白酒的协调性差，口感欠佳。常用的改进办法就是稀释。

③ 特征香味成分含量过高。白酒的特征香味成分含量过高，就会出现某种

或几种单体香出头，破坏了酒体的整体感，在香气或口味上出现让人不愉快的厌恶感。

④ 不良风味物质含量过高。纯固态法生产的白酒，难免会出现味杂、尾涩、苦味、土霉味等缺陷。如果在勾兑过程中，针对某一种邪杂味如土霉味，加入土味素含量极低的白酒，或是液态法白酒，这时原来的土味素含量可能会因加入的白酒而被冲淡，采用这种间接的稀释方法，既能最大限度地保持固态法白酒特有的风味（即粮食经自然发酵所产生的窖香、糟香等多种风味物质的综合），又能将该邪杂味物质进行有效地稀释，不失为一种有效可行的提升酒体质量的方法。如白酒中正丙醇含量过高时，会造成上头等问题，通过稀释，降低酒体中的正丙醇含量，从而解决这一问题。

### 8.1.3 稀释的方法

（1）加浆降度法　稀释最简单的方法就是降度，通过对高度原酒进行加浆降度，就可以使白酒中的各种香味成分含量得到有效降低，同时还可以达到我们所设计的酒度。

（2）液态白酒添加法　添加液态白酒实质上是一种不降度稀释法。通过计算添加一定量相同度数的液态白酒就可以降低白酒中的呈香呈味物质的浓度，还可以有效稀释不良风味物质对酒体的影响。

（3）加香味物质、酯含量低的酒　纯粮固态法白酒要求以酒调酒，不允许添加任何添加剂，这就要求调酒师在勾调时针对性地选用某种香味物质含量相对较低的调味酒进行调味，以达到稀释和合理配比的目的。

### 8.1.4 稀释的步骤

（1）品评　品评始终是贯穿勾兑工作的一条主线，任何步骤都离不开品评，通过品评找出基础酒的缺陷所在，判断是否符合“释”的条件，若符合其中的一条或几条则可以通过释的方法去解决。

（2）分析　结合感官品评结果，同时进行理化分析，综合判定酒样的具体情况，考虑缺点在哪里、怎么做，给出解决方案。

（3）计算　根据选定的稀释方案进行计算。计算包括原酒降度加浆量的计算，还包括香味物质稀释时液态白酒添加量的计算，以及各种调味酒用量的计算，最后按计算好的添加量进行稀释。

释，是勾兑十法中的首法，最重要的意义在于稀释，一则可以将原酒稀释到所需的度数，一则是当某些香味物质的比例失调时，可以通过稀释、补充、优化使产品的主体香突出，风格特征更明显。稀释是最常用的一种基本方法。

## 8.2 敛

在白酒勾兑过程中，释与敛是一对矛盾，香气有放有收，味觉有散有敛，才是勾兑之道。稀释可以降低一些香味强度大的物质的影响，从一个方面解决了某些香味物质成分含量大、香气贡献过大的问题，从另一个方面讲，在不大幅度调整香味物质含量的情况下，用收敛的办法可能更有效。

### 8.2.1 敛的定义

敛，在白酒中理解为香气收敛的意思。即通过调节香味物质含量、量比关系使各种香味物质的表达恰到好处，不张扬、不欠缺，香气更加细腻、幽雅、回味悠长。

### 8.2.2 敛的条件

（1）白酒放香过大，有暴香、浮香时　对于组合好的基础酒，当通过感官品评出现放香过大，有浮香或暴香时，说明此款白酒香大于味，此种情况下就需要对香气进行收敛。

（2）白酒中酯含量过高，酸含量低，酸酯比例失调时　当白酒中的酯含量过高，总酸含量相对较低时，酒体会出现不协调感，也需要对酯类物质的放香强度有所收敛。

（3）某种香气成分露头时　白酒中某种单体香味物质露头时，由于香气太大使白酒出现偏格。

（4）白酒香气发散时　白酒的香与味应当自成一体，香与味不能脱节。组合不好的基酒就会出现香气发散，各单体香之间格格不入，没有整体感。

### 8.2.3 敛的方法

（1）乳酸乙酯法　白酒中乳酸乙酯含量稍高时，会降低其他芳香物质的放香强度，我们可以通过提高白酒中乳酸乙酯的含量，重新调整白酒中四大酯的比例关系，使乳酸乙酯对其他酯类物质的放香起到一定的收敛作用，使香与味达到一种新的平衡。

（2）加酸法　白酒中的酸是主要的协调成分，酸的存在可以解决白酒中的许多问题。在香气收敛方面，酸可以压香。如果某种白酒有喷香或暴香，这说明香大于味，酒中酸不足，香气太大时，可以通过添加酸来压香，增加酒的柔和感，有机酸中乳酸是最合适的。加酸一方面调整了酸酯比例问题，另一方面有效收敛了白酒过强的香气。

（3）调节比例法　白酒的香气发散，整体感不好，说到底还是酒体平衡没有把握好。比如酸酯比例、醛酯比例、醇酯比例等平衡。通常可以通过调节这几个比例关系使酒体达到一种平衡，使白酒达到浑然一体的境界。

敛的关键是降低阈值低的香味物质的含量，总酯下降可以使香气得到收敛，但不能一概而论，还需要综合权衡。

## 8.3 衬

### 8.3.1 衬的定义

衬，即衬托、烘托之意；在白酒中理解为对白酒香味的衬托作用。

### 8.3.2 衬的条件

当特征香气不突出，或口感不明快时，可采用“衬”的方法，使白酒的香气更愉悦，口感更怡人。

### 8.3.3 衬的方法

（1）酸类物质对口感的衬托作用　酸类物质是形成香味的主要物质，亦是成酯的前驱物质，还是重要的助香物质，所以一般来说，总酸含量较高，则酒质较好。所以酸类物质有衬托白酒香味的作用。酸是白酒最重要的味感剂，因为白酒的口味如何，是衡量白酒质量水平和风格水平最重要的尺度之一。白酒的所有成分都有两个方面的作用，即既对香也对味作出贡献。

因此，酸的衬托作用具体如下。

① 增长后味。后味是指酒的味感在口腔中持续的程度，或者是指味感由强到弱甚至基本消失的这一衰减过程的时间多少，即指味感在口腔中保留时间的长短，有机酸在增加白酒的味感保留时间方面起着十分重要的作用。

② 增加味感。人们在吃东西或者饮用饮品时，总是希望和追求味道丰富，不太喜欢口味单调或枯燥乏味，有机酸使白酒味道丰富不单一。

③ 减少或消除杂味。白酒口感中一个非常重要的实际性能指标是净，所谓酒净，是指酒没有杂味，更不能有怪味，凡是味不净的酒，评分低，档次自然也低，就消除白酒杂味的功能强弱而言，羧酸比酯、杂醇和醛的作用更强一些。

④ 可出现甜味和回甜感。酸用量多少和各种酸相互比例关系的问题都影响着白酒的味感，在色谱骨架成分合理的情况下，只要酸量适度，比例协调，酒的口感就会略甜，但如果酸量控制不当，比例不甚协调，酒的甜味将不适当地增大，导致浓甜或甜味突出。

⑤ 酸可以消除燥辣感，增加白酒的醇和程度。

⑥ 酸还可适当减轻中、低度酒的水味。

（2）醛类物质对白酒的衬托作用　白酒的四大类呈香物质中，醛类的香味最为强烈，有助于白酒放香。乙醛、乙缩醛是白酒中的香味成分。在浓香型白酒的醛类物质中，二者的含量占了90%。乙醛易与水结合生成水合物，和醇则产生缩醛，形成柔和的香味。同时乙醛还起着酶促作用，能够引起酒和发酵糟醅的种种生化反应，代谢生成很多有益的化合物，因此，乙醛在酒中是非常活跃而不可缺少的。乙醛和乙缩醛含量的多少以及它们之间的比例关系如何，将直接对白酒香气的风格和质量产生重大影响。适量的醛类物质对白酒有明显的助香、提香作用，使酒体醇和、甜净，与其他香味成分互相影响、互相缓冲、互相协调，构成白酒幽雅、醇厚的香味，形成白酒固有的风格。

（3）双乙酰、2,3-丁二醇对白酒的衬托作用　双乙酰是呈甜味的物质，其稀溶液有奶油气味，可使酒味醇甜净爽，赋予酒以醇厚感，有助于进口喷香，并有增进香味的作用，其与酯类等呈香物质共同作用于白酒，能使酒体香气丰满，同时能促进酯类香气的挥发。在白酒老熟过程中，双乙酰含量的变化对白酒的口味及质量有直接的影响。研究显示，适量双乙酰可以提高酒的杀口性和挺拔感，但若其含量过高，会显著影响酒质。

白酒中的2,3-丁二醇，有甜味，也稍带苦味，主要由细菌发酵产生，可使酒发甜，具有小甘油之称。它被认为是影响白酒质量的重要成分，在白酒中起着缓冲、衬托的作用，能使酒产生优良的酒香和绵甜的口味。适量的甘油（丙三醇）、2,3-丁二醇在白酒中起缓冲作用，使酒增加绵甜、回味和醇厚感、自然感。

衬的关键是呈味物质对香气的支撑作用，只要抓住呈味物质的特点，就可以使香气得到改善。呈香物质也具有相互衬托作用，需要引起注意。如高级醇、丙三醇等对酒体风格的衬托作用不容忽视。

## 8.4　掩

### 8.4.1　掩的定义

掩，即掩蔽，白酒中理解为掩蔽不良香气或味觉。

### 8.4.2　掩的条件

当白酒中出现异香或异味，或出现水味、新酒味等某种缺陷时，我们就可以采用“掩”的方法来解决。

### 8.4.3 掩的方法

（1）加酸能掩蔽白酒中的苦味 清香型、米香型、酱香型以及四川、重庆、云南等地所产的小曲高粱白酒，有时会不同程度出现苦味，苦味反应慢，且有很强的持续性，不易消失，给人感觉不舒服，因此，在喝酒或品酒时感觉到酒的后苦味，给品酒或喝酒者带来不爽净的感觉。

引起白酒苦味的主要物质有杂醇类、醛类、酚类化合物、硫化物、多肽、氨基酸和无机盐等。酒的苦是多种多样的，有前苦、中苦、后苦、全苦，苦的持续时间长或者短，有的苦味重，有的苦味轻，有的苦中带甜，有的是甜中带苦，或者是苦辣、焦苦、药味样苦、杂苦等。如正丁醇苦小，正丙醇较苦，异丁醇苦极重，丙烯醛具有极大的持续性苦，单宁和酚苦涩，一些肽是苦味肽等。其主要来源于原辅料不净、原辅料选择不当、配料不合理以及工艺条件控制不当。清蒸辅料、排除其邪杂味；合理配曲使用；加强生产环境卫生；严格控制合理的生产工艺等，可以有效地掩蔽基础酒中的苦味，是提升白酒质量的好方法。

通过勾兑调味掩盖苦味，主要是用好有机酸使香味保持一定的平衡性，通过试验找到味觉转变点所需的最佳有机酸用量。这里所讲的有机酸可以是复合有机酸，也可以是单一的某种有机酸。当香味物质在协调的情况下，其苦味也就不突出了。具体做法是：在同类产品中选取口感较酸、味道醇和的酒，与苦辣味白酒勾兑和调味，探求最佳组合，添加量多少应视情况而定。

王勇等就如何降低米香型白酒中的苦味做了一系列的研究，其中从勾兑的角度，自酿食醋被用来调酸、掩盖苦味。桂林湘山酒业的自酿食醋是以尾酒作为底物，加入纯种醋酸杆菌，自然发酵而成，香味优雅，除含有尾酒的多种成分外，还含有3%～5%的乙酸，1.5g/L以上的总酯。自酿食醋是发酵性物质，可根据生产需要任意添加。采用适量自酿食醋勾兑，不仅能够代替外购食醋，减轻苦味，同时还因为具有酒尾中的多种呈香物质而增加酒体的香气，使酒体增加醇厚感，衬托酒体风格。

（2）特殊调味酒能有效掩盖基础酒的弱点

① 酸过量的酒能掩蔽酯香过于突出的弱点。白酒酸不足时普遍反映出的问题是酯香突出，香气复合程度不高等，此时如果用酸含量大的酒去做适度调整，那么酯香突出、香气复合性差等弊端将在相当大的程度上得以解决。酸在解决酒中各类物质之间的融合程度、改变香气的复合性方面带有一定程度的强制性。

② 如果香味不够，可选用酒头调味酒或双轮底酒掩盖基酒香气不足的弱点。

③ 选取比较好的粮糟酒，掩盖基酒醇厚度差的特点。

④ 老酒调味酒可掩盖基酒的新酒味、陈香味不足的弱点。

⑤ 丢糟酒有时也能用来掩盖基酒的浓香和糟香味差的特点。

⑥ 酒尾调味酒由于总酸、乳酸乙酯的含量较高，可用来增加酒的浓厚感。

### 8.4.4 勾兑中存在的奇特现象

（1）好酒与差酒相互勾兑，可使差酒的酒质变好　差酒的香味成分中有一种或数种含量偏多或偏少，当它与该成分含量较少或较多的酒组合时，偏多的香味成分得到稀释，偏少的香味成分得到补充，差酒的缺点得到掩盖，经勾兑后变成好酒。

（2）差酒与差酒勾兑，有时会变成好酒　一种酒中的香味成分有一种或数种含量偏高，另一种差酒中的香味成分有一种或数种含量偏低，二者恰好相反，经组合后得到补充，互相掩盖了对方的缺陷，差酒变成好酒。所以对于勾兑工作者来说，本没有完美的酒，而将各种类型的基酒缺陷掩盖住，取长补短，使酒质更加完美，才是勾兑工作的终极目标。

掩的核心工作还与低阈值香味物质的控制有关。当加入某种低阈值香味物质的含量时，掩盖作用就会体现，因为极微量的这种低阈值物质的存在就会掩盖其他较高阈值物质的香或味，所以必须严格控制低阈值呈香或呈味物质的量。

## 8.5 抗

### 8.5.1 抗的定义

抗，即拮抗，在白酒勾兑中理解为香气物质与呈味物质间的拮抗作用或消杀作用。

### 8.5.2 抗的条件

① 当某种香气打破平衡，加入另一种物质抵抗这种物质的表达。

② 在白酒水解模型中，水解和合成是可逆反应，提高酒度或增加酸度可以抑制白酒的水解。

③ 按照白酒胶体模型稳定原理，要尽可能保持白酒的物理化学稳定性，减少或阻止极性物质的加入，可以有效地抵抗溶胶的沉淀。

### 8.5.3 抗的方法

（1）过量的酸对白酒的香气有拮抗作用　含酸量偏高的酒加到含酸量适当的酒之中，对酒的香气有明显的压抑作用，俗称压香，就是过量的酸使酒中其他成分对白酒香气的贡献在原有水平上下降了，或者说酸量过多使其他物质的放香阈值增大了，过多的酸使白酒内多种成分之间的相互组成和影响发生了较大的改变，综合反映就是白酒的放香程度在原有基础上降低了。

（2）过量的乳酸乙酯与其他香气物质的拮抗作用　乳酸乙酯在白酒中含量较多，是白酒中重要的呈香成分。由于它不挥发，具有羟基和羧基，并能和多种成分发生亲和作用，对酒的后味起缓冲平衡效应，所以适量的乳酸乙酯对酒的香味风格有一定的作用。乳酸乙酯与乙酸乙酯组合形成清香型酒的特殊香味。同时乳酸乙酯和乙酸乙酯含量的多少，被认为是区别优质酒与普通白酒的重要特征。乳酸乙酯的含量，在优质白酒中为1.00 ~ 2.00g/L，一般白酒为0.50g/L左右，液态法白酒只有0.20g/L。

然而，目前个别酒厂容易出现乳酸乙酯含量偏高的问题，以至于乳酸乙酯与其他香气成分发生拮抗作用，酸酯比例、四大酯比例失调，出现涩味，主体香不突出，会影响酒的放香，提高其他香气物质的嗅阈值。

五种主要香型白酒的乳酸乙酯含量相差并不悬殊，区间值一般不会超过2倍。以清香型白酒中的汾酒含量为最高，达到2.62g/L。在浓香型白酒中，乳酸乙酯必须小于己酸乙酯，否则会造成浓香型酒不能爽口回甜，影响风格；在酱香型白酒中，乳酸乙酯必须大于己酸乙酯，却小于乙酸乙酯；在清香型白酒中，乳酸乙酯虽然远远大于己酸乙酯，但也小于乙酸乙酯，其间的差距较大者为好；凤香型白酒中乙酸乙酯大于或等于乳酸乙酯，并大于己酸乙酯；米香型的三花酒，乳酸乙酯含量与一般香型差不多，约1.00g/L，但此酒含酯品种甚少，乳酸乙酯竟占总酯量约80%，这是米香型白酒的突出之处。

## 8.6　加

### 8.6.1　加的定义

加，即相加作用，在白酒中理解为发挥香气物质与呈味物质间的相加作用或呈香呈味物质的加入。

### 8.6.2　加的条件

当组合好的基酒存在香气不足、酸不足、酒体欠绵软、后味较短、酒体馥郁度不高或主体香味物质含量不足时，可采用“加”的方法来弥补这些不足。

### 8.6.3　加的方法

（1）添加丰润酒　对于已经组合好的基础酒，若香气不足，可以选择性地添加少量的丰润酒，即具有某种香或味的精华酒，一般添加量控制在10%以内，只要达到改善酒质、提升品质的目的，即可停止添加。

（2）添加笨酒　在已经合格的骨架酒中，按1%的比例逐渐添加笨酒，边加边尝，只要不影响骨架酒的风格和品质，尽可能多加这类酒，有时会收到意想不到的好效果。

（3）添加调味酒　基酒组合完成后我们常使用调味的方法使酒质更加完美。

① 陈酿调味酒。将生产正常的窖池延长其发酵周期半年或1年，最好是过夏，延长窖内酯化反应时间，使酒产生特殊的香味。这类酒酸高、酯高、糟香、窖香都比较突出，可用作高酸、高酯调味酒，能增加基础酒的糟香、后味和陈味。

② 双轮底调味酒。将发酵成熟的酒醅最底层的酒醅不出窖（约1甑量）加入大曲拌匀平铺窖底，上面盖上蒸完酒二次入窖的酒醅，再经过一个发酵周期，然后出窖单独蒸馏取酒备用。这种调味酒浓香、醇甜味突出，糟香也较好，酸酯含量也高，是优质的调味酒，可以增加基础酒的浓香味，窖香，糟香。

③ 老酒调味酒。每年基酒普查时挑选出口感醇厚、陈味好的酒不进入勾兑环节，继续贮存，每年复评这些留存的基酒，好的继续保留，没特点的勾兑时使用，再每年从入库的基酒中选出好的酒样进入贮存程序，保证有定量的陈年老酒备用，一般酒龄要在3年以上，这类酒可以增加基础酒的陈味与醇和感。

④ 酒头调味酒。双轮底酒醅或长期压窖的酒醅在蒸酒时分段摘酒，每甑活摘取酒头0.25 ~ 0.5kg，贮存1年以上用于调味。酒头中含有大量低沸点的香味物质，可以增加基酒的前香。

⑤ 酒尾调味酒。双轮底酒醅或长期压窖的酒醅在蒸酒时分段摘酒，每甑活摘取酒尾20 ~ 30kg，贮存1年以上用于调味。酒尾调味酒可以增加基酒的后味，使酒体回味悠长。

⑥ 酱香调味酒。选用优质酱香型大曲酒用于调味，或使用酱香型白酒生产工艺，单轮次发酵蒸酒而得酱香调味酒。此类调味酒可用于很多种香型白酒的调味，使酒体变得醇厚丰满、幽雅细腻，增加香气上的馥郁度和口感上的优雅感。

⑦ 窖香调味酒。将优质窖泥夹带进发酵的酒醅中同时发酵；或将优质窖泥用白酒浸泡制取浸提液，用于调味，可得到具有窖香味的调味酒。

⑧ 药香调味酒。将中药材用高度白酒制得浸提液，用于调酒，增加酒的药香和达到增加白酒功能性的目的。

⑨ 曲香调味酒。将优质大曲泡酒，也可制得曲香调味酒，用于调味，可增加白酒的曲香，增强固态感，使白酒的香气更复杂。

应用加法勾调白酒必须遵循以下原则：一是主体香的相对含量在合理范围内；二是它与助香成分的比例关系也要在合理范围内。只有色谱骨架成分比例协调，才能形成优美完整的酒体。

### 8.6.4 几条加法规律

带麻味的酒可适当提高基础酒的浓香。

后味带苦的酒可适当增加基础酒的陈味。

后味带酸的酒可适当增加基础酒的醇甜。

带涩味的酒可适当增加基础酒的香味。

## 8.7 乘

乘的核心是放大作用，一种物质或一类物质含量的增高，能有效丰富或加强另外一种或一类香味物质的释放，这是乘的根本。在白酒调味过程中必须熟知乘的原理和作用，调味时才能得心应手。

### 8.7.1 乘的调味原理

乘的调味原理实质上就是香味的强化原理，一种味加入会使另一种味得到一定程度的增强。这两种物质可以是相同的，也可以是不同的，而且同味强化的结果有时会远远大于两种味感的叠加。如0.1%胞苷酸（CMP）水溶液并无明显的鲜味，但加入等量0.1%谷氨酸（MSG）水溶液后，则鲜味明显突出，而且大幅度超出了0.1%谷氨酸水溶液原有的鲜度，若再加入少量的琥珀酸或柠檬酸，效果更明显。又如在100mL水中加入15g糖，再加入17mg盐，会使甜味比不加盐时要甜。白酒中的大马酮能强化土味素的味感。

### 8.7.2 乘的调味作用

（1）香味的增幅作用　味的增幅效应也称两味的相乘，是将两种以上同一味道物质混合使用，导致这种味道进一步增强的调味方式。如桂皮与砂糖一同使用，能提高砂糖的甜度；5-肌苷酸与谷氨酸相互作用，能起到增幅效应产生鲜味。

（2）香味的增效作用　味的增效作用是将两种以上不同味道的呈味物质，按悬殊比例混合使用，从而突出量大呈味物质味道的一种调味方法，也就是说由于添加极少量另一种物质而使主体物质的味道变强，从而提高了主体味道的表现力。如具有鲜味的物质中加入极少量的盐，可以大大提高其鲜味。如15% ~ 25%蔗糖溶液中添加0.15%食盐时最甜，是食盐的咸味对糖甜味的相乘作用，过量则适得其反；苦味溶液中添加酸味，则更苦。将不同的甜味剂混合使用，有时会互相提高甜度，这也是协同增效作用。例如酿造食用醋的时候，加入少量的乳酸，会使得食用醋的酸味更突出，即乳酸的加入丰富了乙酸的酸感；再例如在液态法白酒的制作过程中，调入一定量的乙醛和乙缩醛，能够很大程度上提高白酒整体的放香。

### 8.7.3 味觉之间的互作模型

（1）同种味觉之间的互作模型　许多物质具有相同的味觉，它们都能激活同一个味觉感受传导路径。当两种物质混合时，就会发生很多相互作用。比如“协同增效”或“抵消削弱”等描述来表示味感强度的变化。即 $1+1>2$ 表示协同增效；$1+1=2$ 表示加和等效；$1+1<2$ 表示抵消削弱。

① 甜味/甜味之间相互作用。具有高味感强度的甜味剂混合物一般能产生增强的甜味感觉强度，这是协同增效作用，但不是一律适用。例如，阿斯巴甜和安赛蜜在一定范围的强度/浓度内，一级阿斯巴甜和糖精在低强度/浓度范围内均会发生这种效应。总之，味感曲线可以预测增效或削弱是否发生，即在低强度/浓度范围内同种甜味物质混合一般为协同增效作用，而在较高强度/浓度范围内，抵消削弱则较为常见。

② 咸味/咸味之间的相互作用。当 NaCl 和 KCl 混合，在低浓度时，其咸味增强；在较高浓度时，其咸味削弱。

③ 鲜味/鲜味之间的相互作用。当谷氨酸钠、核苷酸二钠以及鸟苷酸盐混合时具有鲜味的协同增效作用。

④ 酸味/酸味之间的相互作用。当弱酸混合时，混合物的酸味要比单个化合物的酸味强度的和要低，但有时也会相等。

⑤ 苦味/苦味之间的相互作用。当苦味物质混合时，混合物的苦味要比单个化合物的苦味强度的和要低。脲能削弱大部分苦味物质的苦味，而地那铵苯甲酸盐却能增加一部分苦味物质的苦味。

一般来说，同种味觉之间的相互作用都是以正弦味感曲线进行预测，具有指数增长期、线性增长期和指数递减期三个阶段。强度/浓度值越大，有关抵消削弱效应的反倒越多。对于甜味和鲜味，有充分的证据表明，它们各自的同种味觉的混合物都具有协同增效的味觉效应。

（2）不同种味觉之间的互作模型　当不同味觉的化合物混合后，将会发生许多种相互作用。包括非单调的（既有味觉增加，又有味觉抑制）和不对称的强度位移。

① 甜味/其他味之间的相互作用。在低强度/浓度条件下，甜味物质与其他味觉物质之间两相混合物的相互作用是不定的（既有提高也有抑制）；在中等和高强度/浓度下，甜味一般被其他基本味觉所抑制；而在高浓度条件下，苦味与甜味或酸味与甜味之间的相互作用是被对称抑制的。

② 咸味/其他味之间的相互作用。在低强度/浓度条件下，咸味和酸味的混合物提高且对称的相互影响对方的强度；在高强度/浓度的条件下则对咸味具有抑制

或无影响的作用。苦味被咸味抑制，而咸味不被苦味所影响；在低浓度时，咸味可提高甜味，但在中等强度/浓度范围内，甜味抑制咸味，而在高强度/浓度下，咸味对甜味则没有影响。

③ 酸味/其他味之间的相互作用。在低强度/浓度的条件下，酸味和咸味的混合物提高且对称的相互影响对方的强度，而在高强度/浓度的条件下，则对酸味具有抑制或无影响的作用。在低强度/浓度下，酸味对于甜味的影响具有不定性，而在高强度/浓度下，酸味和甜味则相互削弱。酸味和苦味在低强度/浓度下互相增强，在中等强度下，苦味被抑制，而酸味被提高，而在高强度/浓度下，酸味被抑制，对苦味的影响则不定。

④ 鲜味/其他味之间的相互作用。研究表明5-核苷酸钠盐（鲜味）可以提高甜味，在中等浓度下可以提高咸味，而酸味和苦味则被抑制。谷氨酸钠在阈值水平上对味觉强度无影响，在谷氨酸钠中高浓度下，甜味和苦味都被抑制了，而在谷氨酸钠高浓度条件下，盐的咸味被提高了。谷氨酸钠和腺嘌呤单磷酸钠盐可以抑制苦味。

⑤ 苦味/其他味之间的相互作用。苦味的相互作用也是不确定的。苦味被咸味抑制，而咸味则不受苦味影响。在低强度/浓度下，苦味与甜味的混合是不定的，而在中等和高强度/浓度下，其混合味是受抑制的。在低强度/浓度下，苦味与酸味的混合物是互相增强的，在中等强度/浓度下，酸味则被苦味增强，但苦味被酸味抑制，在高强度下，酸味则被苦味削弱，而苦味则受酸味的影响不定。

（3）三元或多元复合味觉系统

① 阈值。Stevens（1997）对复合物中的察觉阈值进行了研究，发现所有的味觉具有集成性（当其他味觉物质存在时，某一物质酸味味觉阈值被减少了），即便对于24种具有四种基本味觉（甜、酸、咸、苦）的化合物也是如此。当三种或多种化合物在比阈值浓度还要低的情况下混合，它们的阈值会相互减少为原来阈值的$1/n$（亦即敏感度增强了）。

② 次阈值。在多组分体系中，外围的相互作用具有一定的影响。Breslin和Beauchamp（1997）研究了乙酸钠、蔗糖、脲之间的相互作用，假定钠盐抑制苦味，并且苦味和甜味是互相削弱的，如果将钠盐加入到苦甜味的混合体系中，会发生什么？研究结果表明，钠盐加入后，削弱了苦味。当苦味的强度下降时，由于苦味的减轻，使得甜味增强了。这一三元味觉的相互作用显示了外围和中心的味觉感知之间是如何相互作用的。

早期研究了单一的甜、酸、苦和咸味物质的感知强度，同时也研究了相互混合后这些味觉强度的变化。除了酸味外，继续加入任何一种其他的味觉物质都会引起所有味觉强度的下降。例如，当甜味物质加入后苦味减轻，再当加入咸味物质，苦味则进一步减轻，再加入酸味物质，苦味还要减轻，原因是某一味觉的削弱是由于该味觉物质本身的削弱作用引起的，但是当向酸味物质中添加其他味觉物质时，酸味物质的削弱作用却不能引起酸味强度的任何削弱，因此三元或多元味觉体系之间的相互作用还要复杂得多。

## 8.8 修

### 8.8.1 修的定义

修，即修饰、协调之意，如特征明显的酒的修饰作用，或是主体香存在的情况下，复杂成分例如糠醛对白酒风味的修饰作用等。

### 8.8.2 修的条件

组合好的基酒，已基本满足产品标准，但还存在较小瑕疵，为了进一步美化、完善酒质，需对白酒进行更好地修饰，起到提高馥郁度、丰富味感、提升品质的目的。

### 8.8.3 修的方法

（1）合理使用尾酒修饰米香型白酒　研究表明用酒度为10% ～ 15%vol的尾酒可有效提高米香型白酒的风味。据色谱分析与品评，前馏分的酒中低沸点的放香物质较多，而尾酒则主要含一些高沸点的呈味物质，如丙三醇、乙酸、2,3-丁二醇，以及米香型白酒主要呈香物质中的$\beta$-苯乙醇和乳酸乙酯，上述物质是米香型酒白酒必不可少的成分，故尾酒是一种优秀的调味酒；同时，尾酒作为调味酒能够一定程度降低仅加浆水引起的口感“淡薄”问题。若将15%vol左右的尾酒先用硅藻土滤清，除去高级脂肪酯后再贮存2 ～ 3个月再做调味酒，效果更佳。例如在豉香型白酒的勾兑过程中，适当加入尾酒发酵液，会使豉香型白酒的典型性突出，风味明显改善。

（2）适量使用特征酒修饰二锅头　为确保传统二锅头酒的典型风格，刘永军等合理采用了几种特征明显的酒来弥补二锅头酒工艺变革带来的不足，这些酒的用量不足5%，但确实使二锅头酒质量得以提高。这几种酒分别如下所述。

① 酒头酒。酒头中含有大量芳香物质，低沸点的香味物质多，主要是醛、酯、酚类，甲醇含量也较高，杂味也较多。刚蒸出来的酒头口感生糙，故以前在二锅头工艺中，把它当劣质酒进行回蒸或回醅，其实酒头经过贮存，其中的醛类和甲醇等有害物质发生了变化，一部分挥发，一部分由于醛基的存在成了酒中微量成分的活

化分子，从而使酒头变好。酒头含总酯量高，而且主要是挥发酯，所以有利于调整酒的闻香；酒头中多元醇也多有利于使酒味醇厚丰满。

② 酒尾酒。每甑接取20度左右的酒尾，装入大缸贮存3个月用于调味。可以提高基础酒的酸度和增长后味，使酒质回味长而且醇厚。

③ 曲香酒。应用优质清香大曲酒生产工艺，专门生产清香纯正的优质大曲酒，单独存放1年，用于调整二锅头的微量成分，但调味后曲香不突出为好，否则典型性不够。

④ 酯香酒。应用生香活性干酵母与粮醅堆积发酵，发酵期适当延长，生产己酸乙酯主体香突出的调味酒。

⑤ 黄水。黄水中富含有机酸和乳酸乙酯，可以补充和修饰酒的香气。

（3）利用个性酒修饰基础酒

① 后味带苦的酒，可增加勾兑酒的陈味。

② 后味发涩的酒，可增加勾兑酒的香味。

③ 带麻的酒，可增加浓香，使酒体丰满。

④ 适量的酸味可掩盖涩味。

⑤ 香味柔和的酒，酯含量低，可减少冲辣。

⑥ 回甜醇厚的酒可掩盖糙杂和淡薄。

⑦ 后味浓厚的酒可与味正而后味淡薄的酒组合。

⑧ 前香过大的酒可与前香不足而后味厚的酒组合。

⑨ 味较纯正，但前香不足、后香也淡的酒，可与前香大而后香淡的酒组合，加上一种后香长，但稍欠净的酒，三者组合在一起，就会变成较完善的好酒。

### 8.8.4 修的注意事项

修，是勾兑工作上更高级别的操作，只有对产品熏习其心，才能知道怎样修，修什么。修必须把握好以下几点。

（1）要熟悉目标产品的核心要求　首先必须清楚所勾调目标产品的核心要求。是什么香型、执行什么标准、各受控组分的含量范围是多少、感官要求是什么等。

（2）要品悟现有产品或配方的微妙差距　边修饰边品尝比较，也可用标准样作参照，找出现勾样品或配方与标准样的细微差距，做详细记录，若有差异再做调整。

（3）要从全局上把握修的方法　修的关键是找出样品的差异后，仔细分析，什么不足、什么出头、整体性好不好、风格是否突出等，然后对症下药，修要修得准确、修得巧妙，不能不及也不能过之，修得恰到好处，就起到了“画龙点睛”的作用。

## 8.9 融

### 8.9.1 融的定义

融，即融合，平衡之意，在白酒勾兑中理解为香味要一体，不可断节，闻香、入口成为一个整体。融有两层含义：一指白酒中各种香味成分要融为一体；二指多香型之间的相互融合，要求产品具有某些香型的天然禀赋，而且又不出头，通过复合浑然一体。

### 8.9.2 融的条件

（1）基础酒已基本符合要求，但需提高馥郁度。

（2）已有产品风格单一，满足不了消费者的新需求。

（3）高端白酒的基本要求。

### 8.9.3 融的方法

（1）反复调配做到诸味协调　白酒的味讲究酸、甜、苦、咸、鲜诸味谐调，恰到好处。既不能太甜腻，也不能太暴辣，要有适量苦味，但不能有持续性的苦，要有辣味，但辣不刺喉。白酒中的酸必不可少，但酸过头酒体就会变得粗糙。所以说白酒中各种香味物质要达到最好的融合，诸味皆有，均不露头，绝对含量要恰到好处，酸酯比例、醇酯比例、醛酯比例要在合理的范围内，这样酒体就能达到一种平衡状态，香与味相互嵌合，口感就会协调舒适。所以勾酒师必须拿捏好这种平衡，反复调配，才能勾出好酒。

（2）注重酒体的整体感　白酒是一个有机的整体，勾调时必须注意这一点，勾兑和调味实质上是一个打破原有的平衡，重建另一个新平衡的过程，所以必须遵循固有的规律，考虑各风味物质间的相互作用及它们之间的比例关系，综合考虑各种因素，尽可能保证白酒酒体的整体感。

（3）香型融合增加丰富感　白酒的香型融合已成为行业的发展趋势。通过香型融合一方面可以调整企业产品结构，丰富品种，同时也可以使白酒口感多元化，迎合消费者的需求。但香型融合不是几种香型白酒的简单掺兑，融合也要遵循一定的原则。

① 有主有次的原则。浓酱兼香的经验证明，浓香酒、酱香酒并非是各50%一混合就可以。浓酱兼香两个代表酒由于浓酱成分比例不同而形成两种风格。口子窖是以浓为主，浓中有酱，白云边酒是以酱为主，酱中带浓。有主有次的配合，才促成两种同香型不同流派代表酒的产生。

② 恰当比例的原则。香型融合需要科学对待，在仔细分析掌握各香型白酒骨架成分的基础上，经过多次试验找出它们之间的最佳融合点。一是指要融合的各香型白酒之间的组合比例问题，要找到最佳比例；二是融合后各微量成分之间的比例关系，比例协调才能保证最终酒质的自然。

③ 融合时间要长的原则。就白酒的胶体特性而言，白酒的风味物质常常以胶团或分子簇的形式存在，这种胶团结构保证了白酒的稳定性，产品融合时，两种不同胶体性质的酒相互结合，就会打破原有的平衡，并形成新的胶团结构。我们知道，胶团的形成需要一定的时间，经验证明，两种酒勾调后的贮存时间最好不少于6个月。

④ 提早融合的原则。提早融合一是指融合时间越早越好，可以给融合后的产品一个较长的后期稳定时间；二是指可以从工艺上做起，直接生产出香型融合产品。譬如行业中一些企业生产兼香型产品，从工艺上就开始融合，通过窖池改造、原料配比的调整、大曲工艺的改进、酿酒工艺的优化、贮存设备的改变等，直接生产出兼香型产品，使其酒质复合自然、浑然天成，市场表现良好，很受消费者喜爱，这是白酒融合的根本之道。

玉泉、口子窖融合了浓香和酱香的工艺特征，产品独具风格，诞生了兼香型白酒；芝麻香型、馥郁香型白酒从不同的方面部分融合了浓、清、酱等香型的工艺，创立了不同的白酒香型。

融的核心是要丰富产品口感，提高产品的馥郁度。馥郁度的好坏，是一个产品是否成功的关键，高端白酒馥郁度问题是最重要的命题。

## 8.10 正

### 8.10.1 正的定义

当用以上九种方法都解决不了问题时，就需要考虑找出因素和水平数，进行正交试验，所以“正”是无法之法，是根本大法。对样品而言，正，即纯正，使勾兑后的白酒达到香气正、口味正、风格正，保持白酒的原有风格和典型性。“正”也有修正的意思，指在勾兑过程中对于有缺陷的酒经过勾酒师的巧妙组合，达到纠正的目的，使修正后的白酒变得风格纯正。所以“正”既是方法也是目的。

香气正。从勾兑的第一环节选样开始就要考虑这一因素。骨架酒的选用必须是本香型风格突出、没有明显缺陷、香气正、无异香的基酒，这一点对保证香气纯正是最关键的。

口味正。勾兑时也要特别注意口味的纯正，做到不偏格，不改变酒的基本口感，选用基酒时，要选用风格突出、香气丰满、自然平顺的基酒。

风格正。每一种白酒典型风格的形成，都是由许多香味成分之间相互缓冲、烘托、协调和平衡复合而成的。所以在酒体设计时，要首先保证企业相同产品微量成分基本一致，口感与风格相对稳定。

实验表明，在浓香型白酒酒体设计时，首先确定骨架成分，以保证勾兑白酒的风格纯正。

（1）酯类是白酒香气的主要成分，比例大小是己酸乙酯＞乳酸乙酯≥乙酸乙酯＞丁酸乙酯＞戊酸乙酯，总酯含量2.5g/L左右。

（2）酸类是白酒中主要的呈味物质，具有稳定香气的作用，比例大小是乙酸＞己酸≥乳酸＞丁酸＞戊酸，总酸含量在0.8 ～ 1.2g/L。

（3）醛、酮类。在白酒中起到烘托香气的作用，主要包括乙醛、乙缩醛、双乙酰、醋酸等，特别要注意乙缩醛和己酸乙酯的比例，如乙缩醛用量过大，压香、酒发涩，过小酯香突出，香气大，不自然，外加香明显。

### 8.10.2　正的条件

（1）用单一或几种方法“剧烈”地调整勾兑方案，仍不能解决问题。

（2）进行配方设计的过程中，在思路尚未完善的情况下，需要用正交实验方法找出框架。

（3）新产品开发时，关系的因素众多，开发要求较高，用传统思维难以解决。

### 8.10.3　正的方法——正交试验

很多学者总结了关于勾兑的一些规律，例如各种微量成分的比例、酸酯比例以及某些具体成分之间的比值范围等，但是有时即使是相同的工艺，不同单位生产出来的酒，也具有各自的特点，故前期总结出的经验和规律也有不适用的时候。为了寻找恰当的、最能突出该产品风格特征的勾兑方案，就必须进行多次的勾兑试验，但有时仍不能得到较好的效果。正交试验法是多因素试验中选择较优方案的一种科学有效的方法。它是应用统计学原理，以最少的试验次数及最适当的试验方法，得到最高精度的一种实验配置法。

（1）试验目的　找出最优方案，提高产品质量，提高效率。

（2）试验指标　白酒的色、香、味、风格综合评分。

（3）考核方法　以正交安排勾兑方案，按方案勾兑，由品酒员感官品评并打分，再按照正交法数据处理，处理结果再结合理化指标进行修正。

（4）正交试验的基本方案

① 因素的确定。利用正交试验确定勾兑方案，第一步就是要确定正交试验的

因素，也就是要选择合适的酒样来勾兑。例如想要勾兑优质的酱香型白酒，首先就要清楚酱香型基酒可分酱香、醇甜和窖底香的单型酒；其次是不同轮次的酒在白酒勾兑中地位不同，要科学地选择；再次是查阅酒库档案，了解这些酒样的特点、酒度、酒龄等；最后再决定选用哪些酒来进行勾兑。不过要注意的是根据勾兑所用酒样的品种、数量的不同，选择套用相适应的因素水平表，选用过大或过小都将影响结果的较优性或增加试验量。

彭全生采用两种酒龄不同的清香型基酒（50号和2号罐），还有酒头（49号罐）和酒尾（54号罐）共四种酒进行了正交试验。其中酒头含低沸点芳香物质较多，但滋味燥辣，回味欠绵长，而酒尾含高沸点香味成分较多，有助于香气的持久作用。

② 水平的确定。确定了因素之后，就要确定每个因素的水平。每个因素的取值范围，是根据该酒样的通常用量所确定的，当然，在成本条件允许的情况下，也可突破性地随机选取，可能出现更好的结果。

每个因素都取了三个水平，因素水平如表8-1所示。

**表8-1 确定因素水平表** 单位：mL

| 水平 | 50号罐（A） | 2号罐（B） | 49号罐（C） | 54号罐（D） |
|---|---|---|---|---|
| 1 | 75 | 5 | 4 | 4 |
| 2 | 80 | 10 | 6 | 6 |
| 3 | 85 | 15 | 8 | 8 |

③ 产品勾兑本质的重构，设计出勾兑比例试验方案正交表。根据表8-1中所确定的因素水平，选用$L_9(3^4)$正交表来安排试验方案见表8-2。

**表8-2 勾兑比例试验方案正交表** 单位：mL

| 实验号 | 50号罐（A） | 2号罐（B） | 49号罐（C） | 54号罐（D） |
|---|---|---|---|---|
| 1 | 1（75） | 1（5） | 3（8） | 2（6） |
| 2 | 2（80） | 1（5） | 1（4） | 1（4） |
| 3 | 3（85） | 1（5） | 2（6） | 3（8） |
| 4 | 1（75） | 2（10） | 2（6） | 1（4） |
| 5 | 2（80） | 2（10） | 3（8） | 2（6） |
| 6 | 3（85） | 2（10） | 1（4） | 3（8） |
| 7 | 1（75） | 3（15） | 1（4） | 3（8） |
| 8 | 2（80） | 3（15） | 2（6） | 2（6） |
| 9 | 3（85） | 3（15） | 3（8） | 1（4） |

④ 试验结果的分析处理。根据正交表来看，每个试验号为一组条件，进行勾兑后请品酒人员品评，给出综合评分，并作相应处理，结果统计于表8-3。

表8-3　正交试验结果数据处理统计表　　单位：mL

| 实验号 | 50号罐（A） | 2号罐（B） | 49号罐（C） | 54号罐（D） | 得分 |
|---|---|---|---|---|---|
| 1 | A1 | B1 | C3 | D2 | 83 |
| 2 | A2 | B1 | C1 | D1 | 91 |
| 3 | A3 | B1 | C2 | D3 | 80 |
| 4 | A1 | B2 | C2 | D1 | 78 |
| 5 | A2 | B2 | C3 | D2 | 79 |
| 6 | A3 | B2 | C1 | D3 | 77 |
| 7 | A1 | B3 | C3 | D3 | 77 |
| 8 | A2 | B3 | C1 | D2 | 80 |
| 9 | A3 | B3 | C3 | D1 | 77 |
| Ⅰ | 238 | 254 | 245 | 246 | 722 |
| Ⅱ | 250 | 234 | 238 | 242 | |
| Ⅲ | 234 | 234 | 239 | 234 | |
| R | 16 | 20 | 7 | 12 | |
| 序号 | 2 | 1 | 4 | 3 | |

从试验结果来看，较好的试验方案是第2号：A2、B1、C1、D1。通过分析，正交试验结果数据处理统计表中第一列中Ⅱ最高，故取A2；第二列中Ⅰ最高，取B1；同理第三列取C1；第四列取D1。把通过计算得到的四个因素的优选水平结合在一起，则全体配合中可能好的配合是A2、B1、C1、D1，与直接看的结果是一致的。

因素趋势图见图8-1（将四个因素之趋势图合并在一个图内）。

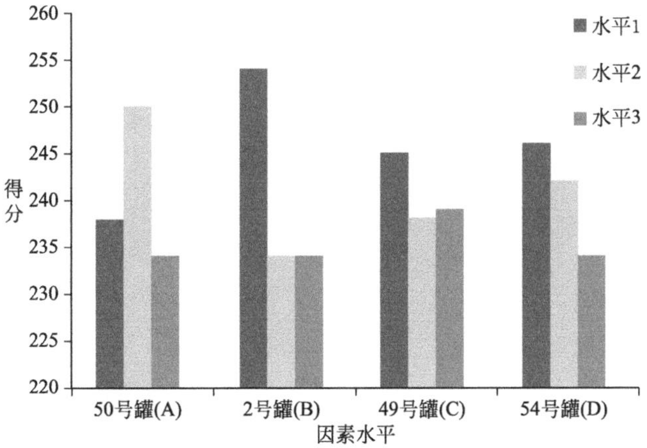


图8-1　因素趋势图

从趋势图8-1上看，50号A比例在80处最好，2号B在5处最好，49号C是4，54号D是4，即最好组合是A2、B1、C1、D1，这也与前述结果相同，是最佳方案。但考虑本产品实际情况，为能充分保证各项理化指标满足国家标准，通过综合分析，把49号罐C1=4取为C1=5，54号的D1=4取为D1=5。最后把此四个位级组合在一起，得到最后方案是A2、B1、C4、D4。

⑤ 效果分析。当通过正交试验选出最优方案之后，还需要进行最终的验证。在本例中，根据最终选出的A2、B1、C4、D4方案为基准，通过大批量勾兑，经评酒人员感官品评和理化检测，各项指标均达到要求，用此方法勾兑出的产品，在省级评酒会上，均取得了较好的名次。

正交法是勾兑十法中的根本大法，是最合理高效的一种勾兑和配方选择之法。在勾兑工作中可以大胆使用，效果显著。

# 第九章

# 重要呈香呈味物质

## 9.1 酯类物质

### 9.1.1 乙酸乙酯

乙酸乙酯又称醋酸乙酯，是乙酸中的羟基被乙氧基取代而生成的化合物，结构简式为$CH_3COOCH_2CH_3$。纯净的乙酸乙酯是无色透明有芳香气味的液体，熔点–83.6℃，沸点77.06℃，相对密度（水=1）是0.894 ~ 0.898，相对蒸气密度（空气=1）是3.04，微溶于水，溶于醇、酮、醚、氯仿等多数有机溶剂。按照中国白酒风味物质嗅觉阈值测定方法，乙酸乙酯的嗅觉阈值是32.55mg/L，被描述为菠萝香、苹果香、水果香，易扩散，不持久。

（1）乙酸乙酯对白酒风味的影响　乙酸乙酯是清香型白酒和凤香型白酒的主要香味成分，香气较清纯优雅，具有苹果和香蕉的水果香气，在浓香型、酱香型等白酒中乙酸乙酯含量也比较高，是形成白酒香味的重要物质，它的含量一般在1 ~ 3g/L，含量过高或量比关系失调，会带来甘蔗水的香味，含量适当能促进酒的放香。

乙酸乙酯在清香型酒中含量最高，约占总酯的50%以上，这是清香型酒的特征，以它为主体构成该酒的香型和风格；凤香型白酒乙酸乙酯含量范围0.8 ~ 1.80g/L，和浓香型白酒相近，但只有清香型白酒的50%左右，由于还有己酸乙酯和一部分香味较强的芳香物质存在，所以凤香型白酒具有醇厚丰满的风格特点；芝麻香型白酒中乙酸乙酯含量一般大于0.8g/L；老白干中乙酸乙酯的含量一般大于0.4g/L；浓香型白酒中乙酸乙酯含量一般低于0.25g/L；而米香型酒中所含乙酸乙酯含量较低，占总酯的17%，最低为董酒，只占总酯的8%。

（2）白酒生产过程中乙酸乙酯的形成过程　白酒酿造发酵过程中乙酸乙酯产生的途径有三条：一是酵母菌在酒精发酵时的副产物；二是酒醅中乙酸经微生物酯化而成；三是其他微生物发酵的代谢物。

有些学者认为酿酒发酵期较短的清香、凤型、米香、豉香型白酒中乙酸乙酯的产生是以第一条途径为主，胞外酯化酶为辅。而当清香、凤型延长发酵期生产调味酒时，大曲中的胞外酶酯化作用就更显示出来了。

（3）如何提高酒中的乙酸乙酯　乙酸乙酯是我国白酒中含量较多的一种乙酯，尤其对清香型、米香型、凤型以及二锅头等酒的风格形成具有重要作用，它又是清香型主体香的组成部分。

有研究表明，生香酵母是大曲中的主要酵母菌，在发酵过程中利用葡萄糖代谢乙醇和乙酸，后在酵母胞内酯酶的作用下生成乙酸乙酯。生香酵母发酵的主要代谢产物及其含量见表9-1。

表9-1　生香酵母发酵的主要代谢产物及含量　　　　单位：mg/100mL

| 项目 | 乙酸乙酯 | 乙醇 | 乙酸 | 乳酸 | 丁酸 | 己酸 |
|---|---|---|---|---|---|---|
| 含量 | 219.14 | 148.77 | 108.5 | 2.33 | 0.25 | 0.15 |

王元太指出，采用人工高酯化能力的红曲霉菌种接种到强化大曲中，可使50%以上的成曲断面出现红线和红心。使用该大曲生产的清香型原酒，其总酯高达5.0g/L以上，如用于生产低度的调味酒，结合其他生产工艺措施，其总酯含量可高达6.0g/L以上，总酸高达1.0g/L以上。

还有研究表明在入窖时添加生香酵母，将发酵期延长至21天，所产白酒的乙酸乙酯增加，乳酸乙酯下降，清香风格明显。这些俗称为生香酵母的汉逊氏酵母属还广泛应用于多种香型的麸曲法优质白酒生产中。

凤香型白酒不同发酵期的工艺试验证实，将原发酵14天工艺分别延长至23天和30天乃至120天，乙酸乙酯、己酸乙酯、丁酸乙酯及乳酸乙酯均有很大的增长。

### 9.1.2　己酸乙酯

己酸乙酯的分子式是$C_8H_{16}O_2$，是一种无色或淡黄色的具有果香气味的液体。熔点–67℃，沸点167℃，相对密度（水=1）0.866 ～ 0.874，不溶于水、甘油，溶于乙醇、乙醚等多数有机溶剂。随着国内分析手段的不断完善，在20世纪60年代，己酸乙酯在中国白酒中被检出，最后被确认为浓香型白酒的主体香气之一。

（1）己酸乙酯对白酒香气的影响　己酸乙酯是浓香型白酒的主体香味成分，适量的己酸乙酯可以使浓香型白酒散发出浓郁的窖香。己酸乙酯是浓香型白酒最重要的香气指标，在白酒勾兑时常常加入长酵酒，其己酸乙酯含量可达5 ～ 7g/L，特级浓香酒己酸乙酯在3g/L以上，优级酒在2.5g/L以上，浓香型白酒的己酸乙酯含量一般在1.8g/L左右，它的最高含量一般不超过2.5g/L，一般来说单粮浓香的己酸乙酯含量较高，多粮浓香次之，淡雅浓香含量更低。

兼香型白酒中的己酸乙酯含量多在0.60 ～ 1.80g/L；凤香型白酒中己酸乙酯含量范围在0.20 ～ 1.20g/L，远远高于清香型白酒，若凤型酒中己酸乙酯含量低于0.40g/L，口感明显偏清，但超过1.00g/L，浓香出头，酒体偏浓。试验研究表明，当己酸乙酯含量在0.50 ～ 1.0g/L时，凤香型风格明显，酒体醇厚丰满，诸味协调；药香型白酒的己酸乙酯含量一般在1.0g/L左右，大大低于浓香型白酒；酱香型白酒己酸乙酯含量较低，一般为0.3 ～ 0.6g/L；芝麻香型白酒中己酸乙酯含量在1.0g/L以内，低于浓香，高于清香；清香型白酒、老白干香型白酒、米香型白酒中几乎不含己酸乙酯。

（2）己酸乙酯在白酒酿造过程中的形成过程　梭状芽孢杆菌是己酸生成的根

本，在窖泥中梭状芽孢杆菌与甲烷菌属于共生关系，在间接酶和直接酶共同作用下产生己酸乙酯。实验表明，己酸乙酯是由己酸菌产生的己酸和酵母菌产生的乙醇经酯化合成的。在白酒酿造过程中，具有酯化能力的微生物有酵母菌和霉菌，酵母菌在生长活动期，其胞内酶将己酸酯化合成为己酸乙酯，而红曲霉、根霉菌等曲霉菌是胞外酶合成己酸乙酯的。

（3）调控己酸乙酯生成的途径　白酒生产过程中影响己酸乙酯生成的工艺条件包括以下几个。

① 高淀粉、高酸度、长发酵期是己酸乙酯生成的必然条件。

② 窖泥是己酸菌富栖的基本条件。

③ 上甑操作、蒸馏提香等操作影响己酸乙酯含量。

### 9.1.3　丁酸乙酯

丁酸乙酯的分子式是$C_6H_{12}O_2$，常温下的丁酸乙酯是无色透明液体，具有菠萝芳香和果香气味，熔点–93.3℃，沸点120℃，密度是0.875g/mL，能溶于乙醇、乙醚等有机溶剂。

（1）丁酸乙酯对白酒风味的影响　丁酸乙酯在白酒中的含量较少，在浓香型白酒中丁酸乙酯与己酸乙酯、乙酸乙酯、乳酸乙酯共同作用，赋予了浓香型白酒窖香浓郁、醇厚丰满的感觉，丁酸乙酯在浓香型白酒中不可或缺，含量在0.1 ~ 0.5g/L；在药香型白酒中丁酸乙酯含量最高，可达1.0g/L左右，高于浓香型白酒；酱香型白酒略低于浓香型白酒，含量在0.18g/L左右；清香型白酒中的丁酸乙酯含量甚微。

丁酸乙酯似菠萝香，带脂肪臭，爽快、可口。在丁酸乙酯和己酸乙酯进行比较时，认为丁酸乙酯比己酸乙酯香味明显清雅爽口、入口浓郁，突出了甘爽风格。在浓香型白酒中，丁酸乙酯呈老窖泥香味，并有清淡而舒爽的菠萝香，酒香浓郁，酒体丰满，随含量的增加窖香渐大，有增前香和陈味的作用。若丁酸乙酯含量过小，香味喷不起来，过多则显燥，带泥臭，似汗气即丁酸臭。在清香型白酒中丁酸乙酯则被认为是杂味，含量高就会失去典型风格。丁酸乙酯在凤型白酒中的含量范围在0.03 ~ 0.15g/L，它是形成窖香的重要酯类物质。试验研究表明，凤型白酒中丁酸乙酯：乙酸乙酯在1 ： 10时最为适当。凤型白酒中的丁酸乙酯含量比浓香型白酒低，但比清香型白酒高出许多，它对凤型白酒的香味成分有一定的增强作用。

（2）白酒生产过程中丁酸乙酯的生成过程　浓香型酒中丁酸乙酯含量较高，酱香型酒中含量较少。丁酸乙酯是土壤微生物丁酸菌代谢的丁酸基质或是己酸菌发酵的中间产物丁酸与乙醇经生化合成。它在浓香型酒的四大酯中含量一般是最少的，通常在新建的发酵窖泥筑窖后的前几排酒中含量多一些。丁酸乙酯的生成过程包括：丁酸与乙醇在硫酸存在下酯化而得；正丁酸和乙醇在硫酸或氯化镁催化下加热酯化后蒸馏而得；正丁酸和乙醇在催化剂（$CuO+UO_3$）存在下经高温气相反应合成而得。

在传统固态发酵的浓香型酒中己酸乙酯与少量的丁酸乙酯必须在发酵酒醅中生成相应的酸之后才能和乙醇起酯化反应而产生。存在于窖泥中的己酸菌代谢出己酸以乙醇为主要碳源，己酸发酵又十分缓慢；同时也可能存在于发酵体系中的副产物乙酸经丁酸转化成己酸，因此它们的形成应该是在主发酵期以后以胞外酶为主而逐步积累，需要一个较长的形成过程。

经固态发酵试验，发现所产的酒具有浓香风格，经色谱分析发现酒中既含丁酸乙酯又含有较多量的己酸乙酯。试验还显示了在没有窖泥的情况下不产己酸及丁酸乙酯，而向乙酸乙酯转化。丁酸菌与己酸菌似乎是一对孪生兄弟，巴克首次发现己酸菌时就将它称之为不定型的丁酸菌。

### 9.1.4 甲酸乙酯

甲酸乙酯又称蚁酸乙酯，其化学结构上具有活泼羰基和酯基性质，有还原性，能进行酯缩合反应，能混溶于乙醇、乙醚、苯和丙二醇，微溶于矿物油和水（在水中逐渐分解），不溶于甘油，在碱性中容易水解成游离酸和乙醇。有辛辣的刺激味和菠萝样的果香香气，还有强烈似朗姆酒香气，并略带苦味。

甲酸乙酯呈桃香或荔枝味，味酸略有涩感，在白酒中的含量甚微，浓香型酒中10mg/100mL左右，酱香型白酒20mg/100mL左右，清香型白酒基本不含有甲酸乙酯。经测试，浓香型白酒中含量在0.15g/L以下为好，有助前香、增加陈味的作用，超过0.15g/L燥辣，并略带涩味。《汾酒特征香气物质的研究》中通过闻香强度法（Osme）分析，从汾酒、老白干和西凤酒中共检测到了135个香气化合物，鉴定出115种。其中，汾酒中共检测到99种香气化合物；而老白干酒共鉴定出106种；西凤酒共鉴定出102种，研究者进一步对汾酒、老白干和西凤酒中共79种香气物质进行了定量分析，通过定量结果可知，三种白酒的香气物质中酯类香气物质是所有香气物质中含量最多的，芳香族及酚类化合物在汾酒白酒中所占比例（1.68%）是三个香型白酒中最大的，该研究在汾酒中未检测到甲酸乙酯。《凤香型西凤酒特征风味物质研究》表明，在西凤酒中共检测出微量成分1410种，其中解析出的成分有1047种，未知成分有363种，在1047种微量成分中，酯类有336种；本研究共定量出68种香气化合物，其中酯类23种，但研究未检测到甲酸乙酯。

## 9.2 醇类物质

### 9.2.1 异戊醇

异戊醇，又称3-甲基-1-丁醇，异丁基甲醇。分子式$C_5H_{12}O$，相对分子质量是88.15。无色透明液体，浓度低时有明显的苦杏仁香气，浓度高时有杂醇油味。熔点-117.2℃，沸点132.5℃，相对蒸气密度（空气=1）3.04。异戊醇微溶于水，能溶于醇、醚、酮、苯、氯仿和石油醚等。

（1）异戊醇对白酒风味的影响　异戊醇在浓香型白酒中的含量为0.25～0.6g/L，一些学者研究表明，含量在0.38g/L左右较好，含量高时前浓后燥，带异臭味或称杂醇油气味；酱香型白酒异戊醇的含量在0.46～0.80g/L，有时正丙醇的含量会高于异戊醇；清香型白酒异戊醇含量在0.30～0.50g/L，与浓香型和酱香型含量接近，有时还会高一些，因此异戊醇不会产生怪杂味，不影响一清到底的风格，没有异戊醇或异戊醇含量偏低，还会失去白酒的典型风格和自然感，异戊醇是白酒不可缺少的一种微量成分；老白干酒中高级醇含量高于大曲清香酒，尤其是异戊醇含量0.70g/L以上，高于大曲清香酒近1倍；米香型白酒属半液半固法生产的蒸馏酒，异戊醇含量比较高，一般在0.86g/L左右；药香型白酒的异戊醇含量与米香型白酒接近或略高；凤香型白酒异戊醇含量一般在0.40～0.60g/L，适量的异戊醇是凤香型白酒中不可缺少的重要风味物质，是凤香型白酒的信号物质，具有明显的苦杏仁味。试验研究表明，当异戊醇含量在0.50～0.60g/L时最优，凤香型白酒风格典型，甘润挺爽，当异戊醇含量低于0.40g/L时，酒体甘润协调，但有失凤香型白酒的苦杏仁典型风味；当异戊醇含量高于0.60g/L，会出现入口难、饮后“上头”的现象，故凤香型白酒中异戊醇含量以0.50～0.60g/L为宜。

异戊醇在白酒中含量适当时，可以增大香度，味浓甜、顺口，尾味较长，含量偏高时酒燥，刺激感大，有刺舌感觉，甚至带涩臭气。

（2）异戊醇的产生机理　固态白酒发酵过程中，有关高级醇（异戊醇）的产生机理有以下两个推论：其一，蛋白质分解机理，即蛋白质分解为氨基酸，氨基酸被酵母菌或细菌利用，苏氨酸脱氨基、脱羧基形成正丙醇；其二，糖的厌氧发酵机理，即氨基酸中间代谢产物α-酮丁酸脱羧、还原生成正丙醇。受蛋白质分解机理的影响，有一些学者怀疑正丙醇的产生与堆积料的耐高温细菌有关。

总的来说，高级醇由发酵原料或酵母菌体蛋白质经一系列生化反应生成，其形成主要包括降解代谢和合成代谢途径，代谢过程见图9-1。

氨基酸降解代谢途径中，酒醅中的蛋白质经水解（在蛋白酶及肽酶作用下）生成氨基酸，特定的氨基酸可以形成特定的高级醇，如亮氨酸生成异戊醇、缬氨酸生

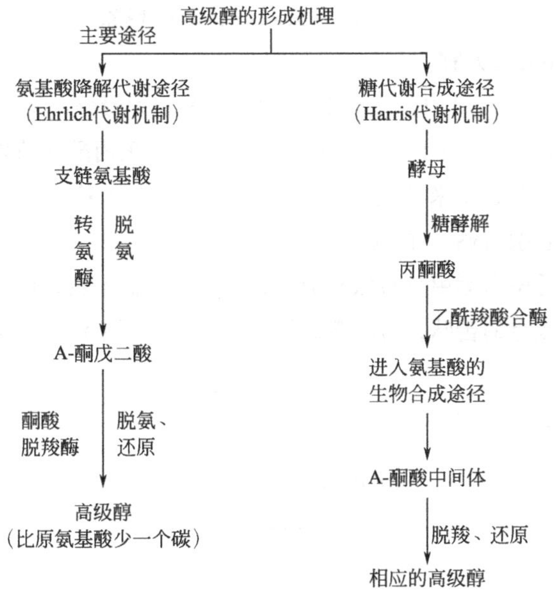


**图9-1　高级醇的形成机理**

成异丁醇、苏氨酸等可生成正丙醇等。在固态发酵环境中，高级醇的生成途径是由可同化氮源的情况决定的。当可同化氮源缺乏时，细胞内通过糖合成途径合成氨基酸，形成较高浓度的高级醇；当可同化氮源浓度较高时，氨基酸反馈抑制合成代谢途径中的酶活性，减少高级醇在糖合成途径中的形成量，同时从氨基酸降解代谢途径形成的高级醇量增加，因此高级醇最终的含量是两条途径在固态发酵环境中平衡的结果。

### 9.2.2　正丙醇

正丙醇（*n*-propanol），又称1-丙醇（1-propyl alcohol）。分子式为$CH_3CH_2CH_2OH$（$C_3H_7OH$），分子量为60.10，常温下为无色透明液体，似乙醇气味，可溶于水、乙醇、乙醚。

（1）正丙醇对白酒风味的影响　正丙醇是白酒中高级醇的重要组分之一，在不同香型白酒中含量差异较大。正丙醇含量最高的是四特酒，一般含量在1.5g/L左右，四特酒的正丙醇香味强度大大高于其他各类香型白酒；其次是酱香型白酒，一般含量在0.6 ~ 1.6g/L，有人认为，酱香型白酒香味的形成与正丙醇有较大关系；凤香型白酒正丙醇含量一般在0.4 ~ 0.6g/L。试验研究表明，当正丙醇含量在0.5 ~ 0.6g/L时最优，凤型酒酒体醇厚丰满，甘润挺爽，诸味协调，尾净悠长；当正丙醇含量低于0.4g/L时，酒体甘润协调，余味较长，但有失醇厚感；当正丙醇含量高于0.65g/L，会出现入口难、饮后头晕或紧胀的现象，故凤香型白酒中正丙醇含量以0.50 ~ 0.60g/L为宜。

正丙醇在浓香型白酒中含量一般在0.16g/L左右为最好，新窖或人工培养窖正丙醇含量较高，均在0.3g/L以上，酒味辛、不丰满；正丙醇在清香型白酒中含量最低，一般在0.1g/L左右；米香型白酒为0.18 ~ 0.28g/L；药香型白酒正丙醇含量也很高，仅次于酱香型白酒，在1.0g/L左右。

正丙醇在浓香型白酒中具有浓陈醇味，多则带闷而不爽，似酒精气味，香气清雅，单独品尝有较重的苦味，带轻微的燥感，但在白酒中没有苦味，对提高白酒的浓陈味有一定贡献。

（2）白酒中高级醇的检测手段（图9-2）

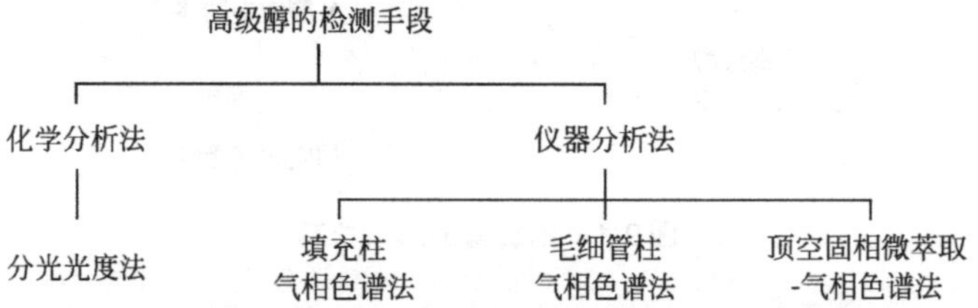


**图9-2　高级醇的检测手段**

目前普遍采用化学分析法和仪器分析法来检测高级醇。国标中给出的高级醇分析方法是化学法分光光度法和气相色谱分析法，但随着时代的发展和科技研发的深入，化学分析逐渐被灵敏度高、重复性好、耗时少、人为因素少的仪器分析所替代，并且越来越多的学者不断创新，仪器分析也趋于多样化，毛细管柱气相色谱法、顶空固相微萃取气相色谱法等多种方法都被应用于测定固态发酵白酒中的高级醇含量。

（3）如何调控高级醇的生成　高级醇的种类和含量决定了白酒的香气特征和口感，但过高含量的高级醇会破坏酒体风格，因此，众多学者针对如何在酿造过程中调控高级醇的生成展开大量的研究。目前国内的研究主要从改变工艺条件对其加以控制，如减少使用蛋白质含量高的原料，改变投粮配比、加曲量、加糠量、接种温度等。国外学者针对高级醇产生的机理，从细菌、酵母菌等菌种角度展开了研究，有学者证实了一株厌氧梭菌能够发酵苏氨酸产生丙酸和正丙醇。

罗惠波等针对降低浓香型白酒中的高级醇做了一系列研究，首先采用实验室模拟白酒固态发酵的方法，研究了浓香型白酒传统工艺因素中的量水添加量、加曲量、加糠量和投粮量对高级醇生成量的影响。实验结果表明，量水减少30%时，高级醇总量下降达12.81%；加曲量为27%时，高级醇总量下降达8.75%；加糠量减少16%时，高级醇总量下降达3.54%；粮糟比为1 ： 5时，高级醇总量下降达1.42%，此研究说明适当减少量水用量、加糠量以及投粮量，均可以降低高级醇的产生，而增大加曲量也可以降低高级醇的生成量。

孙金旭等研究了不同大曲加量对酱香型白酒高级醇含量的影响。研究得出，不同大曲加量对正丁醇、异丁醇、异戊醇及高级醇总量影响不同，曲料比1 ： 1和1 ： 1.3时，高级醇的生成量趋于平缓，通过加曲量来控制高级醇的生成具有一定的可行性。分析其原因可能是随着大曲量的增加，酒醅中酵母的数量增加，抑制酵母的繁殖，进而减少酵母分解氨基酸或利用葡萄糖过程中高级醇的生成。

通过改进发酵工艺调整高级醇。在固态白酒发酵过程中，发酵因素和发酵工艺决定着高级醇含量的高低。量水量、加曲量、加糠量、粮糟比、发酵力、糖化力、蛋白分解力等多因素的调控有可能有效地降低高级醇的生成量。还有研究通过改变发酵过程中的温度、pH值、氧气含量等发酵条件控制白酒中高级醇含量，此外，也有学者根据蛋白含量选择优质原料用以酿造高级醇含量适当的白酒。总的来说，具有不同香气特征的各个香型的白酒，都是由不同的发酵工艺酿造的，其发酵过程相当复杂，在调整一种工艺因素的同时，该因素对白酒的产率、风味和品质会产生综合的影响，所以要降低高级醇含量，需要有针对性地着眼于本香型高级醇生成机制，进一步地优化实验因素与水平来找到更切合生产实际的工艺改进措施。

通过微生物手段调整高级醇。与通过工艺手段降低高级醇相比，肖冬光教授通过筛选高级醇缺陷酵母菌株，高产乙酸乙酯、低产高级醇，有针对性地解决了一些企业高级醇含量偏高的问题。此种方法可从源头上调控高级醇的生成途径，是目前最有效的一种方法。

高级醇是白酒的重要组成部分，也是白酒的色谱骨架成分，适量的高级醇对白酒的香气和品质有很大影响，因此，在白酒发酵过程中全面了解高级醇的生成机制及调控技术十分重要。目前对白酒中高级醇的调控还未形成统一的操作规程，但大力加强白酒发酵过程中高级醇的形成途径及影响因素的研究，将为高级醇的调节抑制提供新的途径或手段，具有重要的理论和应用价值。

### 9.2.3 2,3-丁二醇

白酒的甜味主要来源于醇类，特别是多元醇，多元醇都有甜味基团和助甜基团。如丙三醇（甘油）、2,3-丁二醇、赤藓醇（丁四醇）、阿拉伯醇（戊五醇）、甘露醇（己六醇）等，随着羟基数目的增加，甜味也相应加强，如乙醇＜乙二醇＜丙三醇＜丁四醇＜戊五醇＜己六醇。丁四醇的甜味比蔗糖大2倍，己六醇有很强的甜味，它在水果甜味中占有重要地位。这些多元醇不但产生甜味，还因为它们都是黏稠体，均能给酒带来丰满的醇厚感，使白酒口味软绵，茅台酒特别绵与其甘油含量大很有关系。

白酒中的2,3-丁二醇有甜味，可使酒发甜，也稍带苦味，具有小甘油之称。它被认为是影响白酒质量的重要成分，主要由细菌发酵产生，在白酒中起着缓冲、平衡的作用，能使酒产生优良的酒香和绵甜的口味。适量的甘油（丙三醇）、2.3-丁二醇在白酒中起缓冲作用，使酒增加绵甜、回味和醇厚感、自然感。

适量的2,3-丁二醇对白酒风味的贡献很大，若含量太高就会使酒的协调感降低，给人以粗糙的感觉。若含量太少则酒无回甜感、尾淡。凤香型西凤酒特征风味物质研究表明，2,3-丁二醇是凤香型白酒中重要的微量成分。

## 9.3 醛类

### 9.3.1 乙缩醛

乙缩醛是白酒老熟的重要指标，也是有别于低档酒的指标之一。乙缩醛不是醛类，学名二乙醇缩乙醛，分子内含有两个醚键，是一个特殊的醚，从概念上讲乙缩醛和醛不是同一类化合物，但是在特定的条件下它们互相联系又可以相互转换，它是潜在的乙醛，为方便介绍，将乙缩醛划分为醛类。

乙缩醛也称作1,1-二乙氧基乙烷、乙醛二乙基缩醛，常温下为无色透明的液体，分子量为118，沸点102.7℃，相对密度为0.826 ~ 0.830，部分溶于水，溶于乙醇等有机溶剂中。乙缩醛有水果香、欧亚甘草和青草香，柔和爽口，味甜带涩，似果香，香味文雅细致，有愉快感，尾净，刺激性没有乙醛大。乙缩醛在10%（体积分数）的酒精水溶液中的阈值是50μg/L，广泛存在于葡萄酒和中国白酒中。1,1-二乙氧基-3-甲基丁烷（异戊醛二乙缩醛）具有水果香，是浓香型白酒中含量最高的缩醛类化合物。

（1）乙缩醛在各香型白酒中的含量　乙缩醛在白酒中的含量较高，酱香型白酒在0.9g/L左右，浓香型白酒在0.6g/L左右，清香型白酒在0.5g/L左右，凤香型白酒在0.3 ~ 0.8g/L。试验研究表明，乙缩醛在凤香型白酒中含量0.6g/L左右为最好，有增进爽快感的特殊作用，是解决乳酸乙酯含量高、酒味闷、涩的好调味酒。乙缩醛含量过高则会冲淡浓味，会造成燥辣感。适量的乙缩醛可以增加陈味。

（2）乙缩醛对白酒风味的影响　白酒的四大类呈香物质中，醛类的香味最为强烈，乙缩醛具有羊乳干酪味，柔和爽口，味甜带涩，是白酒老熟和质量优劣的重要指标。普遍认为白酒的贮存时间越长，乙缩醛含量越高，它有解闷、放香、协调各味的作用。

在白酒贮存过程中，要发生两大反应：第一，氢键缔合作用，乙醇分子与水分子间通过氢键缔合作用逐渐形成分子缔合群，缩小了酒精分子的活度，故降低了乙醇的刺激性；第二，缩合作用，游离的乙醛和乙醇缩合成乙缩醛，而乙缩醛的刺激性低于乙醇和乙醛。这两种反应的结果均是使白酒酒味变得醇和、绵软，香气更加丰富。

乙缩醛与乙醛一起对酒体的香气有较强的平衡和协调作用，其在白酒中绝对含量的多少及其比例关系，在一定程度上是衡量白酒质量好坏、老熟是否完全的重要标志之一。随着白酒贮存时间的延长，乙醛和乙缩醛的含量达到一个动态平衡，会去掉辛辣、冲、暴等味，酒体变得有醇厚感，柔和顺口，口味协调。因此，传统工艺生产的白酒必须经过适当的贮存时间以后再用于勾兑生产。成品酒中乙缩醛约占醛总含量的50%，是构成喷香的主要成分。

（3）乙缩醛的产生途径　缩醛类化合物来源于醇和醛的缩合反应。乙醛在白酒贮存过程中除了发生氧化、合成、缩合反应外，还要发生乙醛的醇合反应，生成半缩醛和缩醛。白酒中的乙缩醛主要是在贮存过程中形成的，乙缩醛的含量水平反映了白酒的贮存年限。

① 在酸性条件下，一分子乙醛与一分子乙醇发生缩合反应，生成半缩醛。

$$CH_3CHO+CH_3CH_2OH \xrightarrow{H^+} CH_3CH(OH)OCH_2CH_3$$

② 半缩醛不稳定，它可以与另一分子的醇进一步缩合，生成较稳定的乙缩醛。所以当醇过量且在酸性条件下，一个乙醛分子和两个乙醇分子缩合生成乙缩醛。

$$CH_3CH(OH)OCH_2CH_3+CH_3CH_2OH \xrightarrow{H^+} CH_3CH(OCH_2CH_3)_2+H_2O$$

在白酒中，乙醛的缩醛化反应和乙缩醛的水解反应是一个可逆的平衡反应，即缩醛也可以水解成相应的醛和醇。

$$CH_3CHO+2CH_3CH_2OH \underset{}{\overset{H^+}{\rightleftharpoons}} CH_3CH(OCH_2CH_3)_2+H_2O$$

白酒中乙缩醛的产生途径如图9-3所示。

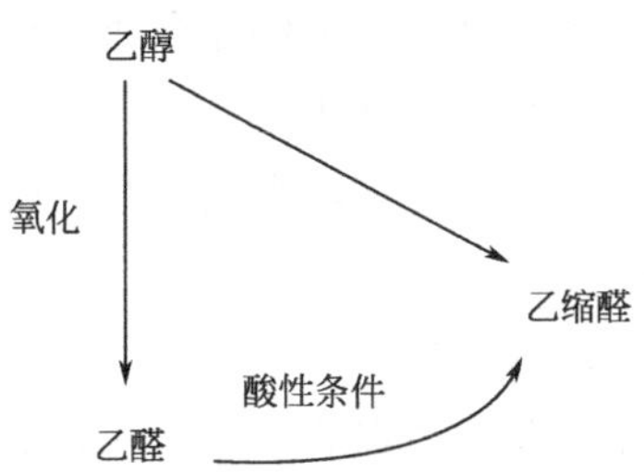


**图9-3　白酒中乙缩醛的产生途径**

根据以上反应，从理论上讲，经过长期贮存的白酒，乙醛和乙缩醛的比例近似等于1。刚蒸馏出来的新酒，乙缩醛含量极少，贮存一段时间之后，乙醇不断地被氧化为乙醛，乙醛又与醇类及自身发生缩合反应，生成稳定的缩醛类化合物，故酒中的乙缩醛含量增加，而乙醛含量逐渐减少，但这两种物质的相对比值不应有大的波动范围。随着贮存时间的延长，酒体中乙醛和乙缩醛的含量会达到一个动态平衡，从而赋予白酒一种清香柔和感。因此，贮存过程是乙醛含量逐渐减少，乙缩醛含量逐渐增加的过程。在勾兑取样时应准确掌握乙醛和乙缩醛的比例关系。

(4) 如何提高酒中的乙缩醛

① 在酸性条件下，乙醛易与乙醇反应生成乙缩醛。

② 高度酒中乙醛、乙缩醛等香气成分的含量保持平衡的时间相对较长，适当提高酒的酒精度，对酒中乙缩醛含量的保持与提高有一定的帮助。

③ 老熟的白酒中乙缩醛的含量明显高于新酒，但是白酒的老熟过程非常缓慢，或许可以通过人工催陈的措施来加快白酒老熟，以提高乙缩醛的含量。

适量的醛类物质对白酒有明显的助香、提香作用，使酒体醇和、甜净，与其他香味成分互相影响、互相缓冲、互相协调、构成白酒优美、醇厚的香味，形成白酒固有的风格。

### 9.3.2 乙醛

乙醛是醛类物质，分子式为$CH_3CHO$，分子量44，相对密度0.801，熔点121℃，沸点20.8℃。其功能基是醛基—CHO，常温下为无色透明的液体。乙醛的香味参考阈值为0.0012g/L。非常低的阈值足以说明嗅觉器官对它有较强的敏感性。乙醛具有特殊的辛辣味，微有绿叶味，微甜，略有水果味，带涩。

乙醛具有较大的反应活性，乙醛可还原为乙醇，也可进一步被氧化成乙酸。乙醇、乙醛、乙酸三者之间是经氧化还原相互转化的。大部分乙醛被还原成乙醇，少量则氧化成乙酸；乙醛还生成3-羟基丁酮（醋嗡），具有陈、浓、甜之感，微有特殊的香味，尾味稍辣。乙醛还可和乙醇发生反应，生成乙缩醛。

(1) 乙醛对白酒风味的影响　白酒中乙醛是非常重要的一种香味物质。能够提高白酒放香效果，乙醛在酶的作用下能够缩合成乙缩醛，赋予白酒陈味。名优浓香型白酒中乙醛、乙缩醛平均比例为1.14 ∶ 1，二者含量比较接近，随着贮存时间的延长，乙醛含量逐渐减少，乙缩醛含量逐渐增加。乙醛在白酒中的含量在0.15 ~ 0.3g/L，略高则带腥味，正常时味净爽、微甜、较淡，略带酸味，含量超过0.45g/L，腥味增强，刺激感增大，带辛辣味。浓香型白酒含量在0.30g/L左右，凤香型白酒含量在0.28g/L左右，酱香型白酒在0.60g/L左右，清香型白酒在0.15g/L左右。乙醛可以提高白酒的放香，并使白酒净爽、微甜，还能促进老熟反应，加速白酒的陈酿。

水合作用。白酒中乙醛有两种存在形式，既以乙醛分子也以水合乙醛的形式对酒的香气作出贡献，一种化合物只有一种化学结构式，乙醛和水合乙醛是结构不同的两种物质形态，白酒中水合乙醛的结构形成应占主导地位。因此就对嗅觉或味觉的刺激作用而言，白酒品评术语中乙醛对人感觉的作用情况描述，当理解为水合乙醛和乙醛的共同作用，二者密不可分，不可单独看待，亦不可将它们互相对立起来。

携带作用。正是由于乙醛跟水有良好的亲和性，较低的沸点和较大蒸汽分压使得乙醛有较强的携带作用，所谓携带作用即酒中的乙醛等在向外挥发的同时，能够把一些香味成分从溶液中带出。要有携带作用，必须具备两个条件，它本身要有较大的蒸汽分压，它与所携带的物质之间在液相气相均要有好的相容性，乙醛就是这样一种物质，乙醛与酒中的醇、酯、水，不论与该酒液或是与该酒液相平衡的气相中的各组成物质之间都有很好的相容性，相容性好才能给人的嗅觉以复合型的感知。刚打开酒瓶时的香气四溢与乙醛的携带作用不无关系，白酒的溢香性与乙醛的携带密切相关。

掩蔽作用。四大酸主要表现为对味的协调功能，乙醛、乙缩醛主要表现为对香的协调功能，酸压香增味，乙醛增香压味，不论是曲酒、固液结合酒或低度酒，处理好两类物质之间的平衡关系，使其综合行为对香和味都作出贡献，就不会显现出有外加香味物的感觉。乙醛、乙缩醛和四大酸量的合理配置大大提高了白酒中各种成分的相容性，对白酒某些成分过分突出的弊端，具有掩蔽作用阈值的降低作用。乙醛对香有携带作用和对挥发性物质的阈值有明显的降低作用，可提高酒的放香感。醛含量高的酒其闻香明显变强，对放香强度有放大和促进作用，这是由于对阈值的影响。乙醛对挥发性物质的阈值有明显的降低作用，白酒的香气变大了，提高了放香感知的整体效果。

（2）乙醛的生成途径　乙醛是葡萄糖发酵生成乙醇的前体物质，其途径见图9-4。

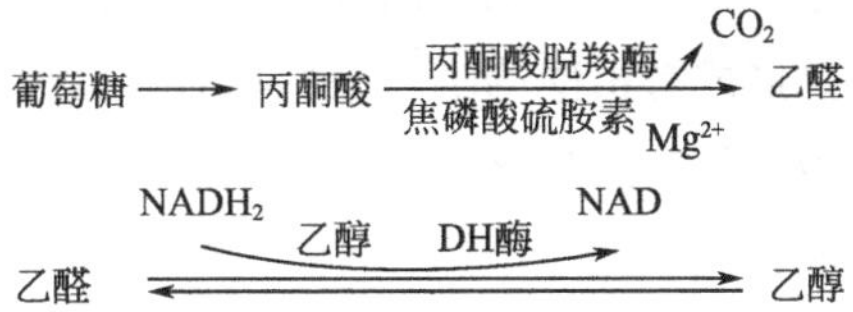


**图9-4　乙醛发酵途径**

正常的酒精发酵，乙醛在酵母或细菌的乙醇脱氢酶作用下，经由$NADH_2$还原为酒精，乙醛的积累量是非常少的。

（3）如何控制乙醛的含量　李家顺等就大曲酒中乙醛生成的影响因素及其控制展开了系统的研究，结果表明如下。

① 乙醛的生成量在发酵窖中部、底部生成量较少，在上部生成量较多，规律是中偏下部分乙醛变化量不大，但再往上则乙醛生成就有明显增多趋势，且越往上升乙醛生成量一般越多。

② 发酵条件中，对乙醛生成影响最明显的入窖条件是入窖粮糟比，比值越大，乙醛生成量越少。

③ 过多的大曲用量会使乙醛生成量明显增加；使用适量的干酵母会有效降低发酵中的乙醛的生成，但过量的使用一则降低幅度不大，二则影响大曲酒口感。

④ 入窖酸度在1.55～2.1的范围内，一般入窖酸度较高，乙醛生成量较多，特别是入窖酸度高于1.9乙醛生成量较大。

⑤ 入窖温度对乙醛生成有一定影响，但不显著。一般温度越高，乙醛生成量越大。

⑥ 乙醛在蒸馏过程中主要集中在前段酒中，而后段较平稳地保持在一个低含量水平。

⑦ 入窖淀粉浓度、糖化酶的使用、窖泥因素对乙醛生成基本无影响。

因此可通过综合把握入窖条件、大曲用量、蒸馏温度等因素来控制白酒中的乙醛含量。

## 9.4 酸类物质

### 9.4.1 乙酸

乙酸，也叫醋酸（36%～38%），分子式$C_2H_4O_2$，是无色有刺激性气味的液体，熔点16.6℃，沸点117.9℃，易溶于水和乙醇，在温度16.6℃以下为无色冰状晶体（又称冰醋酸）。

（1）白酒中乙酸的生成机理　白酒中的各种有机酸，在发酵过程中虽是糖的不完全氧化物，但糖并不是形成有机酸的唯一原始物质，其他非糖化合物也能形成有机酸。发酵过程是一个极其复杂的生化过程，有机酸既要产生又要消耗，同时不同种类的有机酸之间还不断转化。

乙酸是酒精发酵不可避免的产物，各种白酒中都有乙酸存在，是酒中挥发酸的组成，也是丁酸、己酸及其酯类的重要前体物质。乙酸的生成主要有以下三种途径。

① 在乙酸菌的代谢中，由乙醇氧化生成乙酸。

② 在发酵过程中，酒精生成的同时，也伴随着乙酸和甘油生成。

③ 糖经过发酵变成乙醛，乙醛经歧化作用，离子重新安排会生成乙酸。

（2）乙酸对白酒风味的影响　乙酸和乳酸是白酒中含量最大的两种酸，多数白酒的乙酸超过乳酸。浓香型白酒的有机酸以乙酸为主，其次是乳酸和己酸，特别是己酸的含量比其他香型酒要高出几倍。凤香型白酒总酸相对较低，其中各种有机酸的含量多少和比例及其他呈香呈味的微量成分共同组成了凤香型白酒特有的典型风格。在凤香型白酒中，酸类物质含量过大，会使酒味粗糙，出现邪杂味，从而降低了酒的质量；酸的含量过低时，则酒味寡淡，香气弱，后味短，使产品失去了应有的风格。试验研究证明，适当增加乙酸、乳酸的含量明显对凤香型白酒的后味有增长作用。老白干白酒中乙酸与乳酸均高于大曲清香酒；馥郁香型白酒的有机酸含量高达200mg/100mL以上，大大高于浓香型、清香型、四川小曲清香，尤以乙酸、己酸突出，占总酸70%左右，乳酸19%，丁酸7%。白酒生产的一个重要环节，就是把刚蒸馏出来的新酒入库贮存一段时间，一般在1年以上，目的就在于使酸的含量达到一定的水平，起到陈化老熟的作用。

此外，乙酸对人体健康大有裨益。关于乙酸，《本草纲目》中有“清肿痛、散水气、理诸药”的记载，乙酸具有杀菌、抗病毒之功效，还具有促进胃液分泌、帮助消化、降血脂、降低胆固醇、扩张血管、延缓血管硬化等功能，乙酸还能加快皮肤血液循环，有益于清除沉积物，使皮肤光润。

### 9.4.2　乳酸

乳酸的分子式为$C_3H_6O_3$，分子量90.08，是含有羟基的有机酸，相对密度1.2060，沸点122℃，味阈值1.8mg/L，可与水、乙醇、甘油互溶，不溶于氯仿、二硫化碳和石油醚。乳酸是非挥发性酸类，是白酒中的高沸点组分之一，是色谱定性定量的42种有机酸的一种。乳酸是酸乳等发酵乳剂品及其他发酵食品中的主要酸感成分之一，是无色至淡黄色的透明黏稠液体，溶于水及乙醇中，可以和水、醇以任意比例配合，有防腐作用，其酸味为柠檬酸的1.2倍，但酸味柔和、圆润。其主要的风味特征可概述为香气微弱，几乎无臭，味微酸，较柔和，入口带甜，稍涩，略有浓厚感。

（1）白酒中乳酸的生成过程　乳酸菌是利用糖类经糖酵解途径生成丙酮酸，再在乳酸脱氢酶催化下还原生成乳酸，可表示为糖类—丙酮酸—乳酸。乳酸是乳酸菌的主要代谢产物，也是形成乳酸乙酯及其他香味成分的重要基础物质。在同型发酵途径中，1mol葡萄糖可产生2mol乳酸。此外，毛霉菌、根霉菌也可在窖池内发酵糖类产生乳酸，还有一些酵母菌、芽孢杆菌、枯草杆菌等也能生成一些乳酸。

（2）乳酸对白酒风味的影响　乳酸水溶液呈酸性，酸味较稳定，表9-2列出了不同浓度乳酸的风味特征。

表9-2　不同浓度乳酸的风味特征概况

| 浓度/（mg/L） | 风味特征 |
|---|---|
| 1000 | 微酸、微涩 |
| 100 | 微酸、微甜、微涩、略有厚重感 |
| 10 | 微酸、微甜、微涩 |

乳酸是白酒中极为重要的有机酸，可以增加白酒的厚重感，是非常友好的呈味物质。乳酸在白酒中的含量与酒的品质有一定关系。譬如当白酒中的乳酸含量较低时，往往可调节酒味，饮后有爽快感。当乳酸的含量适当时，一般可赋予酒体良好的风味，有醇和浓厚感。乳酸含量过高时，会使酒带酸涩味，影响到酒的回甜感。在不同香型的白酒中，乳酸占总酸的含量最高可达91%，是代表白酒特征的有机酸。一般优质白酒的乳酸含量较高。小曲白酒，如米香型的湘山酒等，乳酸含量为乙酸的两倍左右。乳酸在发酵过程中发生酯化形成乳酸乙酯，乳酸乙酯含量较低时呈优雅黄酒香气，也是白酒的主要香味物质。

在白酒中，乳酸能降低白酒的刺激感，增加酒体的醇厚感，同时可以增加酒体的口味，并且能有效地缓解酒中的酯类水解，促进酒体的稳定。但是过多乳酸会形成较多乳酸乙酯，此时白酒的口感将会变差，因此，通过微生物分子生态学技术充分掌握白酒生产中各阶段乳酸菌数量、种类的变化并及时记录，可以为优化白酒生产工艺提供参数。D型乳酸含量较多时会形成较多D型乳酸乙酯，饮后会出现上头等不良感受，因此应该充分利用生物工程技术全面掌握白酒生产过程中乳酸菌的种类及数量，探讨能增加生成L型乳酸的乳酸菌工艺条件，探讨减少D型乳酸乙酯生成的条件。李剑等利用基因克隆技术证明筛选出的乳酸菌具有D型和L型两种乳酸脱氢酶，参考此方法可以鉴定出白酒生产过程中具有不同型乳酸脱氢酶的乳酸菌，并在此基础上研究具有不同型乳酸脱氢酶的乳酸菌生长规律，从而优化白酒生产工艺。

乳酸是一种对人体大有裨益的酸类物质。实验证明，L型乳酸是人体必需的有机酸，它能促使双歧杆菌生长，而使人体内微生态达到平衡。乳酸对很多致病菌有极强的抑制能力，其浓度在100mg/L时，大肠杆菌、霍乱弧菌、伤寒杆菌在任何良好营养条件下，3日内将全部被杀死。

白酒中乳酸的功能可归纳为以下六点：稳定酒的香气；减轻或消除酒的苦涩味和糙辣味；提升酒的醇和度，使酒质浓厚；增加酒的后味或回甜味；适当减轻中、低度白酒的水味；催化新酒的老熟进程。

（3）与乳酸生成相关的细菌　乳酸菌又是窖泥中主要的微生物之一，往往与丁酸菌、己酸菌、甲烷菌、硫酸盐还原菌、硝酸盐还原菌等菌类“共存共生”。当乳酸菌混入入窖的料醅后，会争夺葡萄糖等糖类为发酵原料而生成乳酸。有的乳酸菌还同时生成少量的乙酸、乙醇、丙酸、丁酸、丙酮酸、$CO_2$等物质。前者属同型（或纯型、正常型）乳酸发酵，可称为真正乳酸菌，后者属异型（或混合型、异常型）乳酸发酵，称为假性或亚性乳酸菌。当料醅发酵进入中后期时，乳酸菌在众多微生物的群体中往往处于主导地位，不断生成少量的乳酸等代谢产物，从而抑制部分杂菌的活动，可见乳酸菌在浓香型白酒的漫长生产过程中的作用是不容忽视的。在固态发酵的过程中，如果生成的乳酸是适量的，通过蒸馏进入酒体后，则有利于改善白酒的风味。这种情况下的乳酸菌可归属于白酒酿造的有益细菌。但是，如果料醅中的乳酸菌过多，活力又较强，加上环境温度等条件适宜，将会产生过多的乳酸，进而生成较多乳酸乙酯，导致白酒的口感较差，此时的乳酸菌可被列入有害细菌。

乳酸降解菌即降解乳酸的细菌或乳酸利用菌，简称降乳菌，它与上述的乳酸菌有直接的关联性，可归属于降解乳酸类的微生物。该菌常栖息在大曲、窖泥、黄水、酒醅或出窖的糟醅之中。有学者曾筛选出降解乳酸的细菌，降乳率可达96%；如该降乳菌再经紫外线诱变，降乳率可接近100%。在分离纯化多株乳酸利用菌时发现：从黄水中获得的降乳菌可将乳酸转化为酒精；从大曲中获得的降乳菌可将乳酸转化为异丁酸、己酸、异戊酸和酒精等。鉴于此，如发现大曲中乳酸菌或乳酸较多时，可于制曲时接入适量的降乳菌制成强化大曲，增加曲中有益微生物的数量，观察酿酒的效果后，再做工艺调整。

丙酸菌是一种可以降解乳酸的细菌，又名嗜乳酸菌，为兼性厌氧杆菌。它一般栖息在大曲或窖泥之中，在30 ~ 32℃、pH4.5 ~ 7.0环境下生长和发育良好。在厌氧条件下，它可利用乳酸、葡萄糖等基质生成丙酸、乙酸和$CO_2$。在乳酸和糖类共存的酿酒过程中，丙酸菌往往先利用乳酸，而对糖的利用率较低，降乳率可高达90%以上。总的反应式为：

$$\underset{\text{乳酸}}{3CH_3CHOHCOOH} \longrightarrow \underset{\text{丙酸}}{2CH_3CH_2COOH} + \underset{\text{乙酸}}{CH_3COOH} + CO_2 + H_2O$$

$$\underset{\text{葡萄糖}}{3C_6H_{12}O_6} \longrightarrow \underset{\text{丙酸}}{4CH_3CH_2COOH} + \underset{\text{乙酸}}{2CH_3COOH} + 2CO_2 + 2H_2O$$

## 9.5 其他物质

### 9.5.1 双乙酰

双乙酰（2,3-butanedione，$C_4H_6O_2$）又叫丁二酮，分子式为$CH_3COCOCH_3$，是

白酒中主要的酮醛类或羰基类化合物之一，对香味的贡献很大。双乙酰有苯醌气味，是一种黄色或浅绿色的液体，密度比水略小，为0.990g/cm$^3$、熔点为-4～-3℃、沸点88～91℃，可溶于水、乙醚、甘油、乙醇和大多数非挥发性油中，不溶于矿物油，大量稀释后（1mg/kg时）呈奶油香气。天然的双乙酰存在于茴香、水仙、郁金香、覆盆子、草莓、熏衣草、香茅、岩蔷薇及奶油中。在食品工业中，双乙酰主要用作软饮料、冷饮、焙烤食品、糖果等的增香剂，在白酒中双乙酰也是重要的香味成分之一。

（1）双乙酰对白酒风味的影响　双乙酰是啤酒中最重要的香味物质，具有杀口性，一般情况下，对淡色啤酒来说，双乙酰含量控制在0.1mg/L以下为宜；对高档啤酒来说，最好控制在0.05mg/L以下。对葡萄酒来说，双乙酰含量最好控制在5mg/L以下，过量双乙酰会使葡萄酒出现“馊饭味”。双乙酰的风味阈值相对较低（1.5～5.0μg/mL），在浓度较低的情况下赋予产品浓郁的风味。双乙酰是呈甜味的物质，其稀溶液有奶油气味，可使酒味醇甜净爽，赋予酒以醇厚感，有助于喷香，其与酯类等呈香物质共同作用于白酒，能使酒体香气丰满，同时能促进酯类香气的挥发。

通常采用比色法和色谱法测定白酒中的双乙酰含量，目前有学者采用静态顶空与气相色谱质谱联用技术快速定量分析白酒中双乙酰的含量，研究表明，浓香型白酒样品中检出的双乙酰含量高达0.03g/L，清香型和米香型白酒样品中双乙酰含量较低，均低于0.00lg/L，酱香型和兼香型白酒双乙酰含量居中。另有研究表明，双乙酰的含量在0.06g/L左右时，可使白酒香气清爽，味净爽、微甜，其中含量在0.03～0.1g/L最好，有增香、增爽的作用，是很好的协调剂，并具有糟香味，增大白酒的自然感。

（2）双乙酰的产生机理（代谢途径）　葡萄糖经过分解代谢形成丙酮酸，在无氧条件下，丙酮酸分解形成乳酸或乙醇。而在有氧条件下丙酮酸与辅酶A反应生成乙酰辅酶A，乙酰辅酶A与草酰乙酸生成柠檬酸，进入柠檬酸代谢。柠檬酸的分解代谢途径对提高风味化合物双乙酰产量有重要的影响，这是因为柠檬酸是高度氧化性底物，在降解过程中不产生还原电势就可生成双乙酰、乙偶姻和2,3-丁二醇等$C_4$化合物。而产生的过量丙酮酸通过依赖于焦磷酸硫胺素（TPP）的丙酮酸脱羧酶反应，形成乙醛TPP。乙醛TPP与丙酮酸在α-乙酰乳酸合成酶催化下，发生缩合反应，生成α-乙酰乳酸（该代谢过程中最关键的中间产物）。α-乙酰乳酸经过自发的氧化脱羧作用最终形成双乙酰，双乙酰不稳定，一部分双乙酰在双乙酰还原酶的作用下被还原成乙偶姻和2,3-丁二醇，其代谢途径如图9-5所示。

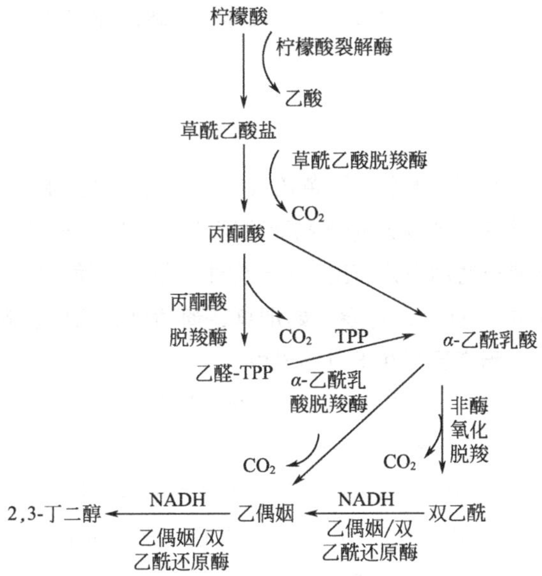


**图9-5　柠檬酸代谢产生双乙酰的途径**

当细胞中丙酮酸浓度大大超过乙醛TPP单位浓度时，此途径就会发生。丙酮酸先形成$\alpha$-乙酰乳酸，然后再经过非酶氧化脱羧，脱掉一个$CO_2$后产生双乙酰。目前在啤酒工业中已经利用重组DNA技术改良工业酵母菌，从而达到低双乙酰生成量，并且重组DNA技术也已在乳酸菌中成功应用，那么相信未来根据不同原酒口感质量要求，通过重组DNA技术建立食品级的不同双乙酰生成量的乳酸菌并投入生产会成为可能。

（3）提高白酒中双乙酰含量的措施　在白酒中，双乙酰是重要的香气成分、重要的风味物质。适当提高白酒中双乙酰的含量，对白酒质量的提升有很大帮助。

① 目前国内外基本通过诱变育种的途径，对双乙酰高产菌株进行筛选。在这一领域，我国处于起步阶段。但是要从根本上解决白酒中双乙酰含量较低的问题，必须从产双乙酰的菌株本身出发。

② 理论上增加其前体物质$\alpha$-乙酰乳酸的生物合成，防止$\alpha$-乙酰乳酸被$\alpha$-乙酰乳酸脱羧酶分解，促进$\alpha$-乙酰乳酸向双乙酰方向的转化，抑制双乙酰还原酶的活性，减少双乙酰的分解。

③ 改变发酵条件，如适当通氧、适当调整入池酸度等来提高发酵体系中双乙酰含量。也可以考虑在发酵前加入适量柠檬酸的方式，既可增加生成双乙酰的底物，又可防止生成的双乙酰降解。

白酒中的双乙酰虽然含量甚微，但是可以显著改善口感，如果白酒中含量过高，不但起不到呈香作用，反而会有一种馊味，导致酒体口感不佳，酒的质量会明显降低。

### 9.5.2 β-大马酮

大马酮，又名突厥酮，无色至淡黄色液体，香气一般呈甜的果香和玫瑰似的花香，20世纪60年代中期，首次从保加利亚玫瑰花精油中发现，20世纪70年代初期，首次从保加利亚玫瑰花精油中分离出其β异构体类单体。随后发现自然界中有50多种食品及加工食品中含有β-大马酮，如烟草、葡萄酒、茶叶、啤酒、咖啡中发现了β-大马酮，β-大马酮广泛存在于自然界中。

大马酮有α、β、γ三个异构体，β-大马酮（学名2,6,6-三甲基-1,3-环己二烯-1-基-2-丁烯酮）是大马酮类化合物中玫瑰香气最佳组分之一，含量在0.01%（即万分之一）时，便可嗅到浓郁的玫瑰芳香，其香气细腻、愉快，并带有水果底蕴。β-大马酮类属于萜烯类化合物，分子式$C_{13}H_{20}O$，分子量192.3，结构式见图9-6。CAS号23726-93-4，几乎不溶于水，溶于乙醇，相对密度0.942g/cm$^3$，沸点52℃（0.13kPa），极易燃烧。

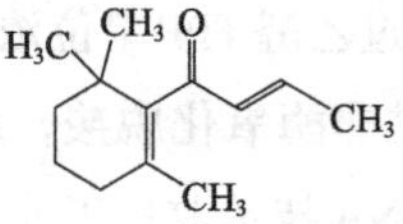


图9-6　β-大马酮结构式

（1）白酒中的萜烯类化合物　萜烯类化合物广泛存在于植物和动物体内，是一种天然化合物，是植物精油的主要成分。在植物、微生物和动物中发现的萜烯已经超过30000种。如啤酒生产中使用的啤酒花，在产生啤酒苦味的同时，赋予啤酒特殊的酒花香气。在清香型与酱香型白酒中共检测到69种萜类化合物，包括碳氢类化合物、萜烯醚、萜烯醇、萜烯酮、萜烯醛和萜烯酯。在浓香型白酒中检测到30种萜烯类化合物，在药香型白酒中检测到的萜烯最多，达52种，并定量了41种。萜烯类化合物在白酒中具有重要风味贡献，如清香型白酒中的β-大马酮、石竹烯等，药香型白酒中的β-大马酮、小茴香醇。更为重要的是，萜烯类化合物是一类功能化合物，具有一定的保健或药物作用，可以说，白酒中的萜烯是白酒的功能化合物。

萜烯类化合物具有聚异戊二烯碳骨架，是由数个异戊二烯单位构成的，根据数目不同分为单萜、倍半萜、双萜、三萜、四萜、多萜等，β-大马酮属四萜类物质衍生物。萜烯类物质是我国白酒中新发现的 类化合物，具有重要的生理活性，具有抗菌、抗病毒、抗氧化、镇痛、助消化、抗癌等活性功效。另外有研究表明，中国白酒中萜烯类、吡嗪类物质远高于葡萄酒，使其具有较葡萄酒更为“洁净、保健”的特性。

（2）$\beta$-大马酮合成途径　目前所报道的大马酮是类胡萝卜素的代谢产物，类胡萝卜素即$\beta$-胡萝卜素和叶黄素，叶黄素类是胡萝卜素的含氧衍生物，叶黄素类的新黄质可降解生成$\beta$-大马酮，其已报道的途径见图9-7。

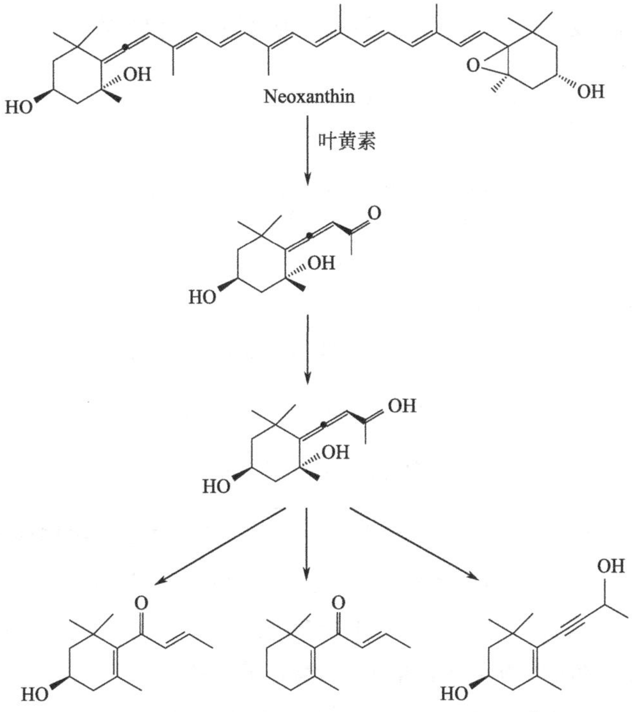


**图9-7　叶黄素生成$\beta$-大马酮途径**

类胡萝卜素的分子结构属于数个异戊二烯单位构成的萜烯及其含氧衍生物，其代谢途径起始于无碳化合物异戊二烯（IPP），IPP与其同分异构体二甲丙烯基焦磷酸（DMAPP）以头尾缩合的方式形成十个碳的化合物GPP，并在单萜环化酶的作用下形成单萜及其衍生物；GPP与一分子IPP缩合形成十五碳的化合物FPP，并在倍半萜环化酶的作用下形成倍半萜及其衍生物；FPP与一分子IPP缩合形成二十碳的化合物GGPP，并在双萜环化酶的作用下形成双萜及其衍生物；依此类推形成三萜、四萜、多萜及其衍生物，构成了庞大的类萜家族。由此可见，IPP是萜类代谢途径的起始物，也是所有萜类化合物合成的前体物。如图9-8所示。

IPP的生物合成途径有两条，即甲羟基戊酸途径（MVA途径）与非甲羟基戊酸途径（DXPS或MEP途径），这与土味素的合成代谢途径相同。MVA途径是由甲羟基戊酸（MVA）开始，经3个乙酰辅酶A的缩合反应可合成类异戊二烯，再经过磷酸化和脱羧反应后形成异戊烯基焦磷酸（IPP），这一途径已在所有动植物中发现。而DXPS途径是以3-磷酸-甘油醛和丙酮酸为起始物，经过酶催化、磷酸化、氧化还原、脱水等反应后，形成中间产物IPP和DMAPP。MVA途径主要存在于细胞质中，DXPS途径主要存在于质体中，但这两种途径又可相互渗透。

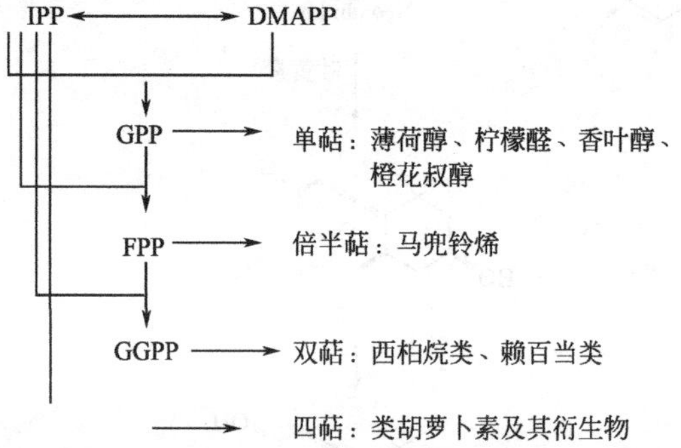


**图9-8　类萜代谢简图**

古菌类、变形杆菌类、光能自养型细菌类、酵母菌类、子囊菌类和担子菌类微生物中仅报道了存在MVA途径；绝大多数真细菌、斜生栅藻等藻类和疟疾寄生虫中仅存在DXPS途径；拥有MVA和DXPS两种途径的微生物有链霉菌、红藻和藻类。在酿造白酒所用的大曲中含有大量酵母菌、链霉菌及细菌，其存在的MVA、DXPS代谢途径均可导致土味素、$\beta$-大马酮等萜烯类物质的产生。

### 9.5.3　土味素

土味素是一种具有强土腥味的挥发性物质，又名土臭素，化学名称反-1,10-二甲基-反-9-萘烷醇，分子式$C_{12}H_{22}O$，分子量182.3。土味素沸点270℃，密度0.985g/cm$^3$，CAS号16423-19-1。

糠味是影响白酒品质的最主要原因，后经白酒专家阈值测定会议将糠味的描述规范为“土霉味”。但是对于土霉味的准确来源及其产生机制更无科学论断，仅直观地认为糠味来源于酿酒辅料——糠壳。将土霉味的主要原因归结到生产过程中原辅料处理不彻底、工艺操作不规范、发酵异常、管理不善等原因。

（1）土味素的来源分析　江南大学对白酒中的土霉味进行了一系列研究，总结出了以下结论：高粱及清蒸前后稻壳未检测出土味素，排除了白酒中土霉味来源于糠壳的论断，并确定了白酒中的土霉味是由土味素产生的；在大曲中检测到的土味素含量普遍高于酒醅中的含量，制曲品温的差异会导致土味素含量差异，并推断土味素物质在酒醅中的产生可能是由曲中带入的好氧微生物在发酵后期产生的；土味素并不是某一种酒所特有的物质，而是普遍存在于不同类型的白酒中，并推测土味素在白酒中的出现可能与生产工艺有关；土味素是在酿造过程中形成的，并且土味素物质被蒸出的最高浓度是在流酒酒度50% ~ 60%vol时。

（2）土味素的代谢途径　已有报道证实土味素很可能是倍半萜烯的衍生产物。萜烯类物质是天然产物中最大的一类，赋予各种食品饮料特殊的香气，大部分萜烯类化合物口感上呈现苦味，并呈现特殊的香气。这些物质的合成前体物质是不同长度的线性焦磷酸异戊二烯基，生物体内主要有两种合成焦磷酸异戊二烯途径，即甲瓦龙酸途径（MVA）或2-C-甲基-D-赤藓糖-4-磷酸酯途径（MEP），前者主要存在于真核生物中，后者主要存在于原核生物和光合生物的质体中。代谢途径中，针对各种代谢产物有不同的相关合成酶，如土味素合成酶，针对这些关键合成酶的深入研究，可更加明确地阐述食品、饮料发酵生产中萜烯类代谢产物的来源，利于对代谢产物的产生及含量进行有效控制。

在江南大学对土味素的研究结果中也说明，产土味素的菌株代谢途径与以上提到的两种代谢途径相似，且土味素产生菌的菌群结构会受到工艺、地理环境和气候等因素的影响。另外，在同一酿造环境中，产土味素链霉菌的生长代谢对酿造功能菌如酵母、霉菌等有不同程度的抑制作用，同时，霉菌、酵母的优先、快速生长会影响链霉菌的生长，随即抑制土味素的产生。白酒中土味素可能是由酿造原料带入，也有可能是发酵过程中微生物代谢所致。由于我国白酒酿造过程及酒体结构等方面的特殊性，现在对土味素产生机理、微生物产生途径及机制、微生物群落结构等方面的研究也只是停留在表层，没有深入的研究报道。

（3）土味素对白酒风味的影响　“中国白酒3C计划”相关研究显示，土味素存在于不同类型的白酒中，香型不同土味素含量有所差异，与白酒生产工艺有关。成品酒中土味素含量以老白干>凤香>兼香>清香>酱香>浓香，低阈值的土霉味严重影响到一些香型白酒的感官品质。

（4）抑制土味素的方法

① 抑制土味素代谢的目的菌株筛选。房海珍、张永利等通过对西凤酒酿造过程中土味素的产生机制及带入源头进行研究分析，特别是对制曲过程中土味素代谢菌株的变化规律进行相关试验，同时从大曲中分离出能够抑制其生长的目的菌，并将其应用于制曲生产以期控制和消除成品曲中土味素的含量，最终达到控制新产蒸馏酒中土霉味的量，以提升凤香型白酒的感官品质。

② 吸附方法。白酒异嗅化合物来源于生产原料及其辅料、发酵生产工艺、贮

存及运输等过程，但异嗅的去除却十分困难，目前国内外对食品中异嗅的去除大多采用物理方法。葡萄酒中的异嗅化合物如土味素采用吸附法去除，如采用超高分子量聚乙烯材料、硅烷化的硅过滤介质或沸石分子筛来去除。

张灿等对比了三大类共27种吸附剂对白酒中的16种异嗅物质（土味素、4-甲基苯酚、4-乙基苯酚、4-乙烯基苯酚、苯酚、愈创木酚、4-甲基愈创木酚、4-乙基愈创木酚、4-丙基愈创木酚、4-乙烯基愈创木酚、2-庚醇、3-辛醇、1-辛烯-3-醇、1-辛烯-3-酮、反式-2-辛烯-1-醇、反式-2-壬烯醛）的去除情况。采用浸入式固相微萃取（DI-SPME）结合气相色谱-质谱联用（GC-MS）技术对处理前后的酒样进行快速检测，计算其去除率，结果发现树脂的去除效果优于凹凸棒土、硅藻土、皂土和酒用活性炭，其中大孔阴离子交换树脂D730、D202和SD333对异嗅物质的总体去除效果最好。这项研究利用这种高效的检测手段分析比较了树脂、酒用活性炭、凹凸棒土、硅藻土和皂土对白酒中异臭化合物的去除情况，总结了各吸附剂对异嗅物质去除的可能原因，并对吸附后的酒样进行了感官评定，为下一步寻找特定的吸附剂、针对性去除某种异嗅物质奠定了基础。同时引进并研究了天然吸附剂如凹凸棒土、硅藻土和皂土对异嗅物质的去除情况，这种更经济、更绿色的吸附剂具有广阔的应用前景。

### 9.5.4 四甲基吡嗪

四甲基吡嗪，又名川芎嗪，是吡嗪环碳原子上均连接甲基的吡嗪类化合物，广泛存在于食品原料、加工食品和酒精饮料中。分子式是$C_8H_{12}N_2$，分子量为136.19，熔点是77～80℃，沸点是190℃，相对密度1.08。四甲基吡嗪具有烘烤花生、榛子和可可的香气，被认为是一类重要的香味化合物，常用于烘烤食品、冷饮、肉类、乳制品、卷烟等香精的调配。白酒中的四甲基吡嗪由美拉德反应生成，在制曲和堆积发酵中产生，经蒸馏带入酒中，在我国白酒主要酒种中有较高含量。四甲基吡嗪是美拉德反应的产物，美拉德反应是氨基化合物与还原糖之间发生的非酶催化的褐变反应，反应历程复杂，最终生成棕色甚至是黑色的大分子物质类黑精或称拟黑素。

（1）四甲基吡嗪的药理作用　除了作为食品风味添加剂的用途，四甲基吡嗪也是一种健康营养活性物质，它作为中药材川芎根茎的主要活性生物碱成分，能够扩张小动脉，改善微循环和脑血流，以及抗血小板聚集和解聚已聚集的血小板，因此，具有治疗心脑血管疾病的药理作用；另外，它对顺铂诱导的氧化应激、细胞凋亡和肾毒性均具有预防作用。茅台研究认为，四甲基吡嗪具有明显的保肝护肝作用。在我国的传统白酒中均可检测到一定量的四甲基吡嗪，因此，它不但对我国白酒的风味有重要的贡献，同时也赋予了白酒有益健康的功能。

（2）白酒中四甲基吡嗪的相关研究

① 庄名扬等在1999年发表的《美拉德反应与酱香型白酒》中介绍了美拉德反应与酱香型白酒香味成分间的联系，又在2005年发表的《再论美拉德反应产物与中国白酒的香和味》中阐述了美拉德反应产物不仅是酒体香和味的微量物质，同时也是其他香味物质的前驱物质。

② 余晓等采用酸化萃取法对白酒中的含氮化合物研究分析，得出36种含氮化合物，其中29种吡嗪化合物，可定量的有21种，茅台酒中四甲基吡嗪的含量在$2.0\times10^{-5}$g/L以上。

③ 芝麻香型白酒是新中国成立后白酒两大创新香型之一，以其优雅舒适的香气，醇和细腻的风味深受消费者喜爱，现在已经成为中国高档白酒的代表之一，虽然芝麻香型白酒总吡嗪含量较高，但是四甲基吡嗪含量相对较低。

④ 赵东等采用顶空固相微萃取气相色谱质谱法测定曲药中的香味成分，它们主要以杂环类化合物为主，有近30种吡嗪类化合物。

⑤ 在白酒制曲过程和酿酒堆积发酵过程均会发生美拉德反应，有四甲基吡嗪产生，经蒸馏带入酒中。四甲基吡嗪是中国白酒特有的功能性成分，它不仅对白酒的风味起着重要的作用，同时因为它在中国白酒中具有较高的含量，所以适量饮用优质白酒对相关疾病具有一定的治疗和保健作用。

⑥ 2013年，江南大学吴建峰以江苏今世缘芝麻香型白酒酿造过程为研究模型，以提升酒体中四甲基吡嗪含量为主要导向，紧紧围绕四甲基吡嗪的合成机理开展了一系列研究。

构建了酒曲、酒醅与白酒酒体中包括四甲基吡嗪在内的含氮化合物的定性（GC×GC-TOF-MS）与定量（GC-NPD）测定技术与方法体系。

确认了芝麻香型白酒酿造过程中，细菌曲制曲阶段所生成的四甲基吡嗪是酒中四甲基吡嗪的主要来源之一。

从细菌曲中获得一株具有高产四甲基吡嗪能力的菌株*Bacillus subtilis* S12。

发现并证明在固态发酵条件下是*Bacillus subtilis* S12所产生氨基酸脱氢酶实现从氨基酸到氨的转化，氨和3-羟基丁酮通过缩合作用合成四甲基吡嗪，因此氨基酸脱氢酶是合成四甲基吡嗪的关键酶。进而提出并验证了*Bacillus subtilis* S12固态发酵中四甲基吡嗪合成的新理论：基于酶化学联合反应的四甲基吡嗪合成机制。

构建了*Bacillus subtilis* S12固态条件下两阶段酶化学联合反应的四甲基吡嗪合成动力学模型。

⑦ 孟武、王瑞明、肖冬光关于四甲基吡嗪做了以下研究：通过在发酵前期添加2,3-丁二醇进行发酵调控实验，研究枯草芽孢杆菌对四甲基吡嗪和乙偶姻发酵产量的影响，从而以最低成本来提高所产四甲基吡嗪和乙偶姻的量。主要考察了发

酵初期添加2,3-丁二醇对枯草芽孢杆菌的四甲基吡嗪和乙偶姻发酵产量的影响，同时，结合2,3-丁二醇调控对该菌株的基因改造菌株的目的产物影响实验，研究分析2,3-丁二醇调控提高目的产物的效果及基本机理。

### 9.5.5 氨基甲酸乙酯

氨基甲酸乙酯（EC，ethyl carbamate）天然存在于发酵食品中，1943年发现EC具有致癌性。早期，世界卫生组织国际癌症研究把EC归为一种可能对人类致癌的物质（2B类）。2007年3月，该机构经过重新分类，已把EC归为2A类致癌物。大量的文献资料都报告了EC的基因毒性和致癌性，但饮料酒中的EC检测到1985年才引起关注，加拿大官方发现多种饮料酒中EC的含量很高。当年，加拿大设定了饮料酒中EC最高允许浓度，规定佐餐葡萄酒、加强葡萄酒、蒸馏酒、清酒和水果白兰地中EC含量分别不得超过30μg/L、100μg/L、150μg/L、200μg/L、400μg/L。

（1）氨基甲酸乙酯作用机理　EC致癌的机理主要是，接触动物体后，大部分被胃肠道和皮肤吸收，并且吸收速度很快。EC的新陈代谢主要有三个途径：水解，氮-羟基化作用或者碳-羟基化作用，侧链氧化。90%以上的EC通过肝微粒酯酶水解为乙醇、氨和二氧化碳，这条降解途径是无毒的。5%左右的EC没有被分解，直接被动物以尿液的形式排出体外。还有的EC被细胞色素P-450转化为乙烯-氨基甲酸（约0.5%）和*N*-羟基-氨基甲酸（约0.1%），这条转化途径是EC最主要的致癌途径。乙烯-氨基甲酸比EC毒性更大，它能引起乙基氨甲酸环氧化物形成，该物质在体内形成DNA加聚物，从而对DNA、RNA和蛋白质造成损伤。*N*-羟基-氨基甲酸会被器官中酯酶转化为羟氨，这种羟氨的癌症效应可以作用于多种器官，并产生$O_2$和NO，使DNA氧化和脱嘌呤。$O_2$和NO会促进8-二氢-2-脱氧鸟苷形成以及8-*N*-鸟苷酸的脱嘌呤作用。8-二氢-2-脱氧鸟苷能增加DNA双链复制时错配概率，从而造成基因的缺失或突变。8-*N*-鸟苷酸的脱嘌呤作用可能诱导碱基颠换作用。现在认为氨基甲酸乙酯致癌的主要机理是其降解过程中的产物诱导DNA双链发生错配，产生DNA损伤，促进细胞癌变。

（2）氨基甲酸乙酯的形成过程　研究表明，饮料酒中EC由尿素或氰化物与乙醇反应产生，主要形成于发酵、加热或蒸馏以及贮存过程。尿素公认为是葡萄酒中EC最主要的前体物，在葡萄酒贮存过程中EC会继续产生，且随温度的升高生成速度加快，通常控制低于24℃贮存温度可避免大量EC的形成。氰化物是威士忌与白兰地酒中EC的前驱物。饮料酒中EC浓度最高的是石果白兰地，最高达到22mg/L。我国黄酒中EC的研究较早，白酒中EC的研究是近几年才开始的，通常采用气相色谱-质谱法、二维气相色谱法、顶空固相微萃取结合气相色谱-质谱法检测白酒中的EC，但没有发现发酵过程中固态发酵基质大曲与酒醅检测方法的研究报道。

（3）氨基甲酸乙酯的控制方法

① 对于酵母菌代谢途径形成的氨基甲酸乙酯，可考虑以下方法。

a. 选育产尿素能力较差的优良酵母菌株，减少EC的形成。

b. 添加酸性脲酶降解尿素，此酸性脲酶已工业化生产，且广泛应用于葡萄酒等发酵酒精饮料。尽管在日本和美国用酸性脲酶去除尿素的方法已经应用到了清酒和加利福尼亚雪利酒的工业化生产中，但是这种酶存在花费太高的缺点。可以考虑将此种酸性脲酶进行固定化，实现连续化使用，从而降低成本。

c. 选用含尿素、精氨酸较少的酿酒原料，减少外来尿素形成EC。

② 改进酿造工艺降低EC的形成，可考虑以下方法。

a. 在贮酒过程中，合理通风供氧，适当降低温度，避免光照。研究表明，贮酒期间通氧情况影响酒中尿素含量的高低。厌氧条件下，酒体中尿素积累的较多，而半厌氧或有氧条件下尿素在酒体中的含量较低；贮酒温度越高，EC含量增加幅度大；光照可促进EC的合成。

b. 蒸馏过程中所有设备如甑桶，应避免铜的使用，降低铜对氰化物的氧化；同时可在发酵液中适量添加$Cu^{2+}$盐，使氰化物形成不溶性的氰化铜；此外可在蒸馏器的顶端固定大量铜片吸附气态的EC前体物质，从而避免EC的形成。

c. 直接使用氨基甲酸乙酯降解酶去除EC，催化EC分解为氨气、二氧化碳与乙醇，但此方法只处于探索阶段。

③ 成品酒中的EC可用特异性的吸附材料进行吸附，如黄酒中用特异性的树脂吸附酒中的EC，消除率在60%以上，同时对酒体风味无太大影响。

表9-3列出了常见酒精饮品中EC控制方法比较。

**表9-3 常见酒精饮品中EC控制方法比较**

| 项目 | 方法 | 优点 | 缺点 |
|---|---|---|---|
| 前体控制 | 低产尿素酵母菌株的选育 | 高效，从源头上控制EC含量 | 不能去除已经形成的EC，可能造成发酵能力下降、酒体风味劣化、工艺条件不适应，以及工程菌安全性等问题 |
| | 酸性脲酶的使用 | 从源头控制EC含量，且清酒、葡萄酒中已有成功例子 | 不能去除已形成的EC，目前主要靠进口，成本高 |
| | 减少氨甲酰类物质产生 | 无二次污染 | 可能造成酒体风味劣化、工艺条件不适应等 |
| 生产条件控制 | 贮存、酿酒工艺调整 | 无二次污染 | 可能造成酒体风味劣化，影响酒体稳定性 |
| 终端去除 | 氨基甲酸乙酯降解酶的使用 | 最直接、有效的去除方法 | 对酶的耐酸、耐醇性要求较高 |

# 第十章

# 勾兑计算

## 10.1 白酒的酒度

### 10.1.1 酒度的定义

有经验的消费者拿到一瓶白酒，第一眼都会聚焦在酒瓶的标签上，白酒的酒度是产品标识的第一概念。按照饮料酒标签的相关标准规定，对于白酒，标签上应注明酒名称、配料清单、酒精度、产品标准号、质量等级等信息，而酒精度则是必须注明的信息，且要求误差在±1。

白酒的酒度一般是指温度在20℃时酒中含酒精的体积百分比，一般表示为%vol，此表示方法为“欧式百分比法”，也称为标准酒度。但在北美地区，则用美制酒度，单位为酒精纯度（Proof），1个酒度纯度相当于0.5%的酒精含量。也就是说，同样的数字，美制的酒精含量实际只有标准酒度的一半，即标准酒度×2=美制酒度。

世界上有六大蒸馏酒，除中国白酒外，还有白兰地酒、朗姆酒、伏特加、金酒、威士忌。白兰地酒是以葡萄为原料的蒸馏酒，酒度一般在40% ~ 50%vol；朗姆酒是糖蜜蒸馏酒，味道厚重浓烈型的朗姆酒酒度在43% ~ 49%vol；伏特加是一种无色透明，具有纯净风格的蒸馏酒，酒度33% ~ 45%vol；金酒的酒度为40% ~ 52%vol；威士忌的酒度一般在45% ~ 55%vol。目前市售的配制酒多是以蒸馏酒为酒基调配而成，酒度一般在30%vol以下，以10% ~ 15%vol最为常见。

### 10.1.2 酒度的测定

有学者认为，酒度的概念应该是出现在有蒸馏酒之后，更确切地说是有测量酒精含量的仪器之后，对酒度才有了明确的概念。因为酿造酒时期只能靠味觉来衡量它刺激性的强弱，而不能说出它的准确含量。

（1）在没有酒度测量仪器之前，测定酒度是用看酒花和燃烧等办法来确定酒的酒精含量。

① 看酒花。不同酒精度的白酒其表面张力不同，在形成落差时产生的泡沫大小、持续时间各不相同，据此可以判断白酒的酒精含量。通常将酒溶液从高位容器内向低位容器倾倒，看花的大小、透明度、整齐与否、消失快慢等现象来判断酒度的高低，确定酒精成分的含量，这种方法的准确率可达90%以上。虽然不能确定具体的数值，但在馏酒过程中很实用，可以非常迅速地测出大致酒度，这一方法一直延续至今，很多酒厂的老师傅们仍采用此法进行摘酒。酒花分为大花、大清花、小清花、沫花、水花等。

② 燃烧法。将白酒斟在盅内，点火燃烧，火熄后，看剩在盅内的水分多少，

根据水分的量确定该酒酒精的含量。这种方法，因常受外界条件的影响，很不准确。

（2）在出现酒度测量仪器之后，酒度的测量变得更为简便、准确，主要有以下两种方法。

① 密度瓶法。以蒸馏法去除样品中的不挥发性物质，用密度瓶法测出试样（酒精水溶液）20℃时的密度，查酒精水溶液密度与体积分数换算表求得在20℃时乙醇含量的体积分数，即为酒精度。

② 酒精计法。用精密酒精计读取酒精体积分数示值，温度计测得溶液温度，查酒精度与温度校正表进行校正，求得在20℃时乙醇含量的体积分数，即为酒精度。

### 10.1.3 酒度对白酒的影响

（1）酒度影响产品合格率　一般人往往把酒度看成是个极普通的理化指标。但是从某种意义上讲，它比卫生指标还重要，卫生指标虽重要，但它有个上限，只要不超过上限，就是合格，也就是说，含有并不害怕，只是不超标就行；而酒度不但是个理化指标，它还左右着白酒的质量，是白酒产品的一项质量指标，是判定产品合格的依据之一。在每次质监局抽检的白酒产品中，总有3% ~ 4%的产品是因为酒精度不达标被定为产品不合格，因此，酒度对产品的合格率很重要。

（2）酒度影响胶体稳定性　白酒是具有高度分散的多相性、动力学稳定性和热力学不稳定性的胶体溶液，在高酒度白酒中，高级脂肪酸乙酯的溶解度较高，其可与微量成分及酯类形成高分子聚合体，以团聚的形式连接在一起，由于高级脂肪酸乙酯的疏水性对酯类物质形成一种疏水性的保护溶胶，阻隔了水分子与酯类物质的接触，使白酒呈现一种稳定的胶体状态。在降低酒度过程中，高级脂肪酸乙酯因溶解度降低而沉淀析出，胶体特性就会被破坏，同时，随着水分的增多，新的酒体中的酯类物质发生水解反应，酒体整体性下降。经研究证明，当酒度在42% ~ 52%vol之间时白酒的胶体状态及水解均处于最佳的动态平衡，此时的酒体口感醇厚，协调性好。

（3）酒度影响酒的水解速度　在白酒贮存过程中，酸、酯、水、乙醇之间会发生酯化或水解反应，当酸和乙醇含量较高时，主要表现为酯化反应，反之，当水和酯含量较高时，主要表现为水解反应，当白酒酒度降低时，由于水分子的大量增加，使得水解反应加速，酯类物质含量下降，从而白酒的口感较高酒度有大幅度降低。

（4）酒度影响白酒品评　酒度降低后，各种微量成分的绝对值亦随之减少，在品评时可以发现，如果把低度酒与高度酒放在一轮次内评，低度酒的放香、闻香和余香都远不及高度酒。因此酒度不光是左右着白酒的微量成分，它还是呈香呈味的关键所在。在勾调酒时往往会遇到酒体不太协调、香味不匹配和味苦等，有的勾调人员用各种调味酒校正，可都得不到理想效果，这时如果把酒度升高一点或降低一点（当然不能超过标准），有可能得到十分理想的状态。

（5）酒度影响白酒的品质　大家都知道，只要是白酒，也不管它是什么香型，其成分98%是酒精水溶液，只有2%的微量成分，因微量成分种类、绝对值、相互间比值等的差异才呈现出了各种不同风味的白酒。酒精是一种溶剂，它能把各种微量成分溶解在酒中，溶解度又随着温度和酒度的高低而形成差别，一般情况下，微量成分的溶解度随着酒度、温度的升高而增大，再者，几百种微量成分在同一酒度内其溶解度也不相同，对白酒熟悉的人都知道高度酒比低度酒的香气馥郁度好，微量成分含量也相对较高，口感、品质也较好。

由于上述诸多因素势必影响到酒的质量和风味，这些不都是酒度在起着作用吗？所以，白酒的酒度决不容忽视。

但是，我们需要知道一点，并不是提倡酒度越高越好，只是说酒度在白酒中起到重要的作用。现在随着人民生活和文化素质的提高、科学知识的普及，大家都意识到了饮高度酒对身体益少害多，尤其饮酒无度的人更得注意。

## 10.2　加浆及降度计算

白酒是酒精水溶液，经微生物发酵而来的酒精在白酒中与上千种微量成分共同存在，如胶体、分子簇等形态。各厂家一般原酒的酒度较高，在进行白酒勾兑时，对原酒进行降度处理，使其能够达到成品酒精度的要求。

### 10.2.1　加浆及其定义

浆，即勾兑用水，是经过特殊处理的水，降度所用加浆量可通过计算来确定，在此计算中，一般只是对白酒中酒精的质量分数、体积分数进行计算，由于酒精溶液的特殊性，需要用到标准的20℃下酒精体积分数、质量分数对照表。

### 10.2.2　熟悉一张表

纯酒精的密度是0.7893g/cm$^3$（20℃），水的密度是0.9982g/cm$^3$（20℃）；酒精是两性分子，既具有亲水性，又具有疏水性，而酒精分子与水分子自身的分子结构虽不复杂，但存在着不规则的分子簇，当酒精分子与水分子两种物质混合时，由于两种物质空间构架不同，分子会互相嵌入，即小分子水就会进入大分子酒精的分子间隙之中，使溶液中的分子结构进行重排，且这种分子结构是时刻变化的，每一种溶液浓度也在时刻变化，其密度随着乙醇浓度的增大而减小。

造成酒精溶液体积分数改变的原因有很多，如温度、分子间作用、外界压力等。为了方便计算使用，在ITS-90国际酒精表计算方式的基础上编制了20℃温度下酒精密度与浓度关系表（酒精质量分数、体积分数对照表），计算公式（按H.Bettin，F.Spieweck公式）如下。

$$\rho = A_1 + \sum_{k=2}^{12} A_k\left(p-\frac{1}{2}\right)^{k-1} + \sum_{k=1}^{6} B_k(t-20)^k$$

$$+\sum_{i=1}^{n}\sum_{k=1}^{m_i} C_{i,k}\left(p-\frac{1}{2}\right)^k (t-20)^i$$

$$(n=5;\ m_1=11,\ m_2=10,\ m_3=9,\ m_4=4,\ m_5=2)$$

式中　$\rho$——在温度$t$℃时酒精溶液的密度，kg/m³；

$p$——以小数表示的质量分数；

$t$——温度（ITS-90），℃；

$A,B,C$——系数。

当温度为20℃时，$\rho_{20}=\rho_{20}(p,q,20)$，$p$:(0 ～ 100)%，计算得出酒精溶液的密度与浓度表，不需要进行其他计算，可直接得到所需的体积分数及质量分数，如已知酒精溶液的酒精体积分数是45%，则查表可得酒精的质量分数为37.8019%，如表10-1所示。

**表10-1　20℃酒精质量分数、体积分数部分对照表**

| 体积分数/% | 质量分数/% | 相对密度 | 体积分数/% | 质量分数/% | 相对密度 |
|---|---|---|---|---|---|
| 0 | 0 | 0.99823 | 40 | 33.3004 | 0.94806 |
| 45 | 37.8019 | 0.93938 | 50 | 42.4252 | 0.93019 |
| 55 | 47.1831 | 0.92003 | 60 | 52.0879 | 0.90916 |
| 65 | 57.1527 | 0.89764 | 100 | 100 | 0.78927 |

在白酒勾兑计算中，酒度都是指酒精的体积分数，所以若要求将65%vol白酒降度至45%vol，则只需要计算将酒精体积分数由65%稀释至45%即可，而质量分数则是由57.1527%稀释至37.8019%。

### 10.2.3　体积收缩及其影响因素

乙醇与水可以任意比例互溶，在两者相溶时，乙醇-水溶液的结构特征既含有乙醇的结构，也含有水的结构。由于氢键类型在乙醇和水分子间的不同，混合后分子结构的不确定性变得更加明显。吴斌等研究表明，乙醇与水分子以不同方式结合，可形成8种团簇分子。韩光占等研究表明，乙醇与水分子以六元环状、菱形、书状、笼状方式结合，比较稳定。

（1）乙醇水溶液体积变化　纯酒精的密度是0.7893g/cm$^3$（20℃），水的密度是0.9982g/cm$^3$（20℃）。酒精分子和水分子之间都存在间隙，当酒精分子和酒精分子在一起时这些间隙没有东西去填补，这是必须的间隙；然而当酒精分子遇到水分子两种物质混合时，由于两种物质空间构架不同，分子会互相嵌入，即小分子水就会进入大分子酒精的分子间隙之中，这就是为什么20mL水加80mL酒精得不到100mL混合物。又因为水稀释了酒精，所以酒精溶液的浓度变小了，而酒精水溶液的相对密度却增大了。

当然具体的密度非常复杂，如果溶解度很大或者接近无穷，那么密度总趋势是随着浓度升高而接近于聚集态（溶液分子间距不可能是气态的间距）溶质的密度。但中间可能有曲折，比如先变大再变小，或者先变小再变大也是可能的，分子间作用的方式是复杂的，不能一概而论。如氨水，液氨的密度小于水的密度，给纯的液氨加水逐渐稀释的过程中，溶液密度也逐渐从液氨的密度向水的密度数值趋近。乙醇的密度小于水的密度，乙醇水溶液的密度随酒精浓度的减小而变大，即$\rho_{水}>\rho_{酒精水溶液}>\rho_{酒精}$，但硫酸恰好相反，浓硫酸的密度是大于水的密度，溶液相对密度随硫酸浓度的减小而变小。

（2）酒精水溶液体积变化原因

① 分子结构的变化。乙醇属典型的两性分子，既含有亲水成分，又含有疏水成分；水是极性分子，两者在各自的相中都会形成团簇结构，且均有氢键形成。当乙醇溶液与水溶液进行混合时，两者之间的分子进行相互作用，主要有羟基及氢键作用、分子团簇的分解及形成等，在乙醇水溶液中分子间复杂的作用力，导致酒精水溶液体积的变化。

当向纯水中加入少量乙醇时，乙醇分子取代了部分纯水氢键网络中的水分子，形成氢键较强的团簇结构，这种结构使得水分子中O—H共价键作用力减弱，键长增加，水分子H—O—H伸缩振动频率有少许降低。当乙醇浓度大于30%时，乙醇分子和水分子间形成的团簇结构中分子数目增加，结构变得松散，氢键强度有所减弱，相对的水分子O—H共价键作用力增强键长缩短，水分子H—O—H伸缩振动频率升高，体积变化也较小。而当乙醇浓度达到80%以上时，由于水分子数目减少，形成的乙醇水团簇也以小团簇为主，水分子受到氢键作用再次加强，分子内O—H共价键作用力减弱键长增加，水分子H—O—H伸缩振动频率降低体积变化也变大。但是由于在乙醇水溶液中分子间作用力复杂，其形成机理和作用力的性质有待进一步研究。

② 压强。水与乙醇溶液的体积都会随着压强的变化而变化，同质量的溶液，压强大则体积小，压强小则体积大，这主要是因为压强对分子间隙的影响造成的。

例如，一个量筒中倒入了100mL的水，再把这100mL的水，分成两个量筒装，结果相加后超过100mL。一个量筒是50mL，另一个量筒却有55mL左右，加起来就有了105mL。

不同的液体都会有一个临界压强值，即在临界压强以下，液体的体积不变，在临界压强之上，溶液的体积就会被压缩，在做实验时，采取深度来代替压强，临界压强值用临界深度来代替，当深度等于或超过此深度时，体积就可以被压缩。而且深度越深压缩程度越大，并且不同的深度压缩程度不同。例如，用50mL量筒量取30mL 10%vol酒精水溶液两次，分别倒进100mL量筒中，总体积变为61mL，说明量筒的深度即压强对酒精水溶液的体积有一定的影响。

有多种原因造成酒精水溶液的体积变化，由于酒精与水的特殊性，对于体积变化的规律及体积变化系数还没有过系统的研究。

### 10.2.4 降度计算

降度即稀释，是指将高度的原酒加浆稀释至所要求的标准酒度的过程，由于白酒体系的复杂性，关于降度的计算有两种方法，一是按照白酒中酒精含量不变的原则进行计算，此类计算得出的理论数据与实际操作有一定的出入；二是按照标准的20℃时原酒度折算成标准酒度加浆系数表进行计算。两种方法说明如下。

（1）按酒精质量不变进行计算　在此降度计算中只考虑降度前后溶液中酒精的质量分数不变，即有酒精质量分数为$\omega_2$的高度酒$m_2$kg，需要降度至酒精质量分数为$\omega_1$，则所需加浆量为$m$，降度后低度酒质量为$m_1$。计算公式为：

$$m_1 \times \omega_1 = m_2 \times \omega_2$$

$$m_1 = m + m_2 \tag{10-1}$$

式中　$m$——降度所用加浆量，kg；

$\omega_2$——高度酒质量分数，%；

$\omega_1$——低度酒质量分数，%；

$m_2$——高度酒质量，kg；

$m_1$——低度酒质量，kg。

经推导计算后得出降度计算公式。

（2）按质量分数计算

$$m = \frac{\omega_2 - \omega_1}{\omega_1} \times m_2 \tag{10-2}$$

实例：60%vol原酒500kg，要勾兑成50%vol的酒，求需要加浆量是多少千克？

解：酒度表示酒精的体积分数。查表可知：

60%（体积分数）=52.09%（质量分数）

50%（体积分数）=42.43%（质量分数）

$$加浆量=\frac{\omega_2-\omega_1}{\omega_1}\times m_2=500\times\frac{52.09-42.43}{42.43}=113.83\text{kg}$$

（3）按体积分数计算。在利用质量分数进行计算时，虽然准确，但操作不便，由于白酒与水都是液体，所以在实际情况中一般还是利用其体积分数进行计算，见公式（10-3）。在按体积分数计算进行降度时会出现降度后酒度偏高的现象，这是因为白酒是一种胶体，任何一种物质的加入都会破坏胶体的体系平衡，加浆在降低酒精度的同时，也会破坏其中的各项平衡；白酒中98% ~ 99%都是乙醇与水，加浆最重要的就是破坏了白酒中酒精水溶液的平衡，造成溶液总体积收缩。单从酒精体积分数来计算加浆量，没有考虑溶液所发生的变化，所以降度后的白酒都会比既定的酒精度高一些，需要进行二次降度才会达到既定酒度。

按体积分数计算时降度公式：

$$V=\frac{\varphi_1-\varphi_2}{\varphi_2}\times V_1 \tag{10-3}$$

式中 $V$——降度所用加浆量，L；

$\varphi_1$——高度酒酒度，%；

$\varphi_2$——低度酒酒度，%；

$V_1$——高度酒体积，L。

实例：设有600L 65%vol的白酒，要求降度为60%vol，需加浆（水）多少升？

解：由公式

$$V=\frac{\varphi_1-\varphi_2}{\varphi_2}\times V_1=\frac{65-60}{60}\times 600=50\text{L}$$

需要加浆50L，测定酒度后，再进行微调。

（4）按加浆系数表进行计算　20℃时原酒度折算成标准酒度加浆系数表是《白酒、酒精换算手册》中关于白酒降度折算的标准参考表，只需知道原酒酒度和降度后的标准酒度即可。加浆系数法是基于酒精质量不变的计算方法。公式如下。

$$m=m_1\times(1+加浆系数)$$

$$m=m_1+加浆量$$

$$加浆量=m_1\times 加浆系数$$

式中 $m$——降度后白酒的质量，kg；

$m_1$——原酒质量，kg。

实例：如果用250kg，酒度为65.5%vol的原酒，降度成60%vol的标准酒，加浆量为多少千克？

解：① 查标准酒度加浆系数表。加浆系数表由原酒酒度、标准酒度和加浆系数组成，如表10-2所示。表最上端为标准酒度，即降度后的酒度；左一列为原酒度数的整数，如60%vol、61%vol、62%vol……，最上一行为原酒度数小数，0.1%vol、0.2%vol……，将65.5%vol的原酒，降度得到60%vol的标准酒，查得标准加浆系数为0.1071。

② 计算。

$$加浆量=m_1\times 加浆系数=250\times 0.1071=26.775$$

表10-2　加浆系数表示例（标准酒度60.0%vol）

| 酒度小数 / 加浆系数 / 酒度 | 0.0 | 0.1 | 0.2 | 0.3 | 0.4 | 0.5 | 0.6 | 0.7 | 0.8 | 0.9 |
|---|---|---|---|---|---|---|---|---|---|---|
| 63 | 0.0580 | 0.0599 | 0.0618 | 0.0637 | 0.0657 | 0.0676 | 0.0697 | 0.0716 | 0.0735 | 0.0754 |
| 64 | 0.0774 | 0.0795 | 0.0814 | 0.0833 | 0.0852 | 0.0873 | 0.0893 | 0.0912 | 0.0931 | 0.0952 |
| 65 | 0.0971 | 0.0991 | 0.1012 | 0.1031 | 0.1050 | 0.1071 | 0.1090 | 0.1110 | 0.1131 | 0.1150 |
| 66 | 0.1169 | 0.1190 | 0.1209 | 0.1229 | 0.1250 | 0.1269 | 0.1290 | 0.1309 | 0.1328 | 0.1350 |
| 67 | 0.1369 | 0.1390 | 0.1409 | 0.1430 | 0.1449 | 0.1469 | 0.1490 | 0.1509 | 0.1530 | 0.1549 |

### 10.2.5　勾兑中加浆降度的过程

勾兑中的加浆过程有两个方面，一方面是小勾，即进行小样基酒试组合时，另一方面是小样配方确定后，进行大样勾兑时。加浆的方法大致分为两种：一是将选择好的基酒一一降度，经除浊过滤处理后，再进行组合；二是将选择好的基酒，按组合高度酒的方法先行组合，再进行降度处理。在各大名酒厂中一般采用第二种方法。白酒勾兑过程见图10-1。

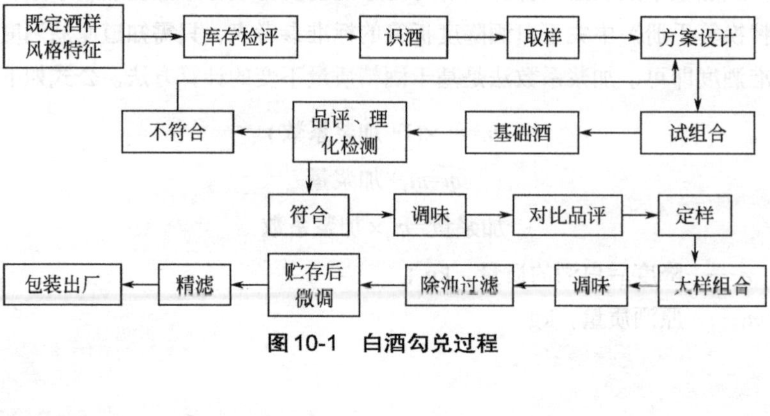


图10-1　白酒勾兑过程

加浆降度过程（图10-2）一般分为以下五步。

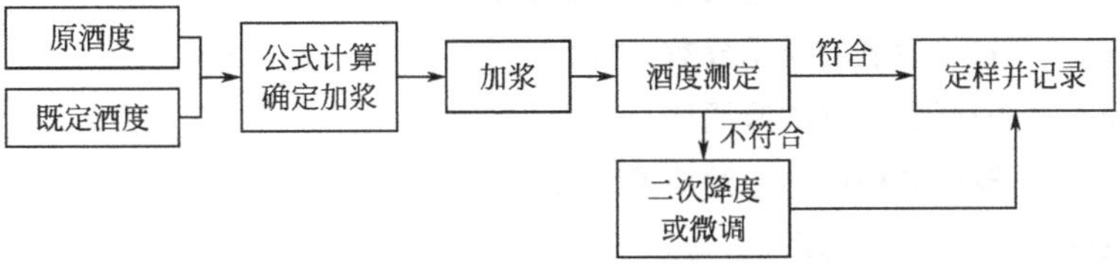


**图10-2　加浆降度过程**

① 先对需降度的原酒的酒度进行测定，确定产品所需的既定酒度（标准酒度）。

② 加浆量的计算。

③ 加浆，搅拌后静置。

④ 测定溶液的酒度。

⑤ 酒度与既定酒度相符合时，定样并记录，若不符合，则需要进行微调，直至酒度符合为止。

## 10.3　不同原酒的勾兑计算

### 10.3.1　不同酒精度原酒混合计算

在白酒勾兑中，经常遇到需要将两种以上的不同酒度的白酒进行勾兑组合，这类不同酒度原酒的勾兑计算也是利用白酒中酒精质量变化进行计算，即

$$m=\frac{m_1\times\omega_1+m_2\times\omega_2+\cdots+m_n\times\omega_n}{\omega}$$

$$m=m_1+m_2+\cdots+m_n \qquad (10\text{-}4)$$

式中　$m_1$，$m_2$，…，$m_n$——不同酒精度原酒质量，kg；

$m$——勾兑组合后酒的质量，kg；

$\omega_1,\omega_2,\cdots,\omega_n$——不同酒精度原酒质量分数，%；

$\omega$——勾兑组合后酒的质量分数，%。

若只有两种原酒进行勾兑组合，如较高酒度质量分数为$\omega_1$的原酒$m_1$kg，较低酒度质量分数为$\omega_2$的原酒$m_2$kg，要勾兑组合成质量分数为$\omega$的原酒$m$kg，则所需原酒的质量$m_1$、$m_2$的计算公式为：

$$m_1=\frac{m\times(\omega-\omega_2)}{\omega_1-\omega_2}\qquad m_2=m-m_1 \qquad (10\text{-}5)$$

式中　$\omega_1$——较高酒精度的原酒质量分数，%；

$\omega_2$——较低酒精度的原酒质量分数，%；

$\omega$——勾兑后酒的质量分数，%；

$m_1$——较高酒精度的原酒质量，kg；

$m_2$——较低酒精度的原酒质量，kg；

$m$——勾兑后酒的质量，kg。

实例：将72%vol和55%vol的两种原酒勾兑成100kg，60%vol的酒，求所需原酒各多少千克?

解：酒度表示酒精的体积分数。查表可知：

72%（体积分数）=64.53%（质量分数）

60%（体积分数）=52.09%（质量分数）

55%（体积分数）=47.18%（质量分数）

则：

$$m_1=\frac{m\times(\omega-\omega_2)}{\omega_1-\omega_2}=\frac{100\times(52.09-47.18)}{64.53-47.18}=28.30\text{kg}$$

$$m_2=100-28.30=71.7\text{kg}$$

即所需72%vol白酒28.30kg，55%vol白酒71.7kg。

若不考虑白酒组合所发生的分子水平的变化，也可按体积分数来计算，公式如下。

$$V_1=\frac{V\times(\varphi-\varphi_2)}{\varphi_1-\varphi_2}\qquad V_2=V-V_1 \tag{10-6}$$

式中　$\varphi_1$——较高酒精度的原酒体积分数，%；

$\varphi_2$——较低酒精度的原酒体积分数，%；

$\varphi$——勾兑后酒的体积分数，%；

$V_1$——较高酒精度的原酒体积，L；

$V_2$——较低酒精度的原酒体积，L；

$V$——勾兑后酒的体积，L。

实例：将72%vol和55%vol的两种原酒勾兑成100L，60%vol的酒，求所需原酒各多少?

解：

$$V_1=\frac{V\times(\varphi-\varphi_2)}{\varphi_1-\varphi_2}=\frac{100\times(60-55)}{72-55}=29.4\text{L}$$

$$V_2=100-29.40=70.6\text{L}$$

即所需72%vol白酒29.4L，55%vol白酒70.6L。

### 10.3.2 酒度的升度计算

白酒酒度升度计算与不同酒度白酒勾兑计算有相同之处，不同酒度勾兑计算一般是计算需要各类原酒的量，而酒度升度计算一般计算将某一原酒升度时需要酒度高的白酒量。

按照升度前后酒精含量的变化进行计算，公式如下（用一种高度酒对一种低度酒进行升度）。

$$m \times \omega = m_1 \times \omega_1 + m_2 + \omega_2$$
$$m = m_1 + m_2 \tag{10-7}$$

式中 $m_1$——现有酒精度原酒质量，kg；

$m_2$——升度所用高度原酒质量，kg；

$m$——升度后白酒的质量，kg；

$\omega_1$——现有酒精度原酒质量分数，%；

$\omega_2$——升度所用高度原酒质量分数，%；

$\omega$——升度后白酒的质量分数，%。

按质量分数升度所用高度酒的量时，对公式进行推导计算后得出：

$$m_2 = \frac{\omega - \omega_1}{\omega_2 - \omega} \times m_1 \tag{10-8}$$

式中 $m_2$——需加入高度酒质量，kg；

$m_1$——现有酒的质量，kg；

$\omega_1$——现有酒的质量分数，%；

$\omega_2$——升度所用高度酒质量分数，%；

$\omega$——升度后酒的质量分数，%。

实例：现有40%vol的白酒100kg，需要勾调到50%vol，需要加65%vol的白酒多少毫升?

解：酒度表示酒精的体积分数，因此40%vol白酒的酒精体积分数为40%。

查表可知：40%（体积分数）=33.3004%（质量分数）

50%（体积分数）=42.4252%（质量分数）

65%（体积分数）=57.1527%（质量分数）

则：

$$m_2 = \frac{\omega - \omega_1}{\omega_2 - \omega} \times m_1 = \frac{42.4252 - 33.3004}{57.1527 - 42.4252} \times 100 = 61.96\text{kg}$$

需要加65%vol的白酒61.96kg。

按体积分数计算升度所用高度酒的量时，对公式进行推导计算后得出：

$$V_2=\frac{\varphi-\varphi_1}{\varphi_2-\varphi}\times V_1 \tag{10-9}$$

式中　$V_2$——需加入高度酒体积，L；

$V_1$——现有酒的体积，L；

$\varphi_1$——现有酒的体积分数，%；

$\varphi_2$——升度所用高度酒体积分数，%；

$\varphi$——升度后酒的体积分数，%。

实例：现有40%vol的白酒100L，需要勾调到50%vol，需要加65%vol的白酒多少毫升？

解：

$$V_2=\frac{\varphi-\varphi_1}{\varphi_2-\varphi}\times V_1=\frac{50-40}{65-50}\times 100=66.7\text{L}$$

需要加65%vol的白酒66.7L。

### 10.3.3　勾兑计算训练

利用纯酒精进行勾兑计算练习时，可利用以下方案进行练习。

假设所勾兑产品为45%vol，骨架成分含量及配比设定，总酯为5.5g/L，总酸为1.2g/L，己酸乙酯：乙酸乙酯：乳酸乙酯：丁酸乙酯=1 ：0.7 ：0.8 ：0.1，乙酸：己酸：乳酸：丁酸=1 ：1.8 ：0.8 ：0.3，其余成分见表10-3。

表10-3　产品设计要求

| 名称 | 设计要求 | 名称 | 设计要求 |
|---|---|---|---|
| 正丙醇 | 173mg/L | 双乙酰 | 123mg/L |
| 异戊醇 | 370mg/L | 乙醛 | 355mg/L |
| 异丁醇 | 130mg/L | 乙缩醛 | 481mg/L |

所需勾兑步骤及计算顺序如下。

（1）纯酒精降度　按食用酒精是95%vol进行计算，则降度成45%vol的加浆系数是1.4447，则1kg 95%vol食用酒精加浆量为1.4447kg，总质量为2.4447kg。

按酒精溶液相对密度表换算成体积，体积分数45%的酒精溶液相对密度为0.93938，得出总体积约为2.602L。

（2）酸含量的计算及酸的加入　按设计要求，乙酸：己酸：乳酸：丁酸=

1 ： 1.8 ： 0.8 ： 0.3，总酸为1.2g/L。

乙酸含量：1.2×1/3.9=0.308g/L（注：1+1.8+0.8+0.3=3.9）

己酸含量：1.2×1.8/3.9=0.554g/L

乳酸含量：1.2×0.8/3.9=0.246g/L

丁酸含量：1.2×0.3/3.9=0.092g/L

45%vol酒精体积为2.602L，则应加入乙酸0.308×2.602=0.801g，乙酸的密度为1.05g/mL，换算成体积，应加入乙酸0.763mL。依此类推，应加入己酸1.55mL；乳酸应加入0.529mL；丁酸应加入0.249mL。在计算时需要考虑试剂的纯度。

（3）酯含量的计算　按设计要求，己酸乙酯：乙酸乙酯：乳酸乙酯：丁酸乙酯=1 ： 0.7 ： 0.8 ： 0.1，总酯5.5g/L。

己酸乙酯含量：5.5×1/2.6=2.115g/L　（注：1+0.7+0.8+0.1=2.6）

乙酸乙酯含量：5.5×0.7/2.6=1.481g/L

乳酸乙酯含量：5.5×0.8/2.6=1.69g/L

丁酸乙酯含量：5.5×0.1/2.6=0.212g/L

45%vol酒精体积为2.602L，则应加入己酸乙酯2.115×2.602=5.503g，己酸乙酯的密度为0.87g/mL，换算成体积，应加入己酸乙酯6.326mL。依此类推，应加入乙酸乙酯4.282mL；乳酸乙酯应加入4.269mL；丁酸乙酯应加入0.634mL。

（4）醇类物质的加入　按设计要求，正丙醇173mg/L，异戊醇370mg/L，异丁醇130mg/L，计算方法同上，应加入正丙醇0.56mL，异戊醇1.19mL，异丁醇0.418mL。

（5）其他成分的加入　双乙酰设计为123mg/L，乙醛355mg/L，乙缩醛481mg/L，计算方法同上，应加入双乙酰0.323mL，乙醛1.184mL，乙缩醛1.508mL。

全部加入后搅拌均匀并静置，24h后进行品评。

# 第十一章

# 大样勾兑

大样勾兑是对勾兑配方进行展开的过程，一般将勾兑的成品称作大样，大样勾兑包含混合搅拌、吸附、沉淀、过滤等环节，通过上述加工过程，使产品达到目标要求。

## 11.1 混合搅拌

### 11.1.1 混合搅拌的原理

#### 11.1.1.1 搅拌的定义

（1）定义　搅拌是指通过搅拌器发生某种循环，使得溶液中的气体、液体甚至悬浮的颗粒得以混合均匀的过程。为了达到这一目的，需要通过强制对流、均匀混合等器件来实现，即搅拌器的内部构件。

狭义的搅拌是指实验中常用的一项操作，目的是能使反应物间充分混合，避免由于反应物浓度不均匀、局部过大、受热不均匀等导致副反应的发生或有机物分解。通过搅拌，使反应物充分混合、受热均匀，缩短反应时间，提高反应产率。

广义的搅拌是指对流体的搅拌。按物相可分为气体、液体、半固体及散粒状固体搅拌。液体搅拌是将简单液体、固-液体混合物或气-液体混合物，在容器内利用各种形式的搅拌桨叶运动或其他方法，强制地促进容器内各部分物料或成分互相混杂、交换，以达到浓度均匀、物料温度均一或某种物理过程（如结晶等）加快等目的。管道混合器、空气升液器和喷射等引起的搅拌也是液体搅拌的几种形式。

（2）搅拌的分类　搅拌可分为液-液混合、气-液混合和固-液混合三种形式。

（3）搅拌的目的

① 促进传热，使物料的温度均匀化。

② 促进物料中各成分的均匀混合。

③ 促进溶解、结晶、凝聚、清洗、浸出、吸附、离子交换等过程的进行。

④ 促进酶反应等生物化学反应和化学反应过程的进行。

#### 11.1.1.2 搅拌方式

按搅拌的不同方式和动力源的不同，搅拌可分为机械搅拌、气流搅拌、液体循环搅拌等。

（1）机械搅拌　依靠搅拌器在搅拌槽中转动对液体进行搅拌，是食品行业生产中将气体、液体或固体颗粒分散于液体中的常用方法。依靠搅拌器在搅拌槽中转动对液体进行搅拌时，常设有槽外夹套，或蛇形管等器件，槽壁内侧常装有几条垂直挡板，用以消除液体高速旋转所造成的液面凹陷旋涡，并可强化液流的湍动，以增强混合效果。搅拌器一般装在转轴端部，通常从槽顶插入液层（大型搅拌槽也有用底部伸入式）。有时在搅拌器外围设置圆筒形导流筒，促进液体循环，消除短路和死区。对于高径比大的槽体，为使全槽液体都得到良好搅拌，可在同一转轴上安装几组搅拌器。搅拌器轴用电动机通过减速器带动，常用多级变速或无级变速来控制。带动搅拌器的另一种方法是磁力传动，即在槽外施加旋转磁场，使设在槽内的磁性元件旋转，带动搅拌器搅拌液体。采用磁力传动可回避高压动密封，气密性好。

机械搅拌是一种在工业生产中使用时间最早、使用范围最广的传统搅拌方式，机械搅拌有其自身的优缺点。优点：用途广，各种齿轮箱和叶轮组合可以适应大多数的需要；效率高；剪切力适当，能根据需要设计产生合适的剪切力；有利于氧化反应，暴露更多流体与大气接触，使流体中溶解大量空气。缺点：能耗较高，存在设备腐蚀和磨损，故障率高，维护费用高；可能存在盲区（死角或死点）；可能要求安装隔板；不能混合不同容器中的反应液，也不能在两个容器之间转移流体。

（2）气流搅拌　气流搅拌是向液体中通入气流搅拌液体的方法。一般用压缩空气，有时亦采用二氧化碳、氮气等惰性气体；食品生产多见液体的常压空气搅拌。当被搅拌的液体需加热，且允许加入水分时，也可通入水蒸气。气流搅拌装置：一是鼓泡器。由管壁开有许多小孔的管子构成，使气泡能在槽体截面上均匀分布，小孔直径为3 ~ 6mm。管子可数行并列，或互相交叉，或弯成环状。鼓泡器安装在容器底部，气体从小孔吹出，在液体中鼓泡。气泡较少时，气泡运动对液体的搅拌作用不大。工业应用的鼓泡器是使气泡成串通过液层，借射流的夹带和湍流脉动促使液体混合。单位槽体截面的通气量，取决于所要求的搅拌强烈程度，一般为0.4 ~ 1.0$m^3$/（min · $m^2$）。二是气流搅拌槽（如图11-1所示），又称巴秋卡槽，是食品浸取混合的常用设备。它是一个带锥底的直立圆槽，通常在中央设置导流筒（图11-1中a、b）。从导流筒底部通入的压缩空气，带动筒内流体上升。当流体升至筒口溢出，然后在筒外下降，形成循环流动。若不设导流筒（图11-1中c），气流上升过程中不断夹带沉淀物，使随之上升，于是形成了一个倒锥形的流体流。槽的形式、导流筒的结构尺寸，以及空气的用量，都是影响混合效果的重要因素。

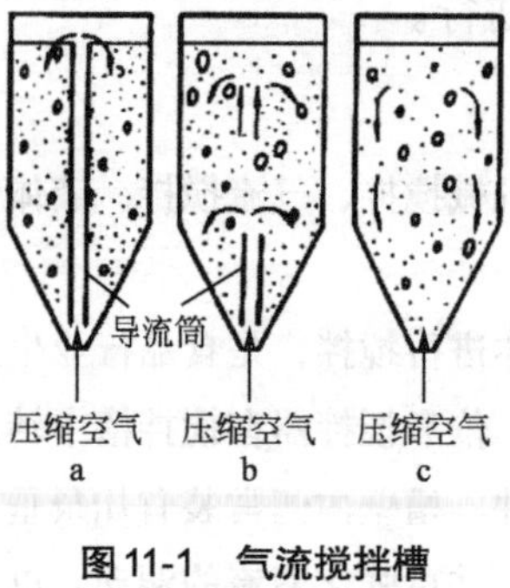

图11-1　气流搅拌槽

气流搅拌装置简单，无运动部件，适宜于搅拌高温或具腐蚀性的液体，也可用于临时性设施或搅拌要求不高的场合。但是，要达到同样的混合程度，气流搅拌的功率消耗高于机械搅拌，气流还会带走液体中的挥发组分，或造成雾沫夹带，损耗物料；同时存在由于集气盘结构限制，采用小循环，对于流体和含固体微粒的液体搅拌中存在固定死角，罐底固体沉积物不易清除。

（3）液体循环搅拌　液体循环搅拌由循环泵将两相或多相之间不停地进行立体循环式的搅拌。广泛用于食品、化工、制药、水处理和冶金等行业，适用于各种流体的搅拌。常使用于浓度不大于30%（按重量计算），固定成分的粒度小于1mm的流体。构造形式是平底桶形辐射循环螺旋叶轮机械搅拌式。

液体循环搅拌适合于大批量生产中多组分物料的搅拌，设计独特，螺旋式叶片能保证高黏度物料上下翻动，不产生死角，密闭式结构为防止飞扬和扩散，也可配置真空系统。但同时存在电机的转动功率较低、搅拌不均匀、设备维护费用较高等缺点。

### 11.1.1.3　搅拌效率

搅拌的效率是衡量搅拌质量、能效的重要指标，常用搅拌的功率$P$来表示。

搅拌器向液体输出的功率$P$按下式计算：

$$P = N_p d^5 n^3 \rho$$

式中　$P$——搅拌功率，W；

$N_p$——功率准数，它是搅拌雷诺数$R_e$（$R_e$=$d^2 n\rho/\mu$）的函数；

$d$——搅拌器的直径，m、dm、cm；

$n$——搅拌器的转速，r/h、r/min、r/s；

$\rho$——混合液的密度，kg/m$^3$；

$\mu$——混合液的黏度，Pa·s。

对于一定几何结构的搅拌器和搅拌槽，$N_p$与$Re$的函数关系可由实验测定，将这函数关系绘成曲线，称为功率曲线。

理论上虽然可将搅拌功率分为搅拌器功率和搅拌作业功率，但在实践中一般只考虑或主要考虑搅拌器功率，因搅拌作业功率很难予以准确测定，一般通过设定搅拌器的转速来满足所需的搅拌作业功率。从搅拌器功率的概念出发，影响搅拌功率的主要因素如下。

搅拌器的结构和运行参数，如搅拌器的形状、桨叶直径和宽度、桨叶的倾角、桨叶数量、搅拌器的转速等。

搅拌槽的结构参数，如搅拌槽内径和高度、有无挡板或导流筒、挡板的宽度和数量、导流筒直径等。

搅拌介质的物性，如各介质的密度、液相介质黏度、固体颗粒大小、气体介质通气率等。

由以上分析可见，影响搅拌功率的因素是很复杂的，一般难以直接通过理论分析方法来得到搅拌功率的计算方程。因此，借助于实验方法，再结合理论分析，是求得搅拌功率计算公式的唯一途径。

由流体力学的纳维尔-斯托克斯方程，并将其表示成无量纲形式，可得到无量纲关系式：

$$N_p = K\,Re^a\,Fr^b$$

式中 $N_p$——功率准数；

$Re$——搅拌雷诺数，反映流动状况对搅拌功率的影响；

$Fr$——弗鲁德数，即流体的惯性力与重力之比，是反映重力对搅拌功率影响的准数；

$K$——系统的总形状系数，反映系统几何构型对搅拌功率的影响；

$a,b$——指数，其值与物料流动状况及搅拌器形式和尺寸等因素有关，一般由实验测定，无因次。

式中，雷诺数反映了流体惯性力与黏滞力之比，而弗鲁德数反映了流体惯性力与重力之比。实验表明，除了在$Re > 300$的过渡流状态时，$Fr$数对搅拌功率都没有影响。即使在$Re \gg 300$的过渡流状态，$Fr$数对大部分的搅拌桨叶影响也不大。因此在一般情况下都直接把功率因数表示成雷诺数的函数，而不考虑弗鲁德数的影响。

由于在雷诺数中仅包含了搅拌器的转速、桨叶直径、流体的密度和黏度，因此对于以上提及的其他众多因素必须在实验中予以设定，然后测出功率准数与雷诺数的关系。由此可以看到，从实验得到的所有功率准数与雷诺数的关系曲线或方程都只能在一定的条件范围内才能使用。很明显，对于不同的桨型，功率准数与雷诺数的关系曲线是不同的，它们的$N_p$-$Re$关系曲线也会不同。

11.1.1.4 搅拌设备

搅拌设备主要由搅拌装置、轴封和搅拌罐三大部分组成。其中搅拌罐又由罐体和附件组成；搅拌装置由传动装置、搅拌轴和叶轮组成，搅拌轴和叶轮组成搅拌器。搅拌器有各种样式，主要有以下几种。

（1）旋桨式搅拌器　旋桨式搅拌器由2 ~ 3片推进式螺旋桨叶构成（图11-2），工作转速较高，叶片外缘的圆周速度一般为5 ~ 15m/s。旋桨式搅拌器主要造成轴向液流，产生较大的循环量，适用于搅拌低黏度（<2Pa·s）液体、乳浊液及固体微粒含量低于10%的悬浮液。搅拌器的转轴可水平或斜向插入槽内，此时液流的循环回路不对称，可增加湍动，防止液面凹陷。

（2）涡轮式搅拌器　涡轮式搅拌器由在水平圆盘上安装2 ~ 6片平直或弯曲的叶片所构成（图11-3）。桨叶的外径、宽度与高度的比例，一般为20 ：5 ：4，圆周速度一般为3 ~ 8m/s。涡轮在旋转时造成高度湍动的径向流动，适用于气体及不互溶液体的分散和液液相反应过程。被搅拌液体的黏度一般不超过25Pa · s。

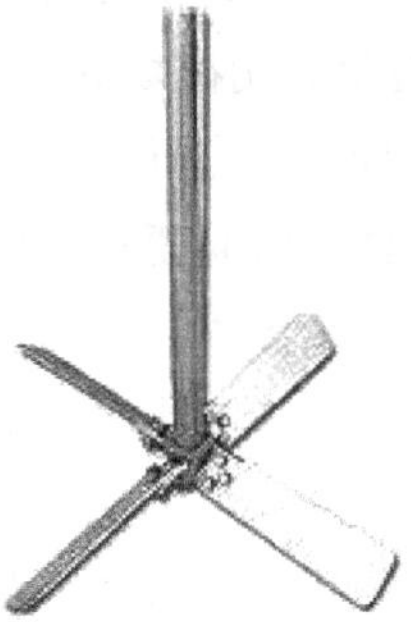
图11-2　推进式螺旋桨叶

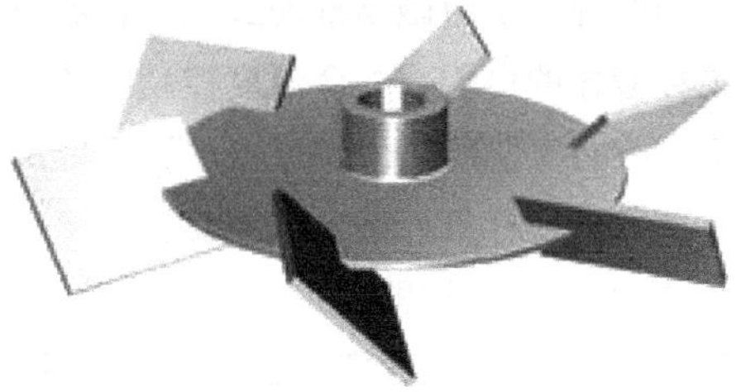
图11-3　涡轮式搅拌器叶片

（3）桨式搅拌器　桨式搅拌器有平桨式和斜桨式两种。平桨式搅拌器由两片平直桨叶构成。桨叶直径与高度之比为4 ~ 10，圆周速度为1.5 ~ 3m/s，所产生的径向液斜桨式搅拌器流速较小。斜桨式搅拌器（图11-4）的两叶相反折转45°或60°，因而产生轴向液流。桨式搅拌器结构简单，常用于低黏度液体的混合以及固体微粒的溶解和悬浮。

（4）锚式搅拌器　锚式搅拌器桨叶外缘形状与搅拌槽内壁要一致（图11-5），其间仅有很小间隙，可清除附在槽壁上的黏性反应产物或堆积于槽底的固体物，保持较好的传热效果。桨叶外缘的圆周速度为0.5 ~ 1.5m/s，可用于搅拌黏度高达200Pa · s的牛顿型流体。锚式搅拌器搅拌高黏度液体时，液层中有较大的停滞区。

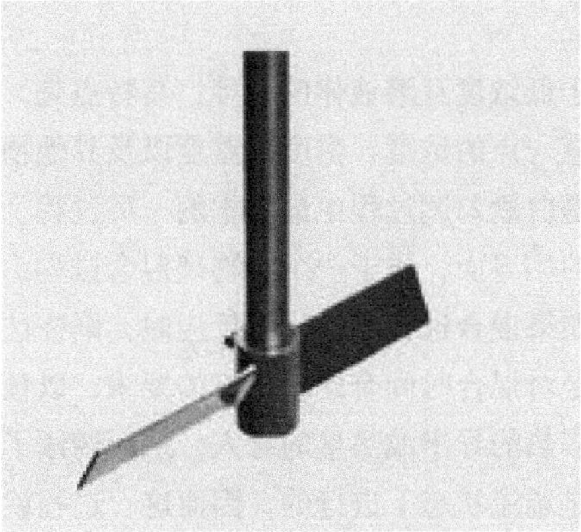
图11-4　斜桨式搅拌器

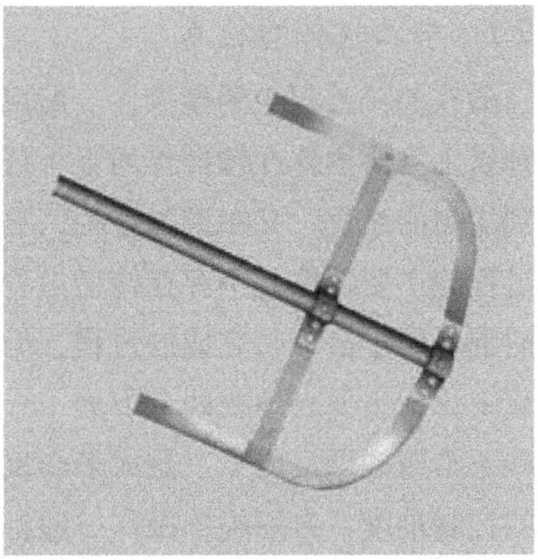
图11-5　锚式搅拌器

（5）螺带式搅拌器　螺带式搅拌器的螺带的外径与螺距相等（图11-6），叶片为螺带状，螺带的数量为两到三根，被安装在搅拌器中央的螺杆上，螺带式搅拌器的螺距决定了螺带的外径。螺带式搅拌器通常是在层流状态下操作，适用于黏度高的液体和拟塑性的流体混合。

（6）磁力搅拌器　磁力搅拌器是用于液体混合的实验室仪器，主要用于搅拌或同时加热搅拌低黏稠度的液体或固液混合物。其基本原理是利用磁场的同性相斥、异性相吸的原理，使用磁场推动放置在容器中带磁性的搅拌转子进行圆周运转，从而达到搅拌液体的目的。配合温度控制系统，可以根据具体的实验要求加热并控制样本温度，维持实验所需的温度条件，保证液体混合达到实验需求。

（7）侧入式搅拌机　侧入式搅拌机是将搅拌装置安装在设备筒体的侧壁上（图11-7），搅拌机上的搅拌器通常采用轴流型，以推进式搅拌器为多，在消耗同等功率情况下，能得到最高的搅拌效果，功率消耗仅为顶搅拌的1/3 ～ 2/3，成本仅为顶搅拌的1/4 ～ 1/3。转速可在200 ～ 750r/min。如图11-7所示。

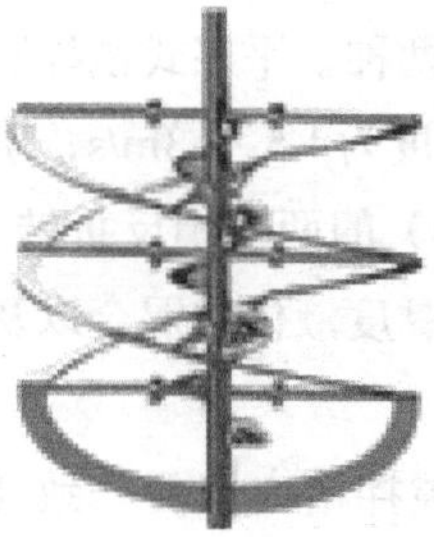

**图11-6　螺带式搅拌器**

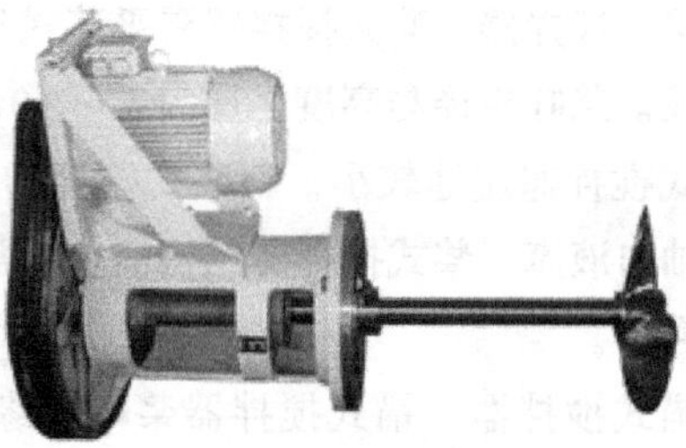

**图11-7　侧入式搅拌机**

## 11.1.2　白酒搅拌

### 11.1.2.1　白酒搅拌的特点

白酒在勾兑过程中的搅拌，一般属于低浓度互溶液体的搅拌，其特点是，两种及两种以上互溶酒体在搅拌作用下，任意一点的浓度、密度、温度以及其他物理状态达到均匀的过程，又叫混匀过程，它是白酒勾调过程中最基本的一种过程。白酒搅拌过程的主要特性是不存在传递过程的相界面，属于一个纯物理混合过程。白酒搅拌的混合属于最容易完成的过程，但如果混合过程伴有化学反应时，则往往会使过程复杂化，主要表现在两个方面：一是对混合时间有比较严格的要求，以预防发生一些不希望的副反应；二是大多有反应热的导出或热量的导入，从而增添了混合过程的控制难度。白酒搅拌操作一般都是湍流状态下进行的，因而这一过程就具有较强的主体扩散、湍流扩散和分子扩散，宏观混合的过程同时伴有很强的微观混合过程。为达到各种酒体的混合均匀状况，白酒搅拌首先要求供给充足的循环量，避免在设备内出现死区，使所有搅拌酒体都能产生快速对流循环活动。其次，还要求搅拌器造成的液体湍流强度或剪切速度要大，尤其是当两种酒体相差比较大时，剪切的存在将有利于酒体在设备中的分离，有利于湍流扩散的强化。此外，当需要混匀的两种酒体数量相差较大时，少量酒体的加料位置是很重要的，理想的位置是叶轮区，或是叶轮吸入口附近，以保证进料能很快通过叶轮，促使搅拌酒体很快达到浓度均化。

11.1.2.2　白酒搅拌的方式及其对比

（1）传统的搅拌方式在白酒勾兑中的应用　白酒的勾兑调和过程，就是把各种基酒或组分相互搅拌混合的过程。而调和搅拌是加快组分之间的相互融合、反应、分离的重要手段。以往，根据调和搅拌方式、动力源的不同，可分为机械动力搅拌、液体循环搅拌和空气鼓泡搅拌等。目前，白酒勾兑调合工艺中，基本上都采用以上这三种搅拌方式，但都存在不同程度的缺陷和弊病。

① 机械搅拌。机械搅拌是一种在工业生产中使用时间最早的传统搅拌方式，其能耗较高，搅拌会有“死角”，并存在严重的设备腐蚀和磨损问题，故障率高、维护费用大、搅拌时间长，无法长期正常运行。对于白酒和食品饮料行业，还存在一个造成对产品污染的问题。

② 液体循环搅拌。液体循环搅拌也是一种在白酒勾兑调合中使用的相当普遍的技术，但是其生产效率极低、搅拌时间长，易造成酒精成分挥发、搅拌不均匀，设备维护费用也很高。

③ 空气鼓泡搅拌　空气鼓泡搅拌是近十几年来部分白酒生产厂家采用的调合勾兑技术，虽然它能提高生产效率，但是由于采用了大量的空气，很容易导致白酒成品芳香物质的损失和加大酒体氧化的程度。

（2）脉冲气动勾兑调合搅拌技术　由于以上三种传统的搅拌方式在白酒勾兑中的长期应用都存在不同的缺陷，于是人们就在不停地探索创新，在20世纪80年代末期，国际上出现了一种先进的脉冲气动勾兑调合搅拌技术。其采用压缩气体作为搅拌动力，大幅度提高了搅拌效率，节省能源消耗。同时，由于无搅拌轴的机械运动，不仅避免了对酒品的污染，也消除了机械磨损和腐蚀，从而降低了设备维护费用。该技术以其高效、节能、安全、灵活、免维修、易安装、运行成本低、投资见效快、适用范围广等优越性，已被越来越多的国内外酿酒行业、食品行业和油品行业所采纳。同时，也给这些生产企业带来了更高的生产效率、更低的生产成本、更灵活的生产方式、更强的市场竞争能力和更大的产品市场占有率。

脉冲气动勾兑调合搅拌中，被作为动力源的压缩空气大气泡的形成过程实际上是一个能量充分积聚而又瞬时释放的过程。具有强大动力的压缩空气大气泡，被从集齐盘底部以脉冲方式挤压出来，冲刷刮扫罐底，使罐底那些相对密度较重的组分（如吸附剂和其他有效组分）被挤出或扬起。压缩空气迅速包围在集齐盘的四周，并在集齐盘上直接形成椭圆形的大气泡。由于气体的密度很轻，与周围的液体拥有很大的密度差，形成的大气泡产生向上的托力。这样大气泡托起它上部承载着的组分朝液面向上推送。而四周的组分在短时间内急速返回填补空间，也拉动上部液位的组分下行。在经过一定的延时后，紧接着产生了第二个大气泡，并重复着前面的过程。由于大气泡是以一定的脉冲频率方式有规律地产生，则带有原动力的大气泡在上升过程中又受到后面大气泡的助推力，于是，根据流体动力学原理，这种惯性很快地形成了整个勾兑调合罐内部大气泡自下而上的垂直运动，运行到达液面的大气泡很自然地爆破，巨大的爆破力把从罐底送上来的组分推向四周，在重力作用下，这些组分很快沿着四周向下运动，运动过程中也冲刷刮扫罐壁。这样，周而复始的惯性运动导致整个勾兑调合罐内的酒体形成“自下而上、自上而下”的迅速的垂直循环运动。这种由脉冲大气泡产生的巨大搅拌动力和强烈的紊流速度绝非各种传统的搅拌方式所能比拟的。以至于在液体的勾兑调合过程中保证了产品的质量。

脉冲气动勾兑调合搅拌优点是高效、灵活、节能、安全、免维修，避免吸附剂和其他有效组分的沉降，减轻白酒成品的芳香物质的损失和氧化程度，安装容易，可多罐控制。

11.1.2.3　影响白酒搅拌的因素

影响白酒搅拌的因素可分为几何因素和物理因素。

（1）几何因素　几何因素包括搅拌器的直径，搅拌器叶片数、形状以及叶片长度和宽度，容器直径，容器中所装白酒的高度，搅拌器距离容器底部的距离，挡板的数目及宽度。

（2）物理因素　物理因素包括酒体的密度、黏度、搅拌器的种类和转速等。

## 11.2　吸附

### 11.2.1　吸附及其定义

吸附是指在固相-气相、固相-液相、固相-固相、液相-气相、液相-液相等体系中，某个相的物质密度或溶于该相中的溶质浓度在界面上发生改变（与本体相不同）的现象。几乎所有的吸附现象都是界面浓度高于本体相（正吸附，positive adsorption），但也有些电解质水溶液，液相表面的电解质浓度低于本体相（负吸附，negative adsorption）。被吸附的物质称为吸附质（adsorbate），具有吸附作用的物质称为吸附剂（adsorbent）。白酒中的吸附主要是固相-液相体系，如在白酒吸附中利用活性炭、树脂等吸附去除白酒中的酯类物质。

吸附属于一种传质过程，物质内部的分子和周围分子有互相吸引力，但物质表面的分子，其熵值较高，所以可以吸附其他液体或气体，尤其是表面积很大的情况下，这种吸附力很强，所以工业上经常利用表面积大的物质进行吸附，如活性炭、树脂等。

吸附分离是借助于下述三种机理来实现的：位阻效应、动力学效应和平衡效应。位阻效应是指只有小且具有适当形状的分子才能扩散进入吸附剂，而其他分子都被阻挡在外；动力学效应是借助于不同分子在吸附剂中的扩散速率不同来实现的；平衡效应是指大多数的吸附过程都是通过混合相的平衡吸附来完成的。

吸附作用分为物理吸附和化学吸附。物理吸附是指吸附剂和吸附质之间通过分子间力（也称“范德华”力）相互吸引，形成吸附现象，在吸附过程中物质不改变原来的性质，吸附能较小。物理吸附的特点是：① 为放热过程，但放热不大，大约20kJ/mol；② 选择性差；③ 物理吸附的吸附速率很快，因而吸附速率受温度影响很小，有时即使在低温条件下，吸附速度也是相当快的；④ 在低压下物理吸附可能的吸附层一般是单分子层，随着气压增大，吸附层可以变为多层；⑤ 物理吸附通常是可逆过程，被吸附的物质很容易再脱离，如用活性炭吸附酯类物质，只要升高温度，就可以使被吸附的酯类物质逐出活性炭表面。白酒生产中的吸附一般为物理吸附。

化学吸附是指被吸附的分子和吸附剂表面的原子发生化学作用，在吸附质和吸附剂之间发生了电子转移、原子重排或化学键的破坏与生成等现象。在吸附过程中物质发生了化学变化，不再是原来的物质了，一般催化剂都是以这种吸附方式起作用的。化学吸附所放出的能量比物理吸附大得多，其热量相当于化学反应热，一般为83.74 ～ 418.68kJ/mol。化学吸附的特点是：① 吸附热比较大；② 选择性强；③ 受温度影响大；④ 多是单分子层或单原子层吸附；⑤ 一般是不可逆的，吸附比较稳定，被吸附气体不易脱附。

值得一提的是，吸附过程往往既有物理吸附也有化学吸附。对同一吸附剂在较低温度下，吸附某一种气体组分可能是进行物理吸附，而在较高温度下，所进行的吸附都是化学吸附。

### 11.2.2 吸附原理

#### 11.2.2.1 扩散

物理吸附发生很快（毫秒达到平衡），但吸附质从流体主体到吸附剂的吸附位吸附，需有一定时间，此过程通常称为吸附动力学。如在白酒生产中用不同性质的活性炭吸附，吸附的时间通常也不相同。影响吸附质传质阻力的因素有吸附剂外面的流体界面膜、吸附剂内的大孔和微孔扩散（孔和表面扩散）以及吸附引起的温度变化。

在等温条件下，多孔吸附剂的吸附可以分为三个基本过程：吸附质分子在粒子表面的流体界面膜中的扩散；细孔扩散和表面扩散，细孔扩散是吸附质分子在细孔内的气相中扩散，表面扩散是已经吸附在孔壁上的分子在不离开孔壁的状态下转移到相邻的吸附位上；吸附质分子被吸附在细孔内的吸附位上。

吸附过程的速度由以上三个基本过程的速度控制：吸附质分子在吸附剂粒子表面界面膜中的移动速度；粒子内的扩散速度；粒子内细孔表面的吸附速度。

对于物理吸附而言，吸附本身的阻力大致可以忽略。吸附过程的阻力主要来自外扩散和内扩散。外扩散主要受气体流速、扩散系数以及吸附剂颗粒大小的影响，而受温度影响较小。内扩散一般受颗粒大小和孔隙结构特征等因素影响。吸附质组分和其他载气气流在吸附剂颗粒的孔道内吸附时，孔道的大小对组分分子的扩散方式有很大的关系。当孔道的直径远比扩散分子的平均自由程大时，其扩散为一般的扩散；如果孔道的直径比分子的平均自由程小，则为Knudsen扩散。当没有载气的单一组分在吸附剂颗粒中扩散时，其扩散速率的大小取决于其压力梯度，在颗粒的大孔中可能形成黏滞流。在一定的压力范围内，当分子的平均自由程与孔道的直径相近时，扩散的分子与孔道壁碰撞，直接影响其扩散系数的大小。被吸附气体分子还会沿着孔道壁表面移动形成表面扩散，以及在固体颗粒内（晶体）的扩散。按照扩散分子运动的平均自由程的长短和固体颗粒孔道的大小，可以分为自由扩散（一般扩散）、Knudsen扩散、表面扩散和固体（晶体）扩散几种。在分子扩散中，体系的温度$T$升高，分子的运动能量加大，扩散系数$D$在其他条件不变的情况下相应增加。表面扩散以及固体颗粒（晶体）内的扩散与需要的活化能量$E$有关，表11-1中$D_0$为无限稀释溶液的扩散系数。在几种扩散中，以一般扩散的扩散系数最大，Knudsen扩散系数次之，表面扩散系数再次，而固体（晶体）扩散系数最小。

**表11-1　分子在颗粒孔道中扩散的主要表达式**

| 分子扩散种类 | 扩散系数公式 | 扩散系数的数量级 |
|---|---|---|
| 固体（晶体）扩散 | $D_T=D_0\exp\left(-\frac{E_T}{RT}\right)$ | $D_T<10^{-9}m^2/s$ |
| 表面扩散 | $D_S=D_0\exp\left(-\frac{E_S}{RT}\right)$ | $D_S<10^{-7}m^2/s$ |
| Knudsen扩散 | $D_K=\frac{2r_p}{3}\sqrt{\frac{8RT}{\pi M}}$ | $D_K<10^{-6}m^2/s$ |
| 一般扩散 | $D=k\frac{T^{1.5-2}}{P}$ | $D<10^{-5}\sim10^{-4}m^2/s$ |

### 11.2.2.2 穿透曲线与传质区

（1）穿透曲线　所谓穿透曲线，就是连续向吸附柱内通入含待吸附组分的流体，等出口有待吸附组分流出时，继续通入该流体直至从吸附柱出口出来的待吸附组分的浓度和进入吸附柱的待吸附组分的浓度相同的全过程。图11-8是固定床动态吸附穿透曲线，能够反映固定床动态吸附的全过程。

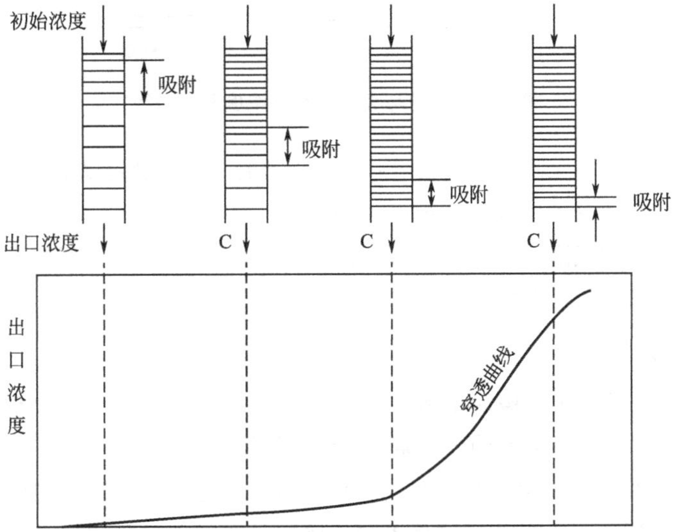


**图11-8　固定床动态吸附穿透曲线**

当向固定床内通入含有可吸附组分的流体后，固定床开始对吸附组分进行吸附，床内浓度变化如图11-8所示，图中正在进行吸附的区域称为传质区或吸附带。传质区越短，传质阻力越小，床层的利用率就会越高。在吸附过程中，传质区逐渐向吸附柱出口方向移动，当传质区刚刚在吸附柱出口出现时的吸附量称为穿透吸附量。通过穿透曲线，可以更好地考察其动态吸附性能。

（2）传质区　吸附质从气相主体中扩散迁移到吸附剂表面上的某一位置，需要克服不同的扩散阻力，目前一般认为吸附过程是一个先建立传质区，然后传质区在吸附柱内移动，最后传质区移出吸附床层的过程，如图11-9所示。如果是理想状况，吸附过程没有阻力，吸附剂遇到吸附质就达到平衡，那么传质区将会是垂直于吸附柱的一个平面。实际的吸附过程存在扩散阻力，使得传质区在吸附柱方向上有一定的长度，且吸附过程阻力越大，达到吸附平衡就越慢，传质区就越长。实际的吸附过程中，吸附柱出口气体浓度是一个逐步增加的过程。如果绘出某一时刻沿床层分布的浓度曲线，它将大致如图11-9所示。

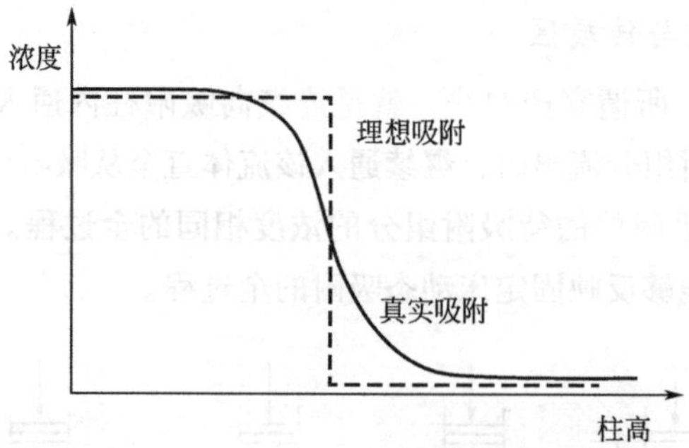


**图 11-9 理想与真实状态下浓度分布曲线**

吸附理论认为，吸附过程中吸附质质量传递的主要机制是以下三个方面：气体的黏性流动；自由分子扩散；Knudsen扩散。

确定吸附质在吸附过程中传递的主要机制对求取体系的有效扩散系数，进行吸附过程模拟有着非常重要的意义。

11.2.2.3 传质速率模型

（1）瞬时平衡模型　瞬时平衡模型是描述吸附过程最简单的数学模型，该模型忽略气相和颗粒吸附相之间的传质阻力，认为颗粒内气相组分浓度均匀一致且等于颗粒表面的气相组分浓度。也就是说，该模型不考虑吸附剂颗粒的传质阻力，认为传质速率无限大。一般为了求解方便，吸附平衡模型采用线性吸附等温线（或Henry定律）。而沿吸附床方向则不考虑轴向扩散的影响，认为是活塞流动模型。该模型是一种非常理想的情况，一般实际的吸附过程都不能完全满足模型中的假设条件。但该模型可以利用特征线方法得到数学分析解，在一些特定的条件下，研究人员可以通过这些分析解深入洞悉吸附的内部分离机理。Shentlalman等利用瞬时平衡模型研究了惰性载气中痕量组分的提纯问题，得到了该过程的分析解。由于属于痕量物质的分离，吸附床气相流动模型中没有考虑流速的变化。通过考虑沿吸附床方向上流速的变化，Femandes等将瞬时平衡模型推广到两种气体组分本体分离的变压吸附过程。而Serbezov进一步将瞬时平衡模型应用于任意组分的本体分离过程，并获得了一个通用的半经验解。由于没有考虑传质阻力，该模型在实际应用中受到很大限制，仅能应用于一些接近于理想条件下的平衡分离过程。而对于需要考虑吸附剂颗粒传质阻力以及动态分离的变压吸附过程，必须采用更为复杂的动态模型来描述。

（2）线性驱动力（LDF）模型　线性驱动力模型是目前模拟吸附过程应用最广的一个模型。在该模型的假设条件下，颗粒子模型中的偏微分方程转变成一个与颗粒尺度方向无关的常微分方程。根据吸附剂的实际情况，吸附平衡子模型采用线性的Herry定律、Langrnuir模型或吸附溶液理论模型均可以。而床层子模型采用轴向扩散流模型，同时考虑由于吸附作用而导致的气相流速沿吸附床轴向的变化。线性驱动力近似最早由Glueckauf和Coates提出，并首先确定了LDF模型的比例系数。采用该比例系数对于无因次循环时间大于0.1的变压吸附过程能够给出较为准确的模拟结果。Nakao比较了颗粒的扩散模型和LDF模型后认为LDF模型的比例系数不是一个常量，而是一个依赖于吸附和解吸无因次循环时间的变量。线性驱动力模型目前广泛应用于模拟平衡分离或动态分离的变压吸附过程。例如，Kapoor和Yang利用该模型研究了$CH_4/CO_2$在碳分子筛上的动态分离过程，考虑LDF模型比例系数与无因次循环时间的关系，利用有限差分法离散模型方程并求解。北京科技大学崔红社等利用该模型模拟了微型变压吸附制氧过程，并利用实验结果对模型的正确性进行了验证，结果表明，对于平衡分离起作用的微型变压吸附制氧过程，LDF模型能够较为准确地预测实际过程。采用更为复杂的数学模型对提高预测的准确度作用不大，但计算量却会大大增加。线性驱动力模型的特点是计算量小，对于传质速率较快的平衡分离过程，可以给出较为准确的模拟结果。但对于循环周期非常短的快速变压吸附过程（Rapid Pressure Swing Adsorption，RPSA）以及动态分离起作用的过程，该模型的预测结果会产生比较大的偏差，需要考虑颗粒径向的传质与扩散的影响。

（3）孔扩散（Pore Diffusion）模型　随着计算机运算速度和存贮量的飞速发展，人们有能力快速求解更为复杂的数学模型。颗粒-床层模型（Particle-bed model）也可以称为孔扩散模型（Pore diffusion model），是目前最复杂的描述吸附过程的数学模型，该模型同时考虑了吸附剂颗粒径向方向和吸附床轴向方向两个空间方向的传质和扩散作用，其中包括吸附剂颗粒子模型、床层子模型以及吸附平衡子模型。研究表明，对于床层气相的传质过程，其传质过程主要由黏滞流控制。利用DArcy定律可以得到气相组分沿吸附床方向的轴向扩散流模型。而对于吸附剂颗粒内部的传质过程，根据工艺参数的不同四种机理可能具有同等重要的作用。因此，选择合适的颗粒内部的传质模型十分重要。目前人们普遍利用斐克定律来考虑颗粒内部的传质过程，建立吸附剂颗粒空间方向的子模型。该模型具有数学表达式简单的优点，但其缺点是没有考虑颗粒内部的黏滞流传质并且低估了由于压降产生的努得森流传质作用，而含尘气流模型（dusty-gas model）综合考虑了颗粒内部传质的四种机理。Serbezov等利用含尘气流模型作为变压吸附过程的颗粒子模型。颗粒-床层模型中的吸附平衡关系式采用扩展Langmuir模型或吸附溶液理论模型均可以。从理论上讲，颗粒-床层模型可以模拟任意组分混合气体的平衡分离或动态分离的变压吸附过程。颗粒-床层模型的优点是可以模拟任意组分的平衡和动态分离的变压吸附过程，计算准确度高。其缺点是计算量大、占用的存贮空间大，数学处理复杂，并且计算的准确程度受到参数选择的影响。在以前的数学模型中，为了计算和处理上的方便，一般不考虑沿吸附床方向上的压力降，认为吸附和解吸阶段吸附床的压力不发生变化。而在实际变压吸附过程中，沿吸附床方向会产生压降，并且吸附剂颗粒直径越小，其压降越大，从而导致模拟结果和实际情况出现较大的偏差。

### 11.2.3 吸附剂

#### 11.2.3.1 吸附剂的性能要求

吸附过程中具有吸附作用的物质称为吸附剂。在吸附分离过程中，吸附剂的性能是关键。工业吸附剂要具备下列条件才有实用价值。

（1）大的比表面积，均匀的颗粒尺寸。工业应用的吸附剂如活性炭、硅藻土、树脂等，都是具有许多细孔、巨大内表面积的固体，其比表面积见表11-2。吸附剂之所以具有巨大的表面积是因为具有发达的微孔结构。

表11-2 几种白酒吸附中常用吸附剂的比表面积

| 吸附剂种类 | 活性炭 | 硅藻土 | 离子交换树脂 |
|---|---|---|---|
| 比表面积/（$m^2/g$） | 500 ~ 1600 | 40 ~ 65 | 100 ~ 1200 |

（2）吸附剂对被吸附的吸附质要具有一定的选择性，以期获得明显的吸附效果。

（3）吸附剂要具有良好的再生性能。用吸附法分离和净化白酒的经济性和技术可行性，在很大程度上取决于吸附剂能否再生。

（4）吸附剂应具有大的吸附容量，且水吸附容量较低。吸附容量是在一定温度和一定吸附质浓度下，单位重量或单位体积的吸附剂所能吸附的吸附质的最大量。吸附剂的吸附容量与吸附剂的比表面积、孔穴的大小、分子的极性大小及官能团的性质有关。吸附剂的吸附容量越大，吸附操作所用的吸附剂数量越少，吸附装置也相应越小，投资也相应降低。

（5）吸附剂要有良好的机械强度、耐磨性、热稳定性及化学稳定性。

（6）吸附剂应具有良好的吸附动力学性质，即能快速达到吸附平衡。

（7）吸附剂受高沸点物质影响小。高沸点物质在吸附以后，很难被脱附，它们会在吸附剂中集聚，从而影响吸附剂对其他组分的吸附。

（8）压力损失小，这与吸附剂的物理性质有关。

#### 11.2.3.2 白酒生产中常用的吸附剂

白酒生产中常用的吸附剂主要有活性炭、硅藻土、离子交换树脂等。

（1）活性炭　活性炭是应用最早、用途较广的一种优良吸附剂，它是将各种木材、木屑、果壳、果核干馏炭化，并经活化处理而得到的。碳化温度一般低于600℃，活化温度为850 ~ 900℃。活化剂一般采用水蒸气或热空气，白酒生产上所用的活性炭多为竹炭产品。

活性炭具有非常丰富的微孔，比表面积在500 ~ 1600$m^2/g$，由表11-2可知活性炭的比表面积最大，故其具有优异的吸附能力。它的用途几乎遍及各个工业领域，是白酒生产中应用最多、最重要的吸附剂。应用活性炭吸附剂时，应特别注意其易燃易爆的特性。与大多数其他吸附剂相反，活性炭的表面具有氧化物基团和无机物杂质，因而是非极性或弱极性的。活性炭具有下述优点。

① 它是用于完成分离与净化过程中唯一不需要预先严格干燥的工业食品级吸附剂。

② 它具有尽可能大的内表面积，因此它比其他吸附剂能吸附更多的非极性和弱极性的有机分子。

③ 一般来说，活性炭的吸附热或键的强度要比其他吸附剂低，因而吸附分子的解吸较为容易，而且吸附剂再生时的耗能也比较低。

（2）硅藻土　硅藻土是一种生物成因的硅质沉积岩，主要由古代硅藻遗体组成，其化学成分主要是$SiO_2$，含有少量$Al_2O_3$、$Fe_2O_3$、CaO、MgO、$K_2O$、$Na_2O$、$P_2O_5$和有机质。硅藻土中的硅藻有许多不同的形状，如圆盘状、针状、筒状、羽状等。松散密度为0.3 ~ 0.5$g/cm^3$，莫氏硬度为1 ~ 1.5(硅藻骨骼微粒为4.5 ~ 5mm)，孔隙率达80% ~ 90%，能吸收其本身重量1.5 ~ 4倍的水，是热、电、声的不良导体，熔点1650 ~ 1750℃，化学稳定性高，除溶于氢氟酸以外，不溶于任何强酸，但能溶于强碱溶液中。

硅藻土近年来在白酒吸附中的应用也越来越广泛，因为它pH值呈中性、无毒，悬浮性能好，吸附性能强，容重轻，具有孔隙度大、化学性质稳定等特点，特别对白酒中的一些异臭味有很好的去除效果，是活性炭吸附剂的重要补充。

（3）离子交换树脂　离子交换树脂是带有官能团（有交换离子的活性基团）、具有网状结构、不溶性的高分子化合物，通常是球形颗粒物。离子交换树脂还可以根据其基体的种类分为苯乙烯系树脂和丙烯酸系树脂。树脂中化学活性基团的种类决定了树脂的主要性质和类别。首先区分为阳离子树脂和阴离子树脂两大类，它们可分别与溶液中的阳离子和阴离子进行离子交换。阳离子树脂又分为强酸性和弱酸性两类，阴离子树脂又分为强碱性和弱碱性两类（或再分出中强酸和中强碱性类）。

在白酒生产应用中，离子交换树脂的优点主要是处理能力大，能除去各种不同的离子，可以反复再生使用，工作寿命长，运行费用较低（虽然一次投入费用较大）。离子交换技术的开发和应用在白酒生产中还处于发展之中。

11.2.3.3 吸附剂的再生

吸附剂的再生，可改善循环操作的条件，减少能量的消耗，使间歇的吸附分离过程成为连续或半连续的操作过程，以提高过程的生产强度和处理能力，从而弥补吸附剂为固体和吸附容量较低的缺点。一般常用吸附剂再生方法有以下几种。

（1）升温　升高温度，同一浓度下的吸附容量将随之下降，因此部分已吸附的吸附质将从吸附剂表面解吸出来，吸附质借助于吹扫气从吸附床层中被运送出来。升温脱附方法的缺点在于，必须将吸附床层再次冷却、干燥才能再次应用，这就需要增加再生时间和能量消耗。

（2）降压　通过降低吸附总压，从而降低吸附质分压，压力降低，吸附容量也将随之下降。应用这个原理，进行吸附脱附操作过程，我们称之为变压吸附(Pressure Swing adsorption，PSA)。在降压脱附过程中，采用小流量的吹扫气，将因降压而超出平衡吸附量的脱附物质运送出来，达到吸附剂再生的目的。根据压力大小变化的不同，变压吸附循环可以是常压吸附、真空解吸，加压吸附、常压解吸，加压吸附、真空解吸等几种方法。对一定的吸附剂而言，压力变化越大，吸附质脱除得越多，吸附剂再生也就越完全。但是，压力变化越大消耗的能量越多。

变压吸附是基于吸附剂的降压再生而产生的。它是以吸附剂在不同压力条件下对混合物中不同组分平衡吸附量的差异为基础，在（相对）高压下进行吸附，在(相对）低压下脱附，从而实现混合物分离目的的操作过程。

变压吸附分离的基本原理可用图11-10来说明。各气体组分在某种确定的吸附剂上的吸附量是温度和压力的函数，通常可用图11-10所示的吸附等温线表示。图中给出A、B两种气体同一温度下在某种吸附剂上的吸附等温线，显然，相同压力下A比B更容易被该吸附剂吸附。若将A与B的混合物通过填充该吸附剂的吸附柱，在（相对）高压$P_H$下进行吸附，在相对低的压力$P_L$下解吸。易吸附组分A的分压分别为$P_{A,H}$和$P_{A,L}$，而难吸附组分B的分压分别为$P_{B,H}$和$P_{B,L}$。由图11-10可见，在（相对）高压下，由于组分A的平衡吸附量$q_{A,H}$远高于组分B的平衡吸附量$q_{B,H}$，故被优先吸附，而组分B则在流出气流中富集。为使吸附剂再生，将床层压力降低到$P_L$，两组分的平衡吸附量分别为$q_{A,L}$和$q_{B,L}$。在达到新吸附平衡过程中，脱附的量分别是$q_{A,H}-q_{A,L}$和$q_{B,H}-q_{B,L}$。这样周期性地变化床层压力，即可达到将A、B的混合物进行分离的目的。

（3）置换　在恒温恒压下，已吸附饱和的吸附剂可用与吸附剂亲和性更强的溶剂冲洗，将床层中已吸附的吸附质置换出来，同时吸附剂得到再生。常用的溶剂有水、有机溶剂等各种极性或非极性物质。考虑到溶剂的易得和廉价，常用饱和或过热的水蒸气加热和冲洗同时进行的方法。

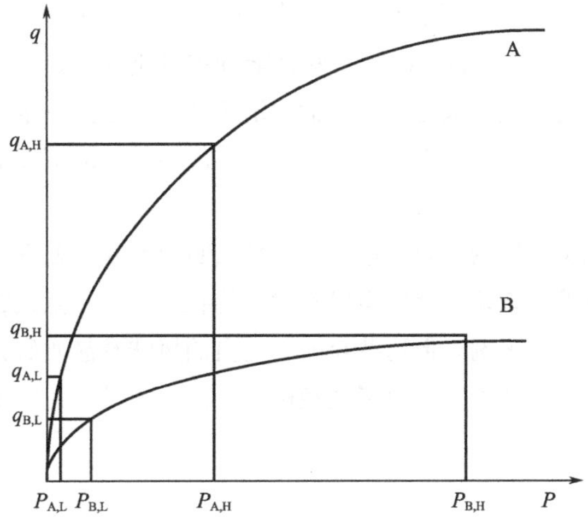


**图 11-10　变压吸附的基本原理**

（4）吹扫　利用吹扫气与吸附状态的吸附质的浓度梯度，促使吸附态吸附质由吸附剂表面向气相主体扩散。脱附过程需吸收热能，将引起床层温度下降，而导致脱附曲线后移，脱附量减少。为此，在使用吹扫气脱附时，往往同时采取升温降压措施。

吸附剂再生方法的选择应根据吸附质-吸附剂体系的性质，吸附平衡曲线的具体情况加以选择。如果改变压力，吸附剂的吸附容量变化大，则可以选择变压吸附方法；如果改变温度，物质的吸附容量变化较大，则应选择变温吸附（Temperature Swing Adsorption，TSA）。从图 11-10 可以看出，物质吸附容量受温度和组分压力影响。按照图 11-10 中所示原理，我们可以根据具体情况选择不同的吸附剂再生方法及其相应的循环操作。

### 11.2.4　白酒的活性炭吸附

#### 11.2.4.1　白酒浑浊的原因

当前，由于人们健康意识逐步提高，白酒消费观念也发生了转变，向着品质化、健康化发展。但是，白酒勾调中会产生白色浑浊、失光、絮状沉淀等问题。同时，当气温降低时，成品酒会出现白色絮状悬浮物，影响白酒外观质量。

白酒产生浑浊的原因有：① 高度白酒加浆至较低度数，使酒体中醇溶性高水溶性低的物质析出而产生浑浊或絮状沉淀。特别是当酒精度降低到 45%vol 以下时，白色浑浊物出现更为明显。② 低温条件下，尤其是低于–5℃时，酒中某些水溶性差的物质会随着酒温的降低而析出，使原本清亮的成品酒也会出现白色絮状沉淀。但这种白色絮状沉淀一般是可逆的，当温度升高时酒体又变得澄清了。引起货架期白酒出现浑浊或沉淀的物质具体成分为棕榈酸（$C_{16}H_{32}O_2$）、亚油酸（$C_{18}H_{32}O_2$）、油酸（$C_{18}H_{34}O_2$）及其乙酯类，还有一些杂醇油和其他酯类、酸类等70余种物质，但主要的是前三种高级脂肪酸乙酯。它们均溶于乙醇而难溶于水，其溶解度随着温度和酒精度的降低而降低，因而在白酒降度或温度降低时溶解度减小，以白色状态呈现出来，出现了乳白色絮状沉淀。

各酒企解决此类问题的主要手段之一是加入吸附剂吸附处理。在众多除浊介质中，活性炭的使用尤其普遍，活性炭以其发达的孔隙结构和巨大的比表面积，而成为白酒生产中最好的吸附剂。但这些年随着对白酒风味及品质研究，其他一些吸附剂也逐渐越来越广泛地使用，如离子交换树脂、硅藻土及专为吸附某一种风味物质开发出来的专用吸附剂等。

11.2.4.2　活性炭添加量

选择活性炭添加量一般以0.1% ~ 0.3%为宜，此时酒体澄清透明，耐低温效果好且香味成分损失较少。

11.2.4.3　吸附时间

活性炭处理酒的效果与处理时间长短密切相关。处理时间短，酒中的浑浊物质处理不净，导致酒在低温下失光，影响产品质量；处理时间太长，对酒中香味物质吸附量大，使酒味变短，降低产品的质量。原则上，用活性炭处理时间为72h最佳。

11.2.4.4　影响活性炭吸附能力的主要因素

（1）活性炭的性质　由于吸附现象发生在吸附剂表面上，所以吸附剂的比表面积是影响吸附的重要因素之一，比表面积越大，吸附性能越好。另外活性炭的微孔分布也是一个重要因素。

（2）酒的物理化学性质　酒的物理化学性质不同，活性炭的用量不同，吸附时间也不同。酒度越高活性炭用量越少，酒度越低活性炭用量越多。

（3）温度　温度越高活性炭用量越大，温度越低活性炭用量越小。

（4）溶液pH　pH为中性时活性炭用量最少。酱香型、药香型白酒活性炭用量较大，凤香型白酒活性炭的用量较小。

## 11.3　沉淀

### 11.3.1　广义沉淀

11.3.1.1　沉淀的定义

沉淀，是指从溶液中析出固体物质的过程，当一种物质密度比它所在的溶剂或溶液大且又不溶于它们时就沉降下去。

白酒加浆降度后，由于酯类物质溶解度降低会出现浑浊现象，必须要经过搅拌、吸附、沉淀、过滤等操作。白酒经吸附、初过滤后，酒体内依然可能会存在一些固体难溶颗粒，影响酒体质量，需要一定时间静置沉淀，然后再过滤。本节所说的沉淀是指酒体中难溶的絮凝物等自由沉降的一种过程，即重力沉降。

#### 11.3.1.2 沉淀的原理

从液相中产生一个可分离的固相的过程，或从过饱和溶液中析出难溶物质的过程都是沉淀过程。沉淀出现表示一个新的凝结相的形成。产生沉淀的化学反应称为沉淀反应，物质的沉淀和溶解是一个平衡过程，通常用溶度积常数$K_{sp}$来判断难溶物是沉淀还是溶解。溶度积常数是指在一定温度下，在难溶电解质的饱和溶液中，组成沉淀的各离子浓度的乘积，此为一常数。分析化学中经常利用这一关系，借加入同离子而出现沉淀，使残留在溶液中的被测组分小到可以忽略的程度。

白酒沉淀就是由于降度等原因产生一些浑浊难溶物质，这些浑浊难溶物质借助密度差，在重力作用会产生沉降作用，从而达到固液分离的一种过程。

#### 11.3.1.3 沉淀计算

白酒勾兑所讨论的沉淀，实际上就是沉降分离过程。沉降，是指在某种力场的作用下，利用分散物质与分散介质的密度差异，使之发生相对运动而分离的单元操作，使气体或液体中颗粒受重力或离心力等作用使之分离的方法，也称作沉淀。根据外力场的不同，沉降分为重力沉降和离心沉降；根据沉降过程中颗粒是否受到其他颗粒或器壁的影响而分为自由沉降和干扰沉降。

沉降是流体相对于颗粒的绕流过程。液-固相之间的相对运动有三种情况：流体静止，颗粒相对于流体做沉降或浮升运动；固体颗粒静止，流体对固体做绕流；固体和流体都运动，但二者保持一定的相对速度。只要相对速度相同，以上三种情况并没有本质区别。

白酒沉淀属于第一种情况，即流体（酒体）静止，颗粒（白酒中沉淀物）相对于流体（酒体）做沉降运动。

本节从最简单的沉降过程——刚性球形颗粒的自由沉降入手，讨论沉降速度的计算，分析影响沉降速度的因素。

（1）重力沉降　由颗粒本身的重力产生的颗粒沉降过程称为重力沉降。重力沉降速度是指自由沉降达匀速沉降时的速度。自由沉降是指单一颗粒或充分分散的颗粒群（颗粒间不接触），在黏性流体中沉降。

① 沉降速度。把一个球形颗粒放在静止的流体中，如果颗粒的密度$\rho_s$大于流体密度$\rho$，颗粒将在重力作用下做沉降运动。这时颗粒受到三个力的作用：重力

$F_g$、浮力$F_b$和阻力$F_d$（图11-11）。重力向下，浮力向上，阻力与颗粒运动的方向相反（即向上）。对于一定的流体和颗粒，重力与浮力是恒定的，而阻力却随颗粒的降落速度而变。

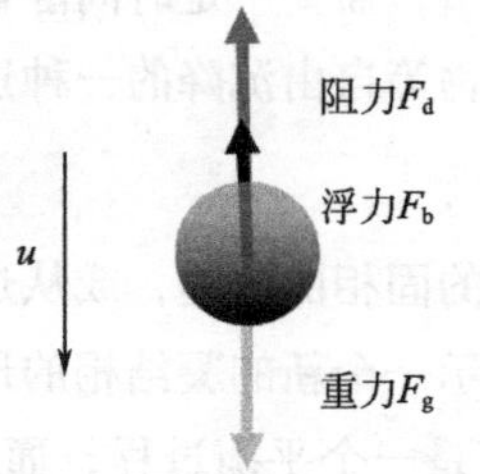


**图11-11　沉降颗粒的受力情况**

设颗粒的密度为$\rho_s$，直径为$d$，流体的密度为$\rho$，则浮力$F_b$、重力$F_g$分别为：

$$F_b=\frac{\pi}{6}d^3\rho g\ ;\ F_g=\frac{\pi}{6}d^3\rho_s g$$

式中　$F_b, F_g$——分别为浮力和重力，N；

$d$——颗粒直径，m；

$\rho, \rho_s$——分别为流体和颗粒的密度，$kg/m^3$；

g——重力加速度，$m/s^2$。

阻力随着颗粒与流体间的相对运动速度而变，可仿照流体流动阻力的计算式：

$$\Delta P_f=\xi\frac{\rho u^2}{2}$$

式中　$\Delta P_f$——以压降表示的阻力，$N/m^2$。

写成：

$$F_d=\xi A\frac{\rho u^2}{2}\qquad A=\frac{\pi}{4}d^2$$

$$F_d=\xi\cdot\frac{\pi}{4}d^2\cdot\frac{\rho u^2}{2}$$

$$F_g-F_b-F_d=ma$$

$$\frac{\pi}{6}d^3\rho_s g-\frac{\pi}{6}d^3\rho g-\xi\frac{\pi}{4}d^2\frac{\rho u^2}{2}=\frac{\pi}{6}d^3\rho_s a \tag{11-1}$$

式中　$F_d$——阻力，N；

$\zeta$——阻力系数，量纲为1；

$A$——颗粒在垂直于其运动方向的平面上的投影面积，$m^2$；

$u$——颗粒相对于流体的降落速度，m/s；

$m$——颗粒的质量，kg；

$a$——加速度，$m/s^2$。

颗粒开始沉降的瞬间，速度$u$=0，因此阻力$F_d$=0，$a \to \max$。颗粒开始沉降后，阻力随运动速度$u$的增加而相应加大，直至$u$达到某一数值$u_t$后，阻力、浮力与重力达到平衡，合力为零。质量$m$不可能为零，故只有加速度$a$为零，此时，颗粒便开始做匀速沉降运动。

由上面分析可见，静止流体中颗粒的沉降过程可分为两个阶段，起初为加速段而后为等速段。

由于小颗粒具有相当大的比表面积，使得颗粒与流体间的接触表面很大，故阻力在很短时间内便与颗粒所受的净重力（重力减去浮力）接近平衡。因而，经历加速段的时间很短，在整个沉降过程中往往可以忽略。

等速阶段中颗粒相对于流体的运动速度$u_t$称为沉降速度。由于这个速度是加速阶段终了时颗粒相对于流体的速度，故又称为“终端速度”，当$a$=0时，$u$=$u_t$，代入式（11-1）得：

$$\frac{\pi}{6}d^3\rho_s g - \frac{\pi}{6}d^3\rho g - \xi\frac{\pi}{4}d^2\frac{\rho u^2}{2} = 0$$

$$u_t = \sqrt{\frac{4dg(\rho_s - \rho)}{3\rho\xi}}$$

式中　$u_t$——颗粒的自由沉降速度，m/s；

$d$——颗粒直径，m；

$\rho, \rho_s$——分别为颗粒和流体的密度，$kg/m^3$；

g——重力加速度，$m/s^2$。

② 阻力系数$\zeta$。计算沉降速度时，首先需要确定阻力系数$\zeta$值。通过量纲分析可知，$\zeta$是颗粒与流体相对运动时雷诺数$Re_t$的函数，由实验测得的综合结果显示于图11-12中。图中雷诺数$Re_t$的定义为：

$$Re_t = \frac{du_t\rho}{u}$$

$$u_t = \sqrt{\frac{4dg(\rho_s - \rho)}{3\rho\xi}}$$

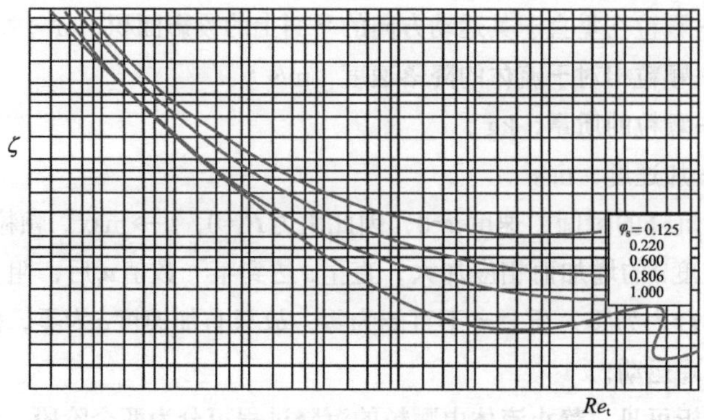


图11-12 $\zeta$-$Re_t$关系曲线

由图11-12可以看出，对于球形颗粒的曲线（$\varphi_s$=1），按$Re_t$值大致分为以下三个区。

a.滞流区或斯托克斯（stokes）定律区（$10^{-4} < Re_t < 1$）。

$$\xi = \frac{24}{Re_t} \longrightarrow u_t = \frac{d^2(\rho_s - \rho)g}{18u} \qquad \text{（斯托克斯公式）}$$

滞流区：由流体黏性引起的表面摩擦力占主要地位。

b.过渡区或艾伦定律区（Allen）（$1 < Re_t < 10^3$）。

$$\xi = \frac{18.5}{Re_t^{0.6}} \longrightarrow u_t = 0.27\sqrt{\frac{d(\rho_s - \rho)Re_t^{0.6}}{\rho}} \qquad \text{（艾伦公式）}$$

过渡区：表面摩擦阻力和形体阻力二者都不可忽略。随$Re_t$的增大，表面摩擦阻力的作用逐渐减弱，而形体阻力的作用逐渐增长。

c.湍流区或牛顿定律区（Nuton）（$10^3 < Re_t < 2\times10^5$）。

$$\xi = 0.44 \longrightarrow u_t = 1.74\sqrt{\frac{d(\rho_s - \rho)g}{\rho}} \qquad \text{（牛顿公式）}$$

湍流区：流体黏性对沉降速度已无影响，由流体在颗粒后半部出现的边界层分离所引起的形体阻力占主要地位。

$Re_t > 2\times10^5$时出现湍流边界层，此时反而不易发生边界层分离，故阻力系数ζ突然下降，但在沉降操作中很少达到这个区域。

非常微细的颗粒（$d$<0.5μm），由于分子热运动，使颗粒发生无规则热运动，沉降公式不适用，$Re_t > 10^{-4}$可不考虑布朗运动。

③ 影响沉降速度的因素。理想状态下，沉降计算都是针对表面光滑、刚性球

形颗粒在流体中做自由沉降的简单情况。所谓自由沉降是指在沉降过程中，颗粒之间的距离足够大，任一颗粒的沉降不因其他颗粒的存在而受到干扰，以及可以忽略容器壁面的影响。如果分散相的体积分数较高，颗粒间有显著的相互作用，容器壁面对颗粒沉降的影响不可忽略，则称为干扰沉降或受阻沉降。液态非均相物系中，当分散相浓度较高时，往往发生干扰沉降。下面讨论实际沉降操作中影响沉降速度的因素。

a.流体的黏度。在层流沉降区内，由流体黏性引起的表面摩擦力占主要地位。在湍流区，流性黏体对沉降速度已无影响，由流体在颗粒后半部出现的边界层分离所引起的形体阻力占主要地位。在过渡区，表面摩擦阻力和形体阻力二者都不可忽略。在整个范围内，随雷诺数$Re_t$的增大，表面摩擦阻力的作用逐渐减弱，而形体阻力的作用逐渐增长。当雷诺数$Re_t$超过$2\times10^5$时，出现湍流边界层，此时反而不易发生边界层分离，故阻力系数$\zeta$值突然下降，但在沉降操作中很少达到这个区域。

b.颗粒的体积分数。在各种沉降速度关系式中，当颗粒的体积分数小于0.2%时，理论计算值的偏差在1%以内。当颗粒浓度较高时，由于颗粒间相互作用明显，便发生干扰沉降，自由沉降的公式不再适用。

c.器壁效应。当颗粒在靠近器壁位置沉降时，由于器壁的影响，沉降速度较自由沉降速度小，这种影响称为器壁效应。当容器尺寸远远大于颗粒尺寸时（例如在100倍以上），器壁效应可忽略，否则需加以考虑。

d.颗粒形状的影响。同一种固体物质，球形或近球形颗粒比同体积非球形颗粒的沉降快一些。非球形颗粒的形状及其投影面积$A$均影响沉降速度。

几种$\varphi_s$值下的阻力系数$\zeta$与雷诺系数$Re_t$的关系曲线，已根据实验结果标绘在图11-12中。对于非球形颗粒，雷诺准数$Re_t$中的直径$d$要用颗粒的当量直径$d_e$代替。

由图11-12可见，颗粒的球形度愈小，对应于同一$Re_t$的阻力系数$\zeta$愈大，但$\varphi_s$值对$\zeta$的影响在层流区内并不显著，随着$Re_t$的增大，这种影响逐渐变大。

另外，自由沉降速度的公式不适用于非常微细颗粒（如$d<0.5\mu m$）的沉降计算，这是由于流体分子热运动使得颗粒发生布朗运动。当$Re_t>10^{-4}$时，便可不考虑布朗运动的影响。

需要指出，上述各沉降速度关系式既可适用于颗粒密度$\rho_s$大于流体密度$\rho$的沉降操作，也可适用于颗粒密度$\rho_s$小于流体密度$\rho$的颗粒浮升运动。

（2）离心沉降　依靠惯性离心力的作用而实现的沉降过程称为离心沉降。两相密度差较小、颗粒较细的非均相物系，在重力场中的沉降效率很低甚至完全不能分离，若改用离心沉降则可大大地提高沉降速度，设备尺寸也可缩小很多。

通常，气固非均相物系的离心沉降是在旋风分离器中进行，液固悬浮物系一般可在悬液分离器或沉降离心机中进行。

离心沉降虽然效率高，但因其对设备要求高，耗资大，故酿酒企业一般不采用离心沉降的方法，而是采用重力沉降的方法，以达到固液分离，使白酒无色透明，无悬浮沉淀物。

#### 11.3.1.4 沉淀的常见类型

沉淀一般分为物理沉淀法和化学沉淀法两种，白酒勾兑沉淀通常是指物理沉淀，即重力沉降的方法。

根据液体中固体物质的浓度和性质，可将物理沉淀过程分为自由沉淀、絮凝沉淀、拥挤沉淀和压缩沉淀四种类型。

（1）自由沉淀　悬浮颗粒的浓度低，在沉淀过程中呈离散状态，互不粘合，不改变颗粒的形状、尺寸及密度，各自完成独立的沉淀过程。

（2）絮凝沉淀　悬浮颗粒的浓度比较高（50 ~ 500mg/L），在沉淀过程中能发生凝聚或絮凝作用，使悬浮颗粒互相碰撞凝聚，颗粒质量逐渐增加，沉降速度逐渐加快。白酒的沉淀多属于这种情况。

（3）拥挤沉淀　悬浮颗粒的浓度很高（大于500mg/L），在沉降过程中，产生颗粒互相干扰的现象，在清水与浑水之间形成明显的交界面（混液面），并逐渐向下移动，因此又称成层沉淀。

（4）压缩沉淀　悬浮颗粒浓度特高（以至于不再称水中颗粒物浓度，而称固体中的含水率），在沉降过程中，颗粒相互接触，靠重力压缩下层颗粒，使下层颗粒间隙中的液体被挤出界面上流，固体颗粒群被浓缩。白酒生产中，以淀粉为吸附剂时，就会出现这种情况。

### 11.3.2 白酒沉淀

#### 11.3.2.1 白酒沉淀的特点

（1）白酒沉淀属于物理过程　虽然沉淀的种类较多，但是白酒的沉淀多是酒体中浑浊难溶物依靠重力作用沉淀于容器底部，从而达到固液分离，使酒体变得无色透明的一种物理沉淀。

（2）白酒沉淀过程受温度影响大　白酒中的酯类物质，特别是高级脂肪酸酯，它们一般都溶于醇，而不溶或微溶于水。这些成分在白酒中的稳定性与其在酒精中的溶解度、酒精浓度及温度有密切的关系。当温度下降到冷藏温度左右时，则它们在乙醇中的溶解度会急剧下降，从而引起酒体失光、浑浊，甚至在低温下久置一段时间后，会凝聚产生白色絮状沉淀物。为了防止它们在货架期内随温度降低而析出，白酒沉淀操作可在低温下进行。

（3）白酒沉淀过程缓慢　白酒中的难溶絮凝物颗粒比较小，重力沉降速度小，故白酒沉淀过程缓慢，一般需要静置沉淀72h以上。

（4）白酒沉淀依靠静置过程来完成　白酒沉淀操作不需要借助沉淀罐以外的其他设备或仪器，仅仅依靠重力作用，静置一段时间来完成。

11.3.2.2　白酒沉淀要求

白酒经搅拌、吸附、初过滤后，需要静置一段时间。当酒度高时，沉淀时间短；当酒度低时，沉淀时间长。待沉淀物充分沉淀后，经过过滤，酒体呈无色透明后方可进行灌装。

### 11.3.3　影响勾兑沉淀的因素

（1）容器大小　勾兑生产过程中，白酒中的沉淀物主要是难溶于酒体的酯类物质，含量少，体积小，沉降缓慢，容器体积越大，白酒静置沉淀所需要的时间越长。反之，则所需时间短。

（2）时间　白酒沉淀过程需要一定的时间，如果沉淀时间过短，会造成酒内分子间缔合及氧化还原等反应不够，使酒中游离物质结合较少，一些沉淀物还没完全沉淀下来，经过一段时间后又会产生沉淀，造成货架期沉淀。白酒勾兑沉淀时间受酒体体积、沉淀物质的含量和大小、沉淀容器（沉淀罐）的影响，一般情况下，白酒沉淀过程需要72h以上。

（3）温度　温度会影响白酒中各种物质的溶解度，一般情况下，温度上升，溶解度增高。尤其是白酒中的高级脂肪酸乙酯和杂醇油的溶解度与温度存在密切关系，在不同酒精含量和不同温度下，其溶解度有很大变化。在酒精含量或温度高的情况下，其溶解度高。在相同酒精含量下，温度为0～40℃，则温度升高，溶解度亦增加。酒中的油性成分在低温下容易凝集，也就是容易产生浑浊、沉淀。可以利用这一特性，采用低温过滤除浊，其效果明显，并且酒中香味成分的损失率很低。

因此，白酒沉淀过程通常在低温或者常温下进行，避免在货架期内由于温度降低而缓慢析出，形成白色絮状沉淀物。

（4）沉淀物大小　白酒勾兑静置沉淀时，沉淀物大小会影响沉降速度。一般情况下，沉淀物质体积大，沉降速度快，沉淀所需时间就短；沉淀物质体积小，沉降速度慢，沉淀所需时间就长。

### 11.3.4　沉淀效果判定

沉淀完成后，首先，白酒感官指标基本上要达到无色清亮透明、无悬浮、无沉淀的状态；其次，可在沉淀后取样品评，确定原配方与大样的一致性，如果差距较大，要进行适当调整，通常是加入高酒度调味酒，搅拌、再过滤、沉淀直至合格。

### 11.3.5 引起白酒沉淀的原因

（1）溶解度降低　在白酒勾兑过程中，因为加浆造成酒度下降，酯、酸、醇、醛等呈香呈味物质的溶解度降低，从白酒中析出，出现絮凝物。

（2）金属离子引起的沉淀

① 金属离子与沉淀。

a.$Ca^{2+}$、$Mg^{2+}$等金属离子可引起白色晶体沉淀。经常遇到瓶装白酒原本清澈透明，各项理化指标也都符合国家标准，但在瓶底却出现白色反光针状结晶；如将瓶倒置，则如同亮晶晶的星星从上而降；有时底部也有絮状物出现。过滤后收集到的沉淀物为白色或微灰色，并有密实感或成团絮状，显微镜检验为杆状折光晶体，溶于酸而不溶于碱。

一般认为，该沉淀是由加浆水、基酒中钙、镁离子与酒体中有机阴离子和无机阴离子发生缓慢化学反应，聚集生成的有机盐和无机盐、络合物等。其沉淀生成过程为：

$$2PO_4^{3-}+3Ca^{2+}=Ca_3(PO_4)_2\downarrow$$

$$Ca^{2+}+SO_4^{2-}=CaSO_4\downarrow$$

b.$Fe^{2+}$离子引起的沉淀。酒中含铁量过高时，经放置后由于二价铁逐渐氧化成三价铁，就会产生棕色沉淀。酒中含铁量达到1mg/kg以上时，若酒瓶采用软木塞，则木塞中所含单宁就会与铁离子发生作用而产生蓝黑色沉淀，严重影响产品质量。

② 金属离子来源。白酒中金属成分的来源主要有四部分，一是来自于酿酒所采用的原料；二是来自于酿造过程中的蒸馏设备；三是来自于白酒贮存过程中的物理化学变化及贮存容器；四是来源于加浆用水。

a.原料。酿造白酒的原料一般都含有相当数量的金属离子。在选择酿酒原料时，人们往往只考虑碳水化合物、蛋白质、脂肪、灰分、单宁等成分含量对酿酒的影响，而忽视掉金属元素含量。在发酵过程中，通过酵母、霉菌以及其他微生物的协同作用，少量金属离子在蒸馏时迁移至酒中。

b.酿造过程。在酿酒生产过程中，不当使用金属设备设施，会造成金属离子迁移到酒中。如铝锑合金和铅锑合金制作的蒸馏器用于酒的高温蒸馏，就会造成金属离子迁移超标。

c.贮存过程。在贮存过程中，不当使用金属容器贮存白酒，如用铝罐贮存，就会造成金属离子的迁移。很多陶坛贮存容器含有重金属，贮存过程中，金属离子会缓慢溶解于白酒中。

d.加浆用水。未经处理的加浆水直接使用，会影响白酒的质量，其中所含有的金属离子会迁移到酒中。资料表明加浆水中钙镁的含量最多，铝、钾、锌次之，铁、锰以及重金属镉、铅的含量稍少，金属离子就这样随着加浆水的添入被带入到白酒中。

（3）高级脂肪酸引起的沉淀　在白酒蒸馏时，在酒尾上漂浮油珠并出现浑浊；温度降低时，酒瓶中会出现白色絮凝沉淀，温度升高时又会复溶解而变澄清。有研究证明，这类白色浑浊物及白色絮凝沉淀为高沸点的棕榈酸乙酯、油酸乙酯及亚油酸乙酯的混合物。

① 高级脂肪酸酯的物理特性。棕榈酸乙酯、油酸乙酯、亚油酸乙酯均为无色油状物，沸点在185.5℃（1.33kPa）以上。油酸乙酯及亚油酸乙酯为不饱和脂肪酸乙酯，性质不稳定。它们都溶于醇，而不溶于水。这些成分在白酒中的稳定性与其在酒精中的溶解度、酒精浓度及温度有密切关系。当酒精浓度超过30%时，其溶解度急剧增大。当温度上升时，溶解度也提高。当白酒中存在的亚油酸乙酯等高级脂肪酸乙酯在酒精浓度稀释到40%以下时，由于其溶解度降低而出现了白色絮状胶体沉淀物。

某酒厂曾测定过三种脂肪酸乙酯在20℃于不同含量酒精中的溶解情况，结果如表11-3所示。可以看出，当酒精含量为40%，温度为20℃时。三种脂肪酸乙酯的溶解度都在2mg/kg。

**表11-3　三种脂肪酸在不同酒度中的溶解度**

| 酒精含量/% | 三种脂肪酸含量/（mg/kg） | 棕榈酸乙酯 | 油酸乙酯 | 亚油酸乙酯 |
|---|---|---|---|---|
| 50 | 4 | 溶 | 溶 | 溶 |
| 45 | 3.5 | 难溶、析出 | 难溶、浑浊 | 难溶、浑浊 |
| 40 | 2.5 | 浑浊、析出 | 难溶、析出 | 浑浊、析出 |
| 40 | 2.0 | 溶 | 溶 | 溶 |

② 高级脂肪酸的来源。原料中的米糠、碎米、大米胚芽、麸皮、玉米等含油量较高，另外，原料中也含有硬脂酸。动物油脂中富含硬脂酸，硬脂酸及其乙酯不易产生浑浊。豉香型白酒用蒸熟的猪肉浸泡白酒，不但不会引起浑浊沉淀，还会吸附白酒中的杂味物质，使酒澄清透明。在发酵工艺上，酵母菌产生油滴，虽然也会带来油脂，但因其量甚微，不足以构成白酒浑浊。

③ 白酒中高级脂肪酸酯的含量。油性物质在白酒中的含量受原料、蒸馏、贮存、勾兑等诸多因素的影响，所以在厂际之间、本厂批次之间往往存在很大的差异。现举几例以供参考（表11-4 ~表11-6）。

表 11-4　不同香型白酒中三种高级脂肪酸乙酯的含量　　单位：mg/100mL

| 香型 | 棕榈酸乙酯 | 油酸乙酯 | 亚油酸乙酯 |
|---|---|---|---|
| 浓香型 | 6.5 | 2.65 | 3.10 |
| 酱香型 | 2.7 | 1.05 | 1.83 |
| 清香型 | 3.7 | 1.16 | 1.50 |

表 11-5　几种白酒中三种脂肪酸乙酯的含量　　单位：mg/100mL

| 酒名 | 棕榈酸乙酯 | 油酸乙酯 | 亚油酸乙酯 |
|---|---|---|---|
| 茅台酒 | 3.01 | 1.05 | 1.83 |
| 西凤酒 | 2.4 | 2 | 1.4 |
| 汾酒 | 4.5 | 2 | 1 |
| 泸州大曲酒 | 4.3 | 2.37 | 1.84 |
| 日本烧酒 | 5 | 3 | 2 |

表 11-6　酒精含量从62%vol稀释到38%vol，三种脂肪酸乙酯的变化

单位：mg/100mL

| 酒样 | 棕榈酸乙酯 | 油酸乙酯 | 亚油酸乙酯 |
|---|---|---|---|
| 稀释到38%vol的白酒 | 0.68 | 0.87 | 0.52 |
| 62%vol原酒 | 3.76 | 3.93 | 3.98 |

需要说明的是，尽管这三种脂肪酸乙酯是造成白酒浑浊的主要原因，但却不能忽视其在白酒呈香呈味上所起的作用。这些油性成分本身是无臭、无味的（有的文献记载有微辣），但在酒中给人以圆润感，并能使酒味浓郁。酒味浓郁是其缓冲作用的结果，它能使蒸馏酒中的许多香味成分间相互协调，结成一体。如果将其从酒中全部除去，酒味就必然显得寡淡。

④ 高级脂肪酸引起沉淀的机理。高级脂肪酸引起的沉淀，应从胶体模型稳定性方面考虑，油性成分在酒里呈负电荷，相互结合以保持平衡状态。此时，若遇到带有正电荷的金属氢氧化物将电荷中和，遂出现解胶现象。于是高级脂肪酸乙酯便相互凝结而结成絮状，引起白色浑浊沉淀。根据推算，1分子金属可使5分子高级脂肪酸乙酯或1分子脂肪酸凝聚而出现浑浊沉淀。

（4）化学不稳定性引起的沉淀　目前白酒厂家均采用玻璃瓶作为包装成品酒的盛酒容器。在验收过程中，白酒企业往往重视玻璃瓶外形和规格等技术指标检验，而忽视玻璃瓶化学稳定性检验，即玻璃瓶在酸性环境中化学稳定性检验。

某些玻璃化学稳定性差，由于玻瓶含有可溶性硅酸盐，在稀酸条件下，硅酸根离子可以和溶液中的氢离子发生作用得到硅酸，反应式为 $SiO_3^- + 2H^+ = H_2SiO_3$，硅酸是很弱的酸，其电离常数很小，数量级约为 $K_1 \approx 10^{-8}$，$K_2 \approx 10^{-14}$。它的溶解度

也极小，因而很容易从溶解的硅酸盐中被其他酸（如乙酸）置换出来。硅酸在水中的溶解度虽小，但所产生的硅酸并不立即沉淀，这是因为开始生成的单分子硅酸可溶于水，当这些单分子硅酸逐渐聚合成多硅酸时，生成硅酸溶胶，而产生白色絮状沉淀。

（5）贮存条件引起的沉淀

① 贮存时间短引起的沉淀。白酒的贮存期都有一定的时间，白酒贮存期分为半成品及成品贮存。在生产旺季，一些企业会由于时间紧、任务重，保证不了贮存期要求。一般半成品酒贮存期要求7天以上，若只贮存一两天时间就包装，会造成成品酒的物理化学性质不稳定，一些沉淀物还没完全沉淀下来，会产生货架期沉淀。

② 贮存温度引起的沉淀。这一类沉淀易发生在冬季。这类沉淀是白酒中的三种高级脂肪酸乙酯和杂醇油引起的，由于在温度低时溶解度下降，易使酒失光，产生白色絮状物沉淀。在生产时可采用低温（0℃以下）贮存1周，再进行过滤，这类沉淀就会解决。

③ 贮存容器引起的沉淀。白酒的贮存，最好选用不锈钢容器，切忌用铝罐直接贮存，因为用铝罐贮酒，酒中的酸会把铝表面的氧化铝保护层腐蚀并溶于酒中，过一段时期后会形成片状沉淀。若要用铝罐贮酒，必须在铝罐内壁涂上无毒的防腐材料。

（6）其他因素引起的沉淀　生产出来的酒本来不会出现沉淀，个别酒厂因违规使用添加剂而引起浑浊、沉淀。例如有的企业向酒中添加甜味剂引起浑浊、沉淀；也有的添加非挥发性酸（如柠檬酸）而造成浑浊、沉淀。柠檬酸在酒中的浑浊现象与高级脂肪酸乙酯颇为相似，呈絮片状浑浊，浑浊经过滤后，放置几日又重现浑浊，因其不受温度及酒度的影响，所以很难去除，但用活性炭、硅藻土吸附较为有效。此外，劣质香料也经常引起浑浊、沉淀，例如：劣质己酸乙酯中含有蓖麻油，会引起酒体浑浊、沉淀。

### 11.3.6　白酒沉淀预防措施和处理办法

为了防止白酒沉淀的产生，在生产过程中应从以下几个方面加以控制。

（1）白酒降度用水应严格进行净化处理，使水质指标符合规定要求。

（2）加强所用基酒的贮存管理，检验控制及预处理，严禁使用指标不合格的基酒。

（3）对调香予以控制。在保证口味及理化指标的前提下，严格控制调味酒及相关辅料的用量。严把调味酒质量关，尽量使用指标合格的调味酒。调香降度后，尽可能延长白酒沉淀期，以便酒中杂质充分析出，从而使过滤彻底，保证酒质稳定。

（4）应严格要求酒瓶的质量及其使用条件，瓶子必须冲洗干净。

（5）贮酒用容器或输酒管道最好采用不锈钢制作，不得使用铁、铝、塑料、橡胶容器。

（6）冷冻过滤。

## 11.4　过滤

### 11.4.1　过滤的定义

过滤是以某种多孔物质为介质，在外力作用下，使固体悬浮液中的液体通过多孔性物质，而固体颗粒被截留在介质上，从而实现固、液分离的操作。含有固体颗粒的液体称作固体悬浮液或滤浆；多孔性物质称为过滤介质，截留在过滤介质上的固体微粒称为滤饼或滤渣，通过滤饼和过滤介质的清液称为滤液。

过滤过程有滤饼过滤和深层过滤之分。滤饼过滤又称为表面过滤，使用织物、多孔材料或膜等作为过滤介质。过滤介质的孔径不一定要小于最小颗粒的粒径。过滤开始时，部分小颗粒可以进入甚至穿过介质的小孔，但很快由颗粒的架桥作用使介质的孔径缩小形成有效的阻挡。被截留在介质表面的颗粒形成称为滤饼的滤渣层，透过滤饼层的则是被净化了的滤液。随着滤饼的形成真正起过滤介质作用的是滤饼本身，因此称为滤饼过滤。滤饼过滤主要适用于含固量较大（>1%）的场合。

深层过滤一般应用介质层较厚的滤床类（如沙层、硅藻土等）作为过滤介质。颗粒小于介质空隙进入到介质内部，长而曲折的孔道中被截留并附着于介质之上。深层过滤无滤饼形成，主要用于净化含固量很少（<0.1%）的流体，如水的净化、烟气除尘等。白酒过滤属滤饼过滤。

### 11.4.2　过滤的应用

过滤是工业上一个大的操作单元，过滤操作一般包括过滤、洗涤、干燥、卸料四个阶段。

（1）过滤　悬浮液在推动力作用下，克服过滤介质的阻力进行固液分离；固体颗粒被截留，逐渐形成滤饼，且不断增厚，因此过滤阻力也随之不断增加，致使过滤速度逐渐降低。当过滤速度降低到一定程度后，必须停止过滤。

（2）洗涤　停止过滤后，滤饼的毛细孔中含有许多滤液，须用清水或其他液体洗涤，以得到纯净的固粒产品或得到尽量多的滤液。

（3）干燥　用压缩空气吹或真空吸，把滤饼毛细管中存留的洗涤液排走，得到含湿量较低的滤饼。

（4）卸料　把滤饼从过滤介质上卸下，并将过滤介质洗净，以备重新进行过滤。

在白酒生产中各种过滤技术已广泛地投入使用，其中常见的白酒过滤技术有微孔滤膜过滤技术、错流膜过滤技术、硅藻土过滤技术、白酒催陈过滤技术、无机膜过滤技术、分子印迹技术等，并且因此衍生出的各种过滤设备也已广泛应用于全国白酒行业的各个角落。

白酒过滤的目的就是为了去除沉淀物，得到清澈透明的产品。

### 11.4.3　过滤的作用

过滤是利用物质的溶解性差异或不同的相将其分离的过程。白酒过滤就是将白酒中不溶于酒体的固体分离开来的一种过程。作用包括去除浑浊、悬浮、沉淀物；去除吸附剂残留及其杂质；是白酒匀质化的过程。

### 11.4.4　过滤方程式

由于滤饼层的不均匀性，导致滤饼层内由固体颗粒形成的孔道很细，流体在孔道内的流动处于层流状态。可将形状不规则的孔道视为长度均为$L_e$的一组平行细管，并假设细管的内表面积之和等于滤饼内颗粒的全部表面积，细管的全部流动空间等于滤饼内的全部空隙体积，这是一种理想化的假设。

仿照圆管内层流流动的哈根泊肃叶方程计算虚拟细管中滤液的流速：

$$v_1 = \frac{\Delta P_1}{32\mu L_e} d_e^2$$

式中　$\Delta P_1$——通过滤饼的压降，Pa；

$v_1$——滤液在虚拟细管中的流速，m/s；

$\mu$——滤液的黏度，Pa·s；

$d_e$——虚拟细管的当量直径，m；

$L_e$——虚拟细管长度（$L_e=CL$，其中$C$为比例系数），与滤饼层厚度$L$成正比，m。

设滤饼孔隙率为$\varepsilon$，而$\varepsilon = \frac{\text{孔隙体积}}{\text{滤饼层体}}$，根据连续性方程可知：

$$v_1 = \frac{v}{\varepsilon} = \frac{\mathrm{d}V}{\varepsilon A \mathrm{d}\tau}$$

设颗粒比表面积$a = \frac{\text{颗料表面积}}{\text{颗粒体积}}$，则当量直径$d_e$为：

$$d_e = \frac{4\varepsilon}{a(1-\varepsilon)}$$

则，
$$v = \frac{dV}{Ad\tau} = \frac{\varepsilon \Delta P_1}{2Ca^2(1-\varepsilon)^2 \mu L}$$

令，
$$\frac{2Ca^2(1-\varepsilon)^2}{\varepsilon^3} = r$$

则，
$$v = \frac{dV}{Ad\tau} = \frac{\Delta P_1}{\mu r L}$$

式中，$r$称为滤饼的比阻，与滤饼的比表面积、空隙率等有关，单位为$m^{-2}$。对不可压缩饼，$a$、$\varepsilon$为常数，故$r$也为常数；对可压缩滤饼，比阻$r$随过滤压力$\Delta P$而变化，经过试验验证，通常可写成如下形式。

$$r = r_0 \Delta P^s$$

式中，$r_0$、$s$均为经验值，其中$s$称为压缩指数，滤饼的可压缩性越大，$s$值越大。对不可压缩滤饼，$s$=0。

由上式看出，瞬时过滤速度的大小由两个相互抗衡的因素决定：一个是促使滤液流动的压力差$\Delta P_1$，就是过滤压差的推动力；另一个是阻滞因素$\mu r L$，相当于过滤阻力。在滤饼不可压缩时，瞬时过滤速度与滤饼两侧的压差成正比，与其厚度、滤液黏度成反比。

以上讨论仅考虑了滤饼对过滤的影响，而未考虑过滤介质的影响，若两者都加以考虑，则可将二者视为串联操作。为计算方便，以$L_e$表示过滤介质的当量滤饼厚度：

$$v = \frac{dV}{Ad\tau} = \frac{\Delta P_1}{\mu r L} = \frac{\Delta P_{L_e}}{\mu r L} = \frac{\Delta P}{\mu r (L + L_e)}$$

式中　$\Delta P_{L_e}$——通过过滤介质的压降，Pa；

$\Delta P$——通过滤饼和过滤介质的总压降，Pa。

假设过滤时，每得到单位体积滤液时，被截留在过滤介质上的滤饼体积为$c$（$m^3$滤饼/$m^3$滤液），则得到体积为$V$的滤液时，截留的滤饼体积等于$cV$，滤饼层厚度为$L$，则，

$$L = cV / A$$

而对于过滤介质：

$$L_e = cV_e / A$$

式中　$V_e$——过滤介质的当量滤液体积（虚拟量），$m^3$。

令　$$K=\frac{2\Delta P}{\mu rc}=\frac{2\Delta P^{1-S}}{\mu r_0 c}$$，可以导出，

$$\frac{dV}{d\tau}=\frac{KA^2}{2(V+V_e)} \tag{11-2}$$

或

$$\frac{dq}{d\tau}=\frac{K}{2(q+q_e)} \tag{11-3}$$

式中　$K$——过滤常数；

$q$——通过单位面积的滤液体积，$m^3/m^2$。

$q_e$——通过单位面积的虚拟滤液体积，$m^3/m^2$。

上述就是过滤方程的微分形式，可表示任一瞬间的过滤速率。式中$K$、$q_e$（或$V_e$）需由实验测定，测定工作要在专业人员操纵下进行。

### 11.4.5　过滤速率

过滤速率指单位时间内通过单位过滤面积的滤液体积。在过滤过程中，由于过滤介质的通透性会发生变化，滤饼逐渐增厚，流动阻力也随之增大，因此过滤过程属于不稳定流动过程，瞬时过滤速率可表示如下。

$$v=\frac{dV}{A d\tau}=\frac{dq}{d\tau}$$

式中　$v$——瞬时过滤速率，$m^3/(m^2 \cdot s)$或$m/s$；

$V$——滤液体积，$m^3$；

$A$——过滤面积，$m^2$；

$\tau$——过滤时间，s；

$q$——单位过滤面积所得的滤液量（$V/A$），$m^3/m^2$。

#### 11.4.5.1　恒压过滤

若过滤过程中保持过滤推动力（压差）不变，则称为恒压过滤。对于指定滤浆的恒压过滤，$K$为常数，按照过滤方程式，则

$$V^2+2VV_e=KA^2\tau \tag{11-4}$$

$$q^2+2qq_e=K\tau$$

当过滤介质阻力可忽略不计时，式（11-4）可简化为：

$$V^2 = KA^2\tau$$

恒压过滤在工业生产上是经常出现的，若整个过滤过程都在恒压下进行，则在过滤刚开始时，过滤速率太快，过滤介质表面会因无滤饼层形成而使较细的颗粒堵塞孔道的可能性增大；而过滤快接近终点时，过滤速率又会逐渐变小，这是必然的。

#### 11.4.5.2　恒速过滤

若过滤过程保持过滤速率不变，则称为恒速过滤。由过滤特性可知，由于滤饼厚度不断增大，过滤压力增高，要想保持过滤速率恒定，必须持续地提高过滤压力，以提高流量。

按照方程式：

$$\frac{\mathrm{d}V}{A\mathrm{d}\tau} = \frac{V}{A\tau} = \text{常数}$$

$$V^2 + VV_\mathrm{e} = KA^2\tau/2 \tag{11-5}$$

$$q^2 + qq_\mathrm{e} = K\tau/2 \tag{11-6}$$

假设过滤介质阻力可忽略不计，式（11-5）和式（11-6）可变成

$$V^2 = KA^2\tau/2$$

$$q^2 = K\tau/2$$

如果整个过程均保持恒速，则过滤终点的压力很高，容易导致设备产生泄漏或动力负荷过大。为了克服这一问题，工业上常用的操作方式是，过滤开始时采用较小的压差做推动力，最后逐渐升压到指定压差下进行恒压操作。

### 11.4.6　过滤常数

过滤计算需要知道过滤常数$K$、$q_e$或$v_e$。由不同物料形成的滤浆，其过滤常数差别很大。即使是同一种物料，由于操作条件不同，其过滤常数也不尽相同。过滤常数一般要由实验来测定。同样要注意，由于小型设备与大型设备之间，滤饼沉积的方式、滤饼的均匀程度、机械构造的影响等方面都有区别，故据此做出的设计仍要采用相当大的安全系数。

按照恒压过滤方程式：

$$\frac{\tau}{q} = \frac{1}{K}q + \frac{2}{K}q_\mathrm{e}$$

由此方程式看出，恒压过滤时用$\tau/q$与$q$之间呈线性关系。实验时，测定不同

过滤时间$\tau$内所得到的单位过滤面积$q$，将$\tau/q$对$q$作图，可得一条直线，直线的斜率为$1/K$，截距为$2q_e/K$，由此可求出$K$、$q_e$。

### 11.4.7 滤饼

在白酒生产上，常常用板框过滤机、烛式过滤机、圆盘过滤机、滤片过滤机、超滤机等进行过滤，常用的过滤介质主要有织物介质（又称滤布）、细砂等组成的堆积介质以及陶瓷等复合材料压制而成多孔性介质。过滤后若形成的滤饼刚性不足，则其内部孔隙结构将随着滤饼的增厚或压差的增大而变形，孔隙率减小，这种滤饼称为可压缩滤饼。反之，若滤饼内部孔隙结构不变形，则称为不可压缩滤饼。

若滤浆中所含固体颗粒很小，这些细小颗粒可能会将过滤介质的孔道堵塞，或者形成滤饼的孔道很小，过滤阻力增大从而导致过滤困难。如果滤饼可压缩，随着过滤进行，滤饼受压变形，也将导致过滤困难。为防止以上不良现象发生，可采用助滤剂以改善滤饼的结构，增强其刚性，常用的助滤剂有硅藻土、纤维粉末、活性炭、石棉等。因此，白酒过滤时，颗粒状的刚性杂质就很容易得以过滤解决掉，而像黏性杂质（如絮状沉淀）难以解决，就需要先吸附、再过滤。

不同酒度白酒滤饼的组成有所不同，所以其性质也是有差别的。高度白酒由于其酒精含量高，醇溶性的高级脂肪酸及其酯可以很好地溶解于高度白酒中，因此，其滤饼多为钙、镁无机盐等刚性颗粒，随着过滤的进行，细小的颗粒可形成不可压缩滤饼。而低度白酒由于加浆降度，溶解度降低，醇溶性的高级脂肪酸酯析出，其滤饼除难溶性的无机盐外多是由高级脂肪酸酯形成的絮状黏性难溶物质，如棕榈酸乙酯、油酸乙酯、亚油酸乙酯及某些高级醇。这种组分形成的滤饼为容易发生形变的可压缩性滤饼，容易堵塞过滤介质（过滤膜、滤布等），因此须及时地更换和清洗过滤介质，以保证过滤效率和生产。

### 11.4.8 影响过滤效率的因素

在生产实践中，影响过滤的主要因素有滤饼性质、悬浮液浓度、压力差、真空度、过滤介质以及过滤机的性能等。

#### 11.4.8.1 滤饼的性质

滤饼的孔隙度越大，则滤饼的水分越低。滤饼的孔隙度与过滤物料的粒度大小及粒度组成有关。

滤饼的阻力影响过滤速度，而滤饼的孔隙度、厚度及白酒黏度决定了滤饼的阻力，过滤机的过滤速度与滤饼的阻力成反比。所以在过滤操作中，要注意使滤饼层各部分的厚度保持均匀，使滤饼阻力分布均匀，这样有利于过滤过程的进行。

另外，过滤时要防止滤饼产生龟裂现象，它会降低过滤室的真空度，减小过滤介质两面的压力差，从而降低过滤机的生产率。龟裂现象的产生是由于滤饼收缩时产生皱纹引起的。解决的办法很多，例如可以加快过滤机转速，这样所得到的滤饼较薄，水分也较低。

11.4.8.2　悬浮液浓度

悬浊液浓度、圆筒过滤区在白酒中浸没的时间（与转速有关）以及过滤机真空度的大小均可影响滤饼的厚度。在过滤操作中，为了达到较高的生产率，应控制过滤的悬浮液浓度。总的过滤时间（过滤周期）越长，浸没深度越大，则生成滤饼的时间也越长，滤饼的厚度也越厚，但是滤饼增大，过滤速度减慢。所以，过分延长过滤时间，反而会降低生产率。在生产中，过滤周期要适当，各个过滤阶段，即生成滤饼、吸干滤饼、卸除滤饼、清洗滤布等时间分配的比例要选择合理。

11.4.8.3　压力差和真空度

一般来说白酒滤渣的粒度越细，真空度也应越大。但是真空度过高时，将会增加电能及滤布的消耗，甚至还可以降低过滤效果。在一般情况下，过滤速度是与压力差成正比的，但是如果含有可塑性胶体物质时，增加压力差会降低滤饼的孔隙度，反而使过滤速度下降。低度白酒的过滤，增加压力差易使滤布的纤维孔堵塞，也会降低过滤速度。因此，对于刚性颗粒较多的白酒过滤，过滤阻力小，可采用较小的真空度。只要这一真空度能保证滤液得到必需的速度，还可以采用薄层滤饼过滤和适当延长过滤时间的方法。

11.4.8.4　过滤介质

凡能使工作介质通过又将其中固体颗粒或液滴截留以达到分离或净化目的的多孔物称为过滤介质。它是过滤机上的关键组成部分，它决定了过滤操作的分离精度和效率，也直接影响过滤机的生产强度及动力消耗。

过滤介质是影响过滤效率的重要因素之一。为提高过滤机的生产率，过滤介质要符合以下要求：能保证对被过滤的物料有较高的回收率；过滤阻力较小；符合一定的机械强度要求，经久耐用；不易堵塞，易于清洗；安装与拆卸方便，并且在过滤时，滤饼增厚而能牢固附着，滤饼排除时容易卸落；成本低廉。

过滤介质可以是粒状固体物料做成的水平松散床层，也可以用天然生成的多孔板，如硅藻土，或是用人造物料做成的多孔板。在白酒过滤过程中，滤布的堵塞会影响生产率的提高。滤布堵塞的原因一方面是微细的固体颗粒机械堵塞滤布的小孔；另一方面是由于化学反应生成的沉淀物（通常是碳酸化合物及硫酸化合物）堆积在滤布的绒头上。当滤布严重堵塞而影响生产率的提高时，要清洗或更换滤布。白酒企业一般用机械方法清洗。但是如何进行过滤介质的选择呢？

（1）工业上常用的过滤介质

① 编织材料，由天然或合成纤维、金属丝等编织而成的滤布和滤网，是工业生产中最常用的过滤介质。此类材料价格便宜，清洗和更换方便，可截留的最小粒径为5 ~ 65μm。用聚酰胺、聚酯或聚丙烯等纤维制成的单缕滤网，质地均匀、耐腐蚀、耐疲劳，正在逐步取代其他织物滤布。

② 多孔性固体，包括素瓷、烧结金属或玻璃，或由塑料细粉黏结而成的多孔性塑料管等。此类材料可截留的最小粒径为1 ~ 3μm，常用于处理含有少量微小颗粒的悬浮液。

③ 堆积介质，如砂、砾石、木炭和硅藻土等颗粒状物料，或玻璃棉等非编织纤维的堆积层。一般用于处理固体含量很少的悬浮液。工业滤纸也可与上述过滤介质合用，以拦截悬浮液中的少量微细颗粒。

④ 高分子多孔膜，是一种新型过滤介质，应用于更微小的颗粒的过滤，以获得高度澄清的液体。适用于滤去0.1 ~ 1μm颗粒的膜称为微孔滤膜；适用于滤去0.01 ~ 0.1μm颗粒的膜称为超滤膜。

（2）选择过滤介质的基本要求

① 过滤介质对固体颗粒的捕集能力。捕集能力就是能截留的最小颗粒尺寸。捕集能力取决于介质本身的孔隙大小及分布情况，关系到过滤的分离次序。表11-7为各类过滤介质能捕集的最小颗粒。

**表11-7　过滤介质对固体颗粒的截留能力**

| 介质类型 | 举例 | 能够截留的最小颗粒/μm |
|---|---|---|
| 滤布 | 天然及合成纤维编织的滤布 | 10 |
| 滤网 | 金属丝编织网 | >5 |
| 非织造纤维介质 | 纸（纤维素或玻璃纤维材料）毛毡 | 5 ~ 210 |
| 多孔材料 | 薄膜 | 0.005 |
| 刚性多孔材料 | 陶瓷金属陶瓷 | 1 ~ 3 |

② 渗透率。过滤介质的渗透率反映了它对滤液流动的阻力，它影响过滤机的生产强度和过滤推动力——压强差，过滤介质的渗透率可由达西方程来描述：对由颗粒或纤维填充的过滤床，其渗透率$K$可用柯兹尼-卡尔曼方程式给出，单丝纺织纤维介质的渗透率可由半经验方程给出，由此可见，过滤介质的渗透率与介质本身的孔隙率有关。常用过滤介质的孔隙率如表11-8所示。

**表11-8　常用过滤介质的孔隙率**

| 介质名称 | 金属丝网平纹 | 金属丝网斜纹 | 陶瓷 | 特级多孔材料 | 薄膜 | 纸 | 硅藻土精制 |
|---|---|---|---|---|---|---|---|
| 孔隙率/% | 15 ~ 25 | 30 ~ 35 | 30 ~ 50 | 70 | 80 | 60 ~ 95 | 80 ~ 90 |

③ 卸渣和清洗再生性能。卸渣能力是指过滤结束后能利用滤饼自身策略或压缩空气吹除、机械刮除等措施把滤饼从介质表面除净的能力，对于像转鼓、翻盘、带式真空过滤机等连续过滤机来说是维持正常操作的先决条件。过滤过程中总有少量滤渣颗粒堵塞在介质孔隙中，必须在每个操作循环的卸渣工序结束后用冲洗、吹扫等方法把颗粒从介质表面、孔隙中清洗掉，以维持介质的过滤效率和性能。再生性能主要取决于过滤介质的构成材料和纺织、加工方法。

④ 化学稳定性能。由于过滤过程所处理的物料多种多样，它们的化学性质各不相同，有酸性、碱性、强氧化性、有机溶剂等，而且都在一定的温度下过滤，这就要求所选用的过滤介质结构材料能在被处理的物料中具有良好的化学稳定性、耐化学腐蚀、耐温度变化、耐微生物作用。一般而言，聚丙烯纤维具有良好的耐酸性、耐碱性和耐氧化剂作用，聚乙烯纤维在室温下对酸、碱溶液具有稳定性，涤纶材料具有良好的耐酸性。

⑤ 材料的物理、机械性能。材料的物理、机械性能包括吸湿性、耐磨性、机械强度、伸延率等，均影响介质的过滤性能及使用寿命。不同类型结构的过滤机对介质物理、机械性能要求也有差异，如板框过滤机与叶片过滤机、转鼓过滤机相比，对滤布的机械强度要求更高。带式过滤机对滤布的强度要求比倾覆盘式过滤机高，而且要求一定负荷下延伸率尽可能低。

### 11.4.9 过滤方式的选择

选择过滤方式需根据过滤的悬浮液性质、过滤效率、过滤总量、对白酒风味影响、原酒酒度、能耗、不同的阶段需要以及各种过滤方式的特点等做出合理、科学的规划，选择适合的过滤方式，如白酒的初滤就是对过滤效率有较高的要求，而精滤则是对过滤效果的要求更高一些。如分子筛净化器，过滤能力为3t/h，且其对原酒酒度有严格的要求，如55%vol的白酒经分子筛法过滤后会出现味短、淡的缺陷，因此在过滤55%vol左右白酒时，一般不能采用分子筛过滤法；若是对处理效率要求比较高，处理量比较大，不能选择超滤方式。同时在选择过滤方式时，还需要考虑相应配套过滤设备的性能、生产能力、能耗、过滤介质是否可重复利用以及设备占地和对人工的一些要求。各种过滤方式的优缺点总结如下。

（1）加压过滤　在过滤过程中，白酒滤液通过过滤介质和滤饼流动时需克服流动阻力，因此过滤过程必须施加外力。外力可以是重力、压力差，也可以是离心力，其中以压力差和离心力为推动力的过滤过程在白酒生产中应用较为广泛。一般采用复合过滤介质（活性炭、硅藻土等粉状过滤介质的混合物），通过增加形成致密微孔充气界面，使酒中甲醛、乙醛、糠醛、丙烯醛、硫化物等物质与空气中的氧发生强制反应，同时加压迫使水分子与酒分子充分混合，去除新酒味、糟味、异杂味、低度白酒中的沉淀物、悬浮物，经处理能保持原酒的风味，柔和感增强，口感更加协调醇和。

（2）常压过滤　白酒常压过滤一般指通过滤布或滤纸过滤白酒中固形物的一种常用方法。通过改变滤布或滤纸的类型来调节过滤精度。此过滤方法简单快捷，对白酒风味没有较大影响，能保持白酒原有风味；但是过滤效率低。

（3）冷冻过滤　这是国内解决白酒降度浑浊的先进方法。此法是将加浆后的白酒冷冻到–16 ~ –12℃，并保持数小时（24h为宜），使高级脂肪酸酯及其他物质絮凝、析出、颗粒增大，在保持低温下，用过滤棉或其他介质过滤除去沉淀物而成。冷冻过滤能够保持白酒原有的风格，已被行业广泛认可，用于生产此类设备的厂家有扬州润明机械，冷却过滤很好地解决了用其他方法除浊的缺陷，是白酒过滤的发展方向。

（4）膜过滤法

① 反渗透膜。反渗透技术原理是在高于溶液渗透压的作用下，依据其他物质不能透过半透膜，而将这些物质和水分离开来。对透过的物质具有选择性的薄膜称为半透膜，一般将只能透过溶剂而不能透过溶质的薄膜称之为理想半透膜。当把相同体积的稀溶液（例如淡水）和浓溶液（例如盐水）分别置于半透膜的两侧时，稀溶液中的溶剂将自然穿过半透膜而自发地向浓溶液一侧流动，这一现象称为渗透。当渗透达到平衡时，浓溶液侧的液面会比稀溶液的液面高出一定高度，即形成一个压差，此压差即为渗透压。渗透压的大小取决于溶液的固有性质，即与浓溶液的种类、浓度和温度有关而与半透膜的性质无关。若在浓溶液一侧施加一个大于渗透压的压力时，溶剂的流动方向将与原来的渗透方向相反，开始从浓溶液向稀溶液一侧流动，这一过程称为反渗透。反渗透是渗透的一种反向迁移运动，是一种在压力驱动下，借助于半透膜的选择截留作用将溶液中的溶质与溶剂分开的分离方法，它已广泛应用于各种液体的提纯与浓缩。

反渗透膜的膜孔径非常小，因此能够有效地去除酒中的溶解盐类、胶体、微生物、有机物等。膜应用于白酒过滤中，由于采用的是不添加助滤剂的固定孔径截留方式，因此过滤效果非常稳定。0.1μm的孔径，100%滤去酒中的活性炭颗粒，滤后白酒清澈透明，能较好地解决白酒的絮状沉淀。

② 复合微滤膜。复合微滤膜由纤维、活性炭、硅藻土和成膜剂组成，在微滤膜生产工艺过程中，纤维交织粗细的三维网状结构组成微滤膜的骨架，活性炭、硅藻土吸附在纤维上，沉淀在纤维间，整个滤膜充满纵横交错的多分支小孔道，成膜剂将纤维与活性炭硅藻土形成的结构进行黏结固定，使其能承受传递压力。复合微滤膜过滤低度白酒，在其生产过程中，必须有一定的压力，这种压力保证了复合微滤膜功能吸附是一种深层吸附，每一个大大小小的微孔都在吸附，每一粒酒分子都

在被吸附或从其微孔通道经过，这样的运动行程，保证了低度白酒除浊的彻底和完全。

（5）离子交换树脂　离子交换树脂是带有官能团（有交换离子的活性基团）、具有网状结构、不溶性的高分子化合物，通常是球形颗粒物。离子交换树脂（ionresin）的基体（matrix）制造原料主要有苯乙烯和丙烯酸（酯）两大类，它们分别与交联剂二乙烯苯产生聚合反应，形成具有长分子主链及交联横链的网络骨架结构的聚合物。

这两类树脂的吸附性能都很好，但有不同特点。丙烯酸系树脂能交换吸附大多数离子型色素，脱色容量大，而且吸附物较易洗脱，便于再生，在糖厂中可用作主要的脱色树脂。苯乙烯系树脂擅长吸附芳香族物质，善于吸附糖汁中的多酚类色素（包括带负电的或不带电的）；但在再生时较难洗脱。

树脂的交联度，即树脂基体聚合时所用二乙烯苯的百分数，对树脂的性质有很大影响。通常，交联度高的树脂聚合得比较紧密，坚牢而耐用，密度较高，内部孔隙较少，对离子的选择性较强；而交联度低的树脂孔隙较大，脱色能力较强，反应速度较快，但在工作时的膨胀性较大，机械强度稍低，比较脆而易碎。

运用离子交换树脂作为过滤介质可有效去除白酒中高分子的脂肪酸酯类物质和微量矿物质。离子交换树脂根据它交换基团性质的不同可分为阳离子交换树脂和阴离子交换树脂两大类。其中，阳离子交换树脂是以消除微量矿物质为主；阴离子交换树脂则是以消除脂肪酸、酯类物质及其他的有机物为主。使用时可单柱使用，也可串联使用，还可采用混合柱使用，具体使用方式应依据产品理化指标的要求，经实验后才能确定。

白酒的成分是水和酒精以及各种含量甚微的酯、酸、醇、醛等物质。因此对于白酒体系，是水和酒精的混合溶剂，在液相吸附过程中实质上是溶剂与被吸附组成对吸附剂的“竞争”。从原理上讲，由于几种高级脂肪酸乙酯比酒中己酸乙酯、乙酸乙酯、乳酸乙酯分子量大，溶解度小，疏水程度高，容易被大孔型树脂吸附而尽可能小的过滤掉主体香酯，从而获得清澈透明、基本保持原酒风格的白酒。

（6）分子印迹技术　将各种生物大分子从凝胶转移到一种固定基质上的过程称为印迹技术。Southern在1975年首先提出了分子印迹的概念。他将琼脂糖凝胶电泳分离的DNA片段在凝胶中进行变性使其成为单链，然后将一张硝酸纤维素膜放在凝胶上，上面放上吸水纸巾，利用毛细管作用原理使凝胶中的DNA片段转移到硝酸纤维素膜上，使之成为固相化分子。载有DNA单链分子的硝酸纤维素膜就可以在杂交液与另一种带有标记的DNA或RNA分子（即探针）进行杂交，具有互补序列的RNA或DNA结合到存在于硝酸纤维素膜的DNA分子上，经放射自显影或其他检测技术就可以显现出杂交分子的区带。由于这种技术类似于用吸墨纸吸收纸张上的墨迹，因此称为“blotting”，译为“印迹技术”。

分子印迹技术的原理是当模板分子（印迹分子）与聚合物单体接触时会形成多重作用点，通过聚合过程这种作用就会被记忆下来，当模板分子除去后，聚合物中就形成了与模板分子空间构型相匹配的具有多重作用点的空穴，这样的空穴将对模板分子及其类似物具有选择识别特性。

分子印迹技术应用于白酒过滤时，可定向地除去白酒中不良风味物质或有害物质，并不改变白酒的风格特点。

### 11.4.10 常见的过滤设备

近年来，白酒开始走向香型融合，淡雅型、绵柔型白酒在市场上的销量越来越大，而中低度白酒出现的质量问题也越来越多，主要问题是白酒在货架期的浑浊沉淀问题，对这个问题，酿酒界花费的精力最大，开始认为，浑浊物主要是油酸乙酯和亚油酸乙酯等高级脂肪酸酯，后来发现影响白酒沉淀的因素比较多。

为了解决白酒浑浊、沉淀问题，白酒除浊设备被不断应用到生产中来，硅藻土过滤机、冷冻过滤及超滤设备大量应用到白酒生产上来，秦皇岛华德酿酒设备厂研制了一种新型过滤片，它是用硅藻土和多种吸附材料压制成型的，在白酒过滤设备上可以再生和重复使用，效果很好。而有的酒厂采用离子交换树脂处理白酒，效果不好，已基本被淘汰。在白酒过滤设备不断采用新技术的基础上，白酒过滤助剂不断开发，有的采用凝胶吸附法，有的加入吸附剂，现在公认的比较成功的吸附剂是活性炭。大家认识到，解决白酒货架期浑浊、沉淀问题不能单靠一种办法去解决，必须几种措施联合使用，白酒过滤绝不是简单的物理过程。

（1）硅藻土过滤机　硅藻土过滤机，包括过滤罐，其特征在于：过滤罐由若干块重叠平放、周边由立柱紧固的滤板组成，相邻两块滤板的边框密封接连，每块滤板上设有进口、出口，进、出口内装有导液套，每块滤板上表面设有负压槽，负压槽上面盖有滤布，进口与滤布上面的空腔连通，出口与滤布下面的负压槽连通，预涂硅藻土速度快、涂层稳固不脱落、不龟裂、过滤面积大。见图11-13。

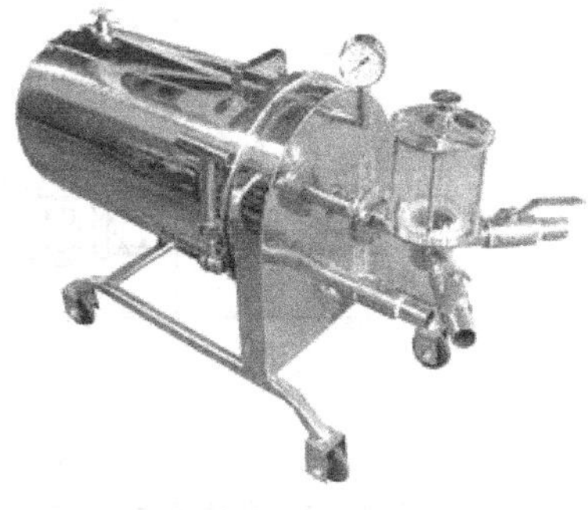

图11-13　硅藻土过滤机

传统的白酒过滤、澄清采用的是活性炭吸附后，再通过硅藻土过滤机滤去活性炭进行澄清的方式。硅藻土过滤设备存在过滤精度低、易漏土、操作繁琐、过滤效果不稳定等现象，而粉末活性炭是非常微小的颗粒，很容易漏过硅藻土层，使得白酒中带有炭粒，而硅藻土本身过滤效果一般，因此白酒的光泽度不是很理想。

（2）烛式过滤机　烛式过滤机是近年来应用比较广的过滤机，在过滤腔内以烛式排列若干根过滤棒，其过滤棒外层为不锈钢，内部用多孔性材料制成，过滤效率高，精度好。目前江浙一带设备生产厂家也在生产这种过滤棒，但过滤效率和进口的相比，还有待改进。烛式过滤机主要特点是：① 性能比较稳定，由于滤层铺设在刚硬的支承环上，电压和管路压力波动不致引起预涂层折裂变形。② 过滤效率高，过滤时由于每根滤杆是单独的通道，所以过滤阻力小，在同样过滤面积时比其他类型硅藻土过滤有较大的过滤量。③ 使用方便，该机为整体结构，清洗简单，用泵对过滤桶进行反冲洗后，即可不断续使用。④ 具有牢固、永久的特点，维修方便，机器易损件少，而且均为可拆装式，更换易损件较为容易。

（3）盘式过滤机　盘式过滤机是输送介质管道上不可缺少的一种装置，通常安装在减压阀、泄压阀、定水位阀或其他设备的进口端，用来消除介质中的杂质，以保护阀门及设备的正常使用。当流体进入置有一定规格滤网的滤筒后，其杂质被阻挡，而清洁的滤液则由过滤机出口排出，当需要清洗时，只要将可拆卸的滤筒取出，处理后重新装入即可，因此，使用维护极为方便。

盘式过滤机的核心部件是叠放在一起的滤盘，滤盘上有特制的沟槽或棱，相邻滤盘上的沟槽或棱构成一定尺寸的通道，粒径大于通道尺寸的悬浮物均被拦截下来，达到过滤效果。该产品在很大程度上可以取代砂滤器等传统的机械过滤装置，其性能优越，水电耗远低于其他产品。

盘式过滤机在滤盘两面设计了不同结构的棱，这些棱叠加在一起构成拦截面，其中曲线棱主要起到拦截并贮存悬浮物的作用，采用外侧略大的敞口设计可以保证反冲洗时无需松开滤盘，在水压较低时也能达到彻底的反冲洗效果；环状棱边确定过滤精度，构成水的通道，滤盘可以提供高达5μ的过滤精度。如图11-14、图11-15所示。

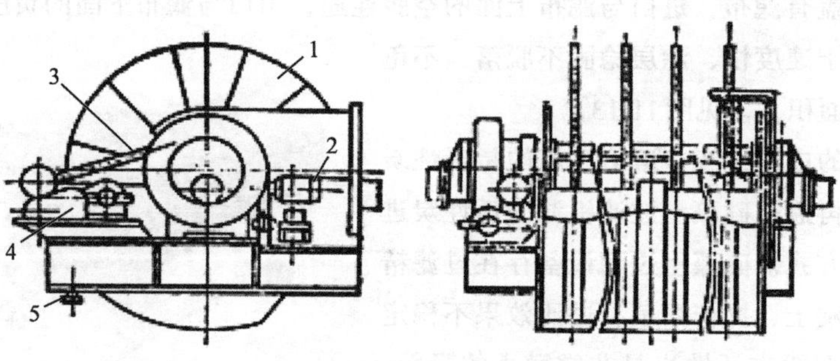


**图11-14　盘式过滤机（一）**

1—过滤机；2—主传动机构；3—搅拌器；4—搅拌器传动机构；5—瞬时吹风系统

盘式过滤机的工作原理和结构特点可以清晰地看出过滤盘片在弹簧力和水力作用下被紧密地压在一起，当含有杂质的白酒通过时，大的颗粒和粗纤维直接被拦截——即称为表面过滤。而比较小的颗粒与纤维窜进沟纹孔后进入到盘片内部，由于沿程孔隙逐渐减小，从而使细小的颗粒与纤维被分别拦截在各通道的途中——即称为深层过滤。过滤后白酒澄澈透明，光泽极好，解决了白酒的絮状沉淀问题。

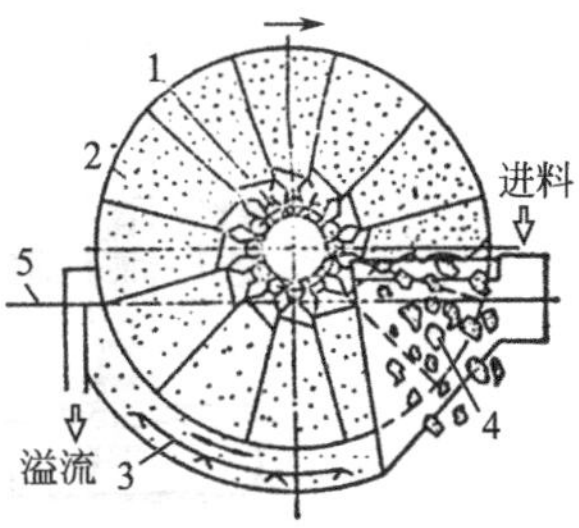

**图11-15　盘式过滤机（二）**

1—滤液管；2—滤饼；3—搅拌器；4—滤饼卸落；5—液面

（4）超滤机　超滤是一种加压膜分离技术，即在一定的压力下，使小分子溶质和溶剂穿过一定孔径的特制的薄膜，而使大分子溶质不能透过，留在膜的一边，从而达到分离的目的。超滤机多用于水的净化处理，近年来，在白酒生产中也广泛使用。如图11-16所示。

**图11-16　电泳棒超滤机**

超滤膜无论是板框式还是中空纤维式，其膜的表面都密布着纳米级的微孔，酒液在驱动力的作用下，通过膜的微孔将溶液中的物质进行分级筛选，达到去浊分离的目的，膜超滤过程为动态过程，膜不易被堵塞，可以常年连续使用。

（5）板式过滤机　板式过滤机由一组方形或圆形的滤板及滤框交替叠合组成，滤布套在滤板的两面。用压紧装置压紧整组的滤板和滤框，在滤框的上方有一孔道，被过滤溶液用泵由此送入滤框中间，经过滤布进入滤板，再由滤板下部的排液孔排出。板式过滤机的过滤面积大，可以根据需要很方便地增加或减少滤板、滤框的组数，从而增加过滤面积，所以它生产能力高，同时能容纳的滤渣量也很大。适用于过滤要求不高的过滤。这种过滤机的过滤精度较低，设备占地面积较大，附近的卫生较差，需要人工清除滤渣和清洗滤布，操作工人的劳动强度较大。

（6）加压叶滤机　叶滤机由许多滤叶组成，滤叶为内有金属网的扁平框架，外包滤布，将滤叶装在密闭的机壳内，以便加压，且滤叶被滤浆浸没。滤叶可以垂直放置也可以水平放置，滤浆可用泵压入也可用真空泵抽入。图11-17为滤叶及垂直放置的加压叶滤机简图。

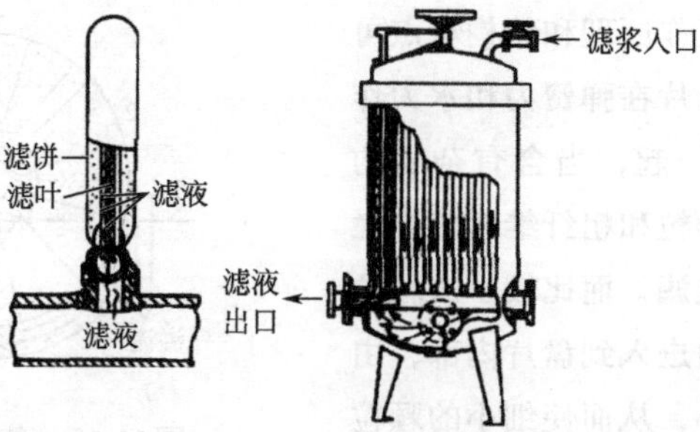


图11-17 加压叶滤机

滤浆中液体在压力差作用下穿过滤布进入滤叶内部，成为滤液从其周边引出。过滤完毕，机壳内改充清水，使水循着与滤液相同的路径通过滤饼，进行置换洗涤。最后，滤饼可用振动器使其脱落，或用压缩空气将其吹下。

叶滤机的操作密封，过滤面积（一般为20 ~ 100m$^2$）较大，操作环境较好。在需要洗涤时，洗涤液与滤液通过的途径相同，洗涤比较均匀，生产能力比板框压滤机大，而且机械化程度高。每次操作时，滤布不用装卸，但一旦破损，更换较困难。叶滤机是白酒生产上常见的过滤设备之一。

过滤设备的选择主要考虑以下几个方面：① 连续操作，提高自动化、智能化程度，减少体力劳动和人工操作强度，改善劳动条件。② 减少过滤阻力，提高过滤速率，如动态过滤和应用电磁场、超声波附加效应。③ 减少设备所占空间，附加过滤面积。④ 降低滤饼含水率，减少后继干燥操作的能耗。⑤ 提高分离精度，如膜过滤等。

近年来，过滤设备和新过滤技术不断涌现，有些已在大型生产中获得很好效益，诸如预涂层转筒真空过滤机、真空袋式过滤机、节约能源的压榨机、采用动态过滤技术的叶滤机等。

# 第十二章

# 贮存及酒库管理

## 12.1 贮存

### 12.1.1 贮存的定义

贮存是基酒在容器中存放一定时间，使酒体柔和协调，达到质量稳定的过程。

### 12.1.2 贮存的目的

新酿造的白酒，入口暴辣、刺激性强，具有发酵过程中含硫蛋白等物质降解产生的硫化氢、硫醇、硫醚等挥发性物质，以及少量的丙烯醛、丁烯酸、游离氨等，这些物质味苦、涩、酸、冲、辣，与其他沸点接近的物质组成新酒味的主体。经过一定时间的贮存，少则半年多则1年或3年乃至更长时间，新酒邪杂味方可消失，酒体变得绵软柔和、回味悠长，无疑，贮存是保证蒸馏酒产品质量至关重要的生产工序之一。

白酒贮存老熟有个前提，就是在生产上必须把酒做好，如果酒质不好，单靠贮存期是解决不了问题的，虽然贮存可以提升品质，但并不是所有酒都是越陈越好。要根据酒型的不同，以及不同的容器、容量、室温来确定贮存期。不能孤立的以时间为标准，热季酒库温度高，冬季温度低，酒的老熟程度有极大的差别。应该在保证质量的前提下，确定合理的贮存期，还可以采用人工老熟的方法来缩短贮存期，这对降低成本、加速资金周转、节约劳动力都有重要意义。

### 12.1.3 常见的贮存容器及优缺点

白酒的贮存容器有许多种，各种容器都有其优缺点。在确保贮存中酒不变质、少损耗并有利于加速老熟的原则下，可因地制宜，选择使用。现将常用的贮酒容器分别介绍于下。

#### 12.1.3.1 陶瓷容器

这是我国历史悠久的盛酒和贮酒容器，它是由黏土或含黏土的混合物，经成型、煅烧而制成的容器，其断面粗糙、无光、不透明，存在着许多孔隙，因而渗透率较大，贮酒时年酒损为3% ～ 6%。由于陶瓷容器具有大量的孔隙网状结构和极大的表面积，使其具有氧化作用和吸附作用。当用其贮酒时，能将新酒的腥味和其他邪杂味吸附掉。同时陶瓷容器含有Si、Pb、Mn、Al、Ca、Mg、Cr、Cu、Cd、Ni、Ti等许多金属元素，对酒中的有机物起催化作用，加速白酒的老熟进程，促进酒质提高。同一陶瓷容器间隙贮酒比连续贮酒好，这主要是因为陶瓷的氧化作用和吸附作用的能力是有限的，间隙贮酒可以通过在贮存一批酒后，在干燥通风处放置一段时间再贮酒，使得陶瓷内部的孔隙自然活化，恢复其氧化能力和吸附能力。但陶瓷容器容量较小，一般为250 ~ 350kg，占地面积大，每吨酒平均占地4$m^2$左右，现也有500 ~ 1000kg的大陶坛。陶瓷坛容易破裂、易碎、渗透率较大。

使用陶瓷容器时应注意以下几点。测陶瓷容器的制造和涂釉是否精良、完整。检查有无砂眼、裂纹。装酒前先用清水洗净，然后浸泡数日，减少“皮吃”、渗酒等损失。若有微孔，可采用糊血料或外涂环氧树脂等方法加以修补，以堵漏。坛口可用猪尿泡、沙袋或用塑料薄膜（无毒、食品用）包扎，以减少挥发损失。

#### 12.1.3.2 血料容器

用荆条或竹篾编成的篓、木箱或水泥池内糊以血料纸，作为贮酒容器，统称为血料容器。这种容器的使用，在我国具有悠久的历史，是劳动人民智慧的结晶。血料是用动物血（大多用猪血）和石灰制成一种可塑性的蛋白胶质盐，遇到酒精即形成半渗透的薄膜。这种薄膜的特性是水能渗透而酒精不能渗透。实践证明，对含酒精30%以上的白酒有良好的防渗漏作用。含酒精30%以下的白酒，则因水的含量大，容易渗透血料纸而引起损耗，若贮存时间过长，就会将血料纸泡软而使其脱落，故不宜用血料容器来贮存酒精含量在30%以下的低度酒。

血料容器的优点是便于就地取材，造价较低，不易损坏。陕西省宝鸡、凤翔一带，普遍用大型酒篓（装酒5t以上，俗称酒海）作为贮酒容器。据说，此种容器贮酒会对酒质起良好作用。用酒海贮酒，超过3年，虽酒精含量不变，酒色却有变黄的趋向。东北地区用大型血料木箱作贮酒容器，也坚固耐用。20世纪80年代，江苏双沟酒厂在25t和50t的钢筋混凝土结构酒池内涂以血料纸，并在表层涂以蜂蜡，使用24年，效果良好。

血料容器的缺点是“皮吃”，损耗很大，新的和间歇使用的酒篓，干燥的血料纸吸收酒液所造成的损耗是较大的。为了减少损耗，大多数血料容器都已采用内壁挂蜡和烤蜡的方法。血料容器还造成白酒中固形物含量升高，影响白酒后续过程。

#### 12.1.3.3 金属容器

随着生产的发展，小容量贮存容器已不能满足需要，不少酒厂都采用大容量的金属容器来贮酒，目前使用较多的主要有铝制贮酒容器和不锈钢大罐。

铝是中性金属，易被酸腐蚀，酒中如有铝的氧化物就会出现浑浊沉淀，含铝过多的酒对身体健康有一定影响，容器内壁还会出现很多白色的突出小斑即白锈。近年来铝质容器已逐步被淘汰，取而代之的是不锈钢贮罐。

铁制容器绝对不能用来贮酒或盛酒，白酒接触铁后，会带铁腥味，并使酒变色（铁锈）。

12.1.3.4　水泥池

水泥池贮酒是一种大型贮酒设备，建筑于地下、半地下或地上，采用混凝土钢筋结构。普通水泥池是不能用来贮酒的，因为水泥池壁渗漏，又不耐腐蚀，一般要在池内壁砌上瓷砖后来贮存白酒，也有一些企业用猪血桑皮纸贴面或内衬陶瓷板，用环氧树脂填缝来解决贮存渗漏问题。

## 12.1.4　不同香型白酒的分等贮存方法

12.1.4.1　浓香型白酒的贮存

（1）做好量质摘酒　浓香型白酒企业较多，各自的摘取办法不同，有的是各班组按照当天窖池发酵情况摘取不同的段落，一般分3 ~ 4段，主要按酒质特点来分类，比如特醇、特甜、绵长、特香等，不一而论，各个班组的品酒工作决定了入库的情况，这些班组在车间有自己的酒罐，攒够1周左右交1次酒，这种办法可以最大程度选取特点各不相同的酒，把分类提前，但是，也存在明显的管理漏洞。很多浓香型企业，现在都要求酿酒生产班组当班交酒，这样一来，班组分段就简单得多。如对于长酵酒，摘取时分五段，第一段是酒头，每甑1.0 ~ 1.5kg，酒度70%vol以上；第二段是馏分前段，酒度是65%vol以上，每甑的量大约在15 ~ 20kg左右。第三段是馏分中段，酒度是60%vol以上；第四段是后段，酒度是55%vol以上；第五段是酒尾，主要用于重新发酵或复蒸，需要时才按照要求摘取一部分酒度在35% ~ 40%vol以上的酒尾入库。发酵期较短或正常发酵期的新酒，一般分四段，即酒头、前段酒、中段酒、酒尾。

（2）分级贮存　根据生产实际情况及生产规模，对不同基酒采取不同贮存方式。

① 高档调味酒，量少，质量要求高，可在地下室用坛、瓷缸密封贮存，室内保持一定温度，通风、清洁，做好入库时间标识及感官评语。

② 对刚入库的双轮酒各馏分采取室内分区贮放，以瓷缸盛装密封，保持通风、干燥、清洁，做好时间、品名、数量标识。

③ 对用量大、周转频繁的中低档基酒及成品酒，采用仓内或露天大罐存放，以不锈钢为好，做好防腐、保温及降温管理，并贴标识牌及检验状态。

贮存容器：陶坛、金属罐。

贮存时间：1 ~ 2年。

（3）注意事项

① 无论采取哪种贮存方式，首先要保证容器质量，瓷缸应壁厚坚固、无毒耐用、无渗漏，缸口用特制覆棉层瓷盖密封。铁质罐做好内外壁及罐口的防腐，防腐

涂料要保证对酒精度、口味、色泽及各项理化指标无影响。其次容器不要装得太满，以免气温升高造成酒外溢，再者白酒贮存也需要一定的液空比，以保证白酒的气相平衡。一般来说，容器中一定的气相存在有利于低沸点物质，如甲醇、硫化物、丙烯醛等脱离液相，对减少新酒的暴冲十分有利，但空隙也不宜太大，以防过多氧使酒变质。

② 做好室内外的保温、降温管理。对露天罐加覆保温层，夏天喷淋降温，对室内缸冬天供暖、夏季通风，保证容器内各类基酒贮存参数控制在：压强0.1MPa，温度20 ~ 30℃，相对湿度60% ~ 70%。

③ 白酒要有一定贮存时间，才能保证各类成分间的相互作用达到平衡状态，使其质量稳定，但也并不是任何酒都必须保证长时间的贮存，这要根据生产情况及贮存能力而定。根据大量实验数据及口感品评表明，白酒贮存到一定时间后，成分变化极微弱，形成了一定风格，达到了质量标准要求，相对稳定，但这也并不能说白酒没有保质期。酒在贮存过程中，酒中的羧酸和醇类发生酯化反应，这种反应速度较慢，因此白酒可以存放较长的时间，但酯化反应达到一定的程度趋于平衡，则会出现停止状态，如继续贮存则会使挥发损耗增大，酒精度下降，酒味变淡。另外，在市场经济条件下，企业生产必须以经济效益为中心，而白酒的贮存无疑需要较多的容器，占用大量资金，增加白酒的生产成本，因此合理确定白酒贮存期，对降低白酒生产成本、提高白酒质量和价值都有着重大的现实意义。经验证明，对少量高档调味酒贮存期5年左右，一般调味酒大多3年，中档酒1 ~ 2年，串蒸酒半年以上，即可投放市场。可合理解决贮存期、质量、效益间的冲突，保证白酒质量与所确定的贮存时间协调统一。

#### 12.1.4.2 清香型白酒的贮存

清香型白酒在新酒摘取方面做了大量工作，曾经将中段酒分为特甜、特绵、特香三个类型，经过一段时间的运行，对新酒摘取办法进行了重新修订，现在的新酒摘取办法，基本上和原酒标准要求一致。班组在新酒摘取时，将新酒分为三段，酒头酒每甑1 ~ 1.5kg；中段酒又分为大楂酒和二楂酒两种，大楂酒要求酒度67%vol以上，二楂酒要求酒度65%vol以上；末端酒就是酒尾，不入库，复蒸或倒入发酵缸中重新发酵。

中段酒是每天正常生产的大宗酒，对中段酒的品评分四个等级：特级、优级、一级和另存。另存酒是酒度不达标或质量有明显缺陷的酒。酒库中的酒，大量的是特级酒、优级酒和一级酒。

在勾兑时，酒头酒主要用于调味，大楂酒中的优级酒、一级酒、部分二楂酒，少量特级酒是构成骨架酒的主体，一些特级酒经过贮存可以变成调味酒使用。在生产上，结合清蒸二次清的基本工艺，在调味酒方面做了大量工作，如长酵酒、部分二楂酒、特制调味酒等。

贮存容器：陶坛。

贮存时间：1 ~ 3年。

12.1.4.3 酱香型白酒的贮存

酱香型白酒8轮发酵，7次取酒，不同轮次摘取方法不同，均不摘取酒头，每次基本只摘取一段。第一轮取酒，要求入库酒度57%vol，第二轮摘酒，要求入库酒度55%vol。第三、第四、第五轮摘酒，要求入库酒度54%vol，第六、第七轮摘酒，要求入库酒度53%vol。每个班组摘取的酒在入库时品评分等，分为醇甜、酱香、窖底香三个类别，这三个类别又分为三个等级，即优级、一级和二级。

贮存容器：陶坛、木箱、不锈钢罐。

贮存时间：3年以上。

12.1.4.4 凤香型白酒的贮存

凤香型白酒在新酒生产时，按三段摘取，酒头酒、中段酒、酒尾。酒尾一般用于复蒸或入窖发酵。酒库中的大量的酒是中段酒。中段酒在入库时按照质量等级分等贮存，分为优级酒、一级酒、二级酒等规格，二级酒和其他调味酒相对较少。

（1）酒头　每甑摘取1.0 ~ 1.5kg，酒精度在70%vol以上；这些酒主要用在调味。

（2）中段酒　不同生产阶段对入库酒度要求不同，正常生产阶段要求酒度65%vol以上，破窖酒产量要求较低，酒度要求也较低。一般优等品约占中段酒总量的70%以上。

（3）末段酒　有的凤香型白酒生产厂家根据生产需要，还会摘取少量酒尾，是在“沫花”和“水花”之间的一段酒，酒度40%vol以上。

贮存容器：酒海。

贮存时间：3年。

12.1.4.5 米香型白酒的贮存

米香型白酒新酒摘取分三段，酒头，指蒸馏釜刚流出的浑浊部分，一般可用于调味；从酒液变清开始摘取中段酒，酒度60%vol以上，入库时品评检验分优级、一级、二级三个等级；末段酒即酒尾，一般用于复蒸，需要时留取部分作为调味酒。在勾兑上，未经蒸馏的米酒常被用来做调味酒。米香型白酒的骨架酒由中段酒中的优级、一级、二级等酒组成，突出纯甜。米香型新酒有焦煳味、涩、糙、苦为次酒。

贮存容器：陶坛或金属容器。

贮存时间：3 ~ 6个月。

### 12.1.4.6 芝麻香型白酒的贮存

芝麻香型白酒新酒摘取方法是，新产酒分三段摘取，酒头70%vol以上，每甑摘取1 ～ 2kg；中段酒，酒度65%vol以上，占当班酒量的85% ～ 90%；酒尾酒，25%vol以上，每班摘取50 ～ 60kg。

新酒入库时要检验分等，除了酒头和酒尾，将中段酒分为优级、一级和二级三个等级，酒度不达标时，降等入库。在勾兑生产上，基础组合中，中段酒是骨架成分。

芝麻香白酒的贮存用容器为陶坛，与其他容器相比，陶坛贮存更利于白酒的老熟。而且由于陶坛的容积较小，更便于实行量质摘酒、分级并坛，并使分级并坛做得更细。这些陶坛里的酒经过合理的贮存时间，再由勾兑人员逐一品评摸底，做好记录，以利于下一道工序勾兑调味的开展。

贮存时间：3年以上。

### 12.1.4.7 特型白酒的贮存

特型酒新酒分三段摘取，每甑摘取酒头1 ～ 2kg，70%vol以上；中段酒，酒度60%vol，入库时品评检验分等，分为优等、一等和二等三个级别，分级入库贮存。末端酒即酒尾，在断花后截取酒尾复蒸回收或回酒发酵，不入酒库。

贮存容器：陶坛。

贮存时间：1年。

### 12.1.4.8 兼香型白酒的贮存

兼香型白酒分为浓兼酱、酱兼浓两个类别，浓兼酱型白酒以口子窖为代表，酱兼浓型白酒以白云边为代表。

浓兼酱型新酒摘取办法分别为对应的香型摘取办法，勾兑时，骨架酒由60% ～ 70%浓香酒和30% ～ 40%酱香酒组成。

酱兼浓型白酒新酒摘酒方法与酱香型白酒基本一致，库存酒主要有酱香型白酒和准浓香型白酒组成，在产品勾兑时，骨架酒主要由70% ～ 80%的酱香型白酒和20% ～ 30%的准浓香型白酒组成。

贮存容器：陶坛。

贮存时间：1年。

### 12.1.4.9 药香型白酒的贮存

由于董酒在酿造时采取的大、小曲酒工艺，所以在贮存时是将大小曲酒分别存放，待贮存期达到出厂标准时再将两种酒勾兑并到大罐贮存。

贮存容器：陶坛。

贮存时间：1年。

12.1.4.10 豉香型白酒的贮存

蒸馏时，摘取浑浊的酒为酒头，单独存放，做调味用；然后摘取中段酒，中段酒酒度30.5%vol，入库时检验品评分等，分为优级、一级、二级三个等级，末端酒为酒尾，大多用于复蒸，需要时留取部分酒尾作为调味酒使用。豉香型白酒除了以酒头作为调味酒外，还常常将未经蒸馏的米酒作为调味酒，这种调味酒也有年限区别，加入后可使酒体变黄。在白酒勾兑组合中，经过30～40天肥肉浸泡过的中段酒，是骨架成分，组合成功后再进行调味。

贮存容器：陶坛、金属罐。

贮存时间：1年。

12.1.4.11 老白干香型白酒的贮存

新酒摘取分三段，酒头每甑10kg以上，中段酒酒度不得低于67%vol，酒尾大部分用于复蒸或回酒发酵，需要时摘取一部分作为调味酒使用。在组合基础酒时，中段酒是骨架成分，特别是高档酒，用中段酒酒度相对较高的部分。

贮存容器：陶坛。

贮存时间：6～12个月。

12.1.4.12 馥郁香型白酒的贮存

馥郁香型新酒摘取方法与浓香型白酒基本相同。勾兑配方的骨架酒为中段酒中的优等、一等品。

贮存容器：陶坛。

贮存时间：3年。

## 12.2 贮存的原理

### 12.2.1 白酒在贮存过程中发生的变化

1935年霍克瓦尔特等提出老熟作用分为两个阶段，初期为还原作用，除去新味；后期为氧化作用，使其风味优美。后来，人们在研究白酒的老熟过程中，进一步发现白酒的老熟过程中有物理变化和化学变化。

物理变化包括酒中各种分子间的重排、缔合；低沸点的臭味物质（如$H_2S$、$NH_3$）的挥发，酒精分子与水分子通过氢键作用，形成大分子缔合群，自由酒精分子数目减少，导致酒的刺激性减少，柔和感增强。

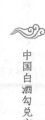

化学变化包括氧化还原、酯化、水解、聚合等反应。在贮存过程中，物理变化

伴随着化学变化，化学变化必然导致物理变化。

12.2.1.1 贮存过程中的物理变化

（1）挥发 一般新酒都有刺激感或不同程度的邪杂味。经分析认为这些多是发酵过程中产生的低沸点化合物，如硫化物或醛类所致。但这些物质沸点低，极易挥发。

（2）分子的重排和缔合 我们知道，物质中分子和原子的排列决定物质的特性。在酒中，主要成分是乙醇和水，另外还有少量呈香物质。这些物质一般都带有极性基团，如酒中含量最高的乙醇和水分子都具有羟基，羟基是极性基团。在氢键作用下，酒中的乙醇和水分子发生缔合作用，从而减少了乙醇的刺激感，使酒变得绵软。缔合度的高低不仅随老熟时间增加而增加，同时还与酒质的高低有直接关系。

12.2.1.2 贮存过程中的化学变化

（1）酯化反应 蒸馏酒中的酯主要是在发酵过程中产生的，但还有少量酯类是在老熟过程中产生的，即醇与酸进行的酯化反应。如乙醇和乙酸反应生成乙酸乙酯等，结果使酒中的总酯含量增加，使酒更加香醇浓郁。

（2）水解反应

$$RCOOR'+H_2O \rightleftharpoons R'OH+RCOOH$$

这个反应是可逆反应，当酒中乙醇含量较高，酸的含量也足够时，反应向酯化方向进行，但是，随着贮存当酒度降低后，酒中酯、醇含量减少，乙醇的含量也减少，而水的比例增加很多，这就促使白酒中的酯类水解，造成酯类含量减少，酸类物质含量增加。高度酒（尤其是酒精含量在53%时）中，乙醇分子与水分子之间的缔合度较大，乙醇分子、水分子难以克服这种缔合力，不易打破这种平衡关系。

（3）缩合反应 醛类物质在老熟过程中除能进行氧化反应和加成反应外，还能和醇类进行缔合反应生成缩醛。因为缩醛也是白酒中重要的呈香物质，乙缩醛的生成不仅仅起到增香作用，而且减少了白酒的刺激性。

（4）白酒老熟过程中的氧化还原反应 白酒中的氧化反应主要是由于空气中的氧不断溶入酒中，酒中的各微量成分与这些溶解氧缓慢而持续发生着一系列的氧化反应：醇氧化成醛、醛氧化成酸、硫醇氧化为二硫化物。新酒中臭味物质经氧化生成了无臭或香味物质，因此，酒的老熟与白酒中大量复杂的氧化反应有很大关系。

### 12.2.2 白酒老熟机理

贮存是保证蒸馏酒产品质量的重要工序。在贮存过程中白酒发生了重要的物理化学变化，基于这些物理化学变化行为，人们提出了“缔合说”“酯化说”“氧化说”“溶出说”“挥发说”等陈酿机理。

12.2.2.1　缔合说

“缔合说”认为，新酒中游离的乙醇分子较多，对感官的刺激性较大，口感欠佳，白酒在贮存过程中，水和乙醇间有较强的缔合能力，通过缔合作用构成新的分子缔合群，使更多的游离乙醇分子受到束缚，从而降低了酒对味觉器官的刺激作用，饮酒时就会感到柔和、刺激性小。关于“缔合说”，前人主要是采用核磁共振谱（NMR）、红外光谱、荧光光谱等手段对白酒中乙醇-水分子间的氢键缔合行为进行了一系列研究，现按影响白酒中乙醇-水缔合强度的因素总结如下。

（1）乙醇含量对白酒中乙醇-水缔合行为的影响　利用$^1$HNMR谱王夺元等对白酒中氢键缔合作用的模型进行了研究，发现在乙醇-水体系中，随着乙醇浓度的增加，乙醇分子中羟基质子的化学位移向低场移动，而水分子中质子的化学位移先向低场后向高场移动，转折点在63%（体积分数）左右。为解释这一现象，他们提出当乙醇浓度为60%（体积分数）附近时，乙醇水溶液中形成了一种如图12-1所示的较稳定的环状三聚体结构；这一结构的稳定性较强，所以乙醇水溶液中水分子的质子化学位移在乙醇浓度60%（体积分数）附近时出现了转折。

在研究乙醇溶液的体积收缩量和紫外光谱行为时，仝建波等发现溶液的体积收缩量随乙醇浓度的增大先增大后减小，在60%（体积分数）时出现转折；乙醇-水体系紫外光谱中，915nm处游离态乙醇分子数目随乙醇浓度的增大而增加，乙醇-水体系中水的缔合羟基伸缩振动峰随乙醇浓度的增加吸收峰强度下降，且最大吸收峰位置先向长波后向短波方向移动，转折点也出现在乙醇浓度为60%（体积分数）左右，他们也认为这是由于在较强的氢键作用下形成了图12-1所示的稳定的环状三聚体缔合结构的缘故。

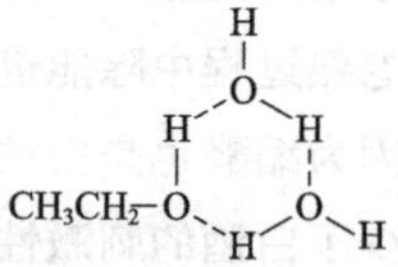


图12-1　乙醇-水形成的环状三聚体缔合结构

刘莹利用荧光光谱对乙醇溶液的光谱特征进行了考察，通过分析实验结果，她提出乙醇溶液中可能形成了三种团簇分子：1个乙醇分子和5个水分子相互连接形成一种新团簇分子，对应乙醇浓度为40%（体积分数）；1个乙醇分子和2个水分子间隔相连形成一种新团簇分子，对应乙醇浓度为60%（体积分数）；5个乙醇分子和6个水分子间通过氢键相连形成一种新团簇分子，对应乙醇浓度为80%（体积分数）。

曾新安等对不同浓度下乙醇-水溶液的缔合状态进行了核磁分析，发现不同浓度的乙醇溶液具有不同的缔合状态，乙醇与水在乙醇摩尔分数为0.55［对应乙醇体积百分含量为80%（体积分数）］时缔合强度最强，也说明乙醇的浓度对乙醇-水的缔合强度影响很大。

（2）贮存时间对白酒中乙醇-水缔合行为的影响　赤星亮一研究了贮存年份不同的蒸馏酒电导率变化情况，发现蒸馏酒的电导率随贮存年份的增长而下降。他认为这是由于随存时间增长，乙醇分子与水分子间通过氢键缔合作用逐渐形成分子缔合群，故降低了乙醇的刺激性，使酒味变得醇和。

周恒刚以差示扫描量热法考察了泡盛新酒和泡盛老酒的不同，发现新酒中乙醇与水的共融峰比老酒大，若按峰移行率计算，新酒的移行率为7% ～ 15%，而老酒的移行率为24% ～ 50%，因此他得出结论老酒中乙醇与水的缔合强度比新酒的大。新产米酒经电磁场催陈后其红外光谱和$^1$HNMR谱发生了明显的变化，具体表现为新酒的O—H键伸缩振动（$V_{O-H}$）频率为3340.91cm$^{-1}$，成品酒（贮存一段时间的酒）的$V_{O-H}$频率为3324.73cm$^{-1}$，而在5kV/cm电场下处理60min时样品的$V_{O-H}$频率为3324.73cm$^{-1}$；成品酒和处理酒中乙醇的甲基、亚甲基质子峰比新酒的杂峰少且出现在低场，成品酒的羟基质子峰为单一峰而新酒的羟基质子峰为两个峰，处理酒样中多种缔合状态共存或产生了新的含羟基物质使得其羟基质子峰呈现为不规则峰；通过口感品评和香味成分含量测定，曾新安认为处理酒的品质与成品酒相当，且其中的氢键缔合强度比新酒的大，说明在贮存和处理过程中，乙醇-水的氢键缔合强度增强。

（3）白酒中的微量成分对白酒中乙醇-水缔合行为的影响　采用$^1$HNMR谱王夺元等研究了氢键缔合在白酒陈酿过程中的作用，他们发现白酒在发酵和陈酿过程中生成的多种有机酸对氢键缔合作用的影响很大，且白酒中各缔合成分间形成的缔合体要比单纯乙醇-水分子间形成的缔合体的作用强。Nose利用$^1$HNMR谱和$^{17}$ONMR对威士忌酒中乙醇-水氢键缔合的影响因素进行了系统研究，发现几乎所有的盐类（除了$MgCl_2$和KF）都会减弱氢键缔合的强度，使乙醇水溶液中羟基质子的化学位移向高场方向移动；酸、酚及内酯类等化合物对氢键缔合强度的增强有不同程度的促进作用。最后他指出从橡木桶中浸提的有机酸和酚类物质对氢键缔合强度影响很大，而贮存时间对其没有影响。随后，他利用$^1$HNMR谱和拉曼光谱对日本清酒的研究也证实了这一结论。

#### 12.2.2.2　酯化说

“酯化说”认为白酒在贮存过程中，醇氧化成醛、醛再氧化成酸，酸与醇可结合成酯，使酒质变好。酯化反应与水解反应同时存在于酒的贮存过程中，是一动态平衡：

$$醇+酸 \rightleftharpoons 酯+水$$

在平衡建立之前主要发生醇与酸的酯化反应，在平衡建立后主要发生酯的水解反应，因此研究者们会观察到在一段贮存期内酯的含量升高，而在另一段贮存期酯的含量下降。但他们多是强调了酯的含量增大，其在酒中的呈香呈味作用增强，使酒的口感变好，却忽略了酯类化合物对乙醇-水缔合行为的影响。

12.2.2.3　溶出说

“溶出说”是研究不同的贮存容器对白酒的陈酿老熟作用时提出的。白酒专家沈怡方指出陶坛的坯体结构粗细（致密度大小）、吸水率的多少、气孔率的大小是直接影响白酒陈酿老熟的重要因素，并且发现由陶坛材质中溶入酒中的微量金属离子的种类及其含量对白酒的陈酿老熟有重要的催熟作用。微量金属铁、铜离子能有效加速白酒老熟，不同的贮存容器对白酒的陈酿老熟作用不同。

12.2.2.4　挥发说

“挥发说”指新蒸馏出来的酒，一般比较燥辣，不醇和，也不绵软，主要是因为含有较多的硫化氢、硫醇、硫醚等挥发性硫化物，以及少量的丙烯醛、丁烯醛、游离氨等杂味物质。这些物质与其他沸点接近的成分组成新酒杂味的主体，自然贮存一年，杂味减少，从而使被掩盖的香味呈现出来，促进白酒质量的改善，所以说白酒贮存起到了“除杂增香”的效果，印证了“酒是陈的香”的道理。若人为外加条件如气体搅拌，还可缩短此过程。陈兰生在研究董酒中臭味物质随贮存时间的变化时发现，贮存一年后臭味物质基本消失。

12.2.2.5　氧化说

“氧化说”是基于酒中乙醛、乙缩醛以及一些酯类物质含量增加的实验事实提出的，它认为这是由于白酒中乙醇等物质的缓慢氧化促成的。

蒋英丽等对酱香型郎酒的贮存进行了研究，发现总酸在贮存过程中升高，平均每年升幅为10mg/100mL，尤其是贮存的第一年内升幅较大，她们认为这是醛类物质在贮存过程中被酒中的溶解氧缓慢氧化生成酸所引起的。

李泽霞等在研究衡水老白干酒贮存老熟时发现，贮存过程中乙酸的含量随贮存时间延长含量逐渐增加，她们认为在陶瓷坛中发生的缓慢氧化作用使得醇氧化成醛、醛再氧化成酸，这是乙酸含量增加的原因之一。贮存过程中杂醇油（主要以正丙醇、异丁醇、异戊醇为主）含量略呈下降趋势，其原因主要是在贮存过程中一部分杂油醇被氧化分解的缘故。

无论是传统的“缔合说”“酯化说”还是“溶出说”“挥发说”和“氧化说”，

任何一种或两种理论都无法全面揭示白酒自然老熟的陈化机制，必须综合考虑所有的因素才能阐述明白酒的陈化机理。

### 12.2.3 贮存年限的确定

#### 12.2.3.1 酱香、芝麻香贮存

各种香型的酒，都需要一定的贮存期，不过有长有短罢了。贮存的目的主要是排杂增香、提高酒质。酱香型酒的贮存期长达3年以上为合适，居我国各种香型酒之冠。酱香型白酒不同贮存期内酒体质量变化情况如表12-1所示。

表12-1 不同贮存期的酒的酱香尝评结果

| 贮存时间/月 | 感官尝评结果 |
|---|---|
| 0 | 微有酱香，口味醇和，糙辣感明显，后味微苦涩，有明显新酒味 |
| 2 | 微有酱香，醇和微甜，后味微涩，有明显新酒味 |
| 4 | 闻有酱香，醇和微甜，有糙感，后味微苦涩，有新酒味 |
| 6 | 闻有酱香，醇和味甜，有糙感，后味微苦涩，有新酒味 |
| 8 | 酱香一般，醇和，稍有糙感，后味微涩，略有新酒味 |
| 10 | 酱香明显，味甜较醇厚，后味微涩，微有新酒味 |
| 12 | 酱香较突出，醇厚较协调，后味微涩，回味较长 |
| 14 | 酱香较突出，醇厚较协调，后味微涩，回味较长 |
| 16 | 酱香较突出，醇厚，较协调，较丰满，后味微涩 |
| 18 | 酱香较突出，酒体醇厚，回味较长 |
| 20 | 酱香突出，酒体醇厚，回味较长，后味微涩 |
| 24 | 酱香突出，酒体醇厚，协调，细腻感较好 |
| 28 | 酱香突出，酒体醇厚，后味微涩，回味长 |
| 32 | 酱香突出，略带陈味，醇厚协调，细腻，回味悠长 |
| 36 | 酱香突出，陈味较好，醇厚协调，细腻，回味悠长 |

从表12-1可以看出，若把贮存过程分为前期、中期、后期，酒体在贮存前期（1～12月）口感变化较大，新酒入库贮存时的糙辣、冲鼻等不愉快感逐渐消失，同时酱香变得越来越突出，酒体开始变得醇厚，可见影响白酒香气口感的丙烯醛、硫化物等低沸点物质主要在贮存前期以挥发的形式逃逸或被氧化。

在贮存中期（12～24月）主要是酒体味感的变化期，这段时间酒体渐渐变得醇厚协调、细腻、丰满。

在贮存后期（24～36月）主要是酒体风格的变化期，这段时间酒体酱香香正、突出、优雅，渐渐出现陈味，到36月时陈味较好。表12-12列出了不同贮存期的理化变化情况。

表 12-2 不同贮存期理化变化

| 贮存日期 | 酒度/%vol | 总酸/（mg/100mL） | 总酯/（mg/100mL） | 乙缩醛/（mg/100mL） | 糠醛/（mg/100mL） |
|---|---|---|---|---|---|
| 0月 | 56.1 | 241 | 480 | 35 | 32 |
| 3月 | 56.1 | 235 | 485 | 30 | 32 |
| 6月 | 56.1 | 237 | 476 | 42 | 29 |
| 9月 | 56.1 | 248 | 478 | 53 | 27 |
| 12月 | 56 | 262 | 480 | 62 | 27 |
| 15月 | 56 | 265 | 473 | 60 | 27 |
| 18月 | 55.9 | 260 | 470 | 65 | 26 |
| 24月 | 55.9 | 271 | 475 | 83 | 24 |
| 27月 | 55.9 | 276 | 468 | 80 | 22 |
| 30月 | 55.9 | 285 | 464 | 85 | 22 |
| 36月 | 55.8 | 284 | 465 | 89 | 21 |

由表12-2可以看出：贮存过程中，由于酒分子挥发等原因造成酒精度下降，平均每年下降0.1%vol；总酸在贮存过程中升高，平均每年升幅10mg/100mL，尤其在1～12月升幅较大，原因是醛类在贮存过程中被酒中溶解的氧缓慢氧化生成酸；总酯在贮存过程中略有降低，为每年下降5mg/100mL；糠醛含量逐渐降低，平均每年下降5mg/100mL，这与其自身氧化有关，乙缩醛含量逐渐上升，每年平均升幅为150mg/100mL。

酱香型酒贮存期为什么要比各种酒的贮存期长得多呢？

① 酱香型酒由于制曲、堆积、发酵工艺都是在高温条件下进行的，高沸点的酸类物质比较多，这些物质沸点高、不易挥发，而低沸点的酯类物质比较少，易挥发；长期贮存，让能挥发的尽量挥发，保留下来的，都是些不易挥发的高沸点酸类物质，即使酯类也是乳酸乙酯这一类不易挥发的酯，因而酒的酱香更加突出，纯正优雅，空杯留香持久。

② 酱香型酒入库酒精含量低，只有55%左右，酯化反应、缩合反应缓慢，需要时间长。

③ 酱香型酒颜色允许带微黄色，是因为在长期贮存中，联酮类化合物生成较多，而这些物质都不同程度地带有黄色，因而酒也变黄了。

④ 酱香型酒因其入库酒精含量低，贮存和出厂一般不加水，这有利于酒分子与水分子、酒分子与酒分子之间缔合作用的进行。贮存时间越长，缔合作用越强，从而减少酒的刺激感。酱香型酒口味特别醇和绵软，不能不说与贮存时间长有关。

芝麻香白酒在贮存过程中的变化规律证明，酸酯等变化前速后缓，3年已渐趋稳定；从感官品评看，新酒焦香突出而芝麻香不明显，要获得芝麻香明显的白酒，贮存期需在2年以上，要想获得香气优雅、回味悠长、芝麻香突出的白酒，贮存期需3年以上，这就决定了长期贮存的必要性和可行性。

在芝麻香白酒的贮存过程中，各种香味物质发生着缓慢的物理化学变化，如挥发、氧化、还原、酯化、水解、缩合、缔合等作用，使酒中醇、醛、酸、酯等成分达到新的平衡，不但排杂增香，改进了酒的风味，而且风格更典型。实践证明，与浓香型白酒和清香型白酒相比，芝麻香型白酒的贮存过程对其风格的形成起着更加重要的作用。

#### 12.2.3.2 老白干贮存

刚蒸出来的新酒，由于酒体中各种微量化学成分未达到平衡状态，同时又有大量$H_2S$、乙醛等易挥发物质的存在，新味明显，入口暴辣刺激。经过一定时间的贮存，酒体发生一系列的物理和化学变化，使酒体香气幽雅，入口醇厚丰满，绵甜柔和，余香悠长。从表12-3可以看出，新酒在贮存3个月内，变化明显，新酒味去除，杂味减小，酒体由暴辣、刺激变得较协调、较柔和，以后变化逐渐减缓；贮存到6个月，已具有老白干酒的风格；贮存到1年，老白干酒的风格已突出；贮存到24个月，酒香略带陈香，口感更加柔和细腻，1年以上酒龄的酒可以作为调香酒。

**表12-3 贮存过程中衡水老白干的感官品评**

| 贮存期/月 | 感官评语 |
|---|---|
| 0 | 新酒臭明显，糠杂味大，入口暴辣，刺激，后味杂 |
| 1 | 细闻稍有新酒臭，有糠杂味，入口粗糙，稍刺激，后味杂 |
| 2 | 酯香气味稍大，糠杂味减小，稍柔和，后味较净 |
| 3 | 稍有糠杂味，入口较柔和，较协调，后味较净 |
| 4 | 香气较正，稍有糠杂味，较醇和，后味较净 |
| 6 | 放香正，老白干特有香气，入口较协调，较柔和，后味较净 |
| 9 | 放香正，老白干特有香气，入口醇甜，较协调，后味较净 |
| 12 | 放香正，老白干特有香气，入口醇甜，协调，后味爽净，有余香 |
| 18 | 酒香纯正，融合，似有枣香，入口较醇厚绵甜，尾净香长 |
| 24 | 酯香、陈香融合，入口醇厚，绵甜，尾净香长 |

由表12-4贮存过程中衡水老白干酒的理化分析结果可以看出，总酸呈上升的趋势0.51 ~ 0.59g/L；总酯呈下降的趋势2.93 ~ 2.81g/L。在老白干酒中乙酸乙酯和乳酸乙酯的含量占总酯含量的95%以上，由于乙酸乙酯含量的下降造成总酯含量下降。老白干与其他香型的白酒一致，乙酸呈上升趋势，一方面由于在陶瓷坛中发生的缓慢氧化作用使醛→醇→酸，另一方面酯类水解也产生相当量的酸，因此乙酸含量上升，这和常规分析中总酸含量上升相一致。而随着贮存期的延长，酒体更加醇厚、味长，这也是和酸度增加相对应的。衡水老白干酒具有出酒率高、发酵周期

短（14～16天）、甲醇含量低三大特点。从感官品评和理化分析中可以看出，感官品评和理化分析的结果相对应。

表12-4　贮存过程中衡水老白干酒理化分析结果

| 组分 | 贮存期/月 | | | | | | | | | |
|---|---|---|---|---|---|---|---|---|---|---|
| | 0 | 1 | 2 | 3 | 4 | 6 | 9 | 12 | 18 | 24 |
| 乙醛/(mg/100mL) | 75.80 | 31.30 | 30.99 | 29.45 | 28.79 | 29.54 | 27.53 | 28.90 | 27.59 | 28.13 |
| 甲醇/(mg/100mL) | 12.42 | 9.91 | 9.76 | 9.48 | 9.37 | 8.71 | 8.49 | 8.88 | 9.10 | 8.91 |
| 正丙醇/(mg/100mL) | 49.15 | 46.33 | 48.35 | 47.62 | 45.58 | 47.55 | 46.53 | 47.31 | 47.32 | 46.93 |
| 乙酸乙酯/(mg/100mL) | 163.54 | 161.62 | 158.25 | 156.17 | 152.70 | 147.31 | 148.49 | 147.49 | 147.30 | 149.56 |
| 仲丁醇/(mg/100mL) | 1.52 | 1.58 | 1.69 | 1.32 | 1.52 | 1.55 | 1.41 | 1.31 | 1.48 | 1.30 |
| 异丁醇/(mg/100mL) | 16.63 | 16.38 | 17.30 | 16.47 | 16.30 | 16.11 | 16.18 | 16.10 | 16.00 | 15.93 |
| 乙缩醛/(mg/100mL) | 37.58 | 39.67 | 40.37 | 42.48 | 44.59 | 45.47 | 46.54 | 49.59 | 48.31 | 52.31 |
| 乙酸/(mg/100mL) | 39.58 | 42.44 | 45.09 | 44.23 | 47.58 | 47.33 | 49.92 | 49.30 | 48.87 | 49.51 |
| 异戊醇/(mg/100mL) | 51.78 | 51.06 | 52.70 | 51.56 | 50.73 | 50.49 | 49.84 | 50.80 | 48.75 | 47.98 |
| 乳酸乙酯 | 171.32 | 164.56 | 168.39 | 162.38 | 170.47 | 168.93 | 163.47 | 159.78 | 167.26 | 169.13 |
| 总酸/(g/L) | 0.51 | 0.51 | 0.51 | 0.51 | 0.51 | 0.53 | 0.54 | 0.58 | 0.59 | 0.59 |
| 总酯/(g/L) | 2.93 | 2.94 | 2.93 | 2.88 | 2.85 | 2.82 | 2.80 | 2.81 | 2.80 | 2.81 |

12.2.3.3　贮存与生产周期的关系

某浓香酒厂将酿造车间按照相同工艺生产的不同发酵时间（45天、80天、120天）的三种浓香型基酒装于陶坛内，并于库房内存放。存放条件：温度25℃，相对湿度60%，贮存时间设定为24个月，每3个月取1次酒样，并分析各酒样的主要酸、醛、醇、酯含量，研究不同发酵期的基酒在贮存过程中的变化情况是否一样。

（1）不同发酵期基酒贮存过程中醛含量的变化　采用气相色谱方法定量分析了三种发酵期的基酒在贮存过程中的乙醛、乙缩醛、异丁醛和糠醛的变化情况，结果表明，从已分析的四种醛来看，比较同一种醛类物质同一时间在不同发酵期基酒中的含量，与发酵期短的浓香型基酒比，发酵期越长的基酒，其醛类物质含量要高。三种发酵期的基酒尽管发酵时间长短不一，但其乙醛、乙缩醛、异丁醛及糠醛的含量在贮存过程中的变化趋势却是大致相同，与基酒的发酵时间无关。

① 酒样中的乙醛和乙缩醛含量整体呈较明显的上升趋势。

② 酒样异丁醛含量呈先上升后下降趋势。

③ 酒样糠醛在贮存过程中整体变化不大。

（2）不同发酵期基酒贮存过程中醇含量的变化　定量分析了三种发酵期的基酒在贮存过程中（8个季度）醇类物质的变化情况。比较同一种醇、同一时间在不同发酵期酒样中的含量，可以得知，在已分析的六种醇中，除正丙醇外，其他几种醇在基酒中的含量与发酵期有一定的相关性：发酵时间为120天的基酒醇含量最高；其次是发酵期为80天的基酒；发酵期为45天的最小。这表明浓香型基酒的发酵期越长，醇的含量就越高。另外，就分析的六种醇而言，三种不同发酵期基酒的醇类物质在贮存过程中的变化趋势跟基酒的发酵期无关，尽管三种基酒的发酵时间不一样，但基酒中醇类物质的变化趋势却是一样的。

① 含量基本不变的醇类：贮存过程中，各酒样的正丙醇、正己醇、正戊醇的含量基本不变。

② 含量上升的醇类：各酒样正丁醇、异丁醇和异戊醇的含量在贮存过程中呈逐渐上升的趋势。

（3）不同发酵期基酒贮存过程中酸含量的变化定量分析了三种发酵期的基酒酸类物质在贮存过程中的含量变化情况。比较同一种酸同一时间在三种不同发酵期基酒中的含量，发现酸的含量随着基酒发酵期的不同而出现差异。发酵期为45天的基酒中酸的含量最少；其次是发酵期为120天的基酒，酸含量最多是发酵期为80天的基酒。这表明，基酒的酸的含量跟基酒的发酵期有关，但并不是发酵期越长，基酒中的酸就越多。酸类物质和醇、醛类物质一样，贮存过程中，基酒中酸含量的变化趋势，跟基酒的发酵期无关。也就是说，尽管三种基酒的发酵时间不一样，但基酒中酸的变化趋势却是一样的。

① 乳酸和甲酸的含量呈逐渐上升的趋势。

② 戊酸在头六个季度呈逐渐下降的趋势，而随后又呈逐渐上升的趋势，且趋势明显。

③ 异丁酸和丙酸随贮存时间逐渐下降。

④ 正丁酸含量变化不大。

⑤ 己酸和乙酸波动较大。

（4）不同发酵期基酒贮存过程中酯含量的变化　定量分析了三种发酵期的基酒中酯类物质在贮存过程中的含量变化情况。比较同一种酯同一时间在三种不同发酵期基酒中的含量，容易发现，除四种高级脂肪酸乙酯而外，在已经分析的所有酯类化合物中，它们的含量均跟基酒的发酵时间呈正相关。与发酵时间短的浓香型基酒相比，发酵期越长的基酒，其酯的含量要高。

发酵期为45天的基酒，其乙酸异戊酯和己酸异戊酯含量稳定，但对发酵期较长（80天和120天）的基酒而言，其含量变化较大。

乙酸乙酯、乳酸乙酯、甲酸乙酯、己酸乙酯、丁酸乙酯、庚酸乙酯和戊酸乙酯在贮存过程中的含量变化情况：乙酸乙酯含量基本稳定；乳酸乙酯含量逐渐降低；甲酸乙酯波动较大；其他几个酯类均呈上升趋势。另外，值得注意的一点是，比较同一种酯在不同发酵期基酒中上升的速率后发现，基酒的发酵期不同，其含量上升的速率是不同的。与发酵期短的基酒相比，发酵期长的基酒酯含量上升的速率相对要大一些。

#### 12.2.3.4 贮存时间与酒质的关系

在酒类生产中，不论是酿造酒或蒸馏酒，都把发酵过程结束、微生物作用基本消失以后的阶段叫老熟。老熟有个前提，就是在生产上必须把酒做好，次酒即使经过长期贮存，也不会变好。对于陈酿也应有个限度，并不是所有的酒都是越陈越好。酒型不同，及不同的容器、容量、室温，酒的贮存期也应有所不同，而不能独立的以时间为标准。夏季酒库温度高，冬季温度低，酒的老熟速度有着极大的差别。为了使酒有一定的贮存时间，适当地增加酒库及容器的投资是必要的。应该在保证质量的前提下，确定合理的贮存期。有人曾将不同香型名优白酒贮存在相同的传统陶坛中，利用核磁共振设备，测定白酒氢键的缔合度；同时还进行了白酒的一般常规分析，测定氧化还原电位和溶解氧等变化。但尚不能说明酒质的好坏和老熟的机理，还应以品评鉴定为主要依据，并结合仪器分析，才可了解贮存过程中白酒风味变化的特征，以便提供给酒厂决定每种香型白酒老熟最佳时间的依据。

① 浓香型白酒。选用新酒92.5kg，贮存于100kg传统陶坛中，其感官变化的评语见表12-5。

**表12-5 浓香型酒贮存中的感官变化**

| 贮存期/月 | 感官评语 |
|---|---|
| 0 | 浓香稍冲，有新酒气味，糙辣微涩，后味短 |
| 1 | 闻香较小，味甜尾净，糙辣微涩，后味短 |
| 2 | 未尝评 |
| 3 | 浓香，进口醇和，糙辣味甜，后味带苦涩 |
| 4 | 浓香，入口甜，有辣味，稍苦涩，后味短 |
| 5 | 浓香，味绵甜，稍有辣味，稍苦涩，后味短 |
| 6 | 浓香，味绵甜，微苦涩，后味短，欠爽，有回味 |
| 7 | 浓香，味绵甜，微苦涩，后味欠爽，有回味 |
| 8 | 浓香，味绵甜，回味较长，稍有刺舌感 |
| 9 | 芳香浓郁，绵甜较醇厚，回味较长，后味较爽净 |
| 10 | 未尝评 |
| 11 | 芳香浓郁，绵甜醇厚，喷香爽净，酒体较丰满，有陈味 |

② 酱香型白酒。取第四轮原酒75kg，贮存于100kg传统陶坛中，其感官变化的评语见表12-6。

表12-6　酱香型酒贮存中的感官变化

| 贮存期/月 | 感官评语 |
| --- | --- |
| 0 | 闻有酱香，醇和味甜，有焦味，后味稍苦涩 |
| 1 | 微呈酱香，醇和味甜，有糙辣感，后味稍苦涩 |
| 2 | 微有酱香，醇和味甜，带新酒味，后味稍苦涩 |
| 3 | 酱香较明显，绵柔带甜，尚欠协调，后味稍苦涩 |
| 4 | 同上 |
| 5 | 未尝评 |
| 6 | 酱香明显，绵甜，稍有辣感，后味稍苦涩 |
| 7 | 酱香明显，醇和绵甜，后味微苦涩 |
| 8 | 酱味明显，绵甜较醇厚，后味微苦涩 |
| 9 | 酱香明显，绵甜较醇厚，有回味，微苦涩，稍有老酒风味 |
| 10 | 未尝评 |
| 11 | 酱香突出，香气幽雅，绵甜较醇厚，回味较长，后味带苦涩 |

③ 清香型白酒。取新产汾酒，贮存于100kg传统陶坛中，其感官变化的评语见表12-7。

表12-7　汾酒贮存中的感官变化

| 贮存期/月 | 感官评语 |
| --- | --- |
| 0 | 清香，糟香味突出，辛辣，苦涩，后味短 |
| 1 | 清香带糟气味，微冲鼻，糙辣苦涩，后味短 |
| 2 | 清香带糟气，入口带甜，微糙辣，后味苦涩 |
| 3 | 清香微有糟气，入口带甜，微糙辣，后味苦涩 |
| 4 | 清香微有糟气味，味较绵甜，后味带苦涩 |
| 5 | 清香，绵甜较爽净，微有苦涩 |
| 6 | 清香，绵甜较爽净，稍苦涩，有余香 |
| 7 | 清香较纯正，绵甜爽净，后味稍辣，微带苦涩 |
| 8 | 清香较纯正，绵甜爽净，后味稍辣，有苦涩感 |
| 9 | 清香纯正，绵甜爽净，后味长，有余香，具老酒风味 |
| 10 | 未尝评 |
| 11 | 清香纯正，绵甜爽净，味长余香 |

从上述尝评结果可以看出，浓香型和清香型酒，在贮存初期，新酒气味突出，具有明显的糙辣等不愉快感。但贮存5 ~ 6月后，其风味逐渐转变。贮存至1年左右，已较为理想。而酱香型酒，贮存期需在9个月以上才稍有老酒风味，说明酱香

型白酒的贮存期应比其他香型白酒长，通常要求在3年以上较好。从常规化验分析来看，清香型和浓香型白酒在贮存5 ~ 6月后，酱香型白酒在贮存9个月后，它们的理化分析数据趋于稳定，这与尝评结果基本上是吻合的。其中酱香型白酒贮存期越长，香味越好。

### 12.2.4 影响贮存的因素

（1）时间　不同香型的酒有不同的贮存时间。贮存的目的是排除酒中杂味，促使新酒熟化，提高酒质。但贮存时间长了，会造成资金积压和设备、工用具浪费；贮存时间短了，酒体质量得不到稳定和提高。所以要找出新酒合理的贮存时间，就必须了解掌握贮存期内酒体质量变化的规律，研究其新酒熟化速度和时间变化的关系，从而找出控制产品质量的因素，提高酒体质量。

（2）温度　酒在陈酿时会产生很多物理化学反应，每一种反应都跟温度高低有直接的关系。以酒贮存在13℃的化学反应为基准，当温度提高到15℃左右时，酒的陈酿速度快1.2 ~ 1.5倍；当温度提高到23℃左右时，酒的陈酿速度快2.1 ~ 8倍；当温度提高到33℃左右时，酒的陈酿速度快4.1 ~ 56倍。不仅如此，酒长期处在高温的环境下，许多对酒质不利的化学反应在温度高、能量大时也会出现。所以，贮存期较长时，酒的贮存温度控制在20℃左右比较适宜，可兼顾陈酿速度和质量稳定。

在温差方面，因为温度高会使酒里面的液体与空气膨胀，低温使酒里面的液体与空气收缩，如果长时间发生这种情形时，酒就像在“呼吸”似的在坛内产生不同的压力，空气可能会透过细孔进入坛内或被挤出去，空气的更新会带入大量的氧气，由于氧是非常活跃的元素，溶解氧的存在从而加快了酯类水解和氧化反应的速度，使酒质变淡变酸。所以，贮存期较长时，温差变化小，对酒体自然老熟是有利的。

（3）湿度　贮存环境的湿度主要是影响酒的挥发和渗漏。因为陶坛壁上有许多细孔，如果贮藏环境湿度较低，酒会透过细毛孔蒸发出去或渗透出去，时间一久陶坛里面的酒会减少许多，酒的液面也会降低许多。所以，贮藏环境的湿度如果是保持在80%以上，发生蒸发和漏酒的概率就会降低许多。

（4）酒精度　从贮存过程中的化学变化来看，最主要的是水解反应，使总酯减少和总酸增加，造成口味变淡甚至不协调，这是一个可逆反应，反应的方向和速度关键看酒精度和酯及酸的含量。实验证明，同一酒质的中低度酒比高度酒的水解速度快些，按贮存18个月计算，优级酒（乙醇体积分数35%）总酯减少率和总酸增加率是优级酒（乙醇体积分数50%）2.4 ~ 2.7倍。所以，总酸含量多、酒精度高的白酒，其水解速度也相对较慢。

从贮存过程中的物理变化来看，除了挥发作用，占白酒体积98%左右的乙醇和水的缔合作用则是贯通整个老熟过程的一条主线。缔合作用需要长期积累才能形成一个动态平衡体系，这种平衡来之不易，如果贮存使用乙醇体积分数60% ~ 70%的等级酒贮存多年，然后调成乙醇体积分数52%左右的成品酒，由于大量水分子的加入势必会打破这种平衡体系，让自然老熟的醇和感大打折扣，真是得不偿失。乙醇体积分数53%左右是乙醇分子与水分子缔合的最佳酒精度，因为这时乙醇分子与水分子之间的缔合度较大，所以该酒度也成为市场的主流酒度。

（5）贮存容器　通过大量的调查研究，再根据对同一个酒在不同的容器里贮存一段时间后进行分析、对比，我们发现，在坛中存放的酒的总酸最低，池中酒的总酸最高，而罐中酒的总酸居中。说明用坛子存放的酒各种酸都明显减少了，这样可以减少酒的邪杂味，从一个侧面也说明了酯类升高的原因。而总酯则正好相反，坛中的最高，池中的最低，说明白酒在坛子中存放一定时间后，酯化、老熟的速度明显减慢。因此，到一定时间后，坛子存放的酒需及时转移到池中，以免减少不必要的损失。这也说明了在贮存这一段时间里，有机酸分子与乙醇分子一直进行着缓慢的化合，并随着时间的推移速度逐渐变缓，从而使有机酸及其酯类的动态平衡逐步慢慢形成。在酸、酯平衡未达到之前，有机酸逐步与乙醇化合生成酯，致使总酯增加；同时坛子本身含有大量的金属离子以及内壁分布着无数的小孔隙，表面空气量相对于大容器的要多。乙醇分子在这些小孔隙中与氧气分子充分接触，并在某些金属离子的作用下先氧化为乙醛，继而进一步氧化成乙酸，因此，过一段时间后坛中不仅总酸、总酯增加了，而且乙醛、乙缩醛的含量也增加许多。

但是，经过一段相当长的时间后，这种化合的趋势逐渐趋缓，从而使酸与醇合成酯的速度与酯分解成酸和醇的速度达到了动态平衡，在不同容器里存放的酒质量上的差别会逐渐减小，最终达到比较接近。酸类变化终止，而酯类却在减少。又由于池子上面的空间相对较大，存在大量的空气，空气中的氧气分子与乙醇分子继续不断地进行氧化反应，产生乙醛、乙酸，导致酸、酯的动态平衡又被打破，直至达到新一轮的平衡，从这个角度上讲，在不太长的时间内，白酒存放在坛中最好，罐中次之，池中效果较差。然而由于优质酒中各种有机酸含量较高，加上氧化反应在不断地进行，所以在坛中存放的优质酒酸的减少不明显（仍然比池子里的高许多），而酯类的增加却十分明显。所以从单个角度来讲，优质酒存放在坛中也更为合适。

再从标志着白酒老熟程度的乙醛、乙缩醛等成分的变化来看，在坛中的含量是池中的1.5倍以上，而罐、池中的含量却很接近；优质酒中由于乙醛含量较高，随着存放时间的延长，乙醛不断地与醇类及自身发生缩合反应，生成稳定的乙缩醛及缩醛类，同时乙醇又不断地被氧化为乙醛，继而又生成缩醛，所以致使乙缩醛等的含量增大。由于坛壁中存在大量的孔隙和金属离子，乙醇被氧化的速度也远远大于在池子中的氧化速度。因而坛中乙缩醛的含量也远远高于池中酒的乙缩醛的含量，从而说明了在坛中存放优质酒是比较好的选择。但是随着时间的推移，坛子存放酒的这种优势逐渐消失，酒质的差别会越来越小，以致达到十分接近的程度。另外，用坛子存放白酒还有一个明显的特点：可以大幅度降低乳酸乙酯的含量，这样有利于使浓香型大曲酒的窖香突出。这说明用坛子存放对酒的老熟及口感在初期有较大的影响，但也不是一成不变的。随着时间的推移，这种影响在逐渐减弱。

与此相反，由于坛子上方的空间远远小于罐、池子，酒中易挥发的物质需逃逸的空间大大缩小，坛中易挥发物质的挥发速度也远远小于罐、池子中的同类物质的挥发速度。但随着存放时间的延长，坛子受环境温度的影响较大，特别是夏天的高温天气，一些有益的易挥发的物质的挥发速度也相对"加快"，造成白酒酒质有所下降，这样就不利于白酒质量的提高。从这个角度来看，长期存放白酒用池子应是较好的选择。

因此，在短时期内用坛子存放白酒的效果远远优于罐、池子。在坛子中存放一段时间后（一般3年以上），乙醇分子与水分子的缔合已基本上完成，同时水分子与带有孤电子对的（醇、酸、酯、醛、酮、酚、醚等）氧原子、（氨基酸、杂环化合物等）氮原子以氢键方式缔合的量越来越多，游离的水分子越来越少，因此酒的水味明显减少，入口也不那么糙辣了；而醛类的缔合也基本上达到动态平衡，因而酒入口显得饱满丰腴，酒的内在质量已达到一个很高的水平。另外由于坛子的容积小，占用较大的空间，并且随着时间的推移其优势也逐步减弱，因而白酒在坛子里存放2～3年后再继续贮存在坛子里，效果不明显了，就应转到罐或池子中。

（6）透气性　适当的氧气对老熟有促进作用，因为酒体中的溶解氧是影响水解速度和氧化反应的关键性因素。在勾调和加浆过程中，会溶入大量的氧气，由于氧是非常活跃的元素，溶解氧的存在加快了酒中酯类水解的速度，3个月后由于溶解氧的消耗，酯的水解速度变得非常缓慢，酒进入稳定期。另外，光里面的紫外线会破坏酒里面的有机物，对酒体的影响很大，使酒质变差。贮酒容器装酒时应尽量装满，减少闲置空间，并用塑料布扎口，再加棉垫和水泥板盖严，平常不随意揭开，也不搅拌，尽量保持原封不动。

## 12.3　白酒催陈

### 12.3.1　白酒催陈的方法

白酒是我国传统的蒸馏酒，其历史悠久，源远流长，以其优异的色、香、味、格深受广大饮用者的喜爱。但新蒸馏出来的酒一般比较暴辣、冲，不醇和也不绵软，需经一定时间的贮存使杂味消失、香味增加、酒体醇和绵软、口味协调，这个过程一般称为老熟，也叫陈酿或陈化。老熟可分为自然老熟和人工催熟。白酒自然老熟耗费时间长，使大量资金积压、贮存设备投资增加，加之每年近2%的酒损，给企业造成巨大的经济损失，成为各酒厂迫在眉睫的攻关难题。因此，传统的自然老熟方法已不适应当今越来越激烈的市场竞争。为此，白酒界科技工作者一直在努力探索各种人工催熟方法来缩短陈酿周期，提高企业经济效益。

在白酒陈化机理“缔合说”“氧化说”等的指导下，白酒界科研人员建立了多种催陈方法，主要包括物理催陈法、化学催陈法、生物催陈法及综合催陈法，分别介绍如下。

12.3.1.1　物理方法

依据对白酒施加能量的方式不同，物理法又可分为如下几类。

（1）高温催陈　温度对酒老熟有直接影响。温度高时，低沸点成分挥发和化学反应进行的较快，容易老熟。实验表明，白酒在40℃左右贮存6个月，相当于20 ~ 30℃贮存2 ~ 3年。所以，有些企业把新酒贮存在室外，温度随着自然条件的变化而变化，这样贮存1年相当于传统贮存3年，但这种办法酒损耗偏大。

赵国敢等对洋河大曲原酒贮存温度进行了试验比较，试验分两部分，一是在55℃条件下贮存1 ~ 2个月，二是在室温条件贮存。结果发现：① 在较短时间内高温酒比常温酒效果要好。② 高温贮存时酸酯转换的速度远比常温贮存要快，与贮存近2年左右的酒十分相似。③ 高温贮存的酒在室温条件下放置7个月后，理化指标没有出现可逆现象，其口感优于或接近于自然贮存近两年的原酒。④ 在高温下贮存，贮存30天与贮存60天的酒其老熟程度无明显区别。⑤ 试验中，有些异常现象难以解释，如高温贮存时紫砂容器和玻璃瓶中加碎陶片的处理效果不如玻璃瓶，而常温处理的效果正好相反，这是否属个例，有待实验进一步验证。因此通过总结这些研究结果，他们提出高温贮存可能是缩短原酒贮存期的一种方法。

此外，刘玉华等提出了利用一种密闭容器适当加热，以提高容器压力加速熟化的方法。许福林等发明了一种白酒高温贮存老熟工艺，将蒸馏白酒采用瓦坛在保湿、保温的条件下贮存，湿度范围为65% ~ 85%，温度范围为30 ~ 60℃，使其贮存3 ~ 6个月可达到常温贮存2年的效果。梁明锋等提出了在酿酒过程中利用桑拿原理，加速新酒老熟、提高酒质的陈酿方法。

（2）光催陈

① 红外催陈。红外催陈技术是利用特定的红外辐射装置模拟白酒自然老熟过程，使酒中各主要成分获得其所需能量，加速了酒中乙醇与水的结合速率，促进了酯化反应、低沸点物质挥发的进行，达到新酒贮存醇和、除杂、增香的目的。经过

红外催陈的酒，其品质与自然老熟半年至一年的酒基本相同，其缺点是催陈时间较长，处理量小，尚不能满足各大酒厂生产的需要。

红外催陈的机理：在新酒的贮存过程中，进行物理和化学变化的能量主要是依靠环境温度提供。但是由于贮存温度一般仅为10℃左右，获得的有用能量太少，因此物理和化学变化进行得非常缓慢。一方面是因为分子运动的平均平动动能与温度有关系，另一方面是因为化学反应的速度与温度成指数关系，通常温度每升高10℃，反应速度将会增加2 ~ 4倍。

当用一定波长的红外辐射对新酒进行照射时，酒体温度升高，加快了酒体中分子的运动速度，增加了单位时间内的碰撞次数，且酒体温度升高和能量增加会使一些原来非活化的分子获得足够的能量而活化，从而增加活化分子的百分数，缩短新酒中物理化学变化的进程，因此适当提高贮酒的温度，有利于加快新酒的老熟。实验证明，经红外辐射处理后，乙缩醛、乙酸乙酯和总酯的含量有所增加，而丙烯醛、异戊醇、杂醇油等的含量有所下降。因此利用红外辐射人工催陈，能够大大缩短酒的老熟时间。

② 激光催陈。激光陈化酒是光与物质相互作用的一个实例，也是一个复杂的光化学课题。通过借助激光辐射场光子的高能量，对物质分子中的某些化学键产生有力的撞击，使得这些化学键断裂或部分断裂，某些大分子或被“撕成”小分子，或被激化为活性中间体，加速各种反应的进行。

采用激光陈化白酒最早于1981年开始，激光催陈的优点是陈化速度快，1min以内就有效果，刚生产的新酒被合适的激光辐照后，酒的质量相当于自然陈酿半年以上的老酒；另外激光陈化不改变酒体温度，有利于保证名酒风味。利用激光方法催陈白酒时常用的激光器有He-Ne激光器、$CO_2$激光器、CO激光器、$N_2$激光器、准分子激光器等。激光管成本高，且激光催陈必须针对具体白酒选择合适的激光参数（如波长、功率、能量、辐照时间等），这样才能保证白酒的典型性，取得较好的陈化效果，因此激光催陈有一定的局限性。

③ 紫外光催陈。紫外线是波长小于400nm的光波，具有较高的能量。在紫外线的作用下可产生少量的初生态氧，促进一些成分的氧化过程。茅台酒厂曾用253.7nm的紫外线对酒直接照射，发现以16℃处理5min时效果较好，处理20min后出现过分氧化的异味。说明紫外线对酒中微量成分的氧化过程有一定的促进作用。

④ 强光催陈。有实验者采用脉冲氙灯或碘钨灯照射固态发酵法生产的原酒，再附以高强磁场，酒中乙醛、乙缩醛和乙酸乙酯的含量明显上升，处理后的酒可达到与贮存1年甚至几年的酒相当的陈化水平。

（3）超高压催陈　超高压催陈的原理：占白酒98%以上的水和乙醇是极性分子，极性分子间会形成氢键缔合群，在自然老熟条件下，这些由氢键缔合形成的较为稳定的分子群限制了各种老熟反应的进行。在自然条件下，只靠自然温度提供各种老熟反应所需的能量，因而老熟进行得缓慢。因高压可破坏氢键，并且其提供的能量会被各组分分子吸收并转化为分子参加各种老熟反应所需的活化能，因此高压有显著的催陈效果。因为新酿成的酒生辣、暴冲，所以在进行高压催陈之前先将酒自然老熟一个较短的时期，使不良成分先行挥发，然后再进行高压催陈，可以增加催陈效果。

（4）微波催陈　微波对极性分子有快速加热作用，在常态下由极性分子组成的物质，其分子是杂乱无章地排列的。当微波作用于这种物质时，物质中极性基团则按微波电场的方向取向而进行排列。由于微波电场的方向随时间变化，使极性分子随外电场方向的改变而做规则摆动时受到干扰和阻碍，从而产生了类似摩擦的作用，使分子获得能量，于是以热的形式表现出来，物质的温度随之升高。用微波催陈白酒时，因为微波使酒中的分子以极高的速度摆动，快速地将部分乙醇和水分子群切成游离分子。微波功率去掉后，它们再结合成新的缔合分子群，因而加速了白酒老熟的过程。微波的致热效应必然引起升温，升温虽有催陈作用，但温度太高会使酒中的某些香味成分挥发，影响酒质醇香。

（5）超声波催陈　超声波的高频震荡强有力地增加了酒中各种反应发生的概率，还可能改变酒体中分子的结构。轻工业部发酵所及江苏洋河酒厂使用频率14.7kHz，功率200W的超声波发生器，在–20 ～ 10℃不同温度下分别处理11 ～ 42h。处理后的酒香甜味增加，味醇正，总酯提高，有一定的催陈效果。但若处理时间过长则酒味变苦，处理时间过短则效果不明显。超声波对白酒有一定的催陈作用，但还缺乏足够的技术数据，需不断地探索尚可工业化应用。

（6）磁催陈　磁场能使白酒中的极性分子有序排列，且酒在高梯度磁场作用下高速流动，分子间互相碰撞会使水、醇、酸各自的缔合体解体，形成更多的游离分子，加速酒体中氧化、酯化反应的发生。但是，单独使用磁场进行催陈效果常常不明显，而将磁催陈法与氧化法、催化剂催陈法、光催陈法等联合使用，催陈效果较佳。

（7）电场催陈　高压电场作用于新酒后，可使一些有害的低沸点物质挥发，促使酒液中极性分子趋于沿电场方向定向排列，致使酒液分子间的部分氢键断裂，使乙醇分子和水分子相互渗透，缔合成大分子群，减少自由乙醇分子的数量，降低酒的刺激性。同时，电能的输入增加了白酒中各类分子的活化能，加快了酒体中各种化学反应的进程。

（8）电催陈　电催陈是将电引入酒体产生电解反应生成电解氧对新酒进行催陈。可采用有催化活性的电极对酒体进行加速氧化、还原反应，促进酒体中乙醇与水的缔合；也可以将电解水产生的氧气直接加入新酒中，利用新生氧的活性加速酒体中氧化、酯化反应的进行，加速酒的老熟；采用二级电解技术直接对酒进行催陈处理，通过电解酒中的水生成氧和氢使之直接溶于酒体中参与反应，加速了氧化还原及酯化的反应速率，在较短的电解时间内达到自然窖藏多年的效果。

（9）X射线催陈法　X射线具有较高的能量，照射白酒时会使酒体中的物质分子吸收能量而电离或激发，形成许多活性中间体加速各种反应发生的速率。廖仲力等发明了用X射线处理酒的装置，具体实施方法是先让新酒通过分子筛除去酒中的挥发性醛类和硫化物，然后将过滤后的酒注入磁处理机使其乙醇的活性降低，随后让磁化后的酒进入X射线处理机，用X射线进行辐照处理1 ~ 20s，照射时间和剂量随酒质不同而异。用此方法处理的新酒，能改善酒中的有益成分，降低酒中的有害成分，使酒的质量明显提高；处理后的酒浓厚醇香、绵软优雅、协调可口。

（10）$\gamma$射线催陈法　$\gamma$射线照射白酒，会使酒体中水分子和有机化合物分子产生电离和激发，因而产生大量自由基，加速了酒体中氧化、酯化反应的进行。

（11）其他催陈方法　超过滤法是使白酒分子在经过滤膜时受到强制挤压，增加彼此之间碰撞机会，加快物理和化学变化的进程。超微膜过滤法处理效果好、精度高，但需频繁冲洗和更换滤膜，设备滤膜寿命短，处理费用高，酒耗大。有学者将白酒流经压力参数为100MPa、流量为2 ~ 5L/min的超高压水射流装置，通过超高压及瞬态卸压过程，加速白酒的催陈反应，使酒的辛辣味减少、口感柔和、香味增加、回味绵长。白酒在超高压器内被超高压打破了水分子和乙醇分子之间的氢键，降低了极性分子间的束缚力，从而增加了分子间的有效碰撞，使得酯化、缩合、氧化和还原等反应速率加快，生成新的物质，赋予白酒新的醇香。白酒经喷嘴射出时，超高压瞬态卸压，此时增加了分子的动能，加快了低沸点物质的挥发，使有刺激性的硫化氢、硫醚、硫醇等挥发性强的物质从白酒中逸出，从而减少了新酒的辛辣味，超高压卸压后，极性分子间的亲和力和缔合强度增加，某些酯类及酸也参与缔合，加强了乙醇分子的束缚力，使白酒口感绵软柔和。

#### 12.3.1.2　化学法

化学法催陈白酒主要着眼于加快白酒中各种成分间的化学变化，化学法主要分为氧化法和催化法。

（1）氧化法　氧化法主要是向酒体中注入氧气、臭氧或加入过氧化物、高锰酸钾等氧化剂，利用氧化剂的氧化作用加快酒体中醇、醛的氧化，从而促进酒体老熟。

① 臭氧催陈　臭氧催陈是利用其强的氧化能力来加速氧化反应和酯化反应的进行，从而缩短陈酿期。由于臭氧具有较强的氧化能力和较大的能量，可促进乙醇

分子和水分子的缔合作用，增强极性分子间的亲和力；同时臭氧可增强各类分子的活化能力，提高分子间有效碰撞的概率，加速氧化、缔合、酯化等反应的发生；此外，臭氧还可加速低沸点物质的挥发，从而起到加速陈化的作用。

② 氧气催陈。氧化反应在酒的陈化过程中扮演着重要的角色，但由于酒体中溶解的氧是微量的，致使氧化反应在白酒陈化过程中进行得很缓慢。强制氧化加速白酒催陈，并不是强制性的全氧化，而是采用从液体底部均匀搅拌加氧的方法，使氧气穿过液体时能与酒液充分接触，达到更好的氧化效果。从氧化前后总酸的变化情况看，陈化后的总酸含量要高于陈化前，同时总醛含量也有相应的变化，因此，陈化过程中的氧化作用是不可置疑的。强制氧化能将常规老熟中不能氧化的不饱和多元醇氧化成酸，降低不饱和多元醇的刺激性，从而使酒体变得醇香。采用强制氧化技术对新产浓香型大曲酒处理16 ～ 26min，处理后的白酒比常规老熟的白酒更加醇甜，与自然老熟的白酒口感基本相同，相当于自然陈酿3 ～ 4个月的白酒，缩短了陈化时间。

微氧化法是通过控制氧气在酒体中的加入量达到较好的催陈效果，该方法在葡萄酒的催陈中得到较为广泛的应用，但在白酒中未见相关报道。

③ 高锰酸钾氧化法。用高锰酸钾处理基酒是利用其在乙醇溶液中的分解与氧化作用，将酒中的还原性杂质（主要是酸类）氧化去除，促进酒的氧化和酯化作用，而本身则还原为二氧化锰（$MnO_2$）沉淀经过滤除去，从而起到去杂、催陈的目的。由于$MnO_2$在酸性条件下能够分解成离子$Mn^{2+}$，必须及时细致过滤除去，以免带入下道工序，造成锰超标。

（2）催化法　催化法是通过在酒体中加入催化剂，以加快酒体中酯化反应和氧化反应的进程。

① 酸催化。加酸能从两个方面促进白酒老熟：一方面酯化反应先要经过羧基质子化，$H^+$浓度增大可加快质子化进程；另一方面酯化反应是可逆反应，增大反应物浓度可使平衡向正反应方向移动，酸的加入增加了酒体中的反应物，可促进酯化反应的进行。

采用酸对白酒进行催陈时，过氧乙酸是最常用的催化剂之一。过氧乙酸催陈白酒时，其分解生成的新生氧可将乙醇、乙酸氧化成乙酸，加快氧化反应的进行；而过氧乙酸自身分解生成的酸又起到了酸催化的作用，加快了酯化反应的进行。

固体酸是酯化反应中常用、有效的催化剂。由于其易于分离，用固体酸对白酒催陈时，完成对酯化反应的催化后可过滤除去，不给酒体引入杂质而影响酒质，因此固体酸用于催化白酒中的酯化反应是可行的。

② 催陈剂（器）催化法。金属离子（$Cu^{2+}$、$Fe^{3+}$）对许多有机反应具有催化作用，如酯化反应

$$RCOOH+R'OH \rightarrow RCOOR'+H_2O$$

在普通条件下直接反应是很慢的，如果加入金属离子催化剂G，则

$$RCOOH+G \rightarrow RCOOHG$$（此反应活化能低，易进行）

$$RCOOHG+R'OH \rightarrow RCOOR'+H_2O+G$$

（催化剂复原反应，此反应活化能低，易进行）

催陈剂（器）催化法主要是利用金属离子的催化作用，并试图通过增大酒体与催陈剂（器）的接触面积，达到催陈的目的。

#### 12.3.1.3 生物法

生物催熟，国外起源于20世纪30年代，最早用于白兰地、威士忌的催熟处理。生物催熟的显著特点就是具有特殊的选择性。生物催熟技术代表了人工催熟发展的新方向，但因生物催熟技术难度大，我国对生物催熟技术研究较少。

有研究者采用YS-Ⅱ对新酒、新工艺白酒进行催熟，其中YS-Ⅱ是从植物中提取的$\alpha$酵酶和酵素经技术处理得到的生物催熟剂。其催熟机理：酵酶能催化一些物质发生氧化反应，而酵素则具有还原作用，符合霍克瓦尔特的老熟机理；同时YS-Ⅱ还可加速乙醇分子与水分子的缔合，降低乙醇的刺激感。采用YS-Ⅱ生物催熟技术处理过的新酒，刺激性降低，柔和感增强，后味干净，无“返生现象”，处理15～30天相当于自然老熟半年以上。由于其用量仅为万分之一至万分之几，且操作简便，成本低，宜于推广。

还有研究者提出了一种利用曲酒生产过程中的废液——黄浆水，经过过滤，坛内培养，脱色处理，再过滤勾兑曲酒，实现催陈老熟的方法。黄浆水培养液中己酸乙酯的含量不低于100mg/100mL，加入量约为曲酒的万分之三，依曲酒中乙酸乙酯、乳酸乙酯和己酸乙酯的含量而定。

黄浆水是白酒发酵的副产物，含有丰富的酸、酯、醛等香味物质，还有较多的有益微生物。浓香型酒的黄浆水中含有大量的乳酸菌和梭状芽孢杆菌，而梭状芽孢杆菌是生成己酸及己酸乙酯不可缺少的菌种。黄浆水经脱色后可直接蒸馏用来勾调中低档新型白酒，也可制备成酯化液经蒸馏或串蒸生产中高档新型白酒，它对减少“酒精味”，去除“浮香”有明显的作用，能较大程度地提高酒质。而这些菌种在酒中残留会对酒的品质带来不利的影响。

#### 12.3.1.4 综合法

虽然白酒催陈的方法较多，但单一方法催陈白酒难以保证名优白酒的风味，因而未能得到普遍推广。综合法利用各种方法的优点相互补充，对白酒老熟有较好的催陈效果，越来越受到白酒界科技工作者的青睐。

磁化矿化老熟酒类、饮料催陈技术及用途（CN 1098137A）公开的是酒液通过磁化、矿化设备时，相继受到磁场的磁化、热水的热活化、活性炭的净化、电解臭氧层的氧化、麦饭石的矿化等一系列作用，以达到催陈目的，从而使老熟过程大大缩短。

电子综合酒类陈酿方法及设备（CN 85108490A）公开了一种集超声波、紫外光照射及磁处理为一体的多功能白酒催陈方法，该法利用强烈的超声波空化作用促进酒中醇/酯平衡的重新排列，利用紫外线和臭氧（紫外线照射生成臭氧）的作用促进酒的氧化、还原、酯化等反应发生，利用强磁场的极化作用促进分子的方向性，有利于酒中杂味的改善，以上四种作用以最佳剂量同时作用于新酒，可在6 ~ 8min内获得与自然窖藏1 ~ 1.5年相当的效果。

高效酒质处理设备（ZL 01202644.1）提供了一种利用高低频超声波、紫外线、恒磁磁化器等综合工艺手段处理白酒的方法，仅十几分钟就可完成排杂、增香和催陈的作用，使陈酿过程缩短1年半至2年。

智能型自流式酒类综合催陈设备（ZL94223774.9）介绍了一种集超声波、紫外线、磁场及净化过滤系统为一体的智能型自流式酒类综合催陈设备，将多种陈酿方式融为一体，发挥更佳的催陈效果，缩短了白酒生产周期。

蒸馏酒催陈净化处理设备以及蒸馏酒催陈净化方法（CN 101560461A）提出的方法是使新酒先经过静电吸附作用再经过过滤净化作用达到改进酒质的目的，经该法处理后的酒入口绵甜，柔顺协调，净而长，因此使用该设备可以起到催陈净化的作用。

有研究者提出了“加热-催化-超滤”组合催陈方法，是先对新酒进行加热处理，控温50℃以下防止乙醇挥发损失，辅以适当搅拌使低沸点的甲醇、醛类和硫化物等物质挥发，改善酒的口感质量；然后将含高羧酸量的陈酒按比例加入搅拌均匀，贮存1个月左右，促进缔合反应建立平衡；最后进行超滤处理，实现催陈目的。该方法能使新酒在不到两个月时间达到自然陈酿1年以上的熟化程度，不会产生非酒必需微量物质，操作简单易行，适用于名优酒的前期催陈，可缩短贮存期1年以上。

### 12.3.2 白酒自然老熟和人工催熟的比较

综合目前对白酒自然老熟的研究表明，衡量白酒老熟的指标绝大多数包含了总酸和总酯，其次选用四大酸、四大酯、乙缩醛、高级醇、固形物含量等指标。白酒自然老熟过程中，不论香型、区域、生产厂家如何，指标的变化大都遵循相似的规律，总酸及主要酸的含量都随贮存时间的延长而增加；总酯及主要酯的含量都随贮存时间的延长而减少，乙缩醛含量有上升趋势，高级醇含量呈下降趋势，也有少量样品的指标变化与大多数不一致。白酒老熟过程中，大多数指标的变化在贮存前期大于贮存后期，各指标的变化幅度很大。这些变化说明在白酒自然老熟过程中，成分的变化有一定的规律可循，但不同酒样有其独特的变化规律。

从前述人工催熟研究可以看出，有的研究者仅用感官指标衡量催熟效果，有的研究者除了感官品评以外，还以总酸、总酯含量及主要单体酸酯含量的变化来说明催陈效果，也有用甲醇、杂醇油、乙缩醛或总醛含量变化判别催陈效果的，这与研究白酒自然老熟在指标选用上是相似的，但在指标的变化趋势上与自然老熟有差别，特别在总酯或主要单体酯含量变化上，与白酒自然老熟过程中的变化趋势相反，即大部分通过人工催熟后都呈上升趋势。

## 12.4 年份酒研究

年份酒一般就是指窖藏酒。“廿年陈酒”指的是这种酒窖藏了20年，但实际上并非完全如此，该陈酒并不是将窖藏了20年的酒百分之百灌装包装成正式产品，而是经过调配，20年窖藏的陈酒只占部分或小部分。国际上早已立法对年份酒进行严格管理，明确允许不同贮存年份的酒相互混配，但混合之后只能按照最低酒龄来标注，我国尚未有这方面的标准，因此对年份酒产品的宣传十分混乱。自20世纪90年代以来，年份酒之风愈刮愈烈，消费者十分关注年份酒，似乎贮存时间愈长愈珍贵。据有关资料和行业协会的统计，我国销售额排列前100名的白酒生产企业中，有60%的企业推出了年份酒，销售额高达50亿元。但可用以确定年份酒贮存时间的分析测定方法却很少。

纵观近年来国内学者针对蒸馏酒年份及酒龄的研究，一般为以下两个方面。

一是酒类特征物质与检测方法的定量和定性研究，重点探讨酒类陈酿机理与特征物质变化，通过对特征物质的变化分析酒类陈酿时间及年份。

二是针对已经获得的谱图数据，应用化学计量学方法对谱图进行拟合，建立校正模型，并将所建立的模型对未知样品进行预测，重点探讨在一定的分析手段下的谱图分析与识别方法。

我们重点介绍特征物质在白酒年份酒鉴别方面的应用。

### 12.4.1 年份酒的同位素研究方法

#### 12.4.1.1 原理依据

同位素就是原了序数相同、原子质量不同的元素，它们在元素化学周期表占有同一位置。同位素有的是稳定的，有的是不稳定的，又称放射性同位素，它的核将自发地发生变化而放射出某一种粒子（如α、β、γ），即所谓核衰变（或核蜕变）。通常用公式$_{Z}X^{A}$来表示同位素，其中X代表元素的符号；Z为原子序数；A为原子质量数，等于质子和中子的总数。在碳元素中除了含有大量的稳定同位素$C^{12}$、$C^{13}$以外，还有微量的放射性同位素$C^{14}$（半衰期5600年），它是宇宙射线的中子穿过大气层时碰撞到空气中的氮核（$N^{14}$）发生核反应而产生的，即$_{7}N^{14}+_{0}n^{1}\rightarrow_{6}C^{14}+_{1}H^{1}$。多少年来，宇宙射线不断地射到地球，因此大气中的$C^{14}$不断地产生，但又不断地衰变成稳定同位素（$C^{12}$、$C^{13}$），结果大气中$C^{14}$的含量始终保持不变。

大气中的稳定同位素碳与氧化合生成稳定的二氧化碳（$C^{12}O_2$、$C^{13}O_2$），而放射性同位素$C^{14}$与氧化合生成放射性的二氧化碳（$C^{14}O_2$），其分别通过光合作用进入植物、农作物（粮食、水果、蔬菜、树木）体内，植物、农作物$C^{14}$与稳定同位素碳比例（即$C^{14}:C^{13}+C^{14}$）与大气中有着同样的比例。但一旦被收获，并生产各种食品、酒类，光合作用就停止，它们与大气的交换即停止，植物、农作物的$C^{14}$就得不到补充，此时放射性同位素$C^{14}$就随时间的延长不断地衰变而减少，直至10个半衰期（放射性原子因衰变而减少到原来的一半所需时间）衰变完。以粮食、农副产品为主要原料生产的各种白酒、黄酒、葡萄酒，原料中有机碳（碳水化合物）经糖化与发酵工艺转化为酒分子，可以以乙醇（$C_2H_5OH$）和多种香味成分与特征化合物等为代表，都是有机化合物的碳键结构，其中，放射性同位素$C^{14}$将随着贮存时间的增加不断地衰变而减少。

分析测定各种酒类产品中有无放射性同位素$C^{14}$，就可以确定生产酒类的原料是否是天然的农副产品，显然，经化学合成工艺生产的甲醇是不会有放射性同位素$C^{14}$的，即是假酒。测量酒类（乙醇和特征化合物）的单位时间放射性$C^{14}$β衰变率，即贮存时间愈长，$C^{14}$衰变数愈多，放射性计数率愈低，就可推算年份酒贮存时间。

利用测定生物体内放射性同位素$C^{14}$的原理，从而得到它死亡的年代，已成功应用于考古学，它被称为考古学的“时钟”。目前，稳定同位素在食品、酒类产品真实性方面的研究已逐渐展开，但放射性同位素应用于这方面的研究还甚少，不过已有发展趋势。国外在这方面已进行了大量的研究工作，如澳大利亚科技人员提出$C^{14}$检测葡萄酒真实“年龄”。

12.4.1.2　*检测方法*

在构成植物、农副产品的碳中，$C^{14}$的含量很低，$C^{12}$、$C^{13}$与$C^{14}$原子含量的比例为$10^{12}:1.2$，因此构成植物体与各种酒的碳放射性比度很小，通常每克碳每分钟只有几十个$C^{14}$原子衰变（β-衰变），同时$C^{14}$的β粒子能谱既连续又低于一般放射性同位素，其最大能量仅为0.155Mev（俗称软β放射性粒子），因此，在制备年份酒测试样品时，应注意几个问题，一是需预处理分离杂质，以免干扰核物理测量；二是经化学分离操作后的样品灵敏度，要在核物理测量仪器的灵敏度范围内，不然拟提高样品中碳浓度和测量仪器灵敏度；三是要防止β射线的自吸收，如制备固体样品易制成簿型。可见，测定年份酒贮存时间的关键是样品$C^{14}$ β放射性能被核物理探测仪器测量到，并在测量误差范围内。测定年份酒贮存时间可采用以下两种具体方法。

（1）根据放射性衰变定律计算　任何放射性同位素衰变都符合公式，即$N=N_0e^{-\lambda t}$或$-dN/dt=\lambda N_0e^{-\lambda t}=\lambda N(t)$，公式表示在$t$时间（即贮存时间）内，$N_0$为年份酒刚生产完毕的$C^{14}$β放射性计数率，$N$为年份酒贮存一定时间后已衰变$C^{14}$β放射性计数，$\lambda$为衰变常数（在单位时间内每一个核的衰变概率）；$dN/dt$为单位时间内，$C^{14}$β放射性的衰变率。

根据衰变公式，当$t=T_{1/2}$（贮存时间等于半衰期）时，用放射性同位素半衰期（查放射性同位素手册）先解方程求得$\lambda$，即$\lambda=0.693/T_{1/2}$，$C^{14}$放射性同位素半衰期较长，$\lambda$值较小说明衰变较慢，然后测定年份酒（以$C_2H_5OH$和特征化合物为代表）开始贮存时间（$t_0$）与贮存一定时间（$t$）已衰变的$C^{14}$β放射性计数率（即求得$N_0$与$N_0-N_t$）。由于$C^{14}$放射性半衰期长，贮存年份酒刚开始的$C^{14}$β放射性，可设法请制酒生产企业提供刚生产完毕的同类酒类样品代替，也可在实验室模拟生产工艺制得样品酒代替，测得$C^{14}$β放射性计数率（$N_0$）；年份酒贮存一定时间已衰变的$C^{14}$β放射性（$N$），是用核物理探测仪器测得贮存一定时间（$t$）后的当前计数率（$N_t$），然后计算$N_0-Nt$，即得$N$。按衰变公式已知$\lambda$、$N$、$N_0$，即可求得年份酒的贮存时间（$t$）。由上可知，衰变公式$N=N_0e^{-\lambda t}$在计算过程中使用了两次，一次是先解方程求$\lambda$，此时$t$是半衰期（$T_{1/2}$）；另一次是计算贮存时间，此时$t$是贮存时间（$t$）。

（2）绘制工作曲线　$C^{14}$放射性同位素每一个核的衰变并不是同时发生的，而是有先有后。$C^{14}$β放射性同位素衰变符合衰变规律，即测定到的$C^{14}$放射性计数率与衰变率成反比例关系（直线），即$I(t)\infty -dN/dt$。在半对数坐标上，可绘制已知浓度白酒、黄酒、葡萄酒（可以以酒精与特征化合物为代表）贮存时间（横坐标）与$C^{14}$β放射性计数率变化（工作）曲线（纵坐标，对数），实验的贮存时间尽可能长，如每隔数月测试1次$C^{14}$β放射性（测得7～8实验点），但间隔时间又不可能很长（几十年以上），因此可用该变化曲线（直线）的延长部分。最后根据测得待测年份酒$C^{14}$β放射性计数率，查“变化（工作）曲线”，即可得到年份酒的贮存时间。

上述两种测定方法的主要依据是放射性衰变规律（公式），为使测试年份酒的贮存时间正确、可靠，拟设法消除各种误差，其中包括化学分离操作和核物理测量。应指出的是，利用放射性同位素$C^{14}$变化规律，测得的是年份酒平均贮存时间（即最低酒龄），如果年份酒全是同一年的陈酿酒，则平均贮存时间就是陈酿酒的贮存时间；如果既有陈酿酒又有当年生产的基酒，则不能分别提供陈酿酒与基酒的贮存时间，估计目前尚未有方法能确定同一年份酒中陈酿酒、基酒的不同贮存时间。

### 12.4.2　白酒中与年份酒有关的风味物质

江南大学研究发现，总有一些化合物随着贮存时间的延长在上升或下降。比如，酯类在贮存过程中的变化——在酯浓度低的酒中，酯的浓度随贮存时间的延长而上升；但在酯含量高的酒中，却发现酯的浓度在下降，即出现水解。但另外有一些酯，主要是支链的酯、不饱和的酯，在贮存过程中却是上升的，这种现象与年份有着十分密切的正相关关系，对酒的陈味有较大贡献的$\beta$-苯乙醇含量逐渐增加。醛类物质中，乙醛含量逐渐减小，乙缩醛含量逐渐增加，这两者在一定程度上是衡量原酒老熟是否完全的重要标志之一。吡嗪、呋喃和酚类物质在酒中含量极微，贮存过程中含量增加，应用这些化合物，可以大致推断白酒年份。

徐占成等提出的“挥发系数鉴别年份酒的方法”，以白酒中的乙醛、乙缩醛、乙酸乙酯以及丙酮等物质的挥发系数为基础，绘制其与贮存时间的关系图，建立了相应数据库，用以测定待鉴别白酒的年份，取得了一定的研究成果。

### 12.4.3　金属离子、胶体模型与年份酒

#### 12.4.3.1　白酒是胶体

一直以来，我们研究白酒的特性，往往是从微量成分以分子、离子或它们的聚合体分散于乙醇-水体系中出发的，往往忽视它是否具有胶体溶液的特性。中国科学院成都生物研究所庄名扬教授提出了“白酒是胶体溶液”的观点，他认为酒体中存在分子、离子及通过氢键作用形成的缔合分子，虽然它们的颗粒大小还未达到溶胶大小的范围，但它确有丁达尔现象，电动现象中的电泳、电渗、动力稳定性与聚结不稳定性等溶胶的一般特性，因而白酒是溶胶的结论无可非议，或者说是真溶液逐步转化为溶胶的特殊溶液。

#### 12.4.3.2 白酒形成胶体的原理

溶胶的制备在实验室及生产中往往采用分散法（即将固体研细）、凝聚法（使分子或离子聚结成胶粒而获得）。白酒中的胶粒显然是分子或离子聚结而成的。溶胶中的颗粒由胶核、胶粒、胶团所构成。白酒中的微量成分如何形成溶胶，关键是胶核的形成。庄名扬教授认为白酒中胶粒的形成不是简单的分子相互堆积，是与白酒中的金属元素，尤其与具有不饱和电子层的过渡元素有关。即金属元素的A离子（或原子）同几个B离子（或分子）或几个A离子和B离子（或分子）以配位键方式结合起来，形成具有一定特性的复杂化学质点而构成了白酒中的胶核。这种络合物组成复杂的化学质点，一般称为络离子或络合分子。

12.4.3.3 金属离子与年份酒

据文献报道，钾与酒质的关系最为突出，它使酒体老熟，醇甜感增加，此结论对中国白酒与国外蒸馏酒衡量效果一致，钾元素含量与贮存时间成正相关。铜、铁、锰在酒贮存过程中，其含量随时间增长而增加，由于铜、铁、锰具有还原性，$Cu^{2+}\rightarrow Cu^{+}$，$Fe^{3+}\rightarrow Fe^{2+}$，$Mn^{7+}\rightarrow Mn^{4+}\rightarrow Mn^{2+}$，对各类醇起较强的氧化作用。过渡元素外层电子具有不饱和电子对，接受电子而被还原，则对其他物质起到了氧化作用，因而对酒的老熟有其积极意义。文献报道，某些过渡元素对高沸点酸、酯有氧化分解能力，所以过渡元素对酒的质量影响不可忽视。酒中过渡元素$Fe^{3+}$、$Cu^{2+}$、$Ni^{2+}$、$Mn^{2+}$、$Cr^{3+}$均随贮存时间的增长而含量增加。重金属Pb也随着贮存时间的延长而增加。

酒体中对酒质产生影响的金属元素随着贮存时间的增长，其含量增加，且成正相关，根据其含量制作的标准曲线，基本为一直线。因此，可以认为，利用原子吸收光谱仪及相关仪器测定酒体中的金属元素含量来鉴评酒的贮存年份，其分析的准确度、精密度应是可靠的。

12.4.3.4 利用胶溶特性鉴别年份酒

随着研究的深入及先进分析仪器的使用，中国白酒在贮存过程中缓慢形成完美的胶体溶液，逐步被确认和人们认可，胶体溶液形成的先决条件是白酒中的骨架微量成分和金属元素。纯乙醇和水形成的体系其微观形态呈现的是水或水与乙醇形成的氢键联系形态，而金属元素在乙醇水溶液中，则金属元素与水形成水合分子，均不能形成大的分子聚集，如有骨架微量成分时，其在乙醇-水体系中形成大分子聚集，当酒体微量香味成分与金属元素同时存在于乙醇-水溶液时，白酒微观图形中，颗粒明显，颗粒直径变大，数量增多，形成胶溶。

由于白酒中金属元素的存在，为胶溶的形成提供了胶核，则金属元素含量愈高，颗粒愈多，其胶溶的物理特性也发生相应的变化，如黏滞系数、表面张力、挥发系数等也必然与贮存期存在线性关系。

## 12.5 酒库管理

### 12.5.1 酒库管理的定义

白酒企业都有自己的酒库，酒库是用来贮存原酒的地方。新生产的原酒具有辛辣刺激感，并含有某些不愉快气味，需经过一段时间的贮存后，刺激性和辛辣感会明显减轻，口味变得醇和柔顺，香气风味都得以改善，此谓老熟。不同白酒的贮存期长短不一，如优质酱香型白酒要求在3年以上，优质凤香型白酒也要3年以上，优质浓香型或清香型白酒一般要求1年以上，普通白酒最短也应贮存6个月。

酒库一般分为地上酒库及地下酒库。四川等地的传统酒库多为地下酒库，如人工地窖、天然溶洞等。地下酒库的温度、湿度相对恒定，受季节和气候的影响较小，损酒率也较小，每年约为1.4%，温度一般维持在9 ~ 22℃之间，这样的温度有利于新酒的老熟作用，原酒中有益的香味物质能较好地保存，酒中醇、酸、酯、醛、金属离子等微量成分之间的缔合及进行的各种物理化学反应能够自然平缓进行，经过长时间贮存后，酒体更加细腻、丰满、醇厚。但地下酒库因出口少、洞身长而面积大，故一旦发生火灾很难扑灭。此外，若通风不良，很容易达到爆炸浓度极限（一般认为空气中含酒精3.3% ~ 19%为易爆浓度），所以防火难度比地上酒库大的多。有些企业将传统地下酒库开发为工业旅游项目，很好地宣传了企业历史和文化，但也给酒库安全管理带来潜在威胁。

地上酒库有平房酒库、楼房酒库及不锈钢罐群等。地上酒库的温度、湿度随季节变化较大，损酒率略高，温度高则老熟速度快，温度低则老熟速度变慢，但其贮酒量大、易于扩建、管理方便、防火难度小，目前被大多数白酒企业所采用。

在白酒的生产中，原酒贮存是保证白酒产品质量至关重要的生产工序之一，不能把酒库孤立地看作是存放和收发而已，应该看成是制酒工艺的重要组成部分，也是重要的一个工序。在贮存中白酒质量在不断发生变化，它起着排除杂质、氧化还原、分子排列等作用，使酒味醇和、酒体绵软，给勾兑调味创造良好的条件。所以，酒库管理是工艺管理的重要一环，直接影响后期的勾兑工作。

### 12.5.2 酒库管理的原则

#### 12.5.2.1 信息准确原则

新酒入库时要认真核对校验信息，包括产酒日期、班组、窖号、酒度、数量等内容，定级（分类）后按类别分质入坛。每个酒厂都有自己的原酒定级（分类）企业标准，但都大同小异，一般是按酒头、前段、中段、尾段、尾酒、尾水等进行区分，并按不同的验收结果分级入库。如一些浓香型酒厂，都是采用一个班组，每月固定按各自确定的等级将酒收入库中，待月底进行集体评定，确定等级。暂时不能确定的留待集体评议或一段时间后再评，原酒定级（分类）需根据感官定级（分类）结果和指标分析情况，综合确定校验基酒的等级。

待校验新酒经定级（分类）分级入库后，必须准确、详细、真实地填写新酒校验流通卡及容器标示，校验流通卡应包含校验班组、校验日期、校验内容、校验结果等信息，容器标示应包含原酒质量、原酒度数、生产日期、生产班组、生产窖号、入库时间、等级、主要色谱数据、总酸、总酯、感官品评、管理人员、使用时间等内容。

对于库存原酒，标示信息必须准确、详细、真实，能反映出其类别、等级、酒度、数量、理化指标、感官指标等信息，校验信息、流通信息、组合信息、使用情况等都必须录入酒库档案，确保库存每一坛（酒海、不锈钢罐等）原酒都能够追根溯源。

12.5.2.2　整体规划原则

原酒入库贮存应本着整体规划的原则，具体来说，需做好以下两点。

（1）合理布局，充分利用好有限空间，尽量减少转运成本。

（2）分类贮存，统一管理。如同一等级的酒最好放在一起，同一生产工艺的酒最好放在一起，同一阶段的酒最好放在一起，相同季节的酒最好放在一起，特殊调味酒要单独存放。

整体规划有利于原酒的并坛组合、定期普查等后期管理工作，减少了损耗，降低了生产成本。

12.5.2.3　容器搭配原则

原酒入库贮存时，一般要将不同的贮存容器（如陶坛、酒海、不锈钢容器等）按一定的比例搭配使用。陶坛、酒海等传统容器有利于白酒老熟，但体积小、容量有限，很难满足大规模生产的要求，不锈钢罐、水泥池等大容器容量大，但不利于白酒老熟，同时，现代研究已经证明不同贮酒容器对白酒的老熟起着不尽相同的作用和影响，同样的基酒在不同的容器中即使贮存相同的年限，其理化指标及感官指标也会略有不同。因此，不同白酒企业应该根据自身原酒的质量特点和成品酒的品质要求，合理搭配使用不同贮酒容器。

12.5.2.4　数据更新原则

库存原酒的理化指标及感官指标是不断变化的，贮存一定年限后这种变化才会趋于稳定，酒库管理人员通过定期酒库普查，对数据和指标实时追踪，及时更新，同时，要根据实际生产情况（如并坛组合、使用情况等），准确、详细、真实地更新基酒流通卡、容器标示、工作记录等信息，并将这些信息归纳后录入酒库档案。

12.5.2.5　定期检评原则

入库基酒要定期进行理化指标检测和感官品评，酒库管理人员要做到对库存原酒数量、质量、类别、等级、使用情况等信息的准确把握，杜绝跑、冒、滴、漏，确保后期勾兑工作的顺利进行。

### 12.5.3 酒库管理对勾兑的意义

酒库管理是开展勾兑工作的基础和前提，酒库管理工作做得好，则勾兑工作可以高效、系统地进行，反之，则会造成勾兑工作的混乱，严重影响库存原酒及成品酒的质量。为保证勾兑工作顺利进行，勾兑人员要与酒库管理人员密切联系，酒库管理人员要为勾兑人员提供方便，注重酒库管理与检测、品评相结合的原则，重点做好以下几方面工作。

（1）原酒必须经感官品评、理化检测、色谱分析，确定质量等级后，方可入库贮存，并在贮存容器上挂卡标明入库日期、质量等级、口感风格描述、微量成分含量、重量和酒精度等内容，做好详细的酒库档案记录。

（2）对于用陶坛容器贮存的原酒，可在贮存期满后经感官品评，把口感、风格描述一致或相近且质量等级相同的酒合并在容积较大的不锈钢容器中再贮存备用。

（3）对于用不锈钢容器贮存的原酒，先将其搅拌均匀，经品评、检测后，挂卡标明贮满日期、质量等级、口感风格描述、微量成分含量、重量和酒精度等内容。贮存期满后，由小样勾兑人员再次品评、检测，严格按照品种配方方案进行组合勾兑，严格按照工艺流程领取贮存期满后的各类原酒。

（4）勾兑好的成品白酒，经品评、检测合格后，挂卡标明该批次白酒的感官品评、检测结果及结论等内容，并将该批次白酒详细的勾兑记录录入酒库档案。

（5）对于出库的成品白酒，要进行复评、复检，待各项指标合格后，可以出库；对复评、复检不合格的，应及时再进行勾兑，直至合格为止。

### 12.5.4 陶坛“身份证”

原酒入库后，各个酒厂会根据自身实际情况和工艺要求，选择不同的贮酒容器贮存原酒，并需对其质量、数量等情况进行区分，也就是如婴儿出生一样有一个身份证明，即原酒的标识。标识，简单地说就是记录贮存容器中原酒的详细资料卡，悬挂在容器的醒目处。在原酒酒库中的标识，其内容一般有：入库时间、质量(kg)、酒精度、等级、使用时间等，更有利于管理和使用。酒库标识的一般格式见表12-8。

表12-8 酒库标识的一般格式

| 入库时间 | 生产班组 |
|---|---|
| 质量/kg： | 酒精度（20℃）： |
| 等级（名称）： | 主要色谱数据/（g/L）： |
| 总酸/（g/L）： | 总酯/（g/L）： |
| 管理人员： | 使用时间： |

### 12.5.5 酒库档案

酒库管理工作中，由于库存原酒种类多、数量大、贮存容器多样等原因，极易造成管理混乱，因此原酒的基本信息，如生产班组、生产日期、理化指标、色谱数据、分类信息、等级信息、组合信息、贮存方式、贮存年限、存放位置、使用情况等信息，都应详细记录于酒库档案。酒库档案不仅仅能提供给我们原酒的"身份信息"，更重要的是能体现出原酒的"色、香、味、型"这些品质信息，对后期的勾兑工作十分重要，避免了"胡子眉毛一把抓"的盲目勾兑，有经验的勾兑人员甚至仅仅依据这些信息就能勾画出勾兑方案，这就好比厨师做菜，酒库档案提供各种"食材"的信息，厨师通过挑选"食材"，烹饪出道道美食。

另外，随着信息技术的发展，酒库电子档案被越来越多的企业所采用，相比于纸制档案，电子档案具有节省空间、操作简单、管理方便、信息量大、便于检索等优点，在减轻酒库管理人员体力劳动方面有很大优势，但信息安全面临潜在威胁，需做好信息安全防范工作。

### 12.5.6 陶坛管理

原酒入坛前先要对陶坛进行清洗，根据陶坛卫生情况，用加浆水冲洗或先用加浆水冲洗后，再用酒精擦洗，然后用加浆水冲洗。清洗所用的材料不带异味，不得出现脱落纤维、线条等；清洗必须彻底，不留死角。

在使用过程要严格按工艺要求，分质入坛；认真核对容器编号，避免误入；入坛时应"轻拿轻放"，避免损坏容器，杜绝跑、冒、滴、漏；陶坛标示的填写要及时、准确，并做好对陶坛的追踪、管理工作，根据实际生产情况，如并坛、普查等，及时更新陶坛标示，并将信息录入酒库档案。

对于生产中不再使用的陶坛，应立即去掉陶坛标示，先用碱液冲洗，再用清水清洗干净，倒置于干净通风处，待晾干后收贮，以备再次使用。

### 12.5.7 酒库普查

#### 12.5.7.1 酒库普查的定义及意义

酒库普查就是定期对库存原酒进行全面检测、品评的一项工作。通过定期酒库普查，可以了解原酒经过一段时间贮存后酒质的变化情况，从而摸清各典型特征酒在老熟过程中的变化规律，为合理陈贮期的确定提供了较为科学的依据；对于酒库管理人员和勾兑人员来说，积累了判断入库新酒质量等级的宝贵经验和感性认识，有利于酒库管理人员和勾兑人员对新酒评定技能的提高，对新酒酒质的预测及工艺措施的制定具有指导意义。

#### 12.5.7.2　酒库普查的原则

酒库普查必须和酒库管理结合起来，从新酒入库、定级（分类）开始，每次普查的结论都要详细记录在容器标示卡上，并录入酒库档案，对其老熟变化情况进行分析、追踪。酒库普查应遵循的原则有以下几点。

（1）逐坛普查原则　不同等级、类别、年份的库存基酒，不论贮存容器，普查时尽量做到逐坛普查，这样才能全面掌握库存基酒的品质。

（2）定期普查原则　一般来说，入库新酒2 ～ 3个月后应普查1次，贮存期2年以下的酒，每半年普查1次为好，贮存期2年以上的酒，每1年普查1次为好。不同酒厂可根据自身工艺特点合理安排。

（3）检测与品评相结合原则　测量酒度，采用气相色谱仪检测各基酒的微量成分含量情况，同时，应将检测数据与感官品评结合起来，加强“比对”工作，综合判断。

（4）普查与并坛相结合原则　入库新酒定级（分类）后，不能急于并坛，应放置一段时间，经过若干次普查后，质量已经稳定，认为等级一致的，才能并坛。

（5）分类普查原则　相同等级、类别及年份相近的基酒最好一起普查，这样有利于排除干扰，使检测、品评结果更准确。对于普查过程中认为应调整等级的，坚决调整。

#### 12.5.7.3　酒库普查的内容

酒库管理并不是静态管理，而是一个动态过程，这种动态过程不仅表现在原酒酒度、数量上的变化，也包含原酒理化指标、色谱指标的改变，而且伴随着“色、香、味、格”这些感官指标的变化，这就要求我们做好酒库普查工作，定期品尝复查，调整级别，做到对库存酒心中有数。酒库普查工作的主要内容有以下几个方面。

（1）酒度普查　对库存基酒的质量进行全面的检查，用酒精计、温度计测量，折算成标准温度20℃时的酒度。

（2）质量普查　对库存基酒的质量进行全面的检测，采用理化指标和感官品评相结合的办法。

（3）数量普查　认真核对不同类别、等级基酒的数量，包括贮存容器的种类、贮存容器的数量、容积。

（4）工艺普查　认真核对库存基酒的工艺信息，并检查其质量特征是否符合要求，做好不同工艺基酒质量比对工作。

（5）年限普查　认真核对库存基酒的年限信息，重点关注不同年份基酒的质量特点，做好比对工作。

（6）卡片标示　容器标示、流通卡片内容要明确、详细、真实，写明容器编号、产酒日期、窖号、生产车间、班组、酒的风格特点、毛重、净重、酒精度等，并要根据实际生产情况及时更新。

酒库普查工作有助于摸清原酒在老熟过程中的变化规律、确定合理的陈贮期，而且对于新酒品质的预测及生产工艺的制定都具有指导意义。

#### 12.5.7.4　酒库普查中存在的问题

酒库普查工作不仅工作量大，而且繁琐，对人员评酒能力的要求也较高，目前还没有实用的仪器设备能代替人的感官品评，同时，不同评酒员由于性别、偏好、身心状态等个人及环境因素的影响，普查过程中对酒质的判定很难达到理想中的统一（一般采用少数服从多数的办法），因此组建一支人员稳定、技能强的专业评酒人员队伍对于白酒企业来说显得尤为重要。遗憾的是很多企业将勾兑工作视为核心机密，这就造成企业内部优秀评酒人才的匮乏，从而弱化了酒库普查工作在揭示白酒老熟机理中的作用，不利于进一步优化陈贮工艺和酒质的提高，这一点需引起注意。

### 12.5.8　酒库普查与勾兑的关系

酒库普查是勾兑工作的前提，也是勾兑工作的基本内容。通过酒库普查，勾兑人员对库存基酒的类别、数量、质量、位置、使用情况等信息有了全面、准确的了解，这样在设计勾兑方案时就能胸有成竹，最大限度地利用好库存基酒，减少转运成本，有利于实现效益、品质的最大化。总之，勾兑是目的，普查是手段，勾兑人员一定要多参与酒库普查工作，与酒库管理人员勤沟通，重视酒库普查工作。

# 参考文献


[1] 周维军，左文霞，吴建峰等. 浓香型白酒风味轮的建立及其对感官评价的研究[J]. 酿酒，2013，40：(6).

[2] 刘明，钟其顶，熊正河等. 酒类“风味轮”及在白酒感官描述分析技术上的应用前景[J]. 酿酒，2011，38：(2).

[3] 范文来，徐岩. 中国白酒风味物质研究的现状与展望[J]. 酿酒，2007，34：(7).

[4] 汤道文，谢玉球，朱法余等. 白酒中的微量成分及与白酒风味技术发展的关系[J]. 酿酒科技，2010，(5).

[5] 李大和. 白酒勾兑调味的技术关键[J]. 酿酒科技，2003，(3).

[6] 李大和. 白酒酿造培训教程. 北京：中国轻工业出版社，2013.

[7] 沈怡方. 白酒生产技术全书. 北京：中国轻工业出版社，2005.

[8] 夏青，陈常贵. 化工原理. 天津：天津大学出版社，2006.

[9] 李大和. 白酒勾兑技术问答. 北京：中国轻工业出版社，2002.

[10] 李大和. 新型白酒生产与勾兑技术问答. 北京：中国轻工业出版社，2001.

[11] 范文来. 酒类风味化学. 北京：中国轻工业出版社，2014.

[12] 李维青. 白酒的香气与香型[J]. 酿酒，2007 (3).

[13] 谢方安. 谈白酒香气成分和作用[J]. 酿酒，2006 (9).

[14] 李兴华，陈大州，徐彦发. 新编酒精密度浓度和温度常用数据表. 北京：中国计量出版社，2008.

[15] 乔华，马燕红等. 基于黏度研究清香型白酒中乙醇-水缔合行为. 食品科学，2011，32 (15).

[16] 宋波. 白酒中各种成分对酒质的影响. 酿酒科技，2011，(12).

[17] 张博. 白酒中酸酯含量及平衡性在勾兑中的作用. 酿酒科技，2005，(3)：52 ~ 52.

[18] 李家明，饶家权. 白酒中异杂味的形成及解除途径. 酿酒科技，1992，(6)：1214.

[19] 胡永和. 白酒的“苦味”及其解决措施. 酿酒科技，2006，(5)：67 ~ 69.

[20] 刘凤春. 复合酸在浓香型白酒中的应用体会. 酿酒科技，2005，(2)：48 ~ 53.

[21] 谭忠辉，高吕文. 白酒组分与质量的关系. 酿酒科技，2002，(4)：96 ~ 98.

[22] 宋德君. 对中国白酒复杂香的探讨. 酿酒科技，2010，(10)：112 ~ 114.

[23] 金红兵，赵国敢. 味蕾与白酒品评的探讨. 酿酒科技，2014，(10)：65 ~ 67.